工程电磁场

孙惠娟　蔡智超　邹丹旦　主编

西南交通大学出版社
·成　都·

图书在版编目（CIP）数据

工程电磁场 / 孙惠娟，蔡智超，邹丹旦主编. —成都：西南交通大学出版社，2024.1

ISBN 978-7-5643-9605-3

Ⅰ. ①工… Ⅱ. ①孙… ②蔡… ③邹… Ⅲ. ①电磁场－高等学校－教材 Ⅳ. ①O441.4

中国国家版本馆 CIP 数据核字（2023）第 227209 号

Gongcheng Diancichang

工程电磁场

孙惠娟　蔡智超　邹丹旦　主编

责任编辑　何明飞
封面设计　曹天擎

出版发行　西南交通大学出版社
（四川省成都市金牛区二环路北一段 111 号
西南交通大学创新大厦 21 楼）
邮政编码　610031
营销部电话　028-87600564　028-87600533
网址　http://www.xnjdcbs.com
印刷　四川森林印务有限责任公司

成品尺寸　185 mm × 260 mm
印张　17.25
字数　397 千
版次　2024 年 1 月第 1 版
印次　2024 年 1 月第 1 次
定价　49.80 元
书号　ISBN 978-7-5643-9605-3

课件咨询电话：028-81435775
图书如有印装质量问题　本社负责退换

P/ 前言 Preface

电磁场课程是电气工程，电子信息等专业的重要专业基础课，它不仅培养学生运用电磁场观点和方法对电工领域的电磁现象和电磁过程进行数理计算分析，为后续许多重要专业课程的学习打好基础，而且在学生工程实践能力以及创新能力的培养方面起到了重要作用。同时，电磁场也是物理学的一个重要分支，它涉及电磁学的研究和分析，并研究电磁过程的发生，是物理学中最有力的理论之一，因为它可以解释和描述许多自然现象，比如电磁波的传播、发射和衍射，电磁感应，以及电子设备中的电磁干扰等。本书是华东交通大学电磁场教学团队多年教学经验积累，既着重于场论的数学基础和思维方式，又结合了工程实际案例的应用，同时还有配套的实验仿真教材。希望能够为广大的电磁场工作者及爱好者提供一些参考。

本书适用于电气工程、电子信息与自动化类学科各专业本科和研究生使用，也可作为选修课教材或科技工作者参考。

全书分 7 章，分别是矢量分析、静电场、恒定电场、恒定磁场、时变电磁场、准静态电磁场、平面电磁波的传播。本书由孙惠娟、蔡智超、邹丹旦主编。第 1、2、3 章由孙惠娟编写，第 4、5 章由蔡智超编写，第 6、7 章由邹丹旦编写。限于编者的水平，书中难免有疏漏和不妥之处，敬请同行和读者批评指正。

编 者

2023 年 10 月

目录 Contents

第 1 章　矢量分析

第 2 章　静电场

第 3 章 恒定电场

第 4 章 恒定磁场

第 5 章 时变电磁场

第 6 章　准静态电磁场

第 7 章　平面电磁波的传播

第 1 章　矢量分析

电磁场与电磁波理论涉及电场和磁场的研究。电场和磁场都是矢量，它们的特性由麦克斯韦方程组决定。矢量分析是研究电磁场理论的重要数学工具。

本章将介绍矢量分析。首先讲解矢量运算的基本方法，标量场与矢量场的概念；然后介绍三种常见的正交坐标系即直角坐标系、圆柱坐标系和球坐标系及其微分元。在此基础上，着重介绍标量场的梯度、矢量场的散度、旋度等特性。

1.1　矢量和矢量运算

1.1.1 标量与矢量

仅具有大小的量称为标量，如质量、温度和电荷都是标量。既具有大小又有方向的量称为矢量，如速度、加速度和力都是矢量。电场和磁场都是矢量。矢量用黑斜体表示，如 $\boldsymbol{A}$。标量用白斜体字符表示，如 A。

矢量 $\boldsymbol{A}$ 的几何表示是一条有向线段，线段的长度表示矢量 $\boldsymbol{A}$ 的大小，箭头指向表示矢量 $\boldsymbol{A}$ 的方向，矢量 $\boldsymbol{A}$ 的大小或用 $|\boldsymbol{A}|$ 或 A 表示。矢量 $\boldsymbol{A} - A\boldsymbol{a}_A = |\boldsymbol{A}|\boldsymbol{a}_A$，其中 $\boldsymbol{a}_A$ 称为矢量 $\boldsymbol{A}$ 的单位矢量，即 $\boldsymbol{a}_A$ 的大小是 1，方向与矢量 $\boldsymbol{A}$ 相同。

1.1.2　矢量运算

矢量运算包括适量的加减法、数乘、点乘（标量积）和叉乘（矢量积）。

1. 矢量加减法

两矢量 $\boldsymbol{A}$ 和 $\boldsymbol{B}$ 相加，可应用平行四边形法则或三角形法则，如图 1.1 所示。两矢量 $\boldsymbol{A}$ 和 $\boldsymbol{B}$ 的始端重合，以 $\boldsymbol{A}$ 和 $\boldsymbol{B}$ 为邻边作平行四边形，其对角线即为和矢量 $\boldsymbol{A}+\boldsymbol{B}$；或把矢量 $\boldsymbol{B}$ 的起点放在矢量 $\boldsymbol{A}$ 的末端，从矢量 $\boldsymbol{A}$ 的起点到矢量 $\boldsymbol{B}$ 的末端的连线即为和矢量。矢量的减法是矢量加法的特殊情况，因有 $\boldsymbol{A}-\boldsymbol{B}=\boldsymbol{A}+(-\boldsymbol{B})$，其中 $-\boldsymbol{B}$ 是与 $\boldsymbol{B}$ 大小相等方向相反的矢量，同样可以利用平行四边形法则或三角形法则做加法运算，即可得到矢量差 $\boldsymbol{A}-\boldsymbol{B}$，如图 1.2 所示。

矢量加法服从加法的交换律和结合律，即

$$\boldsymbol{A}+\boldsymbol{B}=\boldsymbol{B}+\boldsymbol{A} \tag{1.1}$$

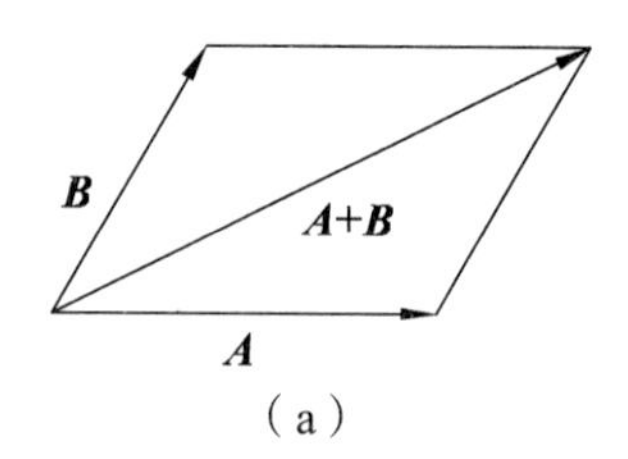

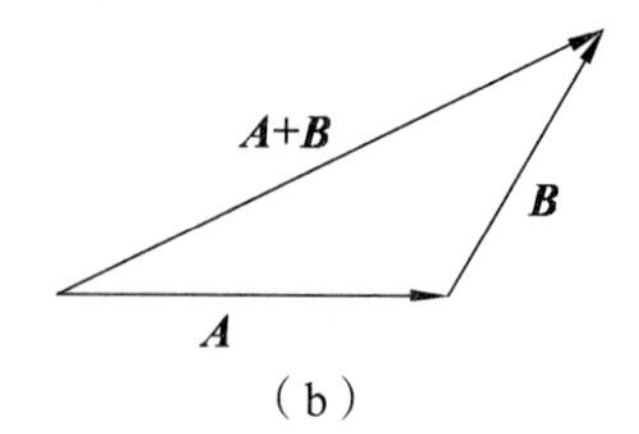

图 1.1　矢量加法

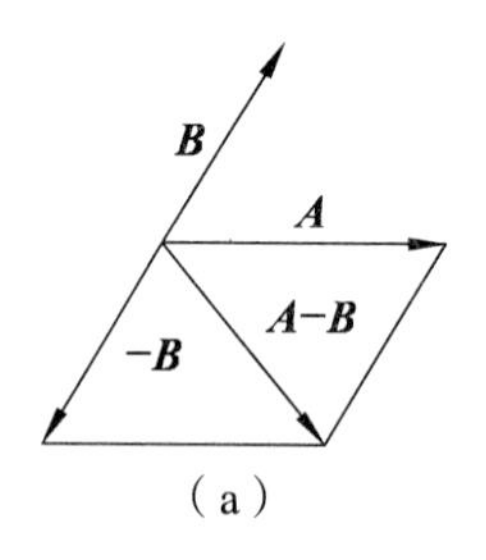

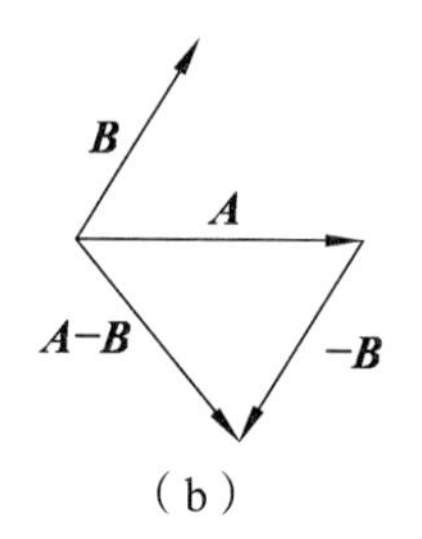

图 1.2　矢量减法

$$\boldsymbol{A}+(\boldsymbol{B}+\boldsymbol{C})=(\boldsymbol{A}+\boldsymbol{B})+\boldsymbol{C} \tag{1.2}$$

2. 矢量的数乘

一个矢量 $\boldsymbol{A}$ 和一个标量 k 相乘，结果是一个矢量，即

$$\boldsymbol{B}=k\boldsymbol{A} \tag{1.3}$$

而 $\boldsymbol{B}$ 的模值是 $\boldsymbol{A}$ 的 k 倍，$\boldsymbol{B}$ 和 $\boldsymbol{A}$ 方向是否相同取决于 k 的正负。

3. 两矢量的标量积

两矢量的标量积也称为点积或点乘。两矢量 $\boldsymbol{A}$ 和 $\boldsymbol{B}$ 的标量积是一个标量，它的值等于 $\boldsymbol{A}$ 和 $\boldsymbol{B}$ 的幅值与 $\boldsymbol{A}$ 和 $\boldsymbol{B}$ 之间夹角余弦的乘积，记作 $\boldsymbol{A}\cdot\boldsymbol{B}$，即

$$\boldsymbol{A}\cdot\boldsymbol{B}=AB\cos\theta \tag{1.4}$$

式中，θ 为矢量 $\boldsymbol{A}$ 和 $\boldsymbol{B}$ 之间较小的角，如图 1.3 所示。

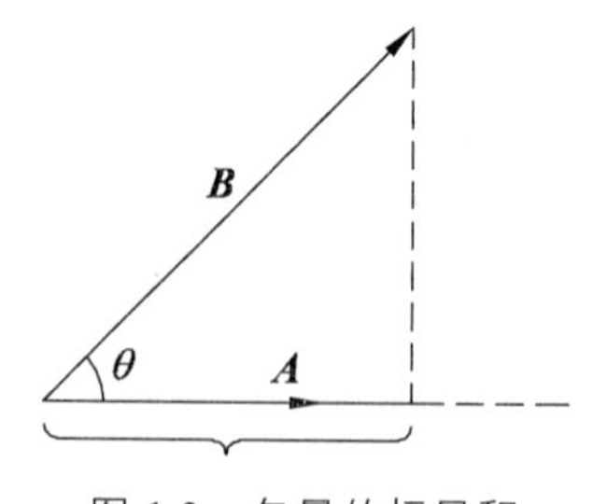

图 1.3　矢量的标量积

在直角坐标系中，三个坐标的单位矢量为 $\boldsymbol{a}_x$、$\boldsymbol{a}_y$、$\boldsymbol{a}_z$，若矢量 $\boldsymbol{r}$ 与 x、y、z 坐标轴的夹角分别为 α、β、γ，则 $\boldsymbol{r}$ 在直角坐标系中即可表示为

$$\boldsymbol{r}=\boldsymbol{a}_x r\cos\alpha+\boldsymbol{a}_y r\cos\beta+\boldsymbol{a}_z r\cos\gamma \tag{1.5}$$

$\boldsymbol{r}$ 的单位矢量为

$$\boldsymbol{a}_r = \frac{\boldsymbol{r}}{r} = \boldsymbol{a}_x \cos\alpha + \boldsymbol{a}_y \cos\beta + \boldsymbol{a}_z \cos\gamma \quad (1.6)$$

式中，$\cos\alpha$、$\cos\beta$ 和 $\cos\gamma$ 称为矢量 $\boldsymbol{r}$ 的方向余弦。

利用式（1.4）也可求出两个非零矢量之间的夹角：

$$\theta = \arccos\frac{\boldsymbol{A}\cdot\boldsymbol{B}}{AB} \quad (1.7)$$

当 $\theta = 90°$ 时，$\boldsymbol{A}\cdot\boldsymbol{B} = 0$，因此，两矢量的标量积是否为零可作为两矢量垂直的判据，即

$$\boldsymbol{A}\cdot\boldsymbol{B} = 0 \Leftrightarrow \boldsymbol{A}\perp\boldsymbol{B} \quad (1.8)$$

当 $\boldsymbol{A} = \boldsymbol{B}$ 时，$\theta = 0°$，可求出矢量 $\boldsymbol{A}$ 的模：

$$A = |\boldsymbol{A}| = \sqrt{\boldsymbol{A}\cdot\boldsymbol{A}} \quad (1.9)$$

标量积的运算服从交换律和分配律，即

$$\boldsymbol{A}\cdot\boldsymbol{B} = \boldsymbol{B}\cdot\boldsymbol{A} \quad (1.10)$$

$$\boldsymbol{A}\cdot(\boldsymbol{B}+\boldsymbol{C}) = \boldsymbol{A}\cdot\boldsymbol{B} + \boldsymbol{A}\cdot\boldsymbol{C} \quad (1.11)$$

4. 两矢量的矢量积

两矢量的矢量积也称为叉积或叉乘。两矢量 $\boldsymbol{A}$ 和 $\boldsymbol{B}$ 的矢量积或叉积是一个矢量，它的幅值等于 $\boldsymbol{A}$ 和 $\boldsymbol{B}$ 的幅值与 $\boldsymbol{A}$ 和 $\boldsymbol{B}$ 之间所夹锐角 θ 正弦的乘积，它的方向是从 $\boldsymbol{A}$ 到 $\boldsymbol{B}$ 按右手螺旋旋转 θ 的前进方向，如图 1.4 所示，记作 $\boldsymbol{A}\times\boldsymbol{B}$，即

$$|\boldsymbol{A}\times\boldsymbol{B}| = AB\sin\theta \quad (1.12)$$

当 $\theta = 0°$ 或 $180°$ 时，$\boldsymbol{A}\times\boldsymbol{B} = \boldsymbol{0}$。因此，两矢量的矢量积是否为零矢量可作为两矢量是否平行的判据，即

$$\boldsymbol{A}\times\boldsymbol{B} = \boldsymbol{0} \Leftrightarrow \boldsymbol{A}\,/\!/\,\boldsymbol{B} \quad (1.13)$$

当 $\boldsymbol{B} = \boldsymbol{A}$ 时，$\theta = 0°$，有

$$\boldsymbol{A}\times\boldsymbol{A} = \boldsymbol{0} \quad (1.14)$$

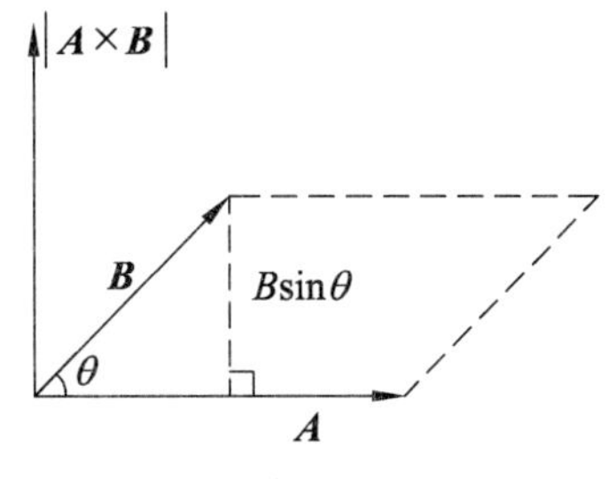

图 1.4　矢量的矢量积

矢量积的运算满足分配律，但不满足交换律，即

$$\boldsymbol{A}\times(\boldsymbol{B}+\boldsymbol{C}) = \boldsymbol{A}\times\boldsymbol{B} + \boldsymbol{A}\times\boldsymbol{C} \quad (1.15)$$

$$\boldsymbol{A}\times\boldsymbol{B}=-\boldsymbol{B}\times\boldsymbol{A} \tag{1.16}$$

5. 三矢量的乘积

三矢量 $\boldsymbol{A}$ 、 $\boldsymbol{B}$ 、 $\boldsymbol{C}$ 的混合积定义为

$$\boldsymbol{C}\cdot\boldsymbol{A}\times\boldsymbol{B}=\boldsymbol{C}\cdot(\boldsymbol{A}\times\boldsymbol{B})=ABC\sin\theta\cos\varphi \tag{1.17}$$

式中，θ是矢量 $\boldsymbol{A}$ 、 $\boldsymbol{B}$ 间的夹角；φ是矢量 $\boldsymbol{C}$ 与 $(\boldsymbol{A}\times\boldsymbol{B})$ 间的夹角。

从标量积和矢量积的定义来看，三矢量的混合积表示以这三个矢量为邻边的平行六边形的体积，如图 1.5 所示。

三矢量的混合积和二重积分别满足下面的恒等式，即

$$\begin{aligned}\boldsymbol{C}\cdot(\boldsymbol{A}\times\boldsymbol{B})&=\boldsymbol{B}\cdot(\boldsymbol{C}\times\boldsymbol{A})=\boldsymbol{A}\cdot(\boldsymbol{B}\times\boldsymbol{C})=-\boldsymbol{C}\cdot(\boldsymbol{B}\times\boldsymbol{A})\\&=-\boldsymbol{B}\cdot(\boldsymbol{A}\times\boldsymbol{C})=-\boldsymbol{A}\cdot(\boldsymbol{C}\times\boldsymbol{B})\end{aligned} \tag{1.18}$$

$$\boldsymbol{A}\times(\boldsymbol{B}\times\boldsymbol{C})=\boldsymbol{B}(\boldsymbol{A}\cdot\boldsymbol{C})-\boldsymbol{C}(\boldsymbol{A}\cdot\boldsymbol{B}) \tag{1.19}$$

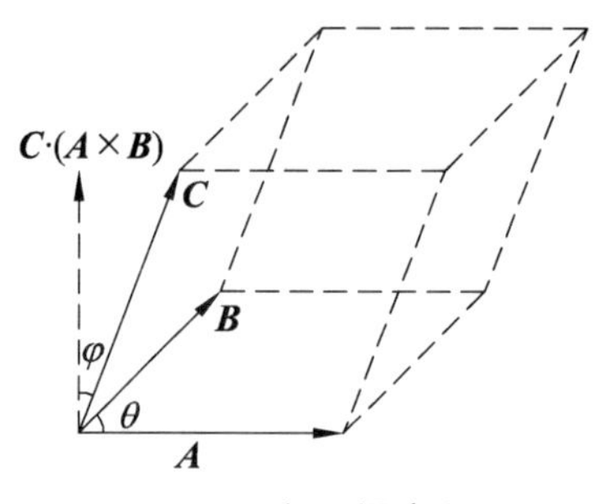

图 1.5　矢量混合积

1.2　标量场和矢量场

1.2.1　场的分类

分布着某种物理量的空间区域称为该物理量的场。场与空间区域有关，场是具有某种意义的物理量在空间的分布，如地球周围的温度场、湿度场和重力场。场在数学上用函数表示，场中任一个点都有一个确定的标量值或矢量。场量在空间区域中，除有限个点和某些线、面外，是处处连续的、可微的。

场分为标量场和矢量场、静态场和时变场。标量场和矢量场取决于所表示的物理量是标量还是矢量，时变场所表示的物理量是随时间变化的。

标量场的场量是标量，即场域内每个点对应的物理量是一个数，如温度场、电位场等。

矢量场的场量是矢量，即场域内每个点对应的物理量用大小和方向来描述，如速度场、加速度场、重力场、电场和磁场等。

静态场的场量不随时间变化，如由静止电荷产生的静电场和恒定电流产生的恒定电场及恒定磁场。

时变场的场量随时间变化，如时变电磁场和电磁波。

1.2.2　场的表示

1. 函数表示法

标量场用标量函数表示，如温度场可表示为 $T(x,y,z)$ ，密度场可表示为 $\rho(x,y,z,t)$ 。

矢量场用矢量函数表示。在正交坐标系中，一个矢量可以用沿着三个坐标系的分量表示，如在直角坐标系中，矢量 $\boldsymbol{E}$ 可表示为

$$\boldsymbol{E}(x,y,z)=\boldsymbol{a}_x\boldsymbol{E}_x(x,y,z)+\boldsymbol{a}_y\boldsymbol{E}_y(x,y,z)+\boldsymbol{a}_z\boldsymbol{E}_z(x,y,z) \tag{1.20}$$

2. 场图表示法

标量场可用等值线或等值面来表示场的分布。等值线或等值面就是函数值相等的点所构成的曲线或曲面。例如，标量场 $u(x,y,z)=x+y+z$ 的等值面方程为

$$u(x,y,z)=x+y+z=C\text{（常数）} \tag{1.21}$$

这是一族平行平面，如图 1.6（a）所示。又如二维标量场 $u(x,y)=x-y^2$ 的等值线方程为

$$u(x,y)=x-y^2=C \tag{1.22}$$

这是一族抛物线，如图 1.6（b）所示。

矢量场在空间的分布可用矢量线来表示，矢量线上每一点的切线方向表示该点场量的方向，场量的大小则用矢量线的疏密程度来表示，矢量线越密集，则表示场量的值越大，如图 1.6（c）所示。

对于时变场，场图只能表示某一时刻的场的分布。

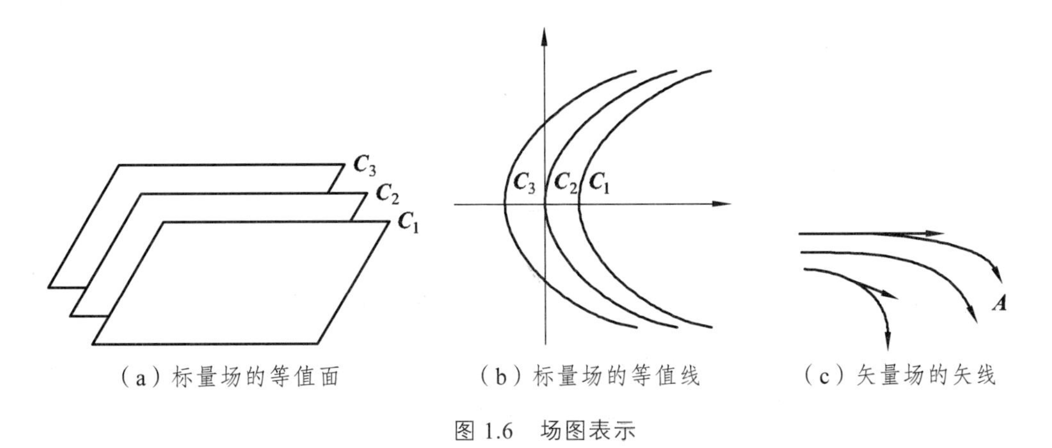

（a）标量场的等值面　（b）标量场的等值线　（c）矢量场的矢线

图 1.6　场图表示

1.3　正交坐标系与微分元

本节介绍三种最常见的正交坐标系：直角坐标系、圆柱坐标系和球坐标系。

1.3.1 直角坐标系

1. 基本定义与运算

直角坐标系是由三个相互正交的平面来确定。这三个平面的交点就是坐标的原点 O 。每一对平面相交一条直线，三个平面就可以确定坐标轴的三条直线，称为 x 轴、y 轴和 z 轴。坐标系的正方向指向各自坐标轴增加的方向，用箭头表示，如图 1.7 所示。x 、y 和 z 称为坐标变量，它们的值可从原点测量，这样，原点的坐标就是 $O(0,0,0)$ ，某点 P 的坐标可表示为 $P(x,y,z)$ 。三个坐标变量的变化范围均为 $(-\infty,+\infty)$ 。x 、y 和 z 对应的一组单位矢量为 $\boldsymbol{a}_x$ 、$\boldsymbol{a}_y$ 和 $\boldsymbol{a}_z$ ，它们的大小和方向均与空间坐标无关，故都是常矢量。x 、y 和 z 的方向选择按右手定则，即满足 $\boldsymbol{a}_x \times \boldsymbol{a}_y = \boldsymbol{a}_z$ 。

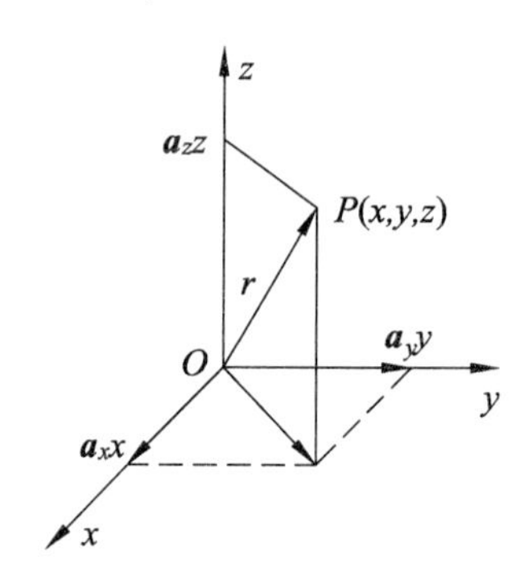

图 1.7　直角坐标系

由原点指向 P 点的矢量称为位置矢量，用 $\boldsymbol{r}$ 表示，即

$$\boldsymbol{r} = \boldsymbol{a}_x x + \boldsymbol{a}_y y + \boldsymbol{a}_z z \tag{1.23}$$

矢量 $\boldsymbol{A}$ 在相应的三个坐标轴上的坐标分量分别为 $\boldsymbol{A}_x$ 、$\boldsymbol{A}_y$ 和 $\boldsymbol{A}_z$ ，矢量 $\boldsymbol{A}$ 可表示为

$$\boldsymbol{A} = \boldsymbol{a}_x A_x + \boldsymbol{a}_y A_y + \boldsymbol{a}_z A_z \tag{1.24}$$

那么，矢量 $\boldsymbol{A}$ 的数模为

$$A = \sqrt{\boldsymbol{A}\cdot\boldsymbol{A}} = \sqrt{A_x^2 + A_y^2 + A_z^2} \tag{1.25}$$

矢量 $\boldsymbol{B}$ 在相应的三个坐标轴上的坐标分量分别为 $\boldsymbol{B}_x$ 、$\boldsymbol{B}_y$ 和 $\boldsymbol{B}_z$ ，即矢量 $\boldsymbol{B}$ 可表示为

$$\boldsymbol{B} = \boldsymbol{a}_x B_x + \boldsymbol{a}_y B_y + \boldsymbol{a}_z B_z \tag{1.26}$$

相应地，直角坐标系下两矢量的加减、矢量的点积和差积，分别为

$$\boldsymbol{A} \pm \boldsymbol{B} = \boldsymbol{a}_x (A_x \pm B_x) + \boldsymbol{a}_y (A_y \pm B_y) + \boldsymbol{a}_z (A_z \pm B_z) \tag{1.27}$$

$$\boldsymbol{A}\cdot\boldsymbol{B} = A_x B_x + A_y B_y + A_z B_z \tag{1.28}$$

$$\boldsymbol{A}\times\boldsymbol{B} = \boldsymbol{a}_x (A_y B_z - A_z B_y) + \boldsymbol{a}_y (A_z B_x - A_x B_z) + \boldsymbol{a}_z (A_x B_y - A_y B_x) \tag{1.29}$$

或

$$\boldsymbol{A}\times\boldsymbol{B}=\begin{vmatrix}a_x & a_y & a_z\\ A_x & A_y & A_z\\ B_x & B_y & B_z\end{vmatrix} \tag{1.30}$$

三个单位矢量相互正交，任意两个点积为

$$\boldsymbol{a}_x\cdot\boldsymbol{a}_x=\boldsymbol{a}_y\cdot\boldsymbol{a}_y=\boldsymbol{a}_z\cdot\boldsymbol{a}_z=1 \tag{1.31}$$

或

$$\boldsymbol{a}_x\cdot\boldsymbol{a}_y=\boldsymbol{a}_y\cdot\boldsymbol{a}_z=\boldsymbol{a}_z\cdot\boldsymbol{a}_x=0 \tag{1.32}$$

三个单位矢量$\boldsymbol{a}_x$、$\boldsymbol{a}_y$和$\boldsymbol{a}_z$之间呈右手螺旋关系，其叉积为

$$\boldsymbol{a}_x\times\boldsymbol{a}_x=\boldsymbol{a}_y\times\boldsymbol{a}_y=\boldsymbol{a}_z\times\boldsymbol{a}_z=0 \tag{1.33}$$

$$\boldsymbol{a}_x\times\boldsymbol{a}_y=\boldsymbol{a}_z\text{，}\quad\boldsymbol{a}_y\times\boldsymbol{a}_z=\boldsymbol{a}_x\text{，}\quad\boldsymbol{a}_z\times\boldsymbol{a}_x=\boldsymbol{a}_y \tag{1.34}$$

2. 微分元

设直角坐标系中一点P沿任意方向移动了一小段微分距离$\mathrm{d}\boldsymbol{l}$到达Q点，两个顶点PQ之间的距离矢量$\mathrm{d}\boldsymbol{l}$称为矢量线元，如图 1.8（a）所示。矢量线元$\mathrm{d}\boldsymbol{l}$在x、y、z轴上的投影分别是$\mathrm{d}x$、$\mathrm{d}y$、$\mathrm{d}z$，它们分别表示从P点移动到Q点时，x、y、z三个坐标变量的微分变化。因此，矢量线元$\mathrm{d}\boldsymbol{l}$可表示为

$$\mathrm{d}\boldsymbol{l}=\boldsymbol{a}_x\mathrm{d}x+\boldsymbol{a}_y\mathrm{d}y+\boldsymbol{a}_z\mathrm{d}z \tag{1.35}$$

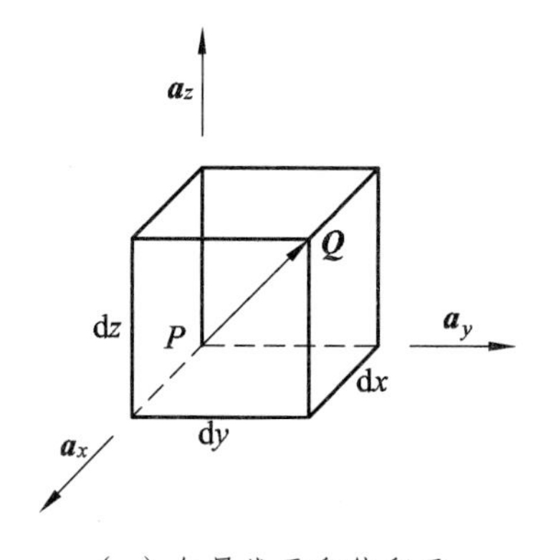

（a）矢量线元和体积元

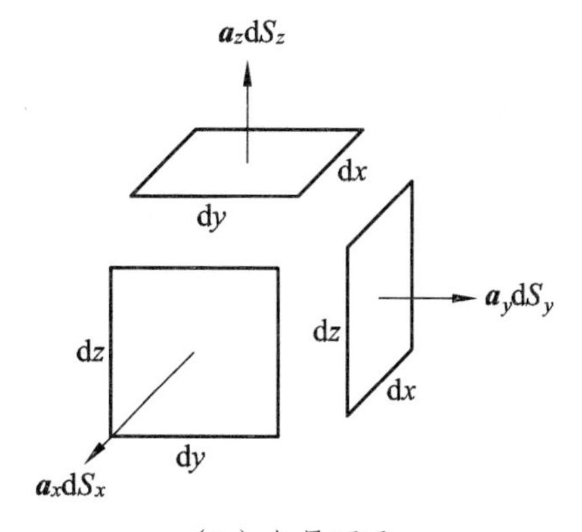

（b）矢量面元

图 1.8　直角坐标系中的微分元

任意两个方向的线元相乘可以得到三个坐标方向的标量面元，如图 1.8（b）所示，即

$$\mathrm{d}S_x=\mathrm{d}y\mathrm{d}z\text{，}\quad\mathrm{d}S_y=\mathrm{d}x\mathrm{d}z\text{，}\quad\mathrm{d}S_z=\mathrm{d}x\mathrm{d}y \tag{1.36}$$

那么，矢量面元$\mathrm{d}\boldsymbol{S}$可表示为

$$\mathrm{d}\boldsymbol{S}=\boldsymbol{a}_x\mathrm{d}S_x+\boldsymbol{a}_y\mathrm{d}S_y+\boldsymbol{a}_z\mathrm{d}S_z \tag{1.37}$$

从上式可以看出，任意两个方向的线元$\mathrm{d}\boldsymbol{S}$在直角坐标系中三个坐标面的投影即是三个标量面元。

全部三个方向的线元相乘可以得到体积元，如图 1.8（a）所示，即

$$\mathrm{d}\tau = \mathrm{d}x\mathrm{d}y\mathrm{d}z \tag{1.38}$$

1.3.2 圆柱坐标系

1. 基本定义与运算

圆柱坐标系由圆柱面、平面构成。某点 P 的坐标可表示为 $P(\rho,\varphi,z)$。三个坐标变量为 ρ 、φ 、z ，其中 ρ 是点 P 到 z 轴的垂直距离，$\rho \in [0,+\infty)$ ，ρ 坐标面是半径 ρ 为常数面；φ 是点 P 的位置矢量 $\boldsymbol{r}$ 在 xOy 平面上的投影与正 x 轴之间的夹角，$\varphi \in [0,2\pi]$ ，φ 坐标面是 φ 角为常数且过 z 轴的半平面，如图 1.9（a）所示。ρ 、φ 、z 对应的一组单位矢量为 $\boldsymbol{a}_\rho$ 、$\boldsymbol{a}_\varphi$ 和 $\boldsymbol{a}_z$ ，$\boldsymbol{a}_\rho$ 指向 ρ 增加的方向，$\boldsymbol{a}_\varphi$ 指向圆柱坐标面与 z 坐标面相交出的圆的切线方向，如图 1.9（b）所示。$\boldsymbol{a}_\rho$ 和 $\boldsymbol{a}_\varphi$ 的数模都是 1，但方向却随 φ 角的不同而变化，是 φ 的函数，因此 $\boldsymbol{a}_\rho$ 和 $\boldsymbol{a}_\varphi$ 不是常矢量。

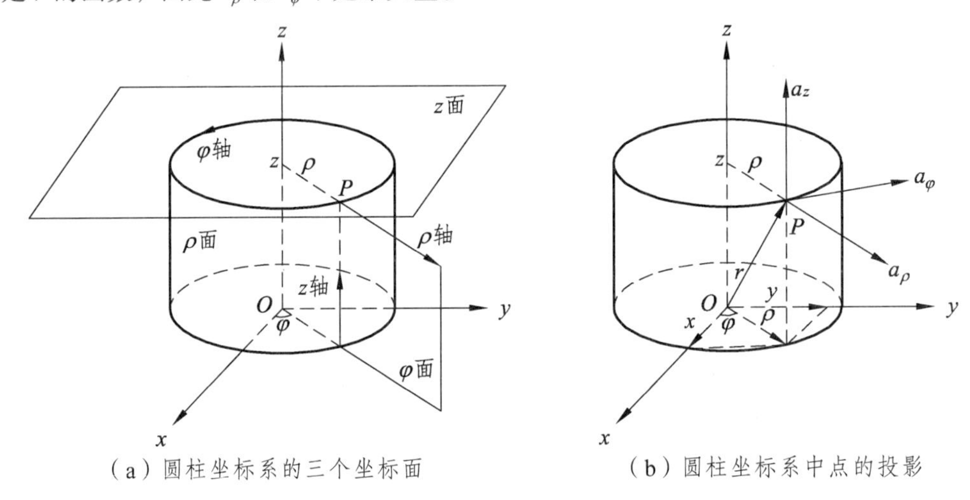

（a）圆柱坐标系的三个坐标面　　（b）圆柱坐标系中点的投影

图 1.9　圆柱坐标系

从图 1.9（b）中可以得出圆柱坐标和直角坐标变量之间的关系为

$$x = \rho\cos\varphi,\quad y = \rho\sin\varphi \tag{1.39}$$

$$\rho = \sqrt{x^2 + y^2},\quad \varphi = \arctan\frac{y}{x} \tag{1.40}$$

位置矢量 $\boldsymbol{r}$ 可表示为

$$\boldsymbol{r} = \boldsymbol{a}_\rho \rho + \boldsymbol{a}_z z \tag{1.41}$$

三个单位矢量 $\boldsymbol{a}_\rho$ 、$\boldsymbol{a}_\varphi$ 和 $\boldsymbol{a}_z$ 之间呈右手螺旋关系，因此其叉积为

$$\boldsymbol{a}_\rho \times \boldsymbol{a}_\rho = \boldsymbol{a}_\varphi \times \boldsymbol{a}_\varphi = \boldsymbol{a}_z \times \boldsymbol{a}_z = \boldsymbol{0} \tag{1.42}$$

$$\boldsymbol{a}_\rho \times \boldsymbol{a}_\varphi = \boldsymbol{a}_z,\quad \boldsymbol{a}_\varphi \times \boldsymbol{a}_z = \boldsymbol{a}_\rho,\quad \boldsymbol{a}_z \times \boldsymbol{a}_\rho = \boldsymbol{a}_\varphi \tag{1.43}$$

2. 单位矢量的坐标变换

将空间任意一点投影到 xOy 平面上，单位矢量 $\boldsymbol{a}_\rho$、$\boldsymbol{a}_\varphi$ 沿 x 和 y 轴分解及 $\boldsymbol{a}_x$、$\boldsymbol{a}_y$ 沿 ρ 和 φ 轴分解如图 1.10 所示，即

$$\begin{cases}\boldsymbol{a}_\rho = \boldsymbol{a}_x\cos\varphi + \boldsymbol{a}_y\sin\varphi \\ \boldsymbol{a}_\varphi = -\boldsymbol{a}_x\sin\varphi + \boldsymbol{a}_y\cos\varphi\end{cases} \tag{1.44}$$

和

$$\begin{cases}\boldsymbol{a}_x = \boldsymbol{a}_\rho\cos\varphi - \boldsymbol{a}_\varphi\sin\varphi \\ \boldsymbol{a}_y = \boldsymbol{a}_\rho\sin\varphi + \boldsymbol{a}_\varphi\cos\varphi\end{cases} \tag{1.45}$$

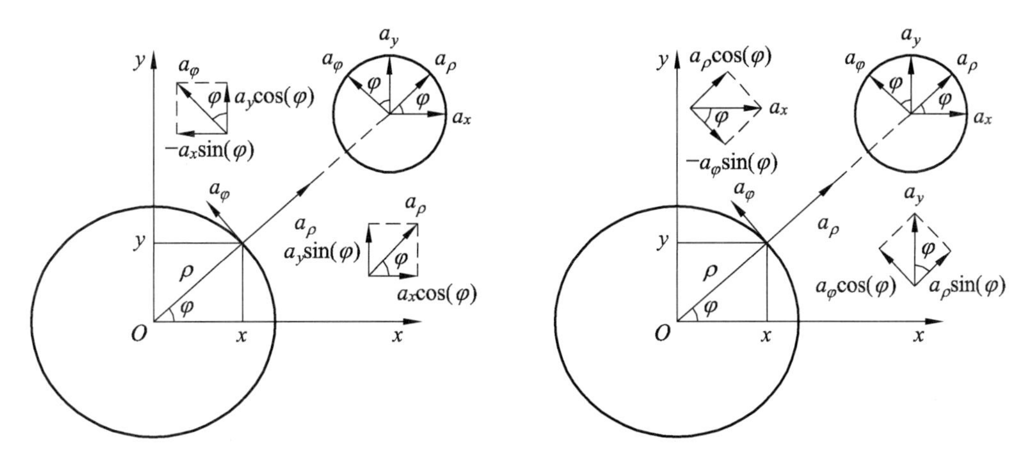

图 1.10 单位矢量的分解示意图

单位矢量 $\boldsymbol{a}_\rho$ 和 $\boldsymbol{a}_\varphi$ 是坐标 φ 的函数，因此再次证明 $\boldsymbol{a}_\rho$ 和 $\boldsymbol{a}_\varphi$ 不是常矢量，且其导数为

$$\begin{cases}\dfrac{\mathrm{d}\boldsymbol{a}_\rho}{\mathrm{d}\varphi} = -\boldsymbol{a}_x\sin\varphi + \boldsymbol{a}_y\cos\varphi = \boldsymbol{a}_\varphi \\ \dfrac{\mathrm{d}\boldsymbol{a}_\varphi}{\mathrm{d}\varphi} = -\boldsymbol{a}_x\cos\varphi - \boldsymbol{a}_y\sin\varphi = -\boldsymbol{a}_\rho\end{cases} \tag{1.46}$$

3. 微元法

圆柱坐标系中，两个顶点 P、Q 之间的距离矢量 $\mathrm{d}\boldsymbol{l}$ 在 ρ、φ、z 轴上的投影也即所构成微分六面体的边长，分别为 $\mathrm{d}\rho$、$\mathrm{d}\varphi$ 和 $\mathrm{d}z$，如图 1.11（a）所示，与直角坐标不同，φ 向边长为弧线。当 $\mathrm{d}\rho$、$\mathrm{d}\varphi$ 和 $\mathrm{d}z$ 分别代表从 P 点移动到 Q 点时，ρ、φ、z 三个坐标变量的微分对应的长度变化。因此，矢量线元可表示为

$$\mathrm{d}\boldsymbol{l} = \boldsymbol{a}_\rho\mathrm{d}\rho + \boldsymbol{a}_\varphi\mathrm{d}\varphi + \boldsymbol{a}_z\mathrm{d}z \tag{1.47}$$

任意两个方向的线元相乘可以得到三个坐标方向的标量面元，如图 1.11（b）所示，即

$$\mathrm{d}S_\rho = \rho\mathrm{d}\varphi\mathrm{d}z\,,\ \mathrm{d}S_\varphi = \mathrm{d}\rho\mathrm{d}z\,,\ \mathrm{d}S_z = \rho\mathrm{d}\rho\mathrm{d}\varphi \tag{1.48}$$

任意的矢量面元 d$\boldsymbol{S}$ 可表示为

$$\mathrm{d}\boldsymbol{S}=\boldsymbol{a}_\rho\mathrm{d}S_\rho+\boldsymbol{a}_\varphi\mathrm{d}S_\varphi+\boldsymbol{a}_z\mathrm{d}S_z \tag{1.49}$$

任意的矢量面元 d$\boldsymbol{S}$ 在圆柱坐标系中三个坐标面的投影即是三个标量面元。

全部三个方向的线元相乘可以得到体积元，如图 1.11（a）所示，即

$$\mathrm{d}\tau=\rho\mathrm{d}\rho\mathrm{d}\varphi\mathrm{d}z \tag{1.50}$$

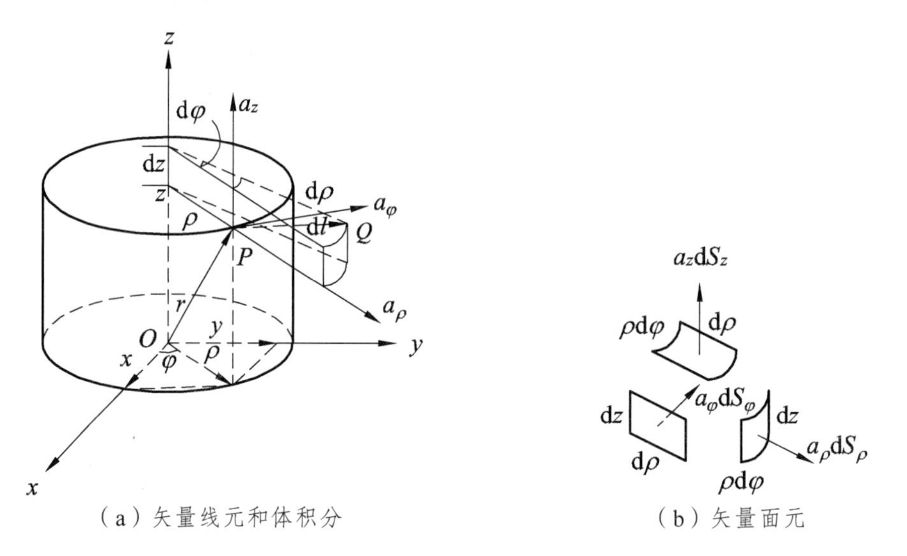

（a）矢量线元和体积分　　（b）矢量面元

图 1.11　圆柱坐标系中的微分元

1.3.3　球坐标系

1. 基本定义与运算

球坐标系由一个球面、一个锥面和一个半无限大的平面构成。某点 P 的坐标可表示为 $P(r,\theta,\varphi)$。三个坐标变量为 r、θ 和 φ，其中变量 r 是坐标原点到 P 点的距离，$r\in[0,+\infty)$，r 坐标面是半径为常数的球面；变量 θ 是 P 点的位置矢量 $\boldsymbol{r}$ 与 $+z$ 轴之间的夹角，规定 P 点与 $+z$ 轴重合时，θ 为零，P 点向 $-z$ 轴旋转时 θ 角增大，$\theta\in[0,\pi]$，θ 坐标面是 θ 角为常数所形成的以 z 轴为轴线的圆锥面。r、θ 和 φ 对应一组单位矢量：$\boldsymbol{a}_r$、$\boldsymbol{a}_\theta$ 和 $\boldsymbol{a}_\varphi$、$\boldsymbol{a}_r$ 指向 r 增加的方向，$\boldsymbol{a}_\theta$ 指向 φ 坐标面（半平面）与 r 坐标面（球面）相交出的半圆的切线方向，如图 1.12 所示。$\boldsymbol{a}_r$ 和 $\boldsymbol{a}_\theta$ 是坐标 θ 和 φ 的函数，$\boldsymbol{a}_\varphi$ 是坐标 φ 的函数，$\boldsymbol{a}_r$、$\boldsymbol{a}_\theta$ 和 $\boldsymbol{a}_\varphi$ 均不是常矢量。

从图 1.12 中可以得出球坐标与直角坐标的关系为

$$x=r\sin\theta\cos\varphi,\quad y=r\sin\theta\sin\varphi,\quad z=r\cos\theta$$

$$r=\sqrt{x^2+y^2+z^2},\quad \theta=\arctan(\sqrt{(x^2+y^2)}/z),\quad \varphi=\arctan(y/x) \tag{1.51}$$

位置矢量在球坐标系中的表达式为

$$\boldsymbol{r}=\boldsymbol{a}_r r \tag{1.52}$$

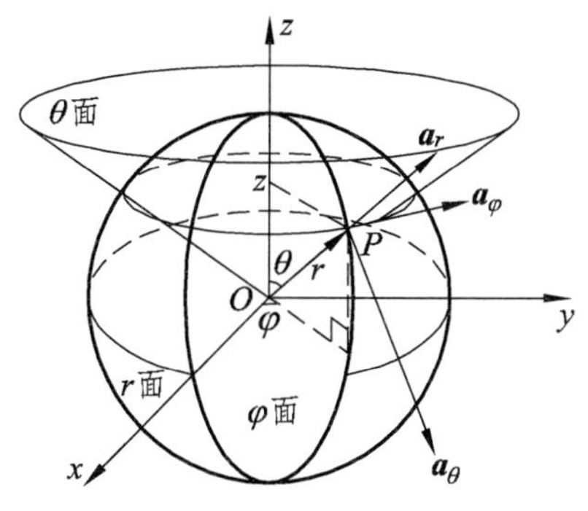

图 1.12　球坐标系

三个位置矢量 $\boldsymbol{a}_r$ 、 $\boldsymbol{a}_\theta$ 和 $\boldsymbol{a}_\varphi$ 之间呈右手螺旋关系，因此其叉积为

$$\boldsymbol{a}_r \times \boldsymbol{a}_r = \boldsymbol{a}_\theta \times \boldsymbol{a}_\theta = \boldsymbol{a}_\varphi \times \boldsymbol{a}_\varphi = \boldsymbol{0} \tag{1.53}$$

$$\boldsymbol{a}_r \times \boldsymbol{a}_\theta = \boldsymbol{a}_\varphi ,\ \ \boldsymbol{a}_\theta \times \boldsymbol{a}_\varphi = \boldsymbol{a}_r ,\ \ \boldsymbol{a}_\varphi \times \boldsymbol{a}_r = \boldsymbol{a}_\theta \tag{1.54}$$

2. 单位矢量的坐标变换

将空间任意一点处的单位矢量 $\boldsymbol{a}_r$ 、 $\boldsymbol{a}_\theta$ 和 $\boldsymbol{a}_\varphi$ 沿 x、y 和 z 轴分解，如图 1.13 所示（ $\boldsymbol{a}_\varphi$ 的分解同圆柱坐标），可得

$$\begin{cases} \boldsymbol{a}_r = \boldsymbol{a}_\rho \sin\theta + \boldsymbol{a}_z \cos\theta = \boldsymbol{a}_x \sin\theta\cos\varphi + \boldsymbol{a}_y \sin\theta\sin\varphi + \boldsymbol{a}_z \cos\theta \\ \boldsymbol{a}_\theta = \boldsymbol{a}_\rho \cos\theta - \boldsymbol{a}_z \sin\theta = \boldsymbol{a}_x \cos\theta\cos\varphi + \boldsymbol{a}_y \cos\theta\sin\varphi - \boldsymbol{a}_z \sin\theta \\ \boldsymbol{a}_\varphi = -\boldsymbol{a}_x \sin\varphi + \boldsymbol{a}_y \cos\varphi \end{cases} \tag{1.55}$$

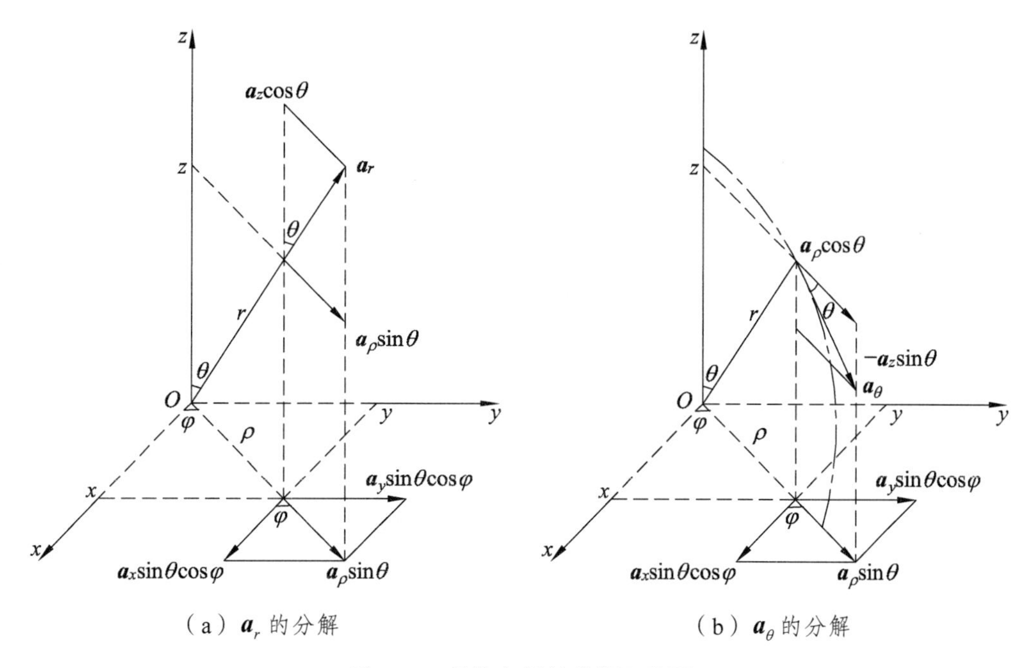

（a） $\boldsymbol{a}_r$ 的分解　　（b） $\boldsymbol{a}_\theta$ 的分解

图 1.13　单位矢量的分解示意图

单位矢量 $\boldsymbol{a}_r$ 和 $\boldsymbol{a}_\theta$ 是坐标 θ 和 φ 的函数，$\boldsymbol{a}_\varphi$ 是坐标 φ 的函数，再次证明 $\boldsymbol{a}_r$ 、$\boldsymbol{a}_\theta$ 和 $\boldsymbol{a}_\varphi$ 均不是常矢量。

3. 微分元

球坐标系中，两个顶点 P、Q 之间的距离矢量 $\mathrm{d}\boldsymbol{l}$ 在 r、θ 、φ 轴上的投影也即所构成微分六面体的边长，分别是 $\mathrm{d}r$ 、$r\mathrm{d}\theta$ 和 $r\sin\theta\mathrm{d}\varphi$ ，如图 1.14（a）所示，与直角坐标不同，θ 、φ 向边长均为弧线。因此，$\mathrm{d}r$ 、$r\mathrm{d}\theta$ 和 $r\sin\theta\mathrm{d}\varphi$ 分别代表从 P 点移动到 Q 点时，r、θ 和 φ 三个坐标变量的微分对应的长度变化。因此，矢量线元可表示为

$$\mathrm{d}\boldsymbol{l} = \boldsymbol{a}_r\mathrm{d}r + \boldsymbol{a}_\theta r\mathrm{d}\theta + \boldsymbol{a}_\varphi r\sin\theta\mathrm{d}\varphi \tag{1.56}$$

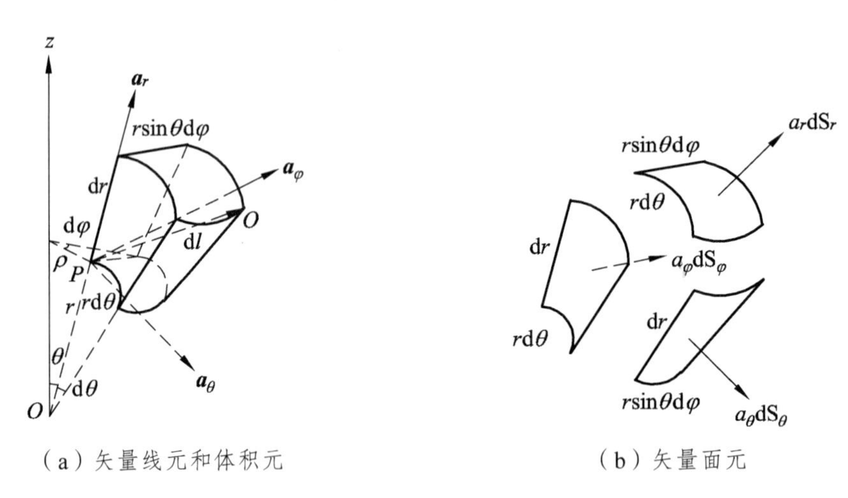

（a）矢量线元和体积元　　（b）矢量面元

图 1.14　球坐标系中的微分元

任意两个方向的线元相乘可以得到三个坐标方向的标量线元，如图 1.14（a）所示，即

$$\mathrm{d}S_r = r^2\sin\theta\mathrm{d}\theta\mathrm{d}\varphi\text{，}\ \mathrm{d}S_\theta = r\sin\theta\mathrm{d}r\mathrm{d}\varphi\text{，}\ \mathrm{d}S_\varphi = r\mathrm{d}r\mathrm{d}\theta \tag{1.57}$$

任意的矢量面元 $\mathrm{d}\boldsymbol{S}$ 可表示为

$$\mathrm{d}\boldsymbol{S} = \boldsymbol{a}_r\mathrm{d}S_r + \boldsymbol{a}_\theta\mathrm{d}S_\theta + \boldsymbol{a}_\varphi\mathrm{d}S_\varphi \tag{1.58}$$

任意的矢量面元 $\mathrm{d}\boldsymbol{S}$ 在球坐标系中三个坐标面的投影即是三个标量面元。

全部三个方向的线元相乘可以得到体积元，如图 1.14（a）所示，则

$$\mathrm{d}\tau = r^2\sin\theta\mathrm{d}r\mathrm{d}\theta\mathrm{d}\varphi \tag{1.59}$$

为了能对各种正交坐标系进行微分计算，引入一个度量系数 $h_i\,(i=1,2,3)$，h_i 与正交坐标系的三个坐标变量 u_i 对应，表示长度元 $\mathrm{d}l_i$ 与对应的坐标变量微分元 $\mathrm{d}u_i$ 之间的比值，即

$$h_i = \frac{\mathrm{d}l_i}{\mathrm{d}u_i}\,(i=1,2,3) \tag{1.60}$$

则对任一个正交坐标系，利用度量系数，即可写出

$$\mathrm{d}\boldsymbol{l} = \boldsymbol{a}_1 h_1 \mathrm{d}u_1 + \boldsymbol{a}_2 h_2 \mathrm{d}u_2 + \boldsymbol{a}_3 h_3 \mathrm{d}u_3 \tag{1.61}$$

$$\mathrm{d}\boldsymbol{S}_1 = \boldsymbol{a}_1 h_2 h_3 \mathrm{d}u_2 \mathrm{d}u_3 \quad \mathrm{d}\boldsymbol{S}_2 = \boldsymbol{a}_2 h_1 h_3 \mathrm{d}u_1 \mathrm{d}u_3 \quad \mathrm{d}\boldsymbol{S}_3 = \boldsymbol{a}_3 h_1 h_2 \mathrm{d}u_1 \mathrm{d}u_2 \tag{1.62}$$

$$\mathrm{d}\tau = h_1 h_2 h_3 \mathrm{d}u_1 \mathrm{d}u_2 \mathrm{d}u_3 \tag{1.63}$$

其中，直角坐标系：

$$h_1 = h_2 = h_3 = 1 \tag{1.64}$$

圆柱坐标系：

$$h_1 = 1,\ h_2 = \rho,\ h_3 = 1 \tag{1.65}$$

球坐标系：

$$h_1 = 1,\ h_2 = r,\ h_3 = r\sin\theta \tag{1.66}$$

1.4 标量场的方向导数和梯度

标量场可用等值线或等值面来表示场的分布，但这种分布仅表示标量场的总体分布，如果要了解标量场的局部特征，就需要引入方向导数的概念。

1.4.1 方向导数

标量场中各点标量的大小可能不同，因此某点标量沿着各个方向的变化率也有可能不同，标量场自该点沿某一方向的变化率称为该点的方向导数。

设 P 为标量场 $\Phi(P)$ 中的一点，如图 1.15 所示，标量场 Φ 在 P 点沿 $\boldsymbol{l}$ 方向的方向导数定义为

$$\left.\frac{\partial \Phi}{\partial l}\right|_P = \lim_{\Delta l \to 0} \frac{\Phi(P') - \Phi(P)}{\Delta l} \tag{1.67}$$

式中，Δl 为 P 点到 P' 点之间的距离。

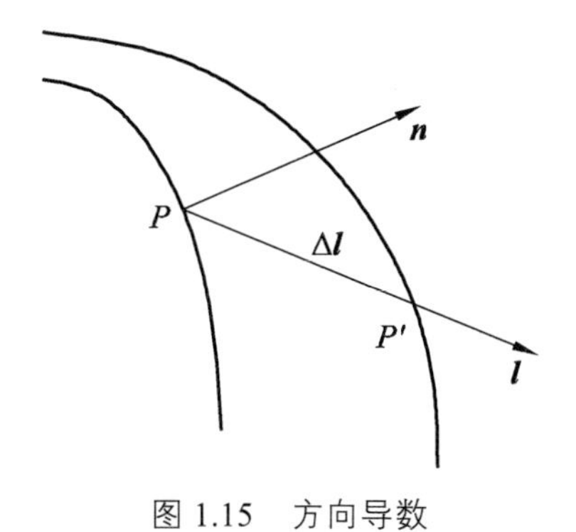

图 1.15 方向导数

在直角坐标系中，标量场 Φ 在 P 点沿任意方向 l 的方向导数可表示为

$$\frac{\partial \Phi}{\partial l}=\frac{\partial \Phi}{\partial x}\frac{\partial x}{\partial l}+\frac{\partial \Phi}{\partial y}\frac{\partial y}{\partial l}+\frac{\partial \Phi}{\partial z}\frac{\partial z}{\partial l} \tag{1.68}$$

而矢量 $\boldsymbol{l}$ 的单位矢 $\boldsymbol{a}_l$ 为

$$\boldsymbol{a}_l=\boldsymbol{a}_x\cos\alpha+\boldsymbol{a}_y\cos\beta+\boldsymbol{a}_z\cos\gamma \tag{1.69}$$

则式（1.66）可表示为

$$\frac{\partial \Phi}{\partial l}=\frac{\partial \Phi}{\partial x}\cos\alpha+\frac{\partial \Phi}{\partial y}\cos\beta+\frac{\partial \Phi}{\partial z}\cos\gamma \tag{1.70}$$

1.4.2　标量场的梯度

方向导数给出了标量场在给定点沿某一方向的变化率，然而从场中给定点出发，可以有无穷多个方向。沿等值面的法线方向 $\boldsymbol{n}$，标量场的变化最大，即方向导数有最大值。方向导数的最大值即取最大值的方向称为标量场的梯度（gradient）。下面推导梯度的计算公式。

利用两个矢量的点积公式，可将式（1.70）改写为

$$\frac{\partial \Phi}{\partial l}=\left(\frac{\partial \Phi}{\partial x},\frac{\partial \Phi}{\partial y},\frac{\partial \Phi}{\partial z}\right)\cdot(\cos\alpha,\cos\beta,\cos\gamma) \tag{1.71}$$

令

$$\operatorname{grad}\Phi=\boldsymbol{a}_x\frac{\partial \Phi}{\partial x}+\boldsymbol{a}_y\frac{\partial \Phi}{\partial y}+\boldsymbol{a}_z\frac{\partial \Phi}{\partial z} \tag{1.72}$$

$$\frac{\partial \Phi}{\partial l}=\left(\boldsymbol{a}_x\frac{\partial \Phi}{\partial x}+\boldsymbol{a}_y\frac{\partial \Phi}{\partial y}+\boldsymbol{a}_z\frac{\partial \Phi}{\partial z}\right)\cdot\boldsymbol{a}_l$$

则有

$$\frac{\partial \Phi}{\partial l}=\operatorname{grad}\Phi\boldsymbol{a}_l \tag{1.73}$$

式中，$\operatorname{grad}\Phi$ 称为标量场 Φ 的梯度，且标量场 Φ 的梯度是一个矢量场。由式（1.73）可见，当 $\boldsymbol{a}_l$ 的方向与梯度方向一致时，方向导数 $\frac{\partial \Phi}{\partial l}$ 取得最大值。因此，标量场在某点梯度的大小等于该点的最大方向导数，梯度的方向为该点具有最大方向导数的方向，即垂直于过该点的等值面，且指向等值面增加的方向。

为了方便，引入一个矢量微分算子：

$$\nabla=\boldsymbol{a}_x\frac{\partial}{\partial x}+\boldsymbol{a}_y\frac{\partial}{\partial y}+\boldsymbol{a}_z\frac{\partial}{\partial z} \tag{1.74}$$

矢量微分算子 ∇ 本身并没有什么意义，只是一个运算符号，同时它也是一个矢量算子。根据式（1.72），标量场的梯度可表示为矢量微分算子 ∇ 与标量 Φ 的乘积，即有

$$\operatorname{grad}\Phi=\nabla\Phi=\boldsymbol{a}_x\frac{\partial \Phi}{\partial x}+\boldsymbol{a}_y\frac{\partial \Phi}{\partial y}+\boldsymbol{a}_z\frac{\partial \Phi}{\partial z} \tag{1.75}$$

方向导数也可表示为

$$\frac{\partial \Phi}{\partial l}=\operatorname{grad}\Phi\cdot\boldsymbol{a}_l=\nabla\Phi\cdot\boldsymbol{a}_l \tag{1.76}$$

同理，在圆柱坐标系中：

$$\nabla\Phi=\boldsymbol{a}_\rho\frac{\partial \Phi}{\partial \rho}+\boldsymbol{a}_\varphi\frac{1}{\rho}\frac{\partial \Phi}{\partial \varphi}+\boldsymbol{a}_z\frac{\partial \Phi}{\partial z} \tag{1.77}$$

在球坐标中：

$$\nabla\Phi=\boldsymbol{a}_r\frac{\partial \Phi}{\partial r}+\boldsymbol{a}_\theta\frac{1}{r}\frac{\partial \Phi}{\partial \theta}+\boldsymbol{a}_\varphi\frac{1}{r\sin\theta}\frac{\partial \Phi}{\partial \varphi} \tag{1.78}$$

由以上推导，可归纳出以下标量场梯度的性质：

（1）一个标量场的梯度是一个矢量场。

（2）标量场的梯度垂直于该标量场的等值面。

（3）梯度的方向与取得最大方向导数的方向一致，且由数值较低的等值面指向数值较高的等值面。

（4）梯度的数模是方向导数的最大值。

（5）标量场在任意点沿某一方向的方向导数是其梯度在该方向的投影。

例 1.1　求函数 $f=12x^2+yz^2$ 在点 $P(-1,0,1)$ 向点 $Q(1,1,1)$ 方向上的变化率。

解：点 P、Q 间的距离矢量为

$$\begin{aligned}\boldsymbol{R}=\boldsymbol{r}_Q-\boldsymbol{r}_P&=\boldsymbol{a}_x(1+1)+\boldsymbol{a}_y(1-0)+\boldsymbol{a}_z(1-1)\\&=2\boldsymbol{a}_x+\boldsymbol{a}_y\end{aligned}$$

其单位矢量：

$$\boldsymbol{a}_R=\frac{\boldsymbol{R}}{R}=\frac{2\boldsymbol{a}_x+\boldsymbol{a}_y}{\sqrt{2^2+1^2}}=\boldsymbol{a}_x\frac{2}{\sqrt{5}}+\boldsymbol{a}_y\frac{1}{\sqrt{5}}$$

依据式（1.73），f 在点 P 向 Q 方向的变化率为

$$\begin{aligned}\left.\frac{\mathrm{d}f}{\mathrm{d}R}\right|_P&=\left.\left(\boldsymbol{a}_x\frac{\partial f}{\partial x}+\boldsymbol{a}_y\frac{\partial f}{\partial y}+\boldsymbol{a}_z\frac{\partial f}{\partial z}\right)\right|_P\cdot\boldsymbol{a}_R\\&=(\boldsymbol{a}_x24x+\boldsymbol{a}_yz^2+\boldsymbol{a}_z2yz)\big|_{(-1,0,1)}\cdot\left(\boldsymbol{a}_x\frac{2}{\sqrt{5}}+\boldsymbol{a}_y\frac{1}{\sqrt{5}}\right)\\&=-\frac{47\sqrt{5}}{5}\end{aligned}$$

例 1.2　计算场 $f(r)=xy^2z$ 沿 $\boldsymbol{A}=\boldsymbol{a}_x+2\boldsymbol{a}_y+2\boldsymbol{a}_z$ 方向的方向导数，以及在点 $(2,1,0)$ 处，沿 $\boldsymbol{B}=2\boldsymbol{a}_x-\boldsymbol{a}_y+2\boldsymbol{a}_z$ 方向的方向导数。

解：

$$\nabla f=\boldsymbol{a}_x\frac{\partial f}{\partial x}+\boldsymbol{a}_y\frac{\partial f}{\partial y}+\boldsymbol{a}_z\frac{\partial f}{\partial z}$$

$$\boldsymbol{a}_A=\frac{\boldsymbol{A}}{A}=\boldsymbol{a}_x\frac{1}{3}+\boldsymbol{a}_y\frac{2}{3}+\boldsymbol{a}_z\frac{2}{3}$$

$$\frac{\partial f}{\partial A}=\nabla f\cdot\boldsymbol{a}_A=\frac{1}{3}y^2z+\frac{4}{3}xyz+\frac{2}{3}xy^2$$

$$\boldsymbol{a}_B=\frac{\boldsymbol{B}}{B}=\boldsymbol{a}_x\frac{2}{3}-\boldsymbol{a}_y\frac{1}{3}+\boldsymbol{a}_z\frac{2}{3}$$

$$\left.\frac{\partial f}{\partial B}\right|_{(2,1,0)}=\nabla f\cdot\boldsymbol{a}_B\big|_{(2,1,0)}=\left.\frac{2}{3}y^2z-\frac{2}{3}xyz+\frac{2}{3}xy^2\right|_{(2,1,0)}=\frac{4}{3}$$

例 1.3 计算$\nabla\left(\frac{1}{R}\right)$及$\nabla'\left(\frac{1}{R}\right)$。其中$R$为空间$P(x,y,z)$点与$P'(x',y',z')$点之间的距离，如图 1.16 所示。$\nabla$表示对$(x,y,z)$运算，$\nabla'$表示对$(x',y',z')$运算。

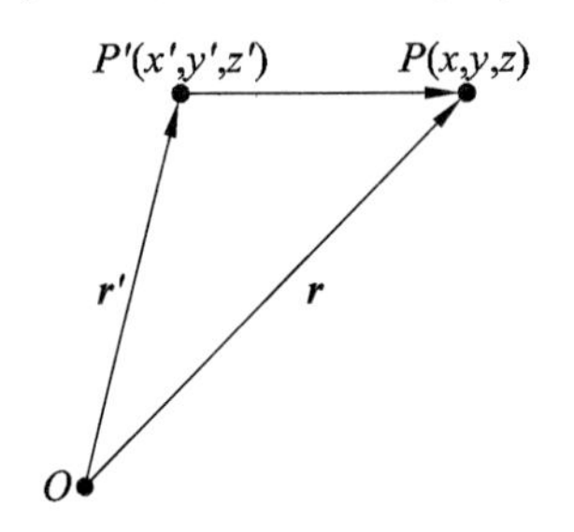

图 1.16 源点与场点

解： 令P点的位置矢量为r，P'点的位置矢量为$\boldsymbol{r}'$，则

$$\boldsymbol{r}=x\boldsymbol{a}_x+y\boldsymbol{a}_y+z\boldsymbol{a}_z$$

$$\boldsymbol{r}'=x'\boldsymbol{a}_x+y'\boldsymbol{a}_y+z'\boldsymbol{a}_z$$

$$\boldsymbol{R}=\boldsymbol{r}-\boldsymbol{r}'=(x-x')\boldsymbol{a}_x+(y-y')\boldsymbol{a}_y+(z-z')\boldsymbol{a}_z$$

$$|\boldsymbol{R}|=R=\sqrt{(x-x')^2+(y-y')^2+(z-z')^2}$$

$$\nabla f=\boldsymbol{a}_x\frac{\partial f}{\partial x}+\boldsymbol{a}_y\frac{\partial f}{\partial y}+\boldsymbol{a}_z\frac{\partial f}{\partial z}$$

$$\nabla f'=\boldsymbol{a}_x\frac{\partial f}{\partial x'}+\boldsymbol{a}_y\frac{\partial f}{\partial y'}+\boldsymbol{a}_z\frac{\partial f}{\partial z'}$$

$$\frac{\partial}{\partial x}\left(\frac{1}{R}\right)=-\frac{\partial R}{R^2\partial x}=-\frac{x-x'}{R^3}$$

$$\frac{\partial}{\partial y}\left(\frac{1}{R}\right)=-\frac{\partial R}{R^2\partial y}=-\frac{y-y'}{R^3}$$

$$\frac{\partial}{\partial z}\left(\frac{1}{R}\right)=-\frac{\partial R}{R^2\partial z}=-\frac{z-z'}{R^3}$$

所以

$$\nabla\left(\frac{1}{R}\right)=-\frac{1}{R^3}[\boldsymbol{a}_x(x-x')+\boldsymbol{a}_y(y-y')+\boldsymbol{a}_z(z-z')]$$

即

$$\nabla\left(\frac{1}{R}\right)=-\frac{\boldsymbol{R}}{R^3} \tag{1.79}$$

同理

$$\nabla'\left(\frac{1}{R}\right)=\frac{\boldsymbol{R}}{R^3} \tag{1.80}$$

由此可见

$$\nabla\left(\frac{1}{R}\right)=-\nabla'\left(\frac{1}{R}\right) \tag{1.81}$$

上述结果在电磁场计算中经常用到，通常以 (x',y',z') 表示产生电磁场的源坐标，P' 点称为源点；以 (x,y,z) 表示空间电磁场的场坐标，P 点称为场点。在正交坐标系下，源点也可用位置矢量 $\boldsymbol{r}'$ 表示为 $P'(\boldsymbol{r}')$，场点用位置矢量 $\boldsymbol{r}$ 表示为 $P(\boldsymbol{r})$。

可以证明，梯度运算符合下列规则：

$$\nabla c=0\text{（}c\text{ 为常数）} \tag{1.82}$$

$$\nabla(c\phi)=c\nabla\phi \tag{1.83}$$

$$\nabla(\phi\pm\psi)=\nabla\phi\pm\nabla\psi \tag{1.84}$$

$$\nabla(\phi\psi)=\psi\nabla\phi\pm\phi\nabla\psi \tag{1.85}$$

$$\nabla\left(\frac{\phi}{\psi}\right)=\frac{1}{\psi^2}(\psi\nabla\phi-\phi\nabla\psi) \tag{1.86}$$

$$\nabla F(\phi)=F'(\phi)\nabla\phi \tag{1.87}$$

标量场的梯度是一个矢量场，该矢量的量纲等于原标量场的量纲除以长度的量纲。

1.5 矢量场的通量和散度

1.5.1 通量和通量源

在 1.3 节，矢量面元定义为面元的面积与其法线方向的单位矢量的乘积。一个闭合线可以构成开表面，而一张闭合面则可以构成一个空间区域，如图 1.17 所示。对开表面的曲面方向，规定与其边界（必是一闭合曲线）的环绕方向成右手螺旋关系的一侧的法线方向为矢量面元的方向；对于闭合面的曲面方向，取其外法线方向为矢量面元的方向。

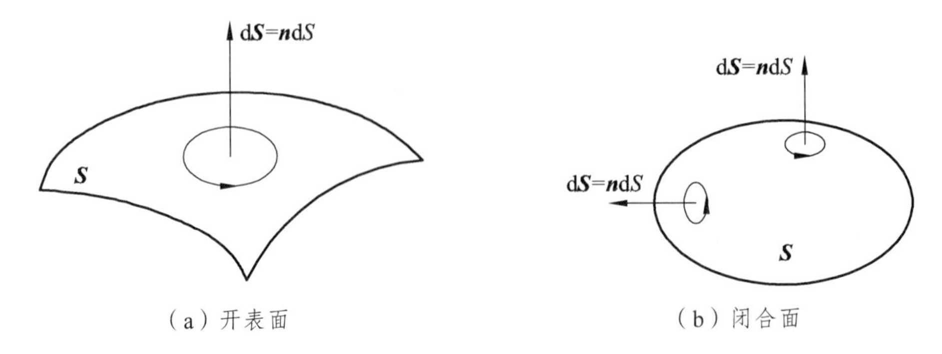

（a）开表面　　　　（b）闭合面

图 1.17　曲面的方向

矢量场 $\boldsymbol{A}(r)$沿某一有向曲面 $\boldsymbol{S}$ 的面积分称为矢量 $\boldsymbol{A}(r)$通过该有向曲面 $\boldsymbol{S}$ 的通量，即

$$\int_S \boldsymbol{A}(\boldsymbol{r})\cdot \mathrm{d}\boldsymbol{S}=\int_S A(\boldsymbol{r})\cos\theta \mathrm{d}S \tag{1.88}$$

若矢量场 $\boldsymbol{A}(r)$是水的流速场 $\boldsymbol{v}(r)$（m/s），则该积分的物理意义表示水流 $\boldsymbol{v}(r)$在单位时间内穿过曲面 $\boldsymbol{S}$（m^2）的流量（m^3/s）。当通量大于零时，表示矢量场的方向与面积方向总体一致；当通量小于零时，表示矢量场的方向与面积方向总体相反，如图 1.18 所示。

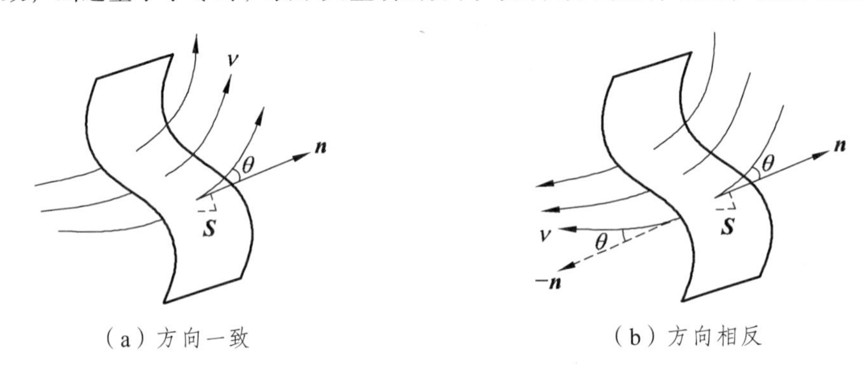

（a）方向一致　　　　（b）方向相反

图 1.18　开表面的通量

若有向曲面 $\boldsymbol{S}$ 是闭合的，则矢量场 $\boldsymbol{A}(r)$对闭合面 $\boldsymbol{S}$ 的通量可写为

$$\oint_S \boldsymbol{A}(r)\cdot \mathrm{d}\boldsymbol{S}=\oint_S A(r)\cos\theta \mathrm{d}S \tag{1.89}$$

根据矢量通过该闭合面的通量可以判断该矢量是进入还是穿出该闭合面。当 $\oint_s \boldsymbol{A}(\boldsymbol{r})\cdot \mathrm{d}\boldsymbol{S}>0$ 时，表示穿出闭合面的矢量线数量比穿入闭合面的矢量线数量多，因而闭合面内一定存在产生该矢量场的源，即正源；当 $\oint_s \boldsymbol{A}(\boldsymbol{r})\cdot \mathrm{d}\boldsymbol{S}<0$ 时，表示穿入闭合面的矢量线数量比穿出闭合面的矢量线数量多，因而闭合面内一定存在产生该矢量场的洞和汇，即负源；当 $\oint_s \boldsymbol{A}(\boldsymbol{r})\cdot \mathrm{d}\boldsymbol{S}=0$ 时，表示穿入闭合面和穿出闭合面的矢量线数量相等，闭合面内或者没有矢量线的起始点，或者在闭合面内起始的矢量线根数相等，称为无源，如图 1.19 所示。综上所述，式（1.89）表示矢量线 $\boldsymbol{A}(r)$穿出闭合面 $\boldsymbol{S}$ 的通量。

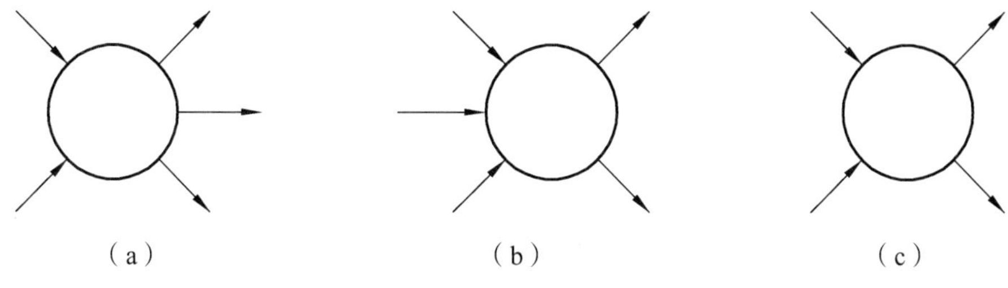

图 1.19　闭合面的通量

例 1.4　已知矢量场 $\boldsymbol{A}=\boldsymbol{a}_\rho(\mathrm{e}^{-\alpha\rho}/\rho)+\boldsymbol{a}_z\cos\pi z$，$\alpha$ 为常数。有一个以 z 轴为轴线、半径为 2 的单位长度的圆柱面与 $z=0$、$z=1$ 的平面构成的闭合面 $\boldsymbol{S}$，求 $\boldsymbol{A}$ 穿过 $\boldsymbol{S}$ 的通量。

解：此闭合面由三部分光滑曲面构成，如图 1.20 所示。其中圆柱侧面的面元矢量 $\mathrm{d}\boldsymbol{S}_\rho=\boldsymbol{a}_\rho\rho\mathrm{d}\varphi\mathrm{d}z$，上底面 $(z=1)$ 的面元矢量 $\mathrm{d}\boldsymbol{S}_z=\boldsymbol{a}_z\rho\mathrm{d}\varphi\mathrm{d}\rho$，下底面 $(z=0)$ 的面元矢量 $\mathrm{d}\boldsymbol{S}_z=-\boldsymbol{a}_z\rho\mathrm{d}\varphi\mathrm{d}\rho$，则

$$\begin{aligned}
\oint_S \boldsymbol{A}\cdot\mathrm{d}\boldsymbol{S} &= \int_{S_\rho}\boldsymbol{A}\cdot\mathrm{d}\boldsymbol{S}_\rho+\int_{S_{z=1}}\boldsymbol{A}\cdot\mathrm{d}\boldsymbol{S}_z+\int_{S_{z=0}}\boldsymbol{A}\cdot\mathrm{d}\boldsymbol{S}_z\\
&=\int_{S_{\rho=2}}\frac{\mathrm{e}^{-\alpha\rho}}{\rho}\rho\mathrm{d}\alpha\mathrm{d}z+\int_{S_{z=1}}\cos(\pi z)\rho\mathrm{d}\varphi\mathrm{d}\rho-\int_{S_{z=0}}\cos(\pi z)\rho\mathrm{d}\varphi\mathrm{d}\rho\\
&=\int_0^{2\pi}\mathrm{e}^{-2\alpha}\mathrm{d}\varphi\int_0^1\mathrm{d}z+\int_0^{2\pi}\cos\pi\mathrm{d}\varphi\int_0^2\rho\mathrm{d}\rho-\int_0^{2\pi}\cos 0\mathrm{d}\varphi\int_0^2\rho\mathrm{d}\rho\\
&=2\pi\mathrm{e}^{-2\alpha}-4\pi-4\pi=2\pi(\mathrm{e}^{-2\alpha}-4)
\end{aligned}$$

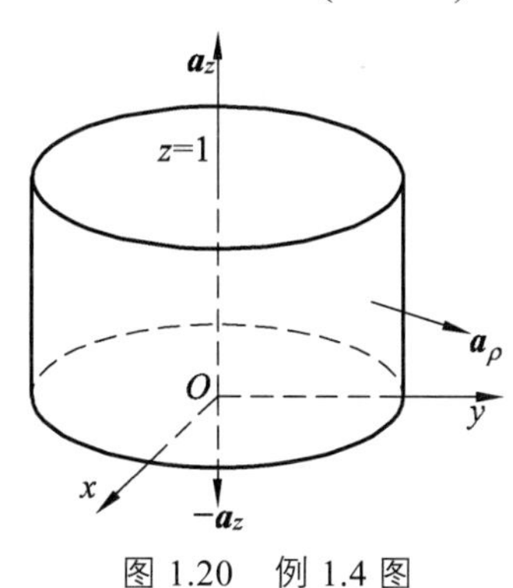

图 1.20　例 1.4 图

例 1.5　计算面积分 $\int_S\frac{\boldsymbol{a}_r}{r^2}\cdot\mathrm{d}\boldsymbol{S}$，其中 S 是半锥角为 θ 的圆锥面在半径为 a 的球面上割出的球冠面积，如图 1.21 所示。

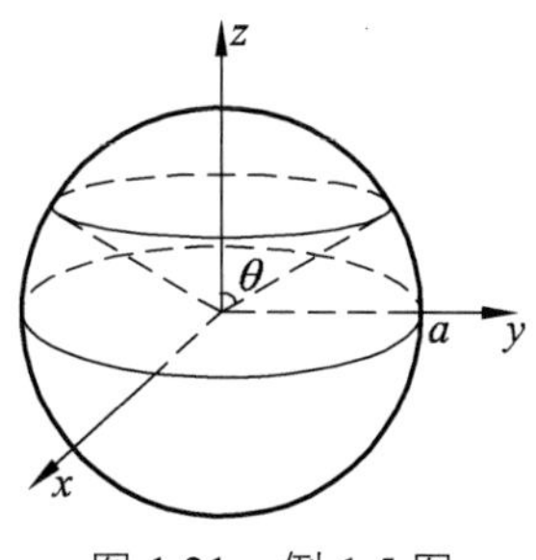

图 1.21　例 1.5 图

解：

$$\int_s \frac{\boldsymbol{a}_r}{r^2}\cdot \mathrm{d}\boldsymbol{S} = \int_s \frac{1}{r^2}\mathrm{d}\boldsymbol{S}_r = \int_0^{2\pi}\int_0^{\theta}\frac{1}{\boldsymbol{a}^2}\boldsymbol{a}^2\sin\theta\mathrm{d}\theta\mathrm{d}\varphi = 2\pi\int_0^{\theta}\sin\theta\mathrm{d}\theta$$

$$= 2\pi(1-\cos\theta)$$

特别地，当 $\theta=\pi$ 时，$\cos\theta=-1$。

$$\oint_S \frac{\boldsymbol{a}_r}{r^2}\cdot \mathrm{d}\boldsymbol{S} = 4\pi$$

该结论可推广到任意闭合面。

1.5.2 矢量场的散度

由上述讨论可知，根据矢量通过某一闭合面的通量性质可以判断闭合面中源的正负特性，以及源是否存在。但是，通量仅能表示闭合面中源的总量，它却不能反映源的分布特性。如果使包围某点的闭合面向该点无限收缩，那么，穿过此无限小闭合面的通量即可表示该点附近源的特性。因此，定义当闭合面 $\boldsymbol{S}$ 向某点无限收缩时，矢量 $\boldsymbol{A}$ 通过该闭合面 S 的通量与该闭合面包围的体积之比的极限称为矢量场 $\boldsymbol{A}$ 在该点的散度（divergence），以 $\mathrm{div}\,\boldsymbol{A}$ 表示，即

$$\mathrm{div}\,\boldsymbol{A} = \lim_{\Delta r\to 0}\frac{\oint_s \boldsymbol{A}(r)\cdot \mathrm{d}\boldsymbol{S}}{\Delta\tau} \tag{1.90}$$

式中，$\Delta\tau$ 为闭合曲面 S 包围的体积。式（1.90）表明，散度是一个标量，其大小可理解为通过包围单位体积闭合面的通量。

为推导出矢量场的散度在直角坐标系中的表达式，在矢量场中取一个小的长方六面体，六面体的其中一个顶点为 P，且六个表面分别与坐标面平行，六面体的边长分别为 Δx、Δy 和 Δz，如图 1.22 所示。

设矢量 $\boldsymbol{A}$ 在顶点 P 的分量为 (A_x, A_y, A_z)，如图 1.23 所示。

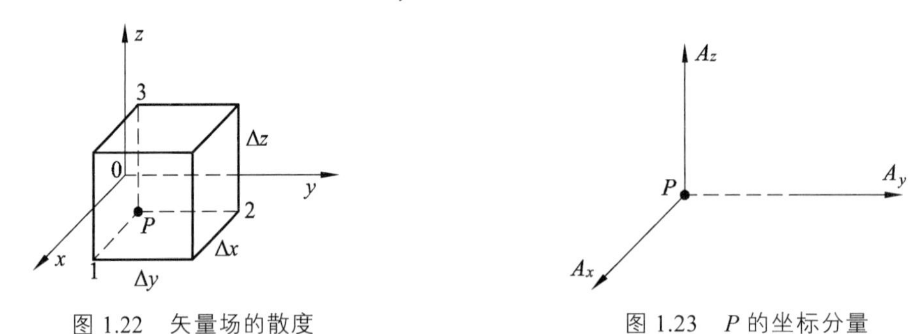

图 1.22 矢量场的散度　　　　图 1.23 P 的坐标分量

图 1.22 所示的六面体左右两个面的外法线方向分别为 $-\boldsymbol{a}_y$ 和 $\boldsymbol{a}_y$，如果六面体很小，可认为矢量场 $\boldsymbol{A}$ 穿出左、右的通量为

$$-A_y\Delta x\Delta z + \left(A_y + \frac{\partial A_y}{\partial y}\Delta y\right)\Delta x\Delta z = \frac{\partial A_y}{\partial y}\Delta x\Delta y\Delta z \tag{1.91}$$

同理可得，矢量场 $\boldsymbol{A}$ 穿出上下面的通量为

$$-A_z\Delta x\Delta y+\left(A_z+\frac{\partial A_z}{\partial z}\Delta z\right)\Delta x\Delta y=\frac{\partial A_z}{\partial z}\Delta x\Delta y\Delta z \tag{1.92}$$

矢量场 $\boldsymbol{A}$ 穿出前后面的通量为

$$-A_x\Delta y\Delta z+\left(A_x+\frac{\partial A_x}{\partial x}\Delta x\right)\Delta y\Delta z=\frac{\partial A_x}{\partial x}\Delta x\Delta y\Delta z \tag{1.93}$$

由此可以求得矢量场 $\boldsymbol{A}$ 通过点 P 点的六面体表面的总通量为

$$\oint_s \boldsymbol{A}\cdot\mathrm{d}\boldsymbol{S}=\left(\frac{\partial A_x}{\partial x}+\frac{\partial A_y}{\partial y}+\frac{\partial A_z}{\partial z}\right)\Delta x\Delta y\Delta z \tag{1.94}$$

式中，$\Delta x\Delta y\Delta z=\Delta\tau$ 为六面体的体积，代入式（1.90），可以得到矢量场 $\boldsymbol{A}$ 在 M 点的散度：

$$\operatorname{div}\boldsymbol{A}=\lim_{\Delta\tau\to 0}\frac{\oint_S \boldsymbol{A}\cdot\mathrm{d}\boldsymbol{S}}{\Delta\tau}=\frac{\partial A_x}{\partial x}+\frac{\partial A_y}{\partial y}+\frac{\partial A_z}{\partial z} \tag{1.95}$$

根据矢量微分算子的定义，矢量场 $\boldsymbol{A}$ 的散度可以表示为

$$\operatorname{div}\boldsymbol{A}=\nabla\cdot\boldsymbol{A} \tag{1.96}$$

因此，在直角坐标系中、圆柱坐标系和球坐标系中，散度的计算式可分别简写为

$$\nabla\cdot\boldsymbol{A}=\frac{\partial A_x}{\partial x}+\frac{\partial A_y}{\partial y}+\frac{\partial A_z}{\partial z} \tag{1.97}$$

$$\nabla\cdot\boldsymbol{A}=\frac{1}{\rho}\frac{\partial}{\partial\rho}(\rho A_\rho)+\frac{1}{\rho}\frac{\partial A_\varphi}{\partial\varphi}+\frac{\partial A_z}{\partial z} \tag{1.98}$$

$$\nabla\cdot\boldsymbol{A}=\frac{1}{r^2}\frac{\partial}{\partial r}(r^2A_r)+\frac{1}{r\sin\theta}\frac{\partial}{\partial\theta}(\sin\theta A_\theta)+\frac{1}{r\sin\theta}\frac{\partial A_\varphi}{\partial\varphi} \tag{1.99}$$

从散度的定义式（1.90）及以上推导，可以归纳出散度具有以下特征。

（1）矢量场的散度构成一个标量场。

（2）$\nabla\cdot\boldsymbol{A}\neq 0$ 的点代表存在通量源，也称散度源，该矢量场称为有源场或有散场；$\nabla\cdot\boldsymbol{A}>0$ 点是源点，能够发出矢量线，是矢量线的起点（如图 1.24 中的 P 点）；$\nabla\cdot\boldsymbol{A}<0$ 的点是汇点，能吸收矢量线，是矢量线的终点（如图 1.24 中的 Q 点）。

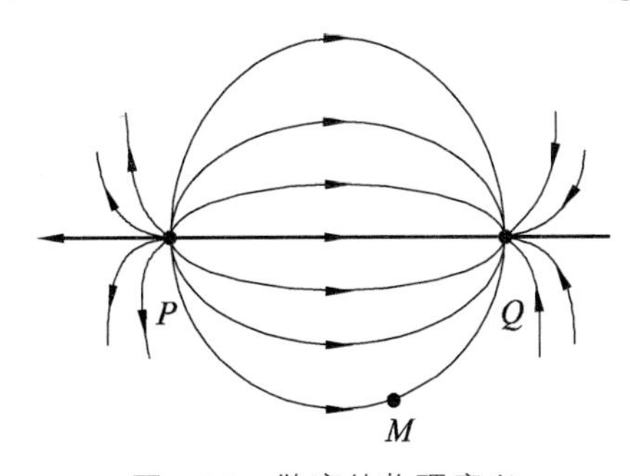

图 1.24　散度的物理意义

（3）$\nabla\cdot\boldsymbol{A}=0$ 的点不存在通量源，矢量线从该点穿过（如图 1.24 中的 M 点），散度处处为零的矢量场称无源场或无散场。

（4）散度的量纲是通量源体密度，表示某点矢量场穿出单位体积外包面的净通量。

可以证明，散度运算符合下列规则：

$$\nabla\cdot(\boldsymbol{A}\pm\boldsymbol{B})=\nabla\cdot\boldsymbol{A}\pm\nabla\cdot\boldsymbol{B} \tag{1.100}$$

$$\nabla\cdot(c\boldsymbol{A})=c\nabla\cdot\boldsymbol{A}\ （c\ 为常数） \tag{1.101}$$

$$\nabla\cdot(\Phi\boldsymbol{A})=\Phi\nabla\cdot\boldsymbol{A}\pm\boldsymbol{A}\cdot\nabla\Phi \tag{1.102}$$

在直角坐标系中，根据梯度表达式（1.72）及散度表达式（1.96）可知：

$$\nabla\cdot\nabla\Phi=\nabla^2\Phi=\frac{\partial^2\Phi}{\partial x^2}+\frac{\partial^2\Phi}{\partial y^2}+\frac{\partial^2\Phi}{\partial z^2} \tag{1.103}$$

式中，∇^2 称为拉普拉斯算子（Laplacian），它在直角坐标系中的表达式为

$$\nabla^2=\frac{\partial^2}{\partial x^2}+\frac{\partial^2}{\partial y^2}+\frac{\partial^2}{\partial z^2} \tag{1.104}$$

∇^2 也可以对矢量进行运算，但与对标量进行运算有所不同，已失去原有的梯度的散度的概念，仅是一种符号，如在直角坐标系中，有

$$\nabla^2\boldsymbol{A}=\boldsymbol{a}_x\nabla^2A_x+\boldsymbol{a}_y\nabla^2A_y+\boldsymbol{a}_z\nabla^2A_z \tag{1.105}$$

式中等号右边 $\nabla^2=\frac{\partial^2}{\partial x^2}+\frac{\partial^2}{\partial y^2}+\frac{\partial^2}{\partial z^2}$。由此可见，在直角坐标系中 ∇^2 对矢量 $\boldsymbol{A}$ 的运算相当于对 $\boldsymbol{A}$ 的各个坐标分量进行运算。

$\nabla^2\boldsymbol{A}$ 在其他坐标系中都具有极其复杂的形式，一般由下面矢量恒等式计算：

$$\nabla^2\boldsymbol{A}=\nabla\nabla\cdot\boldsymbol{A}+\nabla\times\nabla\times\boldsymbol{A} \tag{1.106}$$

1.5.3 散度定理

散度的定义式（1.90）给出了空间某点附近的通量和通量源密度之间的关系，若在空间有一闭合曲面 $\boldsymbol{S}$，它所包围的空间体积为 τ，矢量场 $\boldsymbol{A}$ 在 $\boldsymbol{S}$ 和 τ 上都是连续可导的，则有

$$\oint_S\boldsymbol{A}\cdot\mathrm{d}\boldsymbol{S}=\int_S\nabla\cdot\boldsymbol{A}\mathrm{d}\tau \tag{1.107}$$

式（1.106）称为散度定理，又称为高斯定理。

证明：将体积 τ 分割成 n 个微分体积元 $\Delta\tau_i$，如图 1.25 所示，设其表面 S_i 所包围的微分体积元内点 P_i 处矢量场的散度为

$$\nabla\cdot\boldsymbol{A}_i=\lim_{\Delta\tau_i\to 0}\frac{\oint_{S_i}\boldsymbol{A}(r)\cdot\mathrm{d}\boldsymbol{S}}{\Delta\tau_i} \tag{1.108}$$

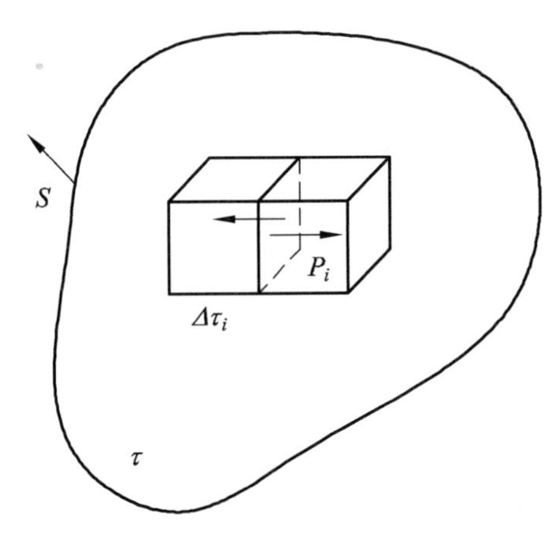

图 1.25　散度定理证明示意

由极限的定义，式（1.108）可重写为

$$\oint_{S_i} \boldsymbol{A}\cdot \mathrm{d}\boldsymbol{S} = \nabla\cdot \boldsymbol{A}_i \Delta\tau_i + \varepsilon_i \Delta\tau_i \quad (i=1,2,\cdots,n) \tag{1.109}$$

式中，ε_i 为无限小值。将 n 个这样的式子相加，得

$$\begin{aligned}\lim_{n\to\infty}\sum_{i=1}^{n}\oint_{s_i} \boldsymbol{A}\cdot \mathrm{d}\boldsymbol{S} &= \lim_{n\to\infty}\sum_{i=1}^{\infty}\nabla\cdot \boldsymbol{A}_i \Delta\tau_i + \lim_{n\to\infty}\sum_{i=1}^{n}\varepsilon_i \Delta\tau_i \\ &= \lim_{n\to\infty}\sum_{i=1}^{n}\nabla\cdot \boldsymbol{A}_i \Delta\tau_i\end{aligned} \tag{1.110}$$

式（1.110）等号左边的微小闭合面积分除呈现在外表面的部分外，每相邻的两个体积元必有一个公共面元，在计算机净通量时相互抵消，故

$$\lim_{n\to\infty}\sum_{i=1}^{n}\oint_{s_i} \boldsymbol{A}\cdot \mathrm{d}\boldsymbol{S} = \oint_{s} \boldsymbol{A}\cdot \mathrm{d}\boldsymbol{S} \tag{1.111}$$

按照积分的定义，当 $n\to\infty$ 时，有下式成立：

$$\lim_{n\to\infty}\sum_{i=1}^{n}\nabla\cdot \boldsymbol{A}_i \Delta\tau_i = \int_{\tau}\nabla\cdot \boldsymbol{A}\mathrm{d}\tau \tag{1.112}$$

故

$$\oint_{s} \boldsymbol{A}\cdot \mathrm{d}\boldsymbol{S} = \int_{\tau}\nabla\cdot \boldsymbol{A}\mathrm{d}\tau \tag{1.113}$$

散度定理建立了矢量场散度的体积分与体积所包围的闭合面积分之间的互换，表明一个连续可微的矢量场对任意一个闭合面的净通量与矢量场在曲面内的通量源之间的关系。

例 1.6　求矢量场 $\boldsymbol{A}=\boldsymbol{a}_z(x+y+z)$ 穿出旋转抛物面（见图 1.26）$z=x^2+y^2$ 与 $z=h$ 平面所包围的通量。

解： 通量可利用散度定理通过计算散度的体积分来求得。

$$\nabla\cdot \boldsymbol{A} = \frac{\partial \boldsymbol{A}_z}{\partial z} = 1$$

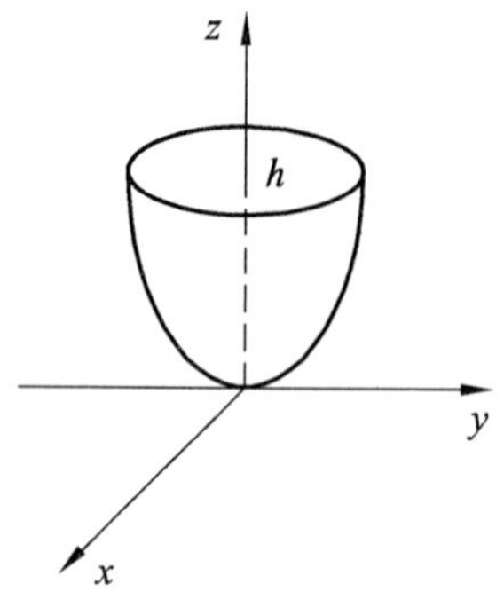

图 1.26　例 1.6 图

计算体积分时，可采用圆柱坐标。在圆柱坐标中，抛物面 $z = x^2 + y^2 = \rho^2$，因此

$$\oint_s \boldsymbol{A} \cdot \mathrm{d}\boldsymbol{S} = \int_\tau \nabla \cdot \boldsymbol{A} \mathrm{d}\tau = \int_\tau \mathrm{d}\tau = \int_0^h \int_0^{2\pi} \int_0^{\sqrt{z}} \rho \mathrm{d}\rho \mathrm{d}\varphi \mathrm{d}z$$

$$= 2\pi \int_0^h \frac{\rho^2}{2} \Big|_0^{\sqrt{2}} \mathrm{d}z = \pi \int_0^h z \mathrm{d}z = \frac{1}{2} \pi h^2$$

1.6　矢量场的环量和旋度

1.6.1　环量和涡旋源

量场 $\boldsymbol{A}$ 沿一条有向闭合曲线 C 的积分称为矢量场 $\boldsymbol{A}$ 沿该有闭合曲线 C 的环量，以 Γ 表示，即

$$\Gamma = \oint_C \boldsymbol{A} \cdot \mathrm{d}\boldsymbol{l} = \oint_C A \cos\theta \mathrm{d}l \qquad (1.114)$$

由式（1.114）可见，在闭合曲线 C 上，如果矢量场 $\boldsymbol{A}$ 的方向处处与线元 $\mathrm{d}l$ 的方向保持一致，则环量 $\Gamma > 0$；如果方向处处相反，则环量 $\Gamma < 0$。因此，环量可以用来描述矢量场的涡旋特性。$\oint_C \boldsymbol{A} \cdot \mathrm{d}\boldsymbol{l} = 0$ 表明环路 C 不包围涡旋源；$\oint_C \boldsymbol{A} \cdot \mathrm{d}\boldsymbol{l} \neq 0$ 表明环路 C 包围涡旋源，如图 1.27 所示。当环路 C 所包围成的面与涡旋面一致时，环量将达到最大值，而当环路 C 所围成的面与涡旋面垂直时，环量等于零。

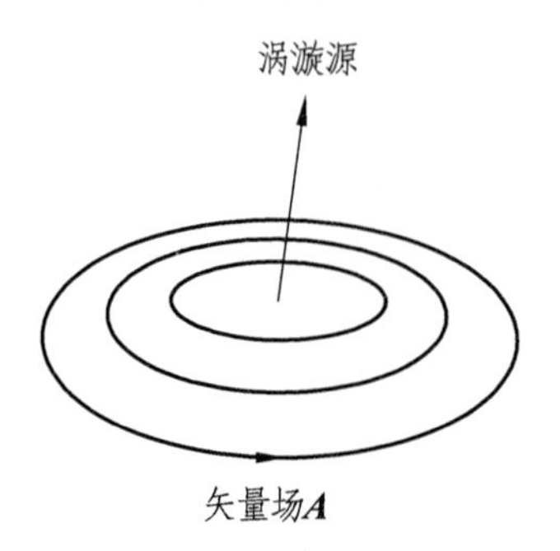

图 1.27　矢量场的涡旋源

在直角坐标、圆柱坐标和圆球坐标中，式（1.114）可分别写为

$$\oint_C \boldsymbol{A}\cdot \mathrm{d}\boldsymbol{l} = \oint_C (A_x \mathrm{d}x + A_y \mathrm{d}y + A_z \mathrm{d}z) \tag{1.115}$$

$$\oint_C \boldsymbol{A}\cdot \mathrm{d}\boldsymbol{l} = \oint_C (A_\rho \mathrm{d}\rho + A_\varphi \mathrm{d}\varphi + A_z \mathrm{d}z) \tag{1.116}$$

$$\oint_C \boldsymbol{A}\cdot \mathrm{d}\boldsymbol{l} = \oint_C (A_r \mathrm{d}r + A_\theta r\mathrm{d}\theta + A_\varphi r\sin\theta \mathrm{d}z) \tag{1.117}$$

1.6.2 矢量场的旋度

环量可以表示产生具有涡漩特性的源强度，但它仅代表闭合曲线包围的总的源强度，不能显示源的分布特性。为了反映某一点处是否存在涡旋源，在矢量场 $\boldsymbol{A}$ 中任取一点 P，围绕 P 作闭合的有向曲线 C_1、C_2、C_3，如图 1.28 所示，有向曲线 C_n 包围的面积 ΔS_n 的法线方向为 $\boldsymbol{a}_n$，$\boldsymbol{a}_n$ 与闭合有向曲线 C_n 构成右手螺旋关系，当 ΔS_n 向 P 点趋近，即 $\Delta S_n \to 0$，则极限

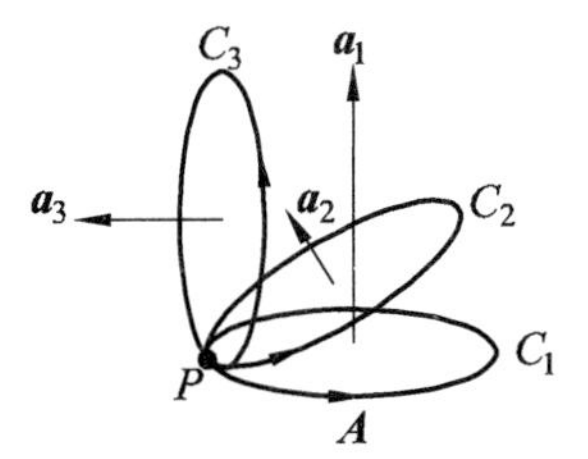

图 1.28 矢量场的环量

$$\lim_{\Delta S_n \to 0} \frac{\oint_{C_n} \boldsymbol{A}\cdot \mathrm{d}\boldsymbol{l}}{\Delta S_n} \tag{1.118}$$

被称为矢量场 $\boldsymbol{A}$ 在 $\boldsymbol{a}_n$ 方向的环量面密度。

经过同一点 P，矢量场 $\boldsymbol{A}$ 对于不同方向的环量面密度不同。对于图 1.28 所示，有下列存在：

$$\lim_{\Delta S_3 \to 0(P)} \frac{\oint_{C_3} \boldsymbol{A}\cdot \mathrm{d}\boldsymbol{l}}{\Delta S_3} < \lim_{\Delta S_2 \to 0(P)} \frac{\oint_{C_2} \boldsymbol{A}\cdot \mathrm{d}\boldsymbol{l}}{\Delta S_2} < \lim_{\Delta S_1 \to 0(P)} \frac{\oint_{C_1} \boldsymbol{A}\cdot \mathrm{d}\boldsymbol{l}}{\Delta S_1} \tag{1.119}$$

从式（1.119）可知，环量密度是一个与方向有关的量，空间给定点可以有无限个方向，每个方向都对应一个环量面密度，要描述空间一点涡旋源的大小和方向，需要定义一个旋度（rotation）矢量：矢量场 $\boldsymbol{A}$ 的旋度的方向是使矢量场 $\boldsymbol{A}$ 在 P 点处具有最大环量面密度的方向，且大小等于最大环量面密度的值，以符号 rot $\boldsymbol{A}$ 表示，即

$$\mathrm{rot}\,\boldsymbol{A} = \lim_{\Delta S \to 0} \frac{\left|\oint_C \boldsymbol{A}\cdot \mathrm{d}\boldsymbol{l}\right|_{\max}}{\Delta S} \tag{1.120}$$

式（1.120）表明，矢量场 $\boldsymbol{A}$ 的旋度是一个矢量，旋度矢量在数值和方向上表示了最大的环量面密度。

为了推导旋度在直角坐标系中的表达式，在直角坐标系中作一个闭合环路1–2–3–4–5–6，M 点在该环路所张的一个面上，该面在直角坐标系中三个坐标面的投影分别为 $C_x - M345M - \Delta S_x$ 、 $C_y - M561M - \Delta S_y$ 、 $C_z - M123M - \Delta S_z$ ，如图 1.29 所示。

设矢量场 $\boldsymbol{A}$ 在顶点 M 的分量为 (A_x, A_y, A_z) ，如图 1.30 所示。

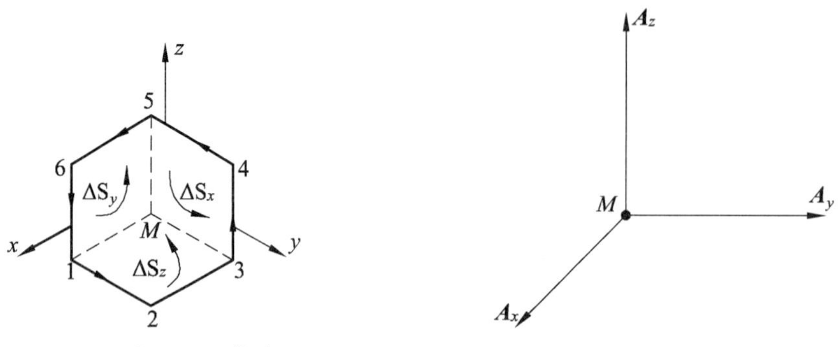

图 1.29　矢量场的旋度　　　　图 1.30　M 点的坐标分量

旋度矢量可以写为三个坐标分量，即

$$\text{rot}\,\boldsymbol{A} = \boldsymbol{a}_x(\text{rot}\,\boldsymbol{A})_x + \boldsymbol{a}_y(\text{rot}\,\boldsymbol{A})_y + \boldsymbol{a}_z(\text{rot}\,\boldsymbol{A})_z \tag{1.121}$$

由式（1.116）可知：

$$\oint_C \boldsymbol{A}\cdot \mathrm{d}\boldsymbol{l} = \oint_{C_x} \boldsymbol{A}\cdot \mathrm{d}\boldsymbol{l} + \oint_{C_y} \boldsymbol{A}\cdot \mathrm{d}\boldsymbol{l} + \oint_{C_z} \boldsymbol{A}\cdot \mathrm{d}\boldsymbol{l} \tag{1.122}$$

由式（1.121）可见，只要分别求出 C_x、C_y、C_z 三段线积分，就可以求出旋度矢量。首先计算$(\text{rot}\boldsymbol{A})_x$。由图 1.30 得

$$\begin{aligned}\oint_{C_x} \boldsymbol{A}\cdot \mathrm{d}\boldsymbol{l} &= \oint_{M345M} \boldsymbol{A}\cdot \mathrm{d}\boldsymbol{l} \\ &= A_y\Delta y + \left(A_z + \frac{\partial A_z}{\partial y}\Delta y\right)\Delta z - \left(A_y + \frac{\partial A_y}{\partial z}\Delta z\right)\Delta y - A_z\Delta z \\ &= \frac{\partial A_z}{\partial y}\Delta y\Delta z - \frac{\partial A_y}{\partial z}\Delta y\Delta z = \left(\frac{\partial A_z}{\partial y} - \frac{\partial A_y}{\partial z}\right)\Delta S_x\end{aligned} \tag{1.123}$$

根据旋度的定义式（1.119），得

$$(\text{rot}\,\boldsymbol{A})_x = \lim_{\Delta S_x \to 0} \frac{\oint_{C_x} \boldsymbol{A}\cdot \mathrm{d}\boldsymbol{l}}{\Delta S_x} = \frac{\partial A_z}{\partial y} - \frac{\partial A_y}{\partial z} \tag{1.124}$$

同理，得

$$(\text{rot}\,\boldsymbol{A})_y = \lim_{\Delta S_y \to 0} \frac{\oint_{C_y} \boldsymbol{A}\cdot \mathrm{d}\boldsymbol{l}}{\Delta S_y} = \frac{\partial A_x}{\partial z} - \frac{\partial A_z}{\partial x} \tag{1.125}$$

$$(\text{rot}\,\boldsymbol{A})_z = \lim_{\Delta S_z \to 0} \frac{\oint_{C_z} \boldsymbol{A}\cdot \mathrm{d}\boldsymbol{l}}{\Delta S_z} = \frac{\partial A_y}{\partial x} - \frac{\partial A_x}{\partial y} \tag{1.126}$$

因此，由式（1.120），则有

$$\begin{aligned}\operatorname{rot}\boldsymbol{A}&=\boldsymbol{a}_x\left(\frac{\partial A_z}{\partial y}-\frac{\partial A_y}{\partial z}\right)+\boldsymbol{a}_y\left(\frac{\partial A_x}{\partial z}-\frac{\partial A_z}{\partial x}\right)+\boldsymbol{a}_z\left(\frac{\partial A_y}{\partial x}-\frac{\partial A_x}{\partial y}\right)\\&=\left(\boldsymbol{a}_x\frac{\partial}{\partial x}+\boldsymbol{a}_y\frac{\partial}{\partial y}+\boldsymbol{a}_z\frac{\partial}{\partial z}\right)\times(\boldsymbol{a}_xA_x+\boldsymbol{a}_yA_y+\boldsymbol{a}_zA_z)\\&=\begin{vmatrix}\boldsymbol{a}_x&\boldsymbol{a}_y&\boldsymbol{a}_z\\\frac{\partial}{\partial x}&\frac{\partial}{\partial y}&\frac{\partial}{\partial z}\\A_x&A_y&A_z\end{vmatrix}\end{aligned}\tag{1.127}$$

根据矢量微分算子的定义，矢量场 $\boldsymbol{A}$ 的旋度可以表示为

$$\operatorname{rot}\boldsymbol{A}=\nabla\times\boldsymbol{A}\tag{1.128}$$

因此，在直角坐标系、圆柱坐标系和球坐标系中，旋度的计算式简写为

$$\nabla\times\boldsymbol{A}=\begin{vmatrix}\boldsymbol{a}_x&\boldsymbol{a}_y&\boldsymbol{a}_z\\\frac{\partial}{\partial x}&\frac{\partial}{\partial y}&\frac{\partial}{\partial z}\\A_x&A_y&A_z\end{vmatrix}\tag{1.129}$$

$$\nabla\times\boldsymbol{A}=\frac{1}{\rho}\begin{vmatrix}\boldsymbol{a}_\rho&\rho\boldsymbol{a}_\varphi&\boldsymbol{a}_z\\\frac{\partial}{\partial\rho}&\frac{\partial}{\partial\varphi}&\frac{\partial}{\partial z}\\A_\rho&\rho A_\varphi&A_z\end{vmatrix}\tag{1.130}$$

$$\nabla\times\boldsymbol{A}=\frac{1}{r\sin\theta}\begin{vmatrix}\boldsymbol{a}_r&r\boldsymbol{a}_\theta&r\sin\theta\boldsymbol{a}_\varphi\\\frac{\partial}{\partial r}&\frac{\partial}{\partial\theta}&\frac{\partial}{\partial\varphi}\\A_r&rA_\theta&r\sin\theta A_\varphi\end{vmatrix}\tag{1.131}$$

从旋度的定义式（1.120）及以上推导，可以归纳出旋度具有以下特性：

（1）矢量场的旋度是一个矢量场。

（2）旋度的量纲是环量面密度，表示涡旋面单位面积上的环量。

（3）$\nabla\times\boldsymbol{A}\neq0$ 的点表示存在涡旋源，也称旋度源，该矢量场称有旋场。

（4）$\nabla\times\boldsymbol{A}=0$ 的点表示不存在涡旋源；旋度处处为零的矢量场称无旋场或保守场。

可以证明旋度运算符合下列运算规则：

$$\nabla\times(\boldsymbol{A}\pm\boldsymbol{B})=\nabla\times\boldsymbol{A}\pm\nabla\times\boldsymbol{B}\tag{1.132}$$

$$\nabla\times(c\boldsymbol{A})=c\nabla\times\boldsymbol{A}\ (c\text{ 为常数})\tag{1.133}$$

$$\nabla\times(\varPhi\boldsymbol{A})=\varPhi\nabla\times\boldsymbol{A}+\nabla\varPhi\times\boldsymbol{A}\tag{1.134}$$

$$\nabla\cdot(\boldsymbol{A}\times\boldsymbol{B})=\boldsymbol{B}\cdot(\nabla\times\boldsymbol{A})-\boldsymbol{A}\cdot(\nabla\times\boldsymbol{B})\tag{1.135}$$

1.6.3 斯托克斯定理

旋度的定义式（1.120）给定了空间某点附近的环量和环量面密度之间的关系，若将讨论范围扩大到任意环路 C 所张的曲面面积 S，则可得出另一个重要的矢量恒等式：

$$\oint_C \boldsymbol{A}\cdot \mathrm{d}\boldsymbol{l} = \int_S (\nabla\times \boldsymbol{A})\cdot \mathrm{d}\boldsymbol{S} \tag{1.136}$$

称为斯托克斯定理（Stokes' theorem）。

证明： 将环路 C 所张面积分割成 n 个微分矢量面元 $\Delta \boldsymbol{S}_i = \boldsymbol{a}_{ni}\Delta S_i$，则每个面元的外沿都是一个小环路 C_i，如图 1.31 所示，设所有小环路 C_i 的环绕方向一致，则按照旋度的定义式，微分元上点 P_i 处矢量场的旋度为

$$\nabla\times \boldsymbol{A}_i \cdot \boldsymbol{a}_{ni} = \lim_{\Delta S_i\to 0}\frac{\oint_{C_i} \boldsymbol{A}\cdot \mathrm{d}\boldsymbol{l}}{\Delta S_i} \tag{1.137}$$

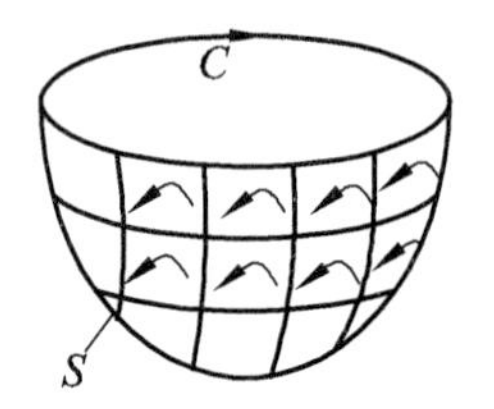

图 1.31　斯托克斯定理证明示意

由极限的定义，式（1.137）可重写为

$$\oint_{C_i} \boldsymbol{A}\cdot \mathrm{d}\boldsymbol{l} = (\nabla\times \boldsymbol{A}_i)\cdot \boldsymbol{a}_{ni}\Delta S_i + \varepsilon_i \Delta S_i \quad (i=1,2,\cdots,n) \tag{1.138}$$

式中，ε_i 是无限小值。

将 n 个这样的式子相加并取极限值，得

$$\begin{aligned}\lim_{n\to\infty}\sum_{i=1}^{n}\oint_{C_i} \boldsymbol{A}\cdot \mathrm{d}\boldsymbol{l} &= \lim_{n\to\infty}\sum_{i=1}^{\infty}(\nabla\times \boldsymbol{A}_i)\cdot \Delta\boldsymbol{S}_i + \lim_{n\to\infty}\sum_{i=1}^{\infty}\varepsilon_i \Delta\boldsymbol{S}_i \\ &= \lim_{n\to\infty}\sum_{i=1}^{\infty}(\nabla\times \boldsymbol{A}_i)\cdot \Delta\boldsymbol{S}_i\end{aligned} \tag{1.139}$$

式（1.138）等号左边得微小环量积分除外沿 C 外，每相邻的两个小环量必有一个公共边，在计算这两个小环路的环量时相互抵消，故

$$\lim_{n\to\infty}\sum_{i=1}^{n}\oint_{C_i} \boldsymbol{A}\cdot \mathrm{d}\boldsymbol{l} = \oint_C \boldsymbol{A}\cdot \mathrm{d}\boldsymbol{l} \tag{1.140}$$

按照积分的定义，当 $n\to\infty$ 时，对面积求和变为对面积积分，即

$$\lim_{n\to\infty}\sum_{i=1}^{n}(\nabla\times \boldsymbol{A}_i)\cdot \Delta\boldsymbol{S}_i = \int_S (\nabla\times \boldsymbol{A})\cdot \mathrm{d}\boldsymbol{S} \tag{1.141}$$

于是

$$\int_C \boldsymbol{A}\cdot \mathrm{d}\boldsymbol{l} = \int_S (\nabla\times \boldsymbol{A})\cdot \mathrm{d}\boldsymbol{S} \tag{1.142}$$

斯托克斯定理建立了矢量场的旋度面积分与面积外沿的环量之间的关系，表明一个连续可微的矢量场对任意一个环路的线积分等于该矢量场的旋度对环路面积分。

例 1.7 若 $\boldsymbol{A}=\boldsymbol{a}_x 2z+\boldsymbol{a}_y 3x+\boldsymbol{a}_z 4y$，试在半球面 $x^2+y^2+z^2=4(z\geqslant 0)$ 上验证斯托克斯定理。

解：半球面的边沿是 $z=0$ 平面上半径为 2 的圆，$\boldsymbol{A}$ 沿此圆的环量为

$$\begin{aligned}\oint_C \boldsymbol{A}\cdot \mathrm{d}\boldsymbol{l} &= \int_0^{2\pi}(\boldsymbol{a}_x 2z+\boldsymbol{a}_y 3x+\boldsymbol{a}_z 4y)\cdot \boldsymbol{a}_\varphi 2\mathrm{d}\varphi \\ &= \int_0^{2\pi}\boldsymbol{a}_y 3x\cdot \boldsymbol{a}_\varphi 2\mathrm{d}\varphi \\ &= 2\int_0^{2\pi}6\cos^2\varphi \mathrm{d}\varphi = 12\pi\end{aligned}$$

$\boldsymbol{A}$ 的旋度：

$$\nabla\times\boldsymbol{A}=\begin{vmatrix}\boldsymbol{a}_x & \boldsymbol{a}_y & \boldsymbol{a}_z \\ \dfrac{\partial}{\partial x} & \dfrac{\partial}{\partial y} & \dfrac{\partial}{\partial z} \\ 2z & 2y & 2z\end{vmatrix}=4\boldsymbol{a}_x+2\boldsymbol{a}_y+3\boldsymbol{a}_z$$

球面 $x^2+y^2+z^2=4(z\geqslant 0)$ 的法线方向为 $\boldsymbol{a}_r$，于是面积分为

$$\int_S(\nabla\times\boldsymbol{A})\cdot \mathrm{d}\boldsymbol{S}=\int_S(4\boldsymbol{a}_x+2\boldsymbol{a}_y+3\boldsymbol{a}_z)\cdot\boldsymbol{a}_r \mathrm{d}S_r$$

将式 $\boldsymbol{a}_r=\boldsymbol{a}_x\sin\theta\cos\varphi+\boldsymbol{a}_y\sin\theta\sin\varphi+\boldsymbol{a}_z\cos\theta$ 代入上式，得

$$\int_S\nabla\times\boldsymbol{A}\cdot \mathrm{d}\boldsymbol{S}=\int_0^{2\pi}\int_0^{\frac{\pi}{2}}(4\sin\theta\cos\varphi+2\sin\theta\sin\varphi+3\cos\theta)2^2\sin\theta \mathrm{d}\theta \mathrm{d}\varphi=12\pi$$

于是有

$$\oint_C\boldsymbol{A}\cdot \mathrm{d}\boldsymbol{l}=\int_S(\nabla\times\boldsymbol{A})\cdot \mathrm{d}\boldsymbol{S}$$

斯托克斯定理得以验证。

1.7 亥姆霍兹定理

1.7.1 无散场与无旋场

由 1.5 节和 1.6 节可知，矢量场的散度与旋度反映了产生矢量场的源。任一矢量场，由散度源和旋度源其中之一产生，或由散度源和旋度源共同产生。散度处处为零的矢量场称为无散场，旋度处处为零的矢量场称为无旋场。

利用散度和旋度的表示式可以证明，任意矢量场 $\boldsymbol{A}$ 的旋度等于零，即

$$\nabla\cdot\nabla\times\boldsymbol{A}=0 \tag{1.143}$$

由于无散场的散度处处为零，即有 $\nabla\cdot\boldsymbol{F}=0$，与式（1.143）对比可知：无散场可以表示为另一个矢量场的旋度。恒定磁场是一个有旋无源场，因此磁感应强度 $\boldsymbol{B}$ 可以表示

为矢量磁位 $\boldsymbol{A}$ 的旋度，即 $\boldsymbol{B}=\nabla\times\boldsymbol{A}$ 。

利用梯度和旋度的表示式可以证明。任意标量场 $\varPhi$ 的梯度的散度等于零，即

$$\nabla\times\nabla\varPhi=0 \tag{1.144}$$

由于无旋场的旋度处处为零，即有 $\nabla\cdot\boldsymbol{F}=\boldsymbol{0}$ ，与式（1.144）对比可知：无旋场可以表示为另一个标量场的梯度。静电场是一个有散无旋场，因此电场强度 $\boldsymbol{E}$ 可以表示为标量电位 $\varPhi$ 的梯度，即 $\boldsymbol{E}=-\nabla\varPhi$ 。由斯托克斯定理，$\oint_l \boldsymbol{F}\cdot\mathrm{d}\boldsymbol{l}=0$，线积分和路径无关，即无旋场是保守场。

1.7.2　亥姆霍兹定理

若矢量场 $\boldsymbol{F}(\boldsymbol{r})$ 在无限区域中处处为单值，其导数连续有界，源分布在有限区域中，则当矢量场的散度及旋度给定后，矢量场 $\boldsymbol{F}(\boldsymbol{r})$ 可表示为

$$\boldsymbol{F}(\boldsymbol{r})=-\nabla\varPhi(\boldsymbol{r})+\nabla\times\boldsymbol{A}(\boldsymbol{r}) \tag{1.145}$$

其中

$$\varPhi(\boldsymbol{r})=\frac{1}{4\pi}\int_{\tau'}\frac{\nabla'\cdot\boldsymbol{F}(\boldsymbol{r}')}{|\boldsymbol{r}-\boldsymbol{r}'|}\mathrm{d}\tau' \tag{1.146}$$

$$\boldsymbol{A}(\boldsymbol{r})=\frac{1}{4\pi}\int_{\tau'}\frac{\nabla'\times\boldsymbol{F}(\boldsymbol{r}')}{|\boldsymbol{r}-\boldsymbol{r}'|}\mathrm{d}\tau' \tag{1.147}$$

上述关系称为亥姆霍兹定理。亥姆霍兹定理表明：

（1）无限空间中的矢量场被其散度和旋度唯一地确定。

（2）它给出了矢量场与其散度和旋度之间的定量关系，即场与源的关系。

（3）计算 $\varPhi(\boldsymbol{r})$ 和 $\boldsymbol{A}(\boldsymbol{r})$ 的公式（1.146）、（1.147）仅适用于无限大空间中的矢量场。

（4）梯度场是无旋场，旋度场是无散场，式（1.145）表明，任一矢量场均可表示为一个无旋场和一个无散场之和。

亥姆霍兹定理为研究矢量场提供了最基本的方法，如果某一矢量场的散度和旋度已知，即可求出该矢量场。因此，确定矢量场的散度和旋度是研究矢量的首要问题。对于无限大空间，如果矢量场的散度和旋度均为零，矢量场也随之消失。

1.8　MATLAB 应用分析

例 1.8　已知标量场 $z=\mathrm{e}^{-\rho^2}$，计算梯度表 ∇z 。使用 MATLAB 画出该标量场及等值面，以及梯度场 ∇z 。

解：

$$\nabla z=-2xe^{-(x^2+y^2)}\boldsymbol{a}_x-2ye^{-(x^2+y^2)}\boldsymbol{a}_y$$

使用 MATLAB 函数画出场图，标量场 z 如图 1.32（a）所示。其等值面如图 1.32（b）

所示，图中的箭头的方向、长度和分布表示梯度场 ∇z 。在 MATLAB 中，使用函数 gradient 计算梯度场，使用函数 contour 计算并画出等值面，使用 quiver 画出矢量场。

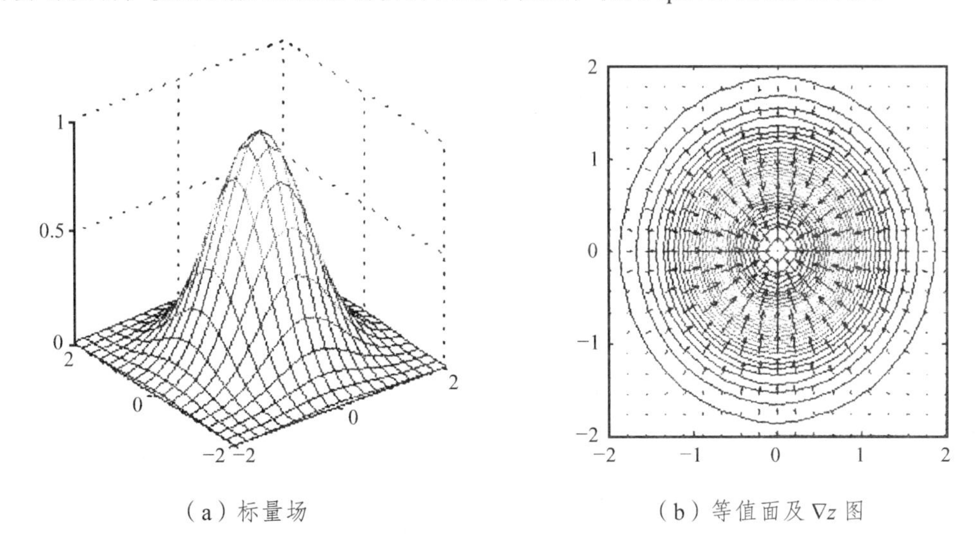

（a）标量场　　（b）等值面及 ∇z 图

图 1.32　标量场 z 和等值面及 ∇z 图

例 1.9　已知矢量场 $\boldsymbol{A}=\rho\mathrm{e}^{-\rho^2}\boldsymbol{a}_\rho$，计算散度 $\nabla\cdot\boldsymbol{A}$。使用 MATLAB 画出该矢量场，以及散度 $\nabla\cdot\boldsymbol{A}$ 的等值面。

解：

$$\nabla\cdot\boldsymbol{A}=\frac{1}{\rho}\frac{\partial}{\partial\rho}(\rho A_\rho)=\frac{1}{\rho}\frac{\partial}{\partial\rho}(\rho^2\mathrm{e}^{-\rho^2})=(2-2\rho^2)\mathrm{e}^{-\rho^2}$$

使用 MATLAB 函数画出场图，矢量场 $\boldsymbol{A}$ 的二维图如图 1.33（a）所示，散度 $\nabla\cdot\boldsymbol{A}$ 的等值面如图 1.33（b）所示。在 MATLAB 中，使用函数 divergence 计算散度。

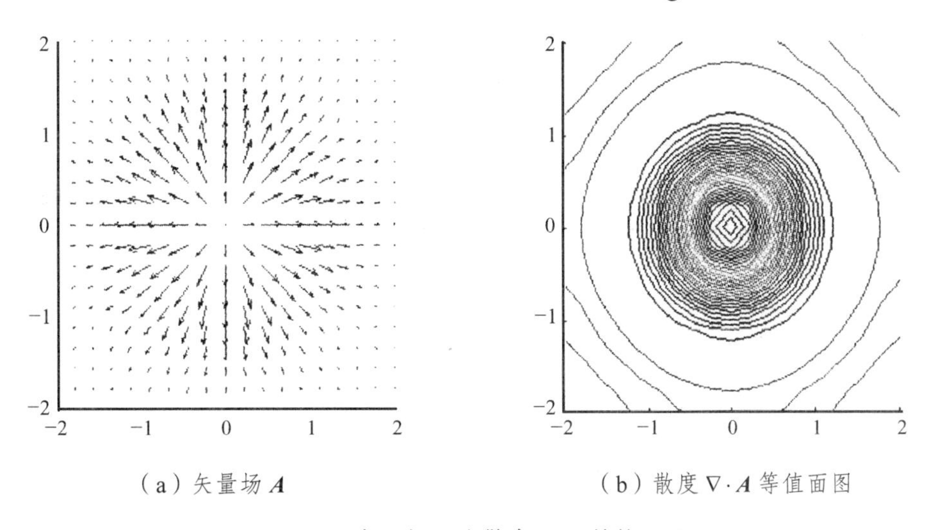

（a）矢量场 $\boldsymbol{A}$　　（b）散度 $\nabla\cdot\boldsymbol{A}$ 等值面图

图 1.33　矢量场 $\boldsymbol{A}$ 和散度 $\nabla\cdot\boldsymbol{A}$ 等值面图

例 1.10　已知矢量场 $\boldsymbol{A}=\rho\mathrm{e}^{-\rho^2}\boldsymbol{a}_\varphi$，计算旋度 $\nabla\times\boldsymbol{A}$。使用 MATLAB 画出该矢量场，以及旋度 $\nabla\times\boldsymbol{A}$ 的 z 分量的等值面。

解：

$$\nabla\times\boldsymbol{A}=\begin{vmatrix}\dfrac{\boldsymbol{a}_\rho}{\rho} & \boldsymbol{a}_\varphi & \dfrac{\boldsymbol{a}_z}{\rho}\\ \dfrac{\partial}{\partial\rho} & \dfrac{\partial}{\partial\varphi} & \dfrac{\partial}{\partial z}\\ A_\rho & \rho A_\varphi & A_z\end{vmatrix}=\frac{\boldsymbol{a}_z\partial}{\rho\partial\rho}(\rho^2 e^{-\rho^2})=\boldsymbol{a}_z(2-2\rho^2)\mathrm{e}^{-\rho^2}$$

使用 MATLAB 函数画出场图，矢量场 $\boldsymbol{A}$ 的二维图如图 1.34（a）所示，旋度 $\nabla\times\boldsymbol{A}$ 的 z 分量的等值面如图 1.34（b）所示。在 MATLAB 中，使用函数 curl 计算旋度。

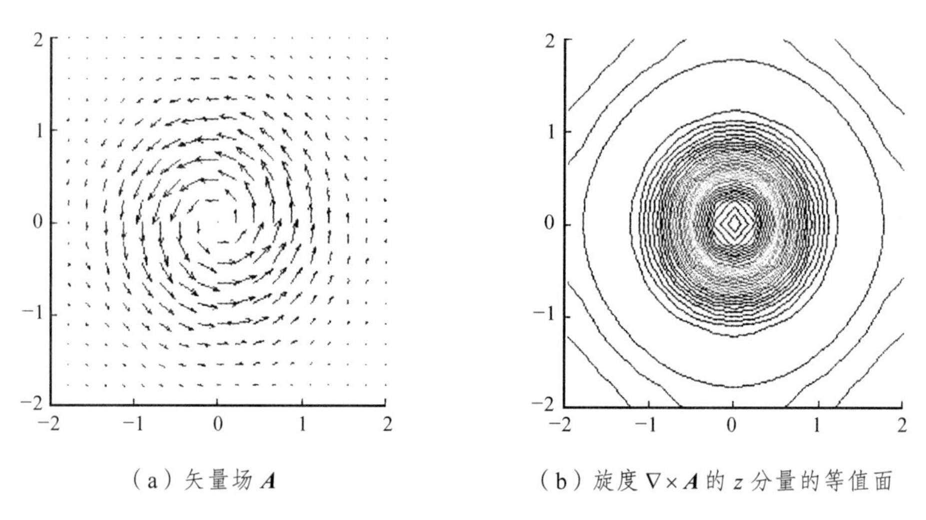

（a）矢量场 $\boldsymbol{A}$　　（b）旋度 $\nabla\times\boldsymbol{A}$ 的 z 分量的等值面

图 1.34　矢量场 $\boldsymbol{A}$ 和旋度 $\nabla\times\boldsymbol{A}$ 的 z 分量的等值面

总　结

1. 标量场与矢量场的概念

一个函数能在空间某区域中各点表征一个物理存在称为一个场。标量场在区域中各点的物理特性用一个数来描述；矢量场则对区域中各点的物理特性同时用大小和方向来描述。

2. 矢量的标量和矢量积

点积（标量值）：$\boldsymbol{A}\cdot\boldsymbol{B}=AB\cos\theta$

直角坐标：$\boldsymbol{A}\cdot\boldsymbol{B}=A_xB_x+A_yB_y+A_zB_z$

圆柱坐标：$\boldsymbol{A}\cdot\boldsymbol{B}=A_\rho B_\rho+A_\varphi B_\varphi+A_zB_z$

球坐标：$\boldsymbol{A}\cdot\boldsymbol{B}=A_rB_r+A_\theta B_\theta+A_\varphi B_\varphi$

叉积（矢量积）：$\boldsymbol{A}\times\boldsymbol{B}=\left|AB\sin\theta\right|\boldsymbol{a}_n$

直角坐标系：$\boldsymbol{A}\times\boldsymbol{B}=\begin{vmatrix}\boldsymbol{a}_x & \boldsymbol{a}_y & \boldsymbol{a}_z\\ A_x & A_y & A_z\\ B_x & B_y & B_z\end{vmatrix}$

圆柱坐标系：$\boldsymbol{A}\times\boldsymbol{B}=\begin{vmatrix}\boldsymbol{a}_\rho & \boldsymbol{a}_\varphi & \boldsymbol{a}_z\\ A_\rho & A_\varphi & A_z\\ B_\rho & B_\varphi & B_z\end{vmatrix}$

球坐标系：$\boldsymbol{A}\times\boldsymbol{B}=\begin{vmatrix}\boldsymbol{a}_r & \boldsymbol{a}_\theta & \boldsymbol{a}_\varphi\\ A_r & A_\theta & A_\varphi\\ B_r & B_\theta & B_\varphi\end{vmatrix}$

3. 梯度、散度、旋度和拉普拉斯微分

标量场的梯度：$\nabla\varPhi$

直角坐标：$\nabla\varPhi=\boldsymbol{a}_x\dfrac{\partial\varPhi}{\partial x}+\boldsymbol{a}_y\dfrac{\partial\varPhi}{\partial y}+\boldsymbol{a}_z\dfrac{\partial\varPhi}{\partial z}$

圆柱坐标：$\nabla\varPhi=\boldsymbol{a}_\rho\dfrac{\partial\varPhi}{\partial\rho}+\boldsymbol{a}_\varphi\dfrac{1\partial\varPhi}{\rho\partial y}+\boldsymbol{a}_z\dfrac{\partial\varPhi}{\partial z}$

球坐标：$\nabla\varPhi=\boldsymbol{a}_r\dfrac{\partial\varPhi}{\partial r}+\boldsymbol{a}_\theta\dfrac{1\partial\varPhi}{r\partial y}+\boldsymbol{a}_\varphi\dfrac{1\partial\varPhi}{r\sin\theta\partial z}$

标量场的散度：$\nabla\cdot\boldsymbol{A}$

直角坐标：$\nabla\cdot\boldsymbol{A}=\dfrac{\partial A_x}{\partial x}+\dfrac{\partial A_y}{\partial y}+\dfrac{\partial A_z}{\partial z}$

圆柱坐标：$\nabla\cdot\boldsymbol{A}=\dfrac{1}{\rho}\dfrac{\partial}{\partial\rho}(\rho A_\rho)+\dfrac{1}{\rho}\dfrac{\partial A_\varphi}{\partial\varphi}+\dfrac{\partial A_z}{\partial z}$

球坐标：$\nabla\cdot\boldsymbol{A}=\dfrac{1}{r^2}\dfrac{\partial}{\partial r}(r^2A_r)+\dfrac{1}{r\sin\theta}\dfrac{\partial}{\partial\theta}(\sin\theta A_\theta)+\dfrac{1}{r\sin\theta}\dfrac{\partial A_\varphi}{\partial\varphi}$

标量场的旋度：$\nabla\times\boldsymbol{A}$

直角坐标：$\nabla\times\boldsymbol{A}=\begin{vmatrix}\boldsymbol{a}_x & \boldsymbol{a}_y & \boldsymbol{a}_z\\ \dfrac{\partial}{\partial x} & \dfrac{\partial}{\partial y} & \dfrac{\partial}{\partial z}\\ A_x & A_y & A_z\end{vmatrix}$

圆柱坐标：$\nabla\times\boldsymbol{A}=\dfrac{1}{\rho}\begin{vmatrix}\boldsymbol{a}_\rho & \rho\boldsymbol{a}_\varphi & \boldsymbol{a}_z\\ \dfrac{\partial}{\partial\rho} & \dfrac{\partial}{\partial\varphi} & \dfrac{\partial}{\partial z}\\ A_\rho & \rho A_\varphi & A_z\end{vmatrix}$

球坐标：$\nabla\times\boldsymbol{A}=\dfrac{1}{r\sin\theta}\begin{vmatrix}\boldsymbol{a}_r & r\boldsymbol{a}_\theta & r\sin\theta\boldsymbol{a}_z\\ \dfrac{\partial}{\partial r} & \dfrac{\partial}{\partial\theta} & \dfrac{\partial}{\partial\varphi}\\ A_r & rA_\theta & r\sin\theta A_\varphi\end{vmatrix}$

标量场的拉普拉斯微分：$\nabla^2\Phi$

直角坐标系：$\nabla^2\Phi = \dfrac{\partial^2\Phi}{\partial x^2} + \dfrac{\partial^2\Phi}{\partial y^2} + \dfrac{\partial^2\Phi}{\partial z^2}$

圆柱坐标系：$\nabla^2\Phi = \dfrac{1}{\rho}\dfrac{\partial}{\partial\rho}\left(\rho\dfrac{\partial\Phi}{\partial\rho}\right) + \dfrac{1}{\rho^2}\dfrac{\partial^2\Phi}{\partial\varphi^2} + \dfrac{\partial^2\Phi}{\partial z^2}$

球坐标：$\nabla^2\Phi = \dfrac{1}{r^2}\dfrac{\partial}{\partial r}\left(r^2\dfrac{\partial\Phi}{\partial r}\right) + \dfrac{1}{r^2\sin\theta}\dfrac{\partial}{\partial\theta}\left(\sin\theta\dfrac{\partial\Phi}{\partial\theta}\right) + \dfrac{1}{r^2\sin^2\theta}\dfrac{\partial^2\Phi}{\partial\varphi^2}$

4. 定理和矢量恒等式

散度定理：$\oint_S \boldsymbol{A}\cdot\mathrm{d}\boldsymbol{S} = \int_\tau \nabla\cdot\boldsymbol{A}\mathrm{d}\tau$

斯托克斯定理：$\oint_C \boldsymbol{A}\cdot\mathrm{d}\boldsymbol{l} = \int_S (\nabla\times\boldsymbol{A})\cdot\mathrm{d}\boldsymbol{S}$

亥姆霍兹定理：$\boldsymbol{F}(\boldsymbol{r}) = -\nabla\Phi(\boldsymbol{r}) + \nabla\times\boldsymbol{A}(\boldsymbol{r})$

式中 $\Phi(\boldsymbol{r}) = \dfrac{1}{4\pi}\int_{\tau'}\dfrac{\nabla'\cdot\boldsymbol{F}(\boldsymbol{r}')}{|\boldsymbol{r}-\boldsymbol{r}'|}\mathrm{d}\tau'$

$\boldsymbol{A}(\boldsymbol{r}) = \dfrac{1}{4\pi}\int_{\tau'}\dfrac{\nabla'\times\boldsymbol{F}(\boldsymbol{r}')}{|\boldsymbol{r}-\boldsymbol{r}'|}\mathrm{d}\tau'$

矢量斯托克斯定理：$\int_\tau (\nabla\times\boldsymbol{A})\,\mathrm{d}\tau = -\oint_S \boldsymbol{A}\times\mathrm{d}\boldsymbol{S}$

二阶微分：$\nabla\cdot\nabla\times\boldsymbol{A} = 0$

$\nabla\times\nabla\Phi = \boldsymbol{0}$

$\nabla\cdot\nabla\Phi = \nabla^2\Phi$

$\nabla^2\boldsymbol{A} = \nabla\nabla\cdot\boldsymbol{A} - \nabla\times\nabla\times\boldsymbol{A}$

含标量乘积的微分：$\nabla(fg) = f\nabla g + g\nabla f$

$\nabla\cdot(f\boldsymbol{A}) = f\nabla\cdot\boldsymbol{A} + \boldsymbol{A}\cdot\nabla f$

$\nabla\times(f\boldsymbol{A}) = f\nabla\times\boldsymbol{A} + \nabla f\cdot\boldsymbol{A}$

含矢量积的微分：$\nabla\cdot(\boldsymbol{A}\times\boldsymbol{B}) = \boldsymbol{B}\cdot(\nabla\times\boldsymbol{A}) - \boldsymbol{A}\cdot(\nabla\times\boldsymbol{B})$

$\nabla\times(\boldsymbol{A}\times\boldsymbol{B}) = \boldsymbol{A}\nabla\cdot\boldsymbol{B} - \boldsymbol{B}\nabla\cdot\boldsymbol{A} + (\boldsymbol{B}\cdot\nabla)\boldsymbol{A} - (\boldsymbol{A}\cdot\nabla)\boldsymbol{B}$

混合积：$\boldsymbol{A}\cdot(\boldsymbol{B}\times\boldsymbol{C}) = \boldsymbol{B}\cdot(\boldsymbol{C}\times\boldsymbol{A}) = \boldsymbol{C}\cdot(\boldsymbol{A}\times\boldsymbol{B})$

二重矢量：$\boldsymbol{A}\times(\boldsymbol{B}\times\boldsymbol{C}) = \boldsymbol{B}(\boldsymbol{A}\cdot\boldsymbol{C}) - \boldsymbol{C}(\boldsymbol{A}\cdot\boldsymbol{B})$

矢量分析习题

1. 已知数量场 $u = xy$，求场中与直线 $x + 2y - 4 = 0$ 相切的等值线方程。

2. 求矢量 $\boldsymbol{A} = xy^2\boldsymbol{i} + x^2y\boldsymbol{j} + zy^2\boldsymbol{k}$ 的矢量线方程。

3. 求数量场 $u = x^2z^3 + 2y^2z$ 在点 $M(2,0,-1)$ 处沿 $l = 2x\boldsymbol{i} - xy^2\boldsymbol{j} + 3z^4\boldsymbol{k}$ 的方向导数。

4. 求数量场 $u = 3x^2z - xy + z^2$ 在点 $M(1,-1,1)$ 处沿曲线 $x = t, y = -t^2, z = t^3$ 朝 t 增大一方的方向导数。

5. 求数量场 $u = x^2yz^3$ 在点 $M(2,1,-1)$ 处沿哪个方向的方向导数最大？

6. 画出平面场 $u=\frac{1}{2}(x^2-y^2)$ 中 $u=0,\frac{1}{2},1,\frac{3}{2},2$ 的等值线，并画出场在 $M_1(2,\sqrt{2})$ 与点 $M_2(3,\sqrt{7})$ 处的梯度矢量，看其是否符合下面事实。

（1）梯度在等值线较密处的模较大，在较稀处的模较小。

（2）在每一点处，梯度垂直于该点的等值线，并指向 l 增大的方向。

7. 求数量场 $u=xy+yz+zx$ 在点 $P(1,2,3)$ 处沿其矢径方向的方向导数。

8. 通过梯度求曲面 $x^2y+2xz=4$ 上一点 $M(1,-2,3)$ 处的法线方程。

9. 求下面矢量场 $\boldsymbol{A}$ 的散度。

（1） $\boldsymbol{A}=(x^3+yz)\boldsymbol{i}+(y^2+xz)\boldsymbol{j}+(z^3+xy)\boldsymbol{k}$ ；

（2） $\boldsymbol{A}=(2z-3y)\boldsymbol{i}+(3x-z)\boldsymbol{j}+(y-2x)\boldsymbol{k}$ ；

（3） $\boldsymbol{A}=(1+y\sin x)\boldsymbol{i}+(x\cos y+y)\boldsymbol{j}$ 。

10. 求 div$\boldsymbol{A}$ 在给定点处的值。

（1） $\boldsymbol{A}=x^3\boldsymbol{i}+y^3\boldsymbol{j}+z^3\boldsymbol{k}$ 在点 $M(1,0,-1)$ 处。

（2） $\boldsymbol{A}=4x\boldsymbol{i}-2xy\boldsymbol{j}+z^2\boldsymbol{k}$ 在点 $M(1,1,3)$ 处。

（3） $\boldsymbol{A}=xyzr(r=x\boldsymbol{i}+y\boldsymbol{j}+z\boldsymbol{k})$ 在点 $M(1,3,2)$ 处。

11. 已知 $u=xy^2z^3,\boldsymbol{A}=x^2\boldsymbol{i}+xz\boldsymbol{j}-2yz\boldsymbol{k}$ 求 div$(u\boldsymbol{A})$ 。

12. 求矢量场 $\boldsymbol{A}=-y\boldsymbol{i}+x\boldsymbol{j}+C\boldsymbol{k}$ （ C 为常数）沿下列曲线的环量。

（1）圆周 $x^2+y^2=R^2, z=0$ ；

（2）圆周 $(x-2)^2+y^2=R^2, z=0$ 。

13. 用以下两种方法求矢量场 $\boldsymbol{A}=x(z-y)\boldsymbol{i}+y(x-z)\boldsymbol{j}+z(y-x)\boldsymbol{k}$ 在点 $M(1,2,3)$ 处沿方向 $n=\boldsymbol{i}+2\boldsymbol{j}+2\boldsymbol{k}$ 的环量面密度。

（1）直接应用环量面密度的计算公式。

（2）作为旋度在该方向上的投影。

14. 证明矢量场 $\boldsymbol{A}=(2x+y)\boldsymbol{i}+(4y+x+2z)\boldsymbol{j}+(2y-6z)\boldsymbol{k}$ 为调和场，并求其调和函数。

第 2 章　静电场

相对于观察者静止且量值不随时间变化的电荷所产生的电场，称为静电场。 本章首先介绍静电场中最主要的场量——电场强度 $\boldsymbol{E}$ 和标量电位 φ 。从库仑定律出发，在分析真空中静电场的基础上，分别讨论导体和电介质对电场的影响。电介质的影响可归结为极化后出现的极化电荷所产生的影响，从而引入电度（又称电位移） $\boldsymbol{D}$ ，并导得高斯定律 $\left(\oint_S \boldsymbol{D}\cdot \mathrm{d}\boldsymbol{S} = q\right)$ ，它与静电场无旋特性 $\left(\oint_l \boldsymbol{E}\cdot \mathrm{d}\boldsymbol{l} = 0\right)$ 一起，构成静电场的积分形式的基本方程。

应用积分形式的基本方程，导得不同媒质分界面上的衔接条件。应用微分形式的基本方程 $(\nabla\cdot\boldsymbol{D}=\rho$ 和 $\nabla\times\boldsymbol{E}=0)$ ，导出电位 φ 满足的泊松方程 $(\nabla\varphi=-\rho/\varepsilon)$ 和拉普拉斯方程 $(\nabla^2\varphi=0)$ 。把静电场问题归结为在给定边界条件下求解泊松方程或拉普拉斯方程的边值问题。

在讨论静电场问题解答唯一性的基础上，先介绍三种直接解法——接积分法、分离变量法和有限差分法，然后介绍两种重要的特殊解法——镜像法和电轴法。

本章将电容概念推广于多导体系统，引入部分电容。从场的角度，讨论了静电能量的计算和静电能量的分布，引入静电能量密度。最后，重点讨论应用虚位移法求电场力，并介绍关于电场力的法拉第观点。

2.1　电场强度、电位

电荷的周围，存在一种特殊形式的物质，称为电场。电场是统一的电磁场的一个方面，它的表现是对于被引入场的静止电荷有力的作用。相对于观察者为静止的，且其电荷量不随时间变化的电荷所引起的电场，即为静电场。本节首先从库伦定律出发引入静电场的一个基本的场量——电场强度 E 。在应用矢量分析阐述静电场具有无旋特性的基础上，引入静电场的另一个重要的场量——标亮电位 φ ，简称电位。

2.1.1　电场强度

1785 年，法国学者库仑（Coulomb）在做了一系列精巧的静电实验后总结出：在无限大真空中，当两个静止的小带电体之间的距离远远大于它们本身的几何尺寸时，该带电体之间的作用可表示为

$$\left.\begin{aligned} F_{12} &= \frac{q_1 q_2}{4\pi\varepsilon_0} \cdot \frac{e_{12}}{R^2} \\ F_{21} &= \frac{q_1 q_2}{4\pi\varepsilon_0} \cdot \frac{e_{12}}{R^2} \end{aligned}\right\} \tag{2.1}$$

这一规律称为库仑定律，以上两式中，q_1 和 q_2 分别两带电体的电荷量。R 是两带电体之间的距离，e_{21} 和 e_{12} 是沿两带电体之间的连线方向的单位矢量，前者由 q_2 指向 q_1，后者由 q_1 指向 q_2。ε_0 是真空的介电常数。F_{12} 是带电体 q_2 对带电体 q_1 的作用力，F_{21} 是带电体 q_1 对带电体 q_2 的作用力。

本书采用国际单位制（简称国际制，代号为SI）。在库仑定律的表达式中，电荷量的单位是 C（库），距离的单位是 m（米），力的单位是 N（牛）。ε_0 的单位是 F/m（法/米），其值为 $10^{-9}/36\pi = 8.85\times10^{-12}$。

库仑定律适用的条件是带电体本身的几何尺寸远远小于它们之间的距离。在这样的条件下可以把带电体看成一个几何上的点，称为点电荷。物理上并不存在真实的点电荷，“点”只是相对意义上的概念。

库仑定律给出了两点电荷之间作用力的量值与方向，但并未说明作用力是通过什么途径传递的。历史上，围绕静电力的传递问题有过许多年的讨论。现在已经知道，电荷之间的作用力是通过其周围空间中存在一种特殊物质——电场，以有限速度传递的。任何电荷都在其周围空间产生电场。电场的一个重要特性是对处在其中的任何其他电荷都产生作用力，人们引入物理量——电场强度来描述电场的这一重要特性。

设在电场中某 P 点置一带正电的试验电荷 q_0，电场对它的作用力为 F，则电场强度（简称场强）定义为

$$E = \lim_{q_0 \to 0} \frac{F}{q_0} \tag{2.2}$$

电场强度 E 是一个随空间点位置不同变化的矢量函数，仅与该点的电场有关，而与试验电荷的电荷量无关。在 SI 中，E 的单位是 V/m（伏/米）。

根据电场强度的定义和库仑定律，可以得到位于原点上的点电荷 q 在无限大真空中引起的电场强度为

$$E(r) = \frac{q}{4\pi\varepsilon_0 r^2} e_r \tag{2.3}$$

如果点电荷 q 所处的坐标为 r'，则它在点 r 引起的电场强度为

$$E(r) = \frac{q}{4\pi\varepsilon_0 |r-r'|^2} \frac{r-r'}{|r-r'|} = \frac{q}{4\pi\varepsilon_0 R^2} e_R \tag{2.4}$$

在式（2.4）中涉及空间的两个点，如图 2.1 所示。一个是电荷量为 q 的点电荷所在的位置，其坐标为 (x',y',z')，简称“源点”；另一个是需要确定场量的点，其坐标为 (x,y,z)，简称“场点”。本书用加撇的坐标 (x',y',z') 或 r' 表示源点，用不加撇的坐标 (x,y,z) 或 r 表示场点。

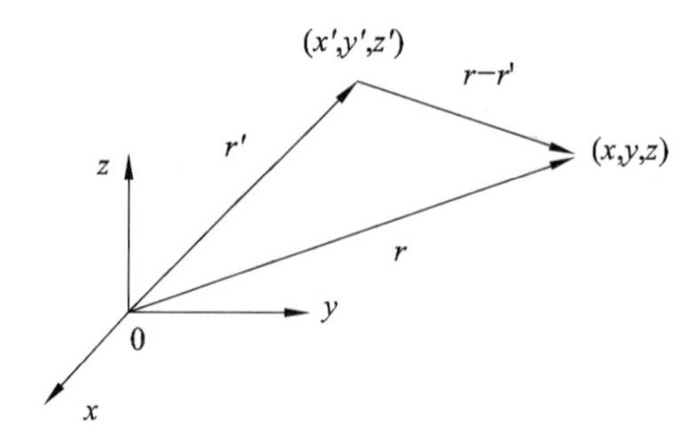

图 2.1　源点和场点

2.1.2　叠加积分法计算电场强度 $\boldsymbol{E}$

式（2.4）还说明，在电场中的任何一个指定点，电场强度与产生电场的点电荷的电荷量成正比。场与源之间的这种线性关系使人们可以利用叠加原理来计算 n 个点电荷所形成场的电场强度，即在电场中某一点的电场强度等于各个点电荷单独在该点产生的电场强度的矢量和。它的数学表达式为

$$E(r)=\frac{1}{4\pi\varepsilon_0}\sum_{k=1}^{n}\frac{q_k}{|r-r_k'|^2}\frac{r-r_k'}{|r-r_k'|}=\sum_{k=1}^{n}\frac{q_k}{R_k^{\ 2}}e_{R_k} \tag{2.5}$$

如图 2.2 所示，对于以体密度 $\rho(r')$ 连续分布在 V 中的体积电荷，它所产生的电场强度为

$$E(r)=\frac{1}{4\pi\varepsilon_0}\int_{V'}\frac{\rho(r')}{|r-r'|^2}\frac{r-r'}{|r-r'|}\mathrm{d}V'=\frac{1}{4\pi\varepsilon_0}\int_{V'}\frac{\rho(r')e_R}{|R^2|}\mathrm{d}V' \tag{2.6}$$

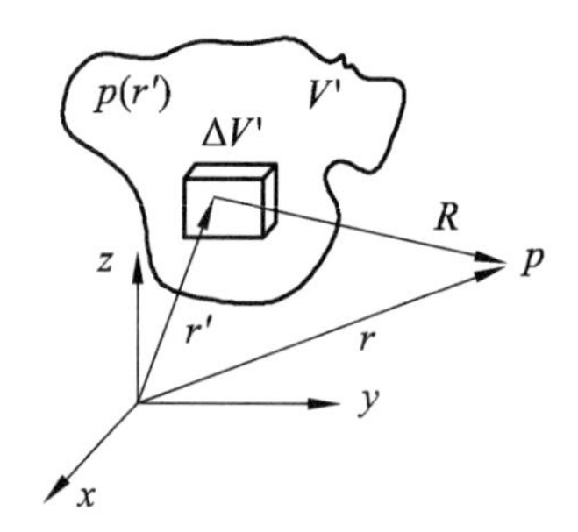

图 2.2　体积电荷电场强度

同样，对于面积电荷和线电荷，它们所产生的电场强度分别为

$$E(r)=\frac{1}{4\pi\varepsilon_0}\int_{S'}\frac{\sigma(r')e_R}{R^2}\mathrm{d}S' \tag{2.7}$$

$$E(r)=\frac{1}{4\pi\varepsilon_0}\int_{l'}\frac{\tau(r')e_R}{R^2}\mathrm{d}l' \tag{2.8}$$

式中，$\sigma(r')$ 和 $\tau(r')$ 分别是对应的电荷面密度和电荷线密度。一般若已知真空中的电荷分布，原则上都可以计算出电场强度。但都是矢量积分公式，运算比较复杂。

例 2.1 如图 2.3 所示，真空中有一以线密度 τ 沿 z 轴均匀分布的无限长线电荷，试求离其 ρ 处的电场。

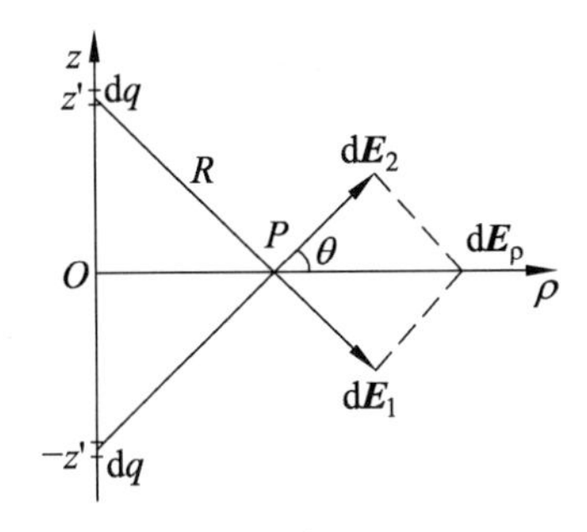

图 2.3 例 2.1 图

解： 如图 2.3 所示，在 z' 处的元电荷 $\tau\mathrm{d}z'$ 所产生的电场为 $\dfrac{\tau\mathrm{d}z'}{4\pi\varepsilon_0 R^2}$，方向为 $\mathrm{d}E_1$；而在 $(-z')$ 处对应的元电荷 $\tau\mathrm{d}z'$ 产生一大小相等，方向为 $\mathrm{d}E_2$ 的电场，两者合成则得方向为径向，它是所有的元电荷产生电场的矢量和，即

$$E(\rho)=2\int_0^{\infty}\frac{\tau dz'\cos\theta}{4\pi\varepsilon_0 R^2}e_\rho$$

因为 $R=\sqrt{z'^2+\rho^2}$ 及 $\cos\theta=\rho/R$，故

$$E(\rho)=\frac{\tau\rho}{2\pi\varepsilon_0}\int_0^{\infty}\frac{dz'}{(z'^2+\rho^2)^{3/2}}e_\rho=\frac{\tau}{2\pi\varepsilon_0\rho}e_\rho$$

这说明，以线密度 τ 均匀分布的无限长线电荷周围的电场垂直于线电荷，场强与坐标 z、$\varPhi$ 无关，与垂直距离 ρ 成反比。

例 2.2 一均匀带电的无限大平面，其电荷面密度为 σ，求距该平面前 x 处的电场。

解： 如图 2.4 所示，从观察点向平面作垂线，以垂线与平面的交点为圆心，以半径 a 作一环形元电荷，根据对称性，此环形元电荷的电场方向垂直于带电平面。故总电场的量值为

$$E(x)=\int_0^{\infty}\frac{2\pi\sigma a\mathrm{d}a}{4\pi\varepsilon_0 R^2}\cos\theta=\frac{\sigma x}{2\varepsilon_0}\int_0^{\infty}\frac{a\mathrm{d}a}{(a^2+x^2)^{3/2}}=\frac{\sigma}{2\varepsilon_0}$$

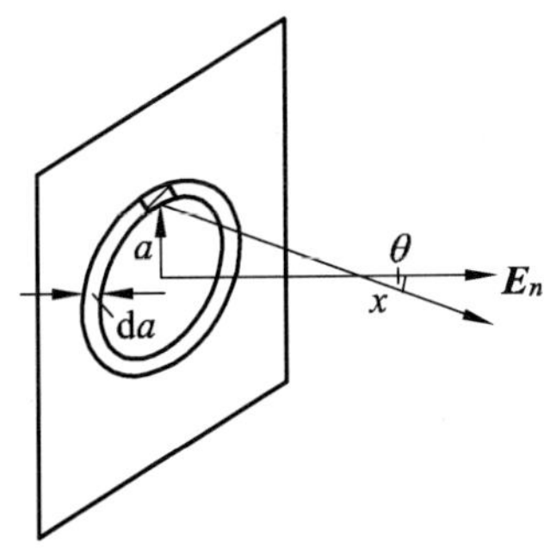

图 2.4 均匀带电无限大平面面积电荷的电场

这说明，均匀的带电无限大平面两边的电场均垂直于带电平面，场强为恒值$\dfrac{\sigma}{2\varepsilon_0}$，平面两侧电场强度的方向相反。

例 2.3 如图 2.5 所示，一半径为 a 的球面上均匀分布有电荷，其电荷面密度为σ，求此球面电荷的电场。

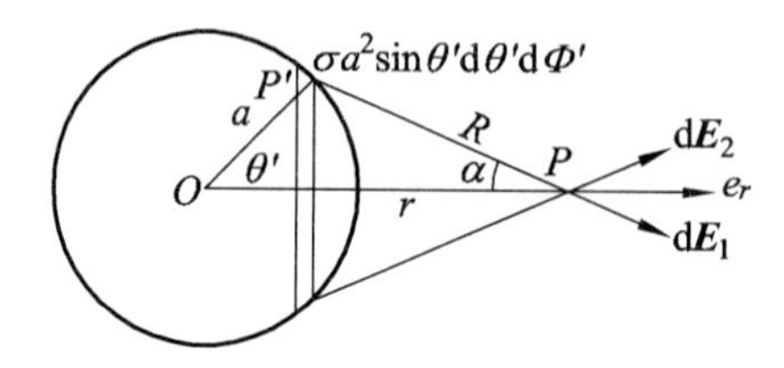

图 2.5 均匀球面电荷外的电场

解：（1）球外电场。

如图 2.5 所示，以 P 点与球心连线为球坐标的极轴 $(\theta=0)$，则 P 点的坐标为 $(r,0,0)$。在球面上，P' 点的坐标为 (a,θ',ϕ')，取面元 $a\mathrm{d}\theta' a\sin\theta'\mathrm{d}\phi'$，可把其上的面电荷 $\sigma a^2\sin\theta'\mathrm{d}\theta'\mathrm{d}\phi'$ 看成一个点电荷，与 $P(r,0,0)$ 点的距离为 R，这个面电荷在 P 点建立的电场 $\dfrac{1}{4\pi\varepsilon_0}\dfrac{\sigma a^2\sin\theta'\mathrm{d}\theta'\mathrm{d}\phi'}{R^2}$ 方向为 $\mathrm{d}\boldsymbol{E}_1$。而在对称点 $(a,\theta',\phi'+180°)$ 处的元电荷 $\sigma a^2\sin\theta'\mathrm{d}\theta'\mathrm{d}\phi'$ 产生一大小相等的电场，方向为 $\mathrm{d}\boldsymbol{E}_2$，两者合成则得径向的合成场 $\mathrm{d}E_r$。故总电场的方向为径向，它是所有元电荷产生电场的矢量和，即

$$E_r(r)=\frac{1}{4\pi\varepsilon_0}\int_0^{2\pi}\int_0^{\pi}\frac{\sigma a^2\sin\theta'\cos\alpha}{R^2}\mathrm{d}\theta'\mathrm{d}\phi'$$

因为 $\cos\alpha=\dfrac{r^2+R^2-a^2}{2rR}\cos\theta'=\dfrac{r^2+a^2-R^2}{2ra}$，故 $\sin\theta'\mathrm{d}\theta'=-\mathrm{d}\cos\theta'=\dfrac{R\mathrm{d}R}{ra}$。将上述 E_r 积分式的积分变量换为 $\mathrm{d}R,\theta'=0$ 时，$R=r-a;\theta'=\pi$ 时，$R=r+a$。

$$\begin{aligned}E_r&=\frac{1}{4\pi\varepsilon_0}\int_0^{2\pi}\int_{r-a}^{r+a}\frac{\sigma a^2R(r^2+R^2-a^2)}{ra\times 2rR\times R^2}\mathrm{d}R\mathrm{d}\phi'\\&=\frac{\sigma a}{2\varepsilon_0}\int_{r-a}^{r+a}\frac{r^2+R^2-a^2}{2r^2R^2}\mathrm{d}R\\&=\frac{\sigma}{2\varepsilon_0}\left(\frac{a}{2r^2}\right)\left(R-\frac{r^2-a^2}{R}\right)\Bigg|_{r-a}^{r+a}\\&=\frac{\sigma a^2}{\varepsilon_0 r^2}\end{aligned}$$

设球面上有电荷总量为 Q，则上式可化为

$$E_r=\frac{Q}{4\pi\varepsilon_0 r^2}$$

这说明，均匀球面电荷在球外建立的电场反比于场点与球心距离的平方，相当于把球面上的电荷集中到球心所形成的点电荷的电场。

（2）球内电场。

对于球内电场，上面的积分下限应换成 $a-r$，则

$$E_r = \frac{\sigma}{2\varepsilon_0}\left(\frac{a}{2r^2}\right)\left(R-\frac{r^2-a^2}{R}\right)\Bigg|_{a-r}^{a+r} = 0$$

这说明，均匀球面电荷在球内建立的电场恒为零。

以上关于球外和球内电场的计算结果是在电荷沿球面均匀分布的前提下得到的，即电荷在 θ 及 ϕ 方向均匀分布。由此可得出推论：对于球形体积电荷只要每层的电荷体密度是均匀的，即电荷体密度在 θ 及 ϕ 的方向是常数，则在球外建立的电场相当于全部电荷集中到球心所形成的点电荷的电场。而球内的电场应等于场点以内的那部分球体电荷集中在球心时所建立的电场。因为场点内、外的沿 θ 及 ϕ 方向均匀分布的球壳电荷在该场点建立的电场为零。

2.1.3 电 位

现在来研究将一个单位正试验电荷 q_0 在静电场中沿某一路径 l 从 A 点移至 B 点（见图 2.6）时，电场力所做的功，即

$$W = \int_A^B E \cdot \mathrm{d}l \tag{2.9}$$

如果电场由点电荷 q 单独产生，则 $E = \frac{q}{4\pi\varepsilon_0}\frac{e_r}{r^2}$，从而有

$$W = \frac{q}{4\pi\varepsilon_0}\int_A^B \frac{e_r \cdot \mathrm{d}l}{r^2} = \frac{q}{4\pi\varepsilon_0}\int_{r_A}^{r_B}\frac{1}{r^2}\mathrm{d}r = \frac{q}{4\pi\varepsilon_0}\left(\frac{1}{r_A}-\frac{1}{r_B}\right) \tag{2.10}$$

这个功只与两端点有关，而与移动路径无关。在 E 由许多电荷产生的一般情况下，电场力所做的功也是与路径无关的。

如果试验电荷在静电场中沿一闭合路径 l 从 A 点出发经过 B 点又回到 A 点（见图 2.7 所示），则电场力所做的功

$$\begin{aligned} W &= \oint_l E \cdot \mathrm{d}l = \frac{q}{4\pi\varepsilon_0}\int_{r_A}^{r_A}\frac{1}{r^2}\mathrm{d}r \\ &= \frac{q}{4\pi\varepsilon_0}\left(\frac{1}{r_A}-\frac{1}{r_A}\right) = 0 \end{aligned} \tag{2.11}$$

即在静电场中，沿闭合路径移动电荷，电场力所做功恒为零。换句话说，电场强度的环路线积分恒等于零，通常写成

$$\oint_l E \cdot \mathrm{d}l = 0 \tag{2.12}$$

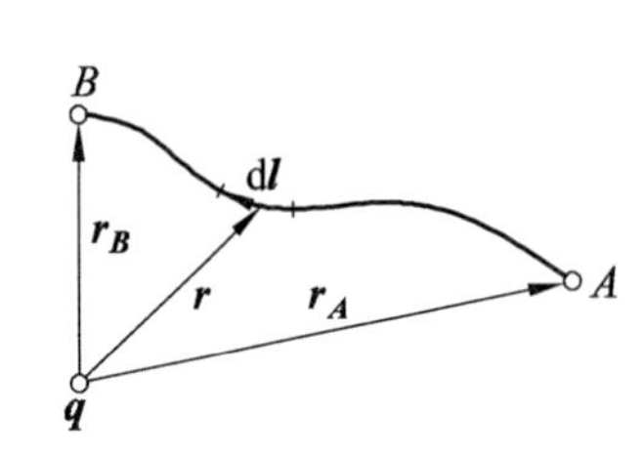

图 2.6　电荷 q_0 沿路径 l 从 A 移至 B 点

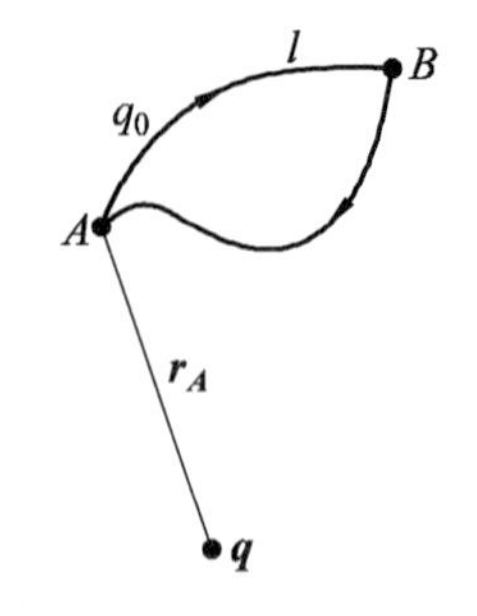

图 2.7　电荷 q_0 沿闭合路径移动

这是静电场的重要性质。因为任意静电场都可看作是由许多点电荷的静电场叠加的结果，所以该结论对于任意静电场也是正确的。式（2.12）称为静电场的环路定律。

应用斯托克斯定理式（2.12），则

$$\oint_l E \cdot \mathrm{d}l = \int_s \nabla \times E \cdot \mathrm{d}S = 0 \tag{2.13}$$

由于上式中的面积分在任何情况下都为零，因此被积分函数必处处恒为零，即

$$\nabla \times E = 0 \tag{2.14}$$

上式表明，静电场的电场强度 E 的旋度到处为零。因此，通常也说静电场是一个无旋场。

由矢量分析知，任意一个标量函数的梯度的函数的旋度恒等于零。因此，静电场的电场强度 E 可以由一个标量函数 φ 的梯度表示，即定义

$$E = -\nabla \varphi \tag{2.15}$$

这个标量函数 φ 称为静电场电位函数。它是表征静电场特性的另一个物理量。电位函数 φ 在空间某一点的值称为该点的电位。在 SI 中，其单位是 V（伏）。上式中的负号表示 E 的方向与 $\nabla\varphi$ 的方向相反，即 E 指向电位函数 φ 最大减小率的方向。

式（2.9）中给出了单位正试验电荷在电场中移动时，电场力对电荷所做的功。将式（2.15）代入该式，有

$$W = \int_A^B E \cdot \mathrm{d}l = -\int_A^B \nabla \varphi \cdot \mathrm{d}l \tag{2.16}$$

由矢量运算

$$\nabla \varphi \cdot \mathrm{d}l = \mathrm{d}\varphi \tag{2.17}$$

因此

$$W = -\int_A^B \nabla \varphi \cdot \mathrm{d}l = -\int_{\varphi_A}^{\varphi_B} \mathrm{d}\varphi = \varphi_A - \varphi_B \tag{2.18}$$

也就是说，单位正试验电荷从 A 点移到 B 点时，电场力所做的功就是这两点的电位差，即

$$\varphi_A - \varphi_B = \int_A^B E \cdot \mathrm{d}l \tag{2.19}$$

因电场 E 的线积分与路径无关，所以任意两点间的电位差具有确定的数值。把两点间的电位差定义为此两点间的电压 U，即

$$U_{AB}=\varphi_A-\varphi_B=\int_A^B E\cdot \mathrm{d}l \tag{2.20}$$

式（2.20）表明，静电场中的两点间的电压，也等于由一点到另一点移动单位正点电荷时电场力所做的功。在 SI 中，电压的单位也是 V。

虽然两点间的电位差有确定的数值，但适合式（2.15）的电位函数并不唯一确定。因为如果 φ 是静电场 E 的电位函数，取 $\varphi'=\varphi+C$（任意常数），则

$$-\nabla\varphi'=-(\varphi+C)=-\nabla\varphi=E \tag{2.21}$$

所以 φ' 也是静电场 E 的电位函数。也就是说，φ 与 $\varphi+C$ 这两个电位函数代表同样的电场 E。这表明电位的值是相对的。因此，为了得到确定的电位值，可以人为地选定空间某点 Q 作为电位的参考点。不管 Q 点如何选取，一经确定后，空间任一点 P 都有确定的单一电位值 φ_p，即

$$\varphi_p=\int_p^Q E\cdot \mathrm{d}l \tag{2.22}$$

φ_p 也可称为 P 点相对于 Q 点的电位。参考点不同，电位值也不同。显然参考点 Q 的电位为零。上式也表明，空间某一点的电位就是将单位正电荷从该点移至指定的参考点时，电场力对电荷所做的功。

在工程中，常把大地表面作为电位参考点。而在理论分析时，只要产生电场的全部电荷都处在有限空间内，不管电荷如何分布，选取无限远处为参考点对电位计算将带来很大的方便。这时，任意点 P 点的电位为

$$\varphi_p=\int_p^\infty E\cdot \mathrm{d}l \tag{2.23}$$

将式（2.3）代入式（2.23）中，得到位于坐标原点的点电荷在无限大真空中引起的电位，即

$$\varphi(r)=\frac{q}{4\pi\varepsilon_0 r} \tag{2.24}$$

2.1.4 叠加积分法计算电位

对于既有点电荷又包含体积电荷分布 $\rho(r')$ 、面积电荷分布 $\sigma(r')$ 和线电荷分布 $\tau(r')$ 的一般情况，由叠加原理可得点 P 上的电位表达式为

$$\begin{aligned}\varphi(r)=&\frac{1}{4\pi\varepsilon_0}\sum_{k=1}^{n}\frac{q_k}{|r-r'|}+\frac{1}{4\pi\varepsilon_0}\int_{V'}\frac{\rho(r')}{|r-r'|}\mathrm{d}V'+\\&\frac{1}{4\pi\varepsilon_0}\int_{S'}\frac{\sigma(r')}{|r-r'|}\mathrm{d}S'+\frac{1}{4\pi\varepsilon_0}\int_{l'}\frac{\tau(r')}{|r-r'|}\mathrm{d}l\end{aligned} \tag{2.25}$$

这一积分式基于无限远处电位为零的条件。

设想电荷分布延拓至无限远时，无限远处的电位成为无限大，这时若仍将无限远点选为电位的参考点，式（2.21）中的积分将趋向无限大，因而失效。在这种情况下，应在有限空间内选择电位参考点。

标量电位函数的引入，把静电场这样一个矢量场问题化为一个标量场问题，给分析问题带来了很大方便。

例 2.4 求电荷面密度为σ，半径为 a 的均匀带电圆盘轴线上的电位和电场强度。

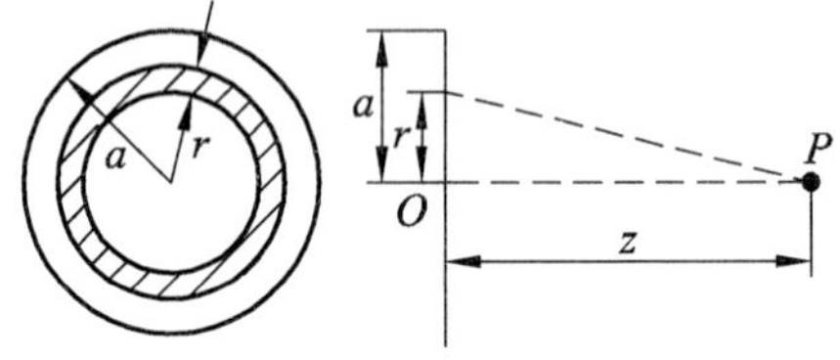

图 2.8 均匀带电圆盘

解： 如图 2.8 所示，在圆盘上取一半径 r 宽为 dr 的圆环，环上元电荷 $\mathrm{d}q=\sigma(2\pi r)\mathrm{d}r$，环上各个点至 P 点距离皆为 $R^2=\sqrt{r^2+z^2}$，在轴上 P 点所产生的电位为

$$\mathrm{d}\varphi=\frac{\mathrm{d}q}{4\pi\varepsilon_0(r^2+z^2)^{1/2}}=\frac{ar\mathrm{d}r}{2\varepsilon_0(r^2+z^2)^{1/2}}$$

整个圆盘上在 P 点所产生的电位为

$$\varphi=\frac{\sigma r\mathrm{d}r}{2\varepsilon_0(r^2+z^2)^{1/2}}=\frac{\sigma}{2\varepsilon_0}(r^2+z^2)^{1/2}\Big|_0^a$$

$$=\begin{cases}\dfrac{\sigma}{2\varepsilon_0}\left[(a^2+z^2)^{1/2}-z\right](z>0)\\[2ex]\dfrac{\sigma}{2\varepsilon_0}\left[(a^2+z^2)^{1/2}+z\right](z<0)\end{cases}$$

由电荷分布对称性可知，在轴线上的电场强度只有 z 向分量，即

$$\boldsymbol{E}=E_z\boldsymbol{e}_z=-\frac{\partial\varphi}{\partial z}\boldsymbol{e}_z=\begin{cases}\dfrac{\sigma}{2\varepsilon_0}\left[-\dfrac{z}{\sqrt{a^2+z^2}}+1\right]\boldsymbol{e}_z(z>0)\\[2ex]\dfrac{\sigma}{2\varepsilon_0}\left[-\dfrac{z}{\sqrt{a^2+z^2}}-1\right]\boldsymbol{e}_z(z<0)\end{cases}$$

圆盘中心表面处的电场强度为

$$\varphi=\frac{\sigma}{2\varepsilon_0}a$$

而圆盘中心表面处的电场强度为

$$\boldsymbol{E}=\begin{cases}\dfrac{\sigma}{2\varepsilon_0}\boldsymbol{e}_z & (z=0^+)\\[2ex]-\dfrac{\sigma}{2\varepsilon_0}\boldsymbol{e}_z & (z=0^-)\end{cases}$$

注意圆盘两侧电位 φ 连续而电场强度 E 不连续。

例 2.5 如图 2.9 所示，两点电荷 $+q$ 和 $-q$ 相距为 d。当 $r \gg d$ 时，这一对等量异号的电荷 $\pm q$，称为电偶极子。计算任一点 P 处的电位和电场强度。

解： 应用叠加原理，由式（2.24）得场中任意点 P 的电位为

$$\varphi = \frac{q}{4\pi\varepsilon_0}\left(\frac{1}{r_1} - \frac{1}{r_2}\right) = \frac{q}{4\pi\varepsilon_0}\left(\frac{r_2 - r_1}{r_2 r_1}\right)$$

因 $r \gg d$，则 $r_1 r_2 \approx r^2$，$r_2 - r_1 \approx d\cos\theta$，所以有

$$\varphi = \frac{qd\cos\theta}{4\pi\varepsilon_0 r^2}$$

上式也可以改写为

$$\varphi = \frac{1}{4\pi\varepsilon_0}\frac{p \cdot e_r}{r^2}$$

式中，$p = qd$，称为电偶极子的电偶极矩。p 的方向是由负电荷指向正电荷，单位为 $\mathrm{C \cdot m}$（库·米）。

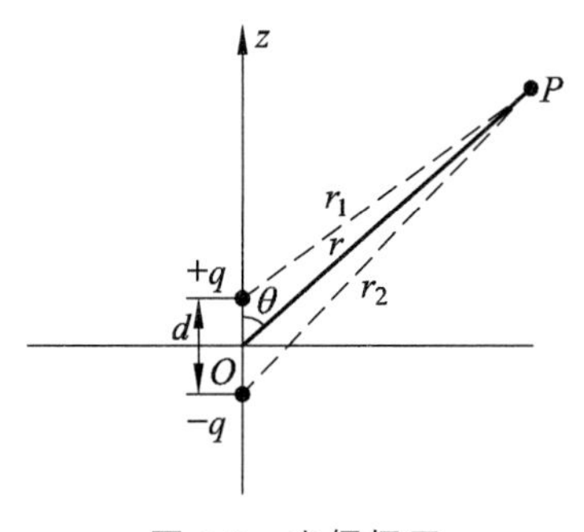

图 2.9 电偶极子

应用关系式 $E = -\nabla\varphi$，可以求得位于原点的电偶极子在离它 r 远处产生的电场强度为

$$\boldsymbol{E} = \frac{p}{4\pi\varepsilon_0 r^3}\left(2\cos\theta \boldsymbol{e}_r + \sin\theta \boldsymbol{e}_\theta\right)$$

2.1.5 电力线和等位面（线）

在研究场的问题时，为了使场形象化，通常需要作场的分布图形。在描述静电场的图形中，最常见的是电场强度线（简称 E 线，也称电力线）和等位面（线）（等位线是指等位面和空间中某一平面相交而得的截迹）。

E 线是这样一种曲线，曲线上每一点的切线方向与该点电场强度方向一致。若 $\mathrm{d}l$ 是电力线的长度元，则该 $\mathrm{d}l$ 处的 E 矢量将与 $\mathrm{d}l$ 的方向一致，故

$$E \times \mathrm{d}l = 0 \tag{2.26}$$

该式就是电力线的微分方程，它的解即为 E 线的方程。

在静电场中，将电位相等的点连接起来形成的曲面，称为等位面，它的方程为

$$\varphi(x,y,z)=C \tag{2.27}$$

C 取不同数值可得到一个等位面族

等位面和 E 线是到处正交的。在场图中，相邻两等位面之间的电位差应相等，这样才能表示电场的强弱。等位面越密处，场强越大。

例 2.6 画出偶极子的等位线和电力线。

解： 由例 2.5 和式（2.27），得电偶极子的等位面方程为

$$\frac{p\cos\theta}{4\pi\varepsilon_0 r^2}=\text{const}$$

由此

$$r=C\sqrt{\cos\theta}$$

取不同的 C 值，即对应不同的电位 φ，可画出 r 对 θ 的曲线，如图 2.10 中的虚线所示。在球坐标系中，电力线的微分方程式（2.26）转化为

$$\frac{\mathrm{d}r}{E_r}=\frac{r\mathrm{d}\theta}{E_\theta}=\frac{r\sin\theta\mathrm{d}\varphi}{E_\varphi}$$

对于电偶极子，电场没有 φ 向分量，故

$$\frac{\mathrm{d}r}{2\cos\theta}=\frac{r\mathrm{d}\theta}{\sin\theta}$$

积分得

$$r'=C'\sin^2\theta$$

式中，C' 为一常量。电力线如图 2.10 中实线所示。

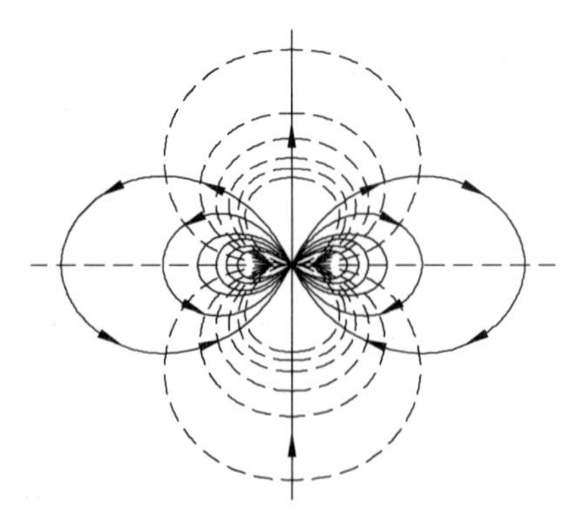

图 2.10 电偶极子的等位线和电力线

平板电容器端部和点电荷与导体球的等位线和电力线如图 2.11 所示。

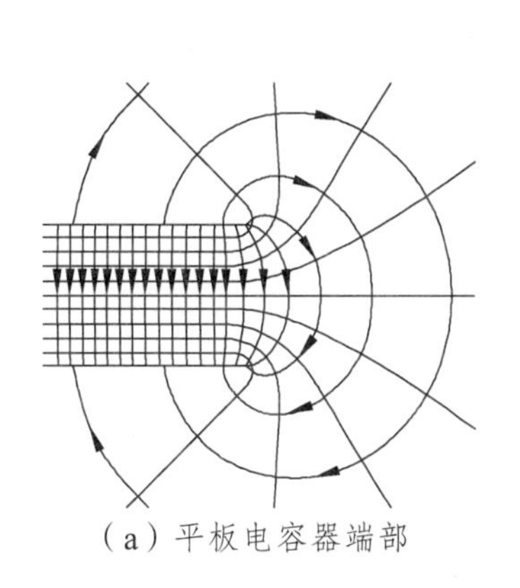
(a) 平板电容器端部

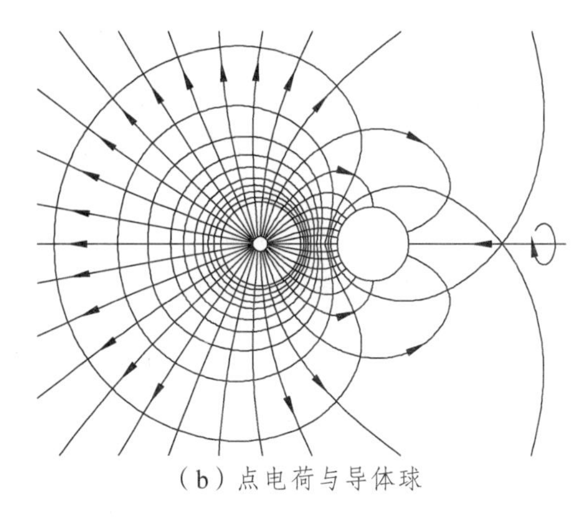
(b) 点电荷与导体球

图 2.11　等位线和电力线

习题 2.1

2.1.1　真空中有一密度 $2\pi\ nC/m$ 的无限长线电荷沿 y 轴放置，另有密度分别为 $0.1\ nC/m^2$ 和 $-0.1\ nC/m^2$ 的无限大带电平面分别位于 $z=3m$ 和 $z=-4m$ 处。试求 $P(1,7,2)$ 的电场强度 E。

2.1.2　一充满电荷（电荷体密度为常数 ρ_0）的球，证明球内各点场强与到球心的距离成正比。

2.1.3　已知电位函数 $\varphi=\dfrac{1}{x+y^2+z^3}$，试求 E，并计算在 $(0,0,2)$ 及 $(5,3,2)$ 点处的 E 值。

2.1.4　证明两等量而异号的长直平行线电荷场中的等位面是一组圆柱面，如图 2.12 所示。

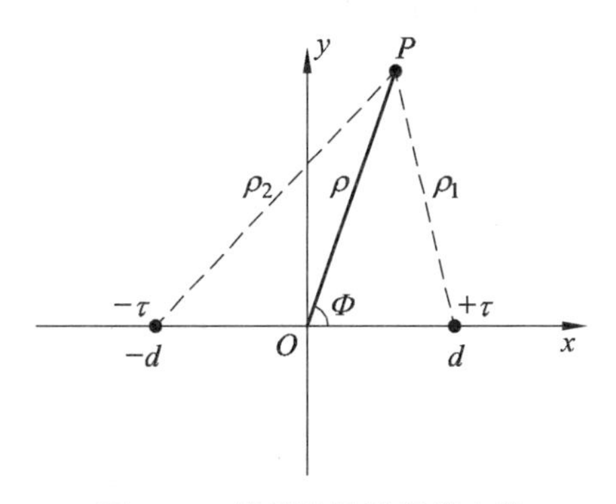

图 2.12　等量异号平行线电荷

2.2　高斯定律

前面一节讨论的是自由电荷在无限大真空中引起的静电场，有意回避了在场域内的某些部分可能存在实体物质的一般情况。实验表明，实体物质的存在必将影响和改变自由电荷在无限大真空中引起的静电场的分布。本节首先介绍实体物质在静电场中的性质和表现，然后引入电通（量）密度 D，得到一般形式的高斯定律，并据此定义电介质的介电常数。根据物体的静电表现，可以把它们分成两大类：导电体（即导体）和绝缘体（也称为电介质）。

2.2.1 静电场中的电介质

与导体不同，电介质的特点是其中的电子被原子核所束缚而不能自由运动，称为束缚电荷。但在外加电场的作用下，电介质分子中的正负电荷可以有微小的移动，但不能离开分子的范围，其作用中心不再重合，形成一个个小的电偶极子，如图 2.13 所示，这种现象称为介质极化。极化的结果，使在电介质内部出现连续的电偶极子分布。这些电偶极子形成附加电场，从而引起原来电场分布的变化。

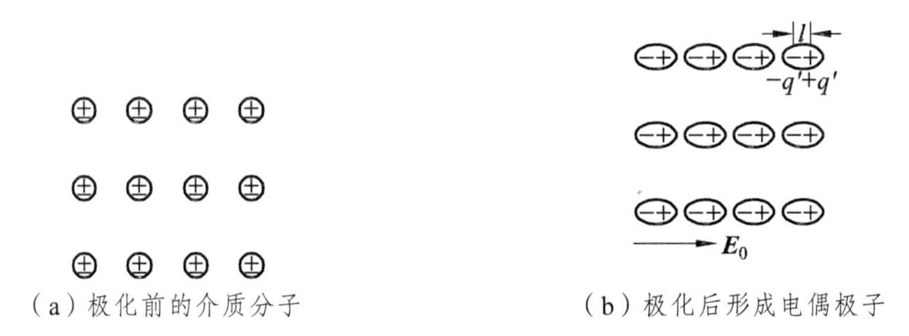

（a）极化前的介质分子　　（b）极化后形成电偶极子

图 2.13　电介质的极化

极化的电介质可视为体分布的电偶极子，因此引起的附加电场可视为这些电偶极子的电场的叠加。在介质中取一足够小的体积元 $\Delta V'$，如图 2.14 所示。设它到场点 P 的矢径为 R，它的总电偶极矩是其中所有电偶极子的电偶极矩的矢量和，用 E_p 表示，则由式 $\varphi=\dfrac{1}{4\pi\varepsilon_0}\dfrac{\boldsymbol{p}\cdot\boldsymbol{e}_r}{r^2}$ 得体积元 $\Delta V'$ 所产生的电位为

$$\Delta\varphi(\boldsymbol{r})=\frac{\sum\boldsymbol{p}\cdot\boldsymbol{e}_R}{4\pi\varepsilon_0 R^2}\tag{2.28}$$

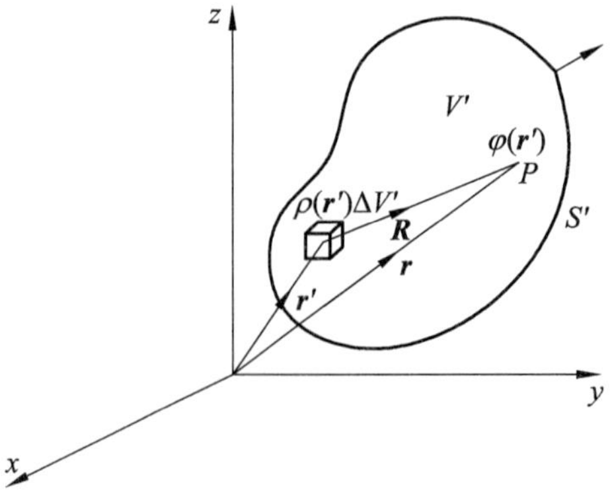

图 2.14　电介质极化建立的电位

引入

$$\boldsymbol{P}=\frac{\sum \boldsymbol{p}}{\Delta V'} \tag{2.29}$$

则式（2.28）可写成 $\Delta\varphi(r)=\dfrac{\boldsymbol{P}\cdot\boldsymbol{e}_{\mathrm{R}}}{4\pi\varepsilon_0 R^2}\Delta V'$。

整个极化电介质所产生的电位为

$$\varphi(\boldsymbol{r})=\frac{1}{4\pi\varepsilon_0}\int_{V'}\frac{\boldsymbol{P}(\boldsymbol{r}')\cdot\boldsymbol{e}_{\mathrm{R}}}{R^2}\mathrm{d}V' \tag{2.30}$$

由于 $\dfrac{eR}{R^2}=\nabla'\dfrac{1}{R}=-\nabla\dfrac{1}{R}$，因此式（2.30）可改写成

$$\varphi(\boldsymbol{r})=\frac{1}{4\pi\varepsilon_0}\int_{V'}\boldsymbol{P}(\boldsymbol{r}')\cdot\nabla'\left(\frac{1}{R}\right)\mathrm{d}V' \tag{2.31}$$

再由矢量恒等式 $\nabla'\cdot\left(\dfrac{\boldsymbol{P}}{R}\right)=\dfrac{1}{R}(\nabla'\cdot\boldsymbol{P})+\boldsymbol{P}\cdot\nabla'\left(\dfrac{1}{R}\right)$，则上式变为

$$\varphi(\boldsymbol{r})=\frac{1}{4\pi\varepsilon_0}\left[\int_{V}\nabla'\cdot\left(\frac{\boldsymbol{P}}{R}\right)\mathrm{d}V'-\int_{V'}\frac{1}{R}\nabla'\cdot\boldsymbol{P}\mathrm{d}V'\right] \tag{2.32}$$

对上式应用散度定理，得

$$\varphi(\boldsymbol{r})=\frac{1}{4\pi\varepsilon_0}\int_{V'}\frac{-\nabla'\cdot\boldsymbol{P}(\boldsymbol{r}')}{R}\mathrm{d}V'+\frac{1}{4\pi\varepsilon_0}\oint_{S'}\frac{\boldsymbol{P}(\boldsymbol{r}')\cdot\boldsymbol{e}_{\mathrm{n}}}{R}\mathrm{d}S' \tag{2.33}$$

把式（2.33）与体积电荷及面积电荷的电位积分式（2.25）对比，它可以写成

$$\varphi(\boldsymbol{r})=\frac{1}{4\pi\varepsilon_0}\int_{V'}\frac{\rho_P(\boldsymbol{r}')}{R}\mathrm{d}V'+\frac{1}{4\pi\varepsilon_0}\oint_{S'}\frac{\sigma_P(\boldsymbol{r}')}{R}\mathrm{d}S' \tag{2.34}$$

也就是说，由极化电介质所产生的电位，等于电荷而密度为 σ_p 的面积电荷与电荷体密度为 ρ_p 的体积电荷共同产生的电位，即

$$\sigma_p=P\cdot\boldsymbol{e}_{\mathrm{n}} \tag{2.35}$$

$$\rho_p=-\nabla\cdot P \tag{2.36}$$

把 σ_p 称为电介质表面上的极化面积电荷的面密度，ρ_p 称为电介质内的极化电荷体密度。这两部分极化电荷的总和为

$$(q_P)_t=\int_V-\nabla\cdot\boldsymbol{P}\mathrm{d}V+\oint_S\boldsymbol{P}\cdot\mathrm{d}\boldsymbol{S} \tag{2.37}$$

共总和应等于零，符合电荷守恒原理。

式（2.28）定义的 P 称为电介质的电极化强度，单位为 $\mathrm{C/m^2}$（库/米 ^{2}）。它从宏观上定量地描述了电介质极化的程度，是极化后形成的每单位体积内的电偶极矩。实验表明，在各向同性的线性电介质中，电极化强度 P 与电场强度 E 成正比，即

$$P=\chi\varepsilon_0 E \tag{2.38}$$

式中，χ 称为电介质的电极化率。

综上所述，电介质对电场的影响，可归结为极化后极化电荷或电偶极子在真空中所产生的作用。也就是说，电介质极化所产生的电位可由极化电荷观点的式（2.34）或者由电偶极子观点得出的式（2.30）来计算，但实际上 P 一般事先是未知的，因而常难以具体计算。下面将引入电通（量）密度 D，来分析有电介质存在时的静电场。

2.2.2　静电场中的导体

导体的特点是其中有大量的自由电子，自由电荷可以在其中自由运动。将导体引入外电场中以后，其自由电荷将会在导体中移动，原来的静电平衡状态被破坏。自由电荷的移动将使其积累在导体表面，并建立附加电场，直至其表面电荷（这些电荷也称为感应电荷）建立的附加电场与外加电场在导体内部处处相抵消为止，这样才达到一种新的静电平衡状态。这时，将出现下列现象：第一，导体内的电场为零，$E=0$。不然的话，导体内的自由电荷将受到电场力的作用而移动，就不属静电问题的范围。第二，静电场中导体必为一等位体，导体表面必为等位面，因为导体中 $E=-\nabla\varphi=0$。第三，导体表面上的 E 必定垂直于表面。第四，导体如带电，则电荷只能分布于其表面。

总之，静电场中导体的特点是，在导体表面形成一定的面积电荷分布，使导体内的电场为零，每个导体都成为等位体，其表面为等位面。

2.2.3　高斯定律

根据库仑定律和叠加原理可得出以下重要事实：在无限大真空静电场中的任意闭合曲面 S 上，电场强度 E 的面积分等于曲面内的总电荷 $q=\int_V \rho \mathrm{d}V$ 的 $\dfrac{1}{\varepsilon_0}$ 倍（V 是S限定的体积）、而与曲面外电荷无关。其数学表示式为

$$\oint_S \boldsymbol{E}\cdot \mathrm{d}\boldsymbol{S}=\frac{q}{\varepsilon_0}=\frac{1}{\varepsilon_0}\int_V \rho \mathrm{d}V \tag{2.39}$$

式（2.39）称之为真空中静电场的高斯定律。

当有电介质存在时，电场可看成是由自由电荷和极化电荷共同在真空中引起的，真空中静电场的高斯定律仍适用，只是总电荷不仅包括自由电荷 q，而且包括极化电荷 q_p，即

$$\oint_S \boldsymbol{E}\cdot \mathrm{d}\boldsymbol{S}=\frac{\int_V \rho \mathrm{d}V+q_P}{\varepsilon_0}=\frac{q+q_P}{\varepsilon_0} \tag{2.40}$$

式中，q 与 q_p分别为闭合面 S 内的总自由电荷和总极化电荷。由式（2.36），得

$$q_P=\int_V \rho_P \mathrm{d}V=\int_V -\nabla\cdot \boldsymbol{P}\mathrm{d}V=-\oint_S \boldsymbol{P}\cdot \mathrm{d}\boldsymbol{S} \tag{2.41}$$

代入式（2.40）得

$$\oint_S \boldsymbol{E}\cdot \mathrm{d}\boldsymbol{S}=\frac{1}{\varepsilon_0}\int_V \rho \mathrm{d}V-\frac{1}{\varepsilon_0}\oint \boldsymbol{P}\cdot \mathrm{d}\boldsymbol{S} \tag{2.42}$$

所以

$$\oint_S (\varepsilon_0 E + P)\cdot \mathrm{d}S = \int_V \rho \mathrm{d}V \quad (2.43)$$

为简化上面的方程，引入一新的物理量，令

$$D = \varepsilon_0 E + P \quad (2.44)$$

称 D 为电通（量）密度，也称电位移，单位是 C/m^2（库/米^2）。于是，得

$$\oint_S \boldsymbol{D}\cdot \mathrm{d}\boldsymbol{S} = \int_V \rho \mathrm{d}V \quad (2.45)$$

这是一般形式的高斯定律。它指出不管在真空中还是在电介质中，任意闭曲面 S 上电通密度 D 的面积分，等于该曲面内的总自由电荷，而与一切极化电荷及曲面外的自由电荷无关。与式（2.40）相比，引入 D 后，在方程的右端只出现自由电荷，因为由极化而产生的极化电荷的效果已包括在 P 中，所以也就包括在 D 中了，这样大大有利于电介质中电场的分析和计算。应用高斯散度定理于式（2.45），则得

$$\int_V \nabla\cdot \boldsymbol{D}\mathrm{d}V = \int_V \rho \mathrm{d}V \quad (2.46)$$

因此，有

$$\nabla\cdot D = \rho \quad (2.47)$$

这是高斯定律的微分形式。它表明静电场中任一点上电通密度 D 的散度等于该点的自由电荷体密度。式（2.44）称为电介质的构成方程。对于各向同性的电介质，将式（2.38）代入，得

$$\boldsymbol{D} = \varepsilon_0 \boldsymbol{E} + \boldsymbol{P} = \varepsilon_0 (1+\chi)\boldsymbol{E} \quad (2.48)$$

引入

$$\varepsilon = (1+\chi)\varepsilon_0 = \varepsilon_0 \varepsilon_r \quad (2.49)$$

则

$$D = \varepsilon E = \varepsilon_0 \varepsilon_r E \quad (2.50)$$

此式称为各向同性电介质的构成方程。ε 称为电介质的介电常数，单位符号是法拉/米（F/m）；而 $\varepsilon_r = \varepsilon / e$，称为相对介电常数，无量纲。

2.2.4 用高斯定律计算静电场

高斯定律反映了静电场的一个基本性质。在场的分布具有某种对称性（常见的有面对称、柱对称和球对称）情况下，应用它来求解电场是很直接的。

例 2.7 单心电缆的尺寸如图 2.15 所示。设它有两层绝缘体，分界面也是同轴圆柱面。已知内导体与外壳导体之间的电压为。求电场分布。

解：在绝缘体中取任意点 P，设它至 O 点的距离为 ρ。过 P 点作同轴圆柱面，高为 l。该面再加上下两底面作为“高斯面 S”。由于对称，显然 D 在上下底面上没有法向分量，在同轴圆柱面上 D 是均匀的并且沿半径向外取向。

应用高斯定律得

$$\int_S \boldsymbol{D}\cdot \mathrm{d}\boldsymbol{S} = (2\pi\rho l)D = \tau l$$

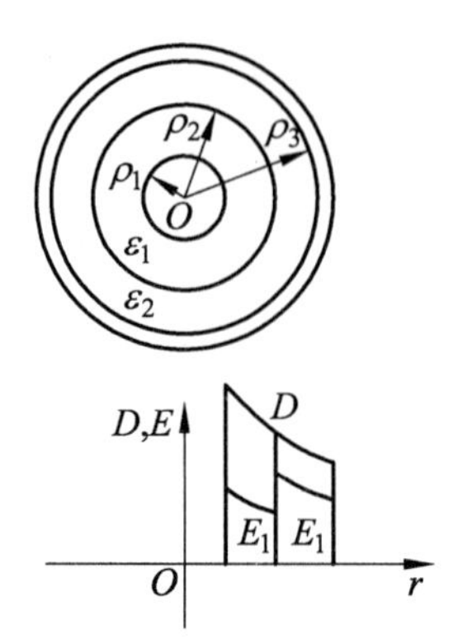

图 2.15 单心电缆的截面

于是各层绝缘体中电场强度分别为

$$E_1 = \frac{D}{\varepsilon_1} = \frac{\tau}{2\pi\varepsilon_1\rho} \text{ 和 } E_2 = \frac{D}{\varepsilon_2} = \frac{\tau}{2\pi\varepsilon_2\rho}$$

而电压 $U = \int_{\rho_1}^{\rho_2} E_1 \ \mathrm{d}\rho + \int_{\rho_2}^{\rho_3} E_2 \ \mathrm{d}\rho = \frac{\tau}{2\pi\varepsilon_1}\ln\frac{\rho_2}{\rho_1} + \frac{\tau}{2\pi\varepsilon_2}\ln\frac{\rho_3}{\rho_2}$

于是

$$\tau = \frac{2\pi U}{\frac{1}{\varepsilon_1}\ln\frac{\rho_2}{\rho_1} + \frac{1}{\varepsilon_2}\ln\frac{\rho_3}{\rho_2}}$$

故

$$E_1 = \frac{U}{\rho\left(\ln\frac{\rho_2}{\rho_1} + \frac{\varepsilon_1}{\varepsilon_2}\ln\frac{\rho_3}{\rho_2}\right)} \qquad \text{和} \qquad E_2 = \frac{U}{\rho\left(\frac{\varepsilon_2}{\varepsilon_1}\ln\frac{\rho_2}{\rho_1} + \ln\frac{\rho_3}{\rho_2}\right)}$$

在 $\rho = \rho_1$ 处 E_1 最大，如图 2.15 所示，选择 $\varepsilon_1\rho_1 = \varepsilon_2\rho_2$ 时，这两个最大值相等，且等于

$$E_{\max} = \frac{U}{\rho_1\ln\frac{\rho_2}{\rho_1} + \rho_2\ln\frac{\rho_3}{\rho_2}}$$

这要比单层绝缘时的最大值 $E'_{\max}$ 还小。这里

$$E'_{\max} = \frac{U}{\rho_1\ln\frac{\rho_3}{\rho_1}}$$

这是多层绝缘的一个优点。

例 2.8 真空中有电荷以体密度 ρ 均匀分布于一半径为 a 的球中。试求球内外的电场强度及电位。

解：（1）求电场强度。

由于电场的球对称性，在与带电球同心、半径为 r 的球面上，D 是常数，方向是径向的。根据式（2.45），当 $r<a$ 时，有

$$4\pi r^2 D=\frac{4}{3}\pi r^3\rho$$

所以

$$D=\frac{\rho r}{3}e_r \text{ 和 } E=\frac{\rho r}{3\varepsilon_0}e_r$$

当 $r>a$ 时，有

$$4\pi r^2 D=\frac{4}{3}\pi a^3\rho$$

所以

$$D=\frac{\rho a^3}{3r^2}e_r \quad \text{和} \quad E=\frac{\rho a^3}{3\varepsilon_0 r^2}e_r$$

（2）求电位。因电荷分布在有限区域，故可选无穷远为电位参考点。

当 $r\leqslant a$ 时，

$$\begin{aligned}\varphi&=\int_r^a E\,\mathrm{d}r+\int_a^\infty E\mathrm{d}r\\&=\frac{\rho a^2}{2\varepsilon_0}-\frac{\rho r^2}{6\varepsilon_0}\end{aligned}$$

当 $r\geqslant a$ 时，

$$\varphi=\int_r^\infty E\,\mathrm{d}r=\frac{\alpha a^3}{3\varepsilon_0}\cdot\frac{1}{r}$$

习题 2.2

2.2.1　一点电荷 q 放在无界均匀介质中的一个球形空腔中心，设介质的介电常数为 ε，空腔的半径为 a，求空腔表面的极化电荷面密度。

2.2.2　求下列情况中，真空中带电面之间的电压。

（1）相距为 a 的两无限大平行板，电荷面密度分别为 $+\sigma$ 和 $-\sigma$。

（2）无限长同轴圆柱面，半径分别为 a 和 $b(b>a)$，每单位长度上电荷：内柱为 τ 外柱为 $-\tau$。

（3）半径分别为 R_1 和 R_2 的两同心球面 $(R_2>R_1)$，带有均匀分布的面积电荷，内外球面电荷总量分别为 q 和 $-q$。

2.2.3　高压同轴线的最佳尺寸设计一高压同轴圆柱电缆，外导体的内半径为 2 cm，内外导体电介质的击穿场强为 200 kV/cm。内导体的半径 a，其值可以自由选定但有一最佳值。因 a 太大，内外导体的间隙就变得很小，以致在给定的电压下，最大的 E 会超过

电介质的击穿场强。另一方面，由于 E 的最大值 E_m 总是在内导体表面上，当 a 很小时，其表面的 E 必定很大。试问 a 为何值时，该电缆能承受最大电压？并求此最大电压值？（击穿场强：当电场增大达到某一数值时，使得电介质中的束缚电荷能够脱离它们的分子而自由移动，这时电介质就丧失了它的绝缘性能，称为被击穿。某种材料能安全地承受的最大电场强度就称为该材料的击穿场强）。

2.3　静电场基本方程——分界面上的衔接条件

静电场是无旋场。同时，静电场又是一个有散场，静止电荷就是静电场的（散度）源。静电场的这些特性都可概括在本节介绍的静电场的基本方程之中。另外，在静电问题中，经常遇到不同媒质（真空、电介质、导体等）的分界面，通常在这些分界面上场量有突变的情形。本节在静电场积分形式的基本方程基础上，研究无限接近分界面两侧处的场量间的关系，导出分界面上的衔接条件。

2.3.1　静电场基本方程

前面两节中得到以下两组基本方程

$$\oint_S \boldsymbol{D}\cdot \mathrm{d}\boldsymbol{S}=\int_V \rho \mathrm{d}V \tag{2.51}$$

$$\oint_l E\cdot \mathrm{d}l=0 \tag{2.52}$$

和

$$\nabla\cdot D=\rho \tag{2.53}$$

$$\nabla\times E=0 \tag{2.54}$$

且有构成方程

$$D=\varepsilon E\text{（在各向同性的线性电介质中）} \tag{2.55}$$

式（2.51）和式（2.52）都是用积分形式来表达的，称为积分形式的静电场基本方程；式（2.53）和式（2.54）则称为微分形式的静电场基本方程。

高斯定律的积分形式式（2.51）说明，电通（量）密度 D 的闭合面积分等于面内所包围的总自由电荷，它表征静电场的一个基本性质。静电场的环路特性式（2.52）说明，电场强度 E 的环路线积分恒等于零，即静电场是一个守恒场。虽然式（2.52）是根据真空中的电场得到，但在有电介质存在时，它依然成立。这是因为有介质存在时，可以用极化电荷来考虑其附加作用。就产生电场这一点，极化电荷与自由电荷一样，遵守库仑的平方反比定律，引起的静电场都属于守恒场。高斯定律的微分形式式（2.53）表明，静电场是有散场。式（2.44）是静电场环路特性的微分形式，它表明静电场是无旋场。从物理概念上来说，积分形式描述的是每一条回路和每一个闭合面上场量的整体情况；微分形式则描述了各点及其邻域的场量情况，也即反映了从一点到另一点场量的变化，从而可以更深刻更精细地了解场的分布。从数学角度来说，微分形式便于进行分析和计算。

例 2.9 在真空中设半径为 a 的球内分布着电荷体密度为 $\rho(r)$ 的电荷。已知球内场强 $E=(r^3+Ar^2)e_r$，式中 A 为常数，求 $\rho(r)$ 及球外的电场强度。

解： 如采用球坐标系，则电场强度 E 与 r 方向相同，与 θ、φ 无关，故

$$\rho=\nabla\cdot\boldsymbol{D}=\nabla\cdot(\varepsilon_0\boldsymbol{E})=\varepsilon_0\frac{1}{r^2}\frac{\partial}{\partial r}(r^2E_{\mathrm{r}})=\varepsilon_0(5r^2+4Ar)$$

因球内电荷分布具有球对称性，故球外电场必定也是球对称的，因此，可得

$$\oint_S\boldsymbol{D}\cdot\mathrm{d}\boldsymbol{S}=\varepsilon_0\oint_S\boldsymbol{E}\cdot\mathrm{d}\boldsymbol{S}=4\pi\varepsilon_0r^2E$$

而球内总电荷为

$$\int_V\rho\mathrm{d}V=\int_0^u\rho4\pi r^2\mathrm{d}r=4\pi\varepsilon_0(a^5+Aa^4)$$

由高斯定律，可得

$$\boldsymbol{E}=\frac{(a^5+Aa^4)}{r^2}\boldsymbol{e}_r\qquad(r\geqslant a)$$

2.3.2 分界面上的衔接条件

在静电场中，空间往往分区域分布着两种或多种媒质（导体和电介质）。对于两种互相密接的媒质，分界面两侧的静电场之间存在着一定关系，称为静电场中不同媒质分界面上的衔接条件。它反映了从一种媒质过渡到另一种媒质时分界面上电场的变化规律。一般而言，由于分界面两侧的物性发生突变，经过分界面时，场量也可能随之突变，故静电场基本方程的微分形式不适用于此，必须回到积分形式的基本方程式（2.51）和式（2.52）。先分析电通（量）密度 D 在两种电介质分界面上必须满足的条件。取分界面上 P 点作为观察点，围绕 P 点邻域作一小扁圆柱体，它的高度为 Δl，$\Delta l\to 0$，但保持两个端面 ΔS 在分界面的两侧，如图 2.16（a）所示。应用式（2.51）于此小扁圆柱体，有

$$-D_{1\mathrm{n}}\Delta S+D_{2\mathrm{n}}\Delta S=\sigma\Delta S\tag{2.56}$$

或

$$D_{2\mathrm{n}}-D_{1\mathrm{n}}=\sigma\tag{2.57}$$

式中，σ 是分界面上分布的自由电荷面密度。

上式说明，分界面两侧的电通（量）密度 D 的法向分量不连续，其不连续量就等于分界面上的自由电荷面密度。下一步讨论电场强度 E 必须满足的条件。仍取 P 点为观察点。应用式（2.52）于包围 P 点的狭小矩形环路[它与分界面垂直的边长 $\Delta l_2\to 0$，见图 2.16（b）]，有

$$E_{1\mathrm{t}}\Delta l_1-E_{2\mathrm{t}}\Delta l_2=0\tag{2.58}$$

或

$$E_{1\mathrm{t}}=E_{2\mathrm{t}}\tag{2.59}$$

即分界面两侧电场强度 E 的切线分量连续。

式（2.57）和式（2.58）称为静电场中分界面上的衔接条件。

设两种电介质皆为线性且各向同性，介电常数分别为 ε_1 和 ε_2，分界面上自由电荷面密度 $\sigma = 0$，则有 $D_1 = \varepsilon_1 E_1$ 和 $D_2 = \varepsilon_2 E_2$。这样在图 2.16（a）和图 2.16（b）中，应有 $\alpha_1 = \beta_1$ 和 $\alpha_2 = \beta_2$。这时分界面上的衔接条件可分别写成

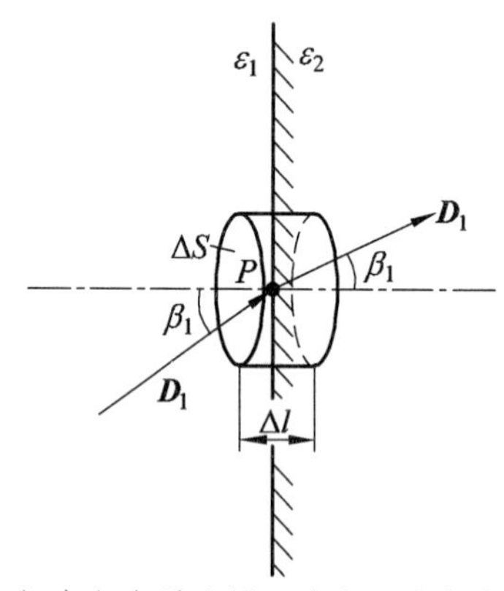

（a）在电介质分界面上应用高斯定律

（b）在电介质分界面上应用环路定律

图 2.16　分界面上的衔接条件

$$E_1 \sin\alpha_1 = E_2 \sin\alpha_2 ,\quad \varepsilon_1 E_1 \sin\alpha_1 = \varepsilon_2 E_2 \sin\alpha_2 \tag{2.60}$$

两式相除，得

$$\frac{\tan\alpha_1}{\tan\alpha_2} = \frac{\varepsilon_1}{\varepsilon_2} \tag{2.61}$$

这就是静电场中的折射定律。它适用于无自由电荷分布的两种电介质分界面。

例 2.10　设 $y = 0$ 平面是两种电介质分界面，在 $y > 0$ 区域内，$\varepsilon_1 = 5\varepsilon_0$；在 $y < 0$ 区域内，$\varepsilon_2 = 3\varepsilon_0$，在此分界面上无自由电荷。已知 $E_2 = 10e_x + 20e_y\ V/m$，求 D_2、D_1 及 E_1。

解： 对于 D_2，可以直接得出

$$D_2 = \varepsilon_2 E_2 = \varepsilon_0(30e_x + 60e_y)\mathrm{C/m^2}$$

根据分界面上的衔接条件

$$D_{1\mathrm{n}} = D_{2\mathrm{n}} = 60\varepsilon_0 ,\quad E_{1\mathrm{t}} = E_{2\mathrm{t}} = 10\ \mathrm{V/m}$$

再利用构成方程，可得

$$D_{1\mathrm{t}} = \varepsilon_1 E_{1\mathrm{t}} = 50\varepsilon_0 ,\quad E_{1\mathrm{n}} = D_{1\mathrm{n}} / \varepsilon_1 = 12\ \mathrm{V/m}$$

最后

$$D_1 = \varepsilon_0(50e_x + 60e_y)\mathrm{C/m^2}$$

$$E_1 = (10e_x + 12e_y)\mathrm{V/m}$$

这一结果示于图 2.17 中。

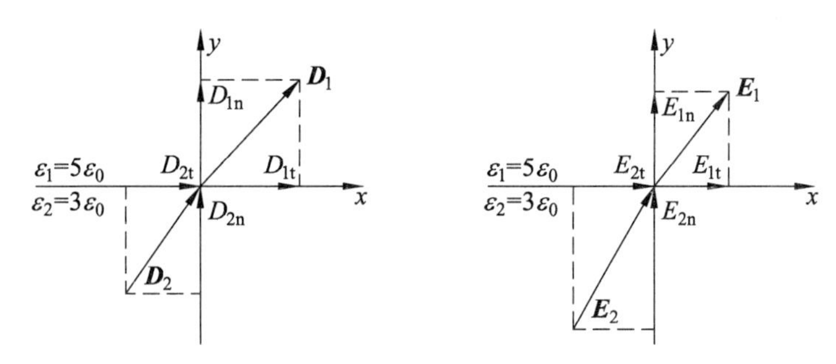

图 2.17　电介质分界面两侧的电场

例 2.11　图 2.18 所示都为平行板电容器，已知，d_1,d_2,S_1,S_2 和 $\varepsilon_1,\varepsilon_2$。图 2.18（a）中极板间电压 U_0；图 2.18（b）中则已知两极板上的总电荷 $\pm q_0$。试分别求其中的电场强度。

图 2.18　平行板电容器

解：（1）对图 2.18（a）所示情况，两种介质中，D 是相等的，但电场强度是不相等，故

$$\begin{cases}\varepsilon_1 E_1=\varepsilon_1 E_1\\ E_1 d_1+E_2 d_2=U_0\end{cases}$$

解之，所得结果为

$$E_1=\frac{\varepsilon_2 U_0}{\varepsilon_1 d_2+\varepsilon_2 d_1} \text{ 和 } E_2=\frac{\varepsilon_1 U_0}{\varepsilon_1 d_2+\varepsilon_2 d_1}$$

（2）对图 2.18（b）所示情况，两种介质中，E 是相等的，但每一极板上的两部分 S_1 和 S_2 上电荷密度不相等。设它们分别是 σ_1 和 σ_2，则

$$\begin{cases}\sigma_1 S_1+\sigma_2 S_2=q_0\\ \sigma_1/\varepsilon_1=\sigma_2/\varepsilon_2\end{cases}$$

解得待求的电场强度

$$E=\frac{\sigma_1}{\varepsilon_1}=\frac{q_0}{\varepsilon_1 S_1+\varepsilon_2 S_2}$$

这里，讨论用电位函数表示的两种媒质分界面上的衔接条件。在分界面两侧各取一点 A 和 B，其电位分别为 φ_1 和 φ_2，其间距离为 d。

$d\to 0$，并保持 A、B 在界面两侧，若分界面上 E 不为无穷大，则

$$\varphi_2 - \varphi_1 = 0 \tag{2.62}$$

即分界面两侧电位是连续的，这与 $E_{1t} = E_{2t}$，是等效的。另外，应用

$$D_n = \varepsilon E_n = -\varepsilon \frac{\partial \varphi}{\partial n} \tag{2.63}$$

由 $D_{2n} - D_{1n} = \sigma$，得

$$\varepsilon_1 \frac{\partial \varphi_1}{\partial n} - \varepsilon_2 \frac{\partial \varphi_2}{\partial n} = \sigma \tag{2.64}$$

式（2.62）和式（2.64）就是用电位函数表示的分界面上的衔接条件。

相应地，对于导体与电介质的分界面，衔接条件也可以用电位函数表示成

$$\varphi_1 = \varphi_2 = \text{常数} \tag{2.65}$$

$$\sigma = -\varepsilon_2 \frac{\partial \varphi_2}{\partial n} \tag{2.66}$$

式中，第一种媒质为导体，n 为法线方向，且由导体指向电介质。

2.4　静电场边值问题——唯一性定理

前面介绍的基于库仑定律与叠加原理的叠加积分或高斯定律计算电场的方法，只能适用于已知的电荷分布十分简单的问题。实际上在电工中经常遇到的是这样一类问题：给定空间某一区域内的电荷分布（可以是零），同时给定该区域边界上的电位或电场（即边值，或称边界条件），在这种条件下求解该区域内的电位函数或电场强度分布。这类问题称为静电场的边值问题，前面介绍的分析方法已很难用于它的求解。下面讨论用偏微分方程求解的更一般的方法。

2.4.1　泊松方程和拉普拉斯方程

在高斯定理 $\nabla \cdot D = \rho$ 中，代入 $D = \varepsilon E$ 和 $E = -\nabla \varphi$ 关系，可得

$$\nabla \cdot \varepsilon(-\nabla \varphi) = \rho \tag{2.67}$$

对于均匀电介质，ε 为常数，则得

$$\nabla^2 \varphi = -\rho / \varepsilon \tag{2.68}$$

这就是电位 φ 的泊松方程。在自由电荷体密度 $\rho = 0$ 的区域内，式（2.68）变为

$$\nabla^2 \varphi = 0 \tag{2.69}$$

这就是电位 φ 的拉普拉斯方程。泊松方程和拉普拉斯方程表达了场中各点电位的空间变化与该点自由电荷体密度之间的普遍关系，是电位函数应当满足的微分方程。所有静电场问题的求解都可归结为在一定条件下寻求泊松方程或拉普拉斯方程的解的过程。

2.4.2 静电场边值问题

寻求泊松方程或拉普拉斯方程的解答是一个积分过程，在所得的通解中必然出现一些未确定的常数，这说明只由泊松方程或拉普拉斯方程不能唯一地确定静电场的解，还必须利用静电场的边界条件及电位的性质来确定通解中的常数。也就是说，静电问题变为求满足给定边界条件的泊松方程或拉普拉斯方程的解的问题，称之为静电场的边值问题。在场域的边界面 S 上给定边界条件的方式有以下几种类型；

（1）已知场域边界面 S 上各点的电位值，即给定

$$\varphi|_S = f_1(s) \tag{2.70}$$

称为第一类边界条件。这类问题称为第一类边值问题。

（2）已知场域边界面 S 上各点的电位法向导数值，即给定

$$\frac{\partial \varphi}{\partial n}\bigg|_s = f_2(s) \tag{2.71}$$

称为第二类边界条件。这类问题称为第二类边值问题。

（3）已知场域边界面 S 上各点电位和电位法向导数的线性组合的值，即给定

$$\left(\varphi + \beta \frac{\partial \varphi}{\partial n}\right)\bigg|_s = f_3(s) \tag{2.72}$$

称为第三类边界条件。这类问题称为第三类边值问题。

因此，静电场边值问题就是在给定第一类、第二类或第三类边界条件下，求电位函数 g 的泊松方程或拉普拉斯方程定解的问题。如果场域伸展到无限远处，则必须提出所谓无限远处的边界条件。对于电荷分布在有限区域的情况，则在无限远处电位为有限值，即

$$\lim_{r \to \infty} r\varphi = \text{有限值} \tag{2.73}$$

称为自然边界条件。

另外，当边值问题所定义的整个场域中电介质并不是完全均匀的，但能分成几个均匀的电介质子区域时，按各电介质子区域分别写出泊松方程或拉普拉斯方程。作为定解条件，还必须相应地引入不同媒质分界面上的衔接条件。

例 2.12 图 2.18 所示长直同轴电缆截面。已知缆芯截面是一边长为 $2b$ 的正方形，铅皮半径为 a，中间电介质的介电常数是 ε，且在两导体间接以电压为 U_0 的电源。试写出该电缆中静电场的边值问题。

解： 如果把电缆理想化为无限长的情况，则电位 φ 仅随 x 和 y 坐标变化，且满足拉普拉斯方程。由于电场分布具有对 x 轴和 y 轴对称的特点，故对称轴分别与相应的电力线相重合，因此计算场域只需取如图 2.19 中阴影所示的 $\dfrac{1}{4}$ 区域。据此，待求解的边值问题为

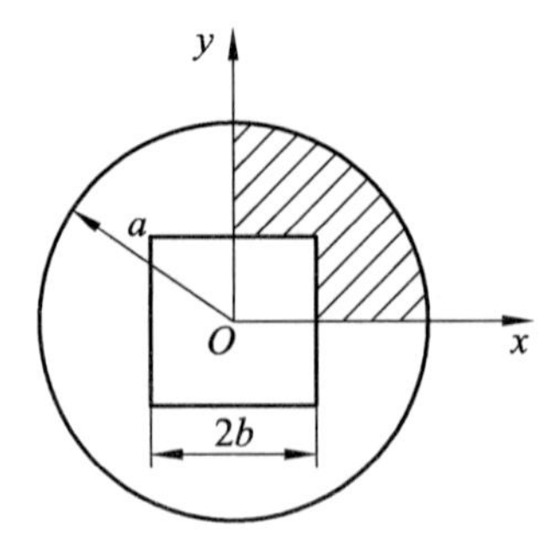

图 2.19　外圆内方同轴电缆

$$\begin{cases}\dfrac{\partial^2\varphi}{\partial x^2}+\dfrac{\partial^2\varphi}{\partial y^2}=0 \quad \text{（图中阴影所示的区域）}\\ \varphi\big|_{(x=b,0\leqslant y\leqslant b)\text{及}(y=b.0\leqslant x\leqslant b)}=U_0\\ \varphi\big|_{(x^2+y^2=a^2,\ x\geqslant 0,y\geqslant 0)}=0\\ \left.\dfrac{\partial\varphi}{\partial x}\right|_{(x=0,b<y<a)}=0\\ \left.\dfrac{\partial\varphi}{\partial y}\right|_{(y=0,b<x<u)}=0\end{cases}$$

例 2.13　如图 2.20 所示平板空气电容器（板的尺度远大于板间距离）中，有体密度为 ρ 的电荷均匀分布，已知两板间电压值为 U_0。忽略边缘效应，求电场的分布。

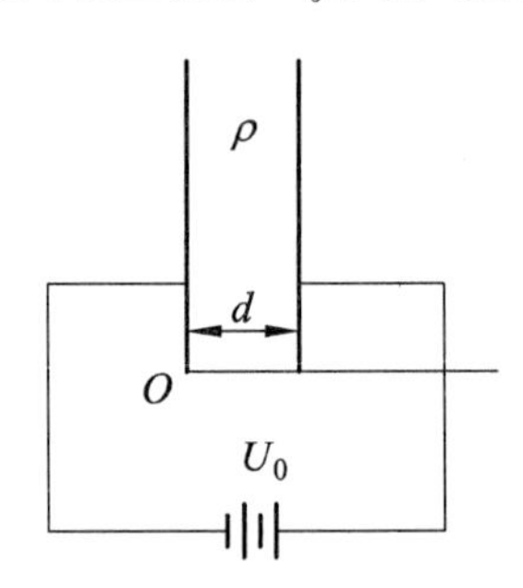

图 2.20　平行空气电容器

解： 为简化问题，视平行板为无限大平板的情况，则电位 φ 仅为 x 坐标的函数。这样，泊松方程就简化成

$$\nabla^2\varphi=\frac{\mathrm{d}^2\varphi}{\mathrm{d}x^2}=-\frac{\rho}{\varepsilon_0}$$

积分后，得通解为

$$\varphi=-\frac{\rho}{2\varepsilon_0}x^2+Bx+C$$

应用给定的边界条件：$x=0$，$\varphi=0$；$x=d$，$\varphi=U_0$，故

$$\begin{cases} 0 = C \\ U_0 = -\dfrac{\rho}{2\varepsilon_0}d^2 + Bd + C, \qquad B = \dfrac{U_0}{d} + \dfrac{\rho}{2\varepsilon_0}d \end{cases}$$

从而有

$$\varphi(x) = -\frac{\rho}{2\varepsilon_0}x^2 + \left(\frac{U_0}{d} + \frac{\rho}{2\varepsilon_0}d\right)x$$

电场强度

$$\boldsymbol{E} = -\nabla\varphi = -\frac{\mathrm{d}\varphi}{\mathrm{d}x}e_x = \left(\frac{\rho}{\varepsilon_0}x - \frac{U_0}{d} - \frac{\rho d}{2\varepsilon_0}\right)\boldsymbol{e}_x$$

例 2.14 设有电荷均匀分布在半径为 a 的球形区域中，电荷体密度为 ρ 。试求此球体电荷的电位及电场。

解： 球内电位应满足泊松方程 $\nabla^2\varphi_1 = -\rho/\varepsilon_0$ ，而球外电位则应满足拉普拉斯方程 $\nabla^2\varphi_2 = 0$ 。选用球坐标系，球心与原点重合。由对称性可知，电位 φ 仅为坐标 r 的函数，故

$$\frac{1}{r^2}\frac{\mathrm{d}}{\mathrm{d}r}\left(r^2\frac{\mathrm{d}\varphi_1}{\mathrm{d}r}\right) = -\frac{\rho}{\varepsilon_0} \qquad 0 \leqslant r < a$$

$$\frac{1}{r^2}\frac{\mathrm{d}}{\mathrm{d}r}\left(r^2\frac{\mathrm{d}\varphi_2}{\mathrm{d}r}\right) = 0 \qquad a < r$$

积分，得通解

$$\varphi_1(r) = -\frac{\rho r^2}{6\varepsilon_0} - C_1\frac{1}{r} + C_2$$

$$\varphi_2(r) = -\frac{C_3}{r} + C_4$$

下面来确定积分常数：

因 $r \to 0$ 时，电位应为有限值，故 $C_1 = 0$ ； $r \to \infty$ 时， $\varphi_2(\infty) = 0$ ，故 $C_4 = 0$ 。

当 $r = a$ 时， $\varphi_1 = \varphi_2$ ，故 $-\dfrac{\rho a^2}{6\varepsilon_0} + C_2 = -\dfrac{C_3}{a}$

$$\varepsilon_0\frac{\partial\varphi_1}{\partial r}\bigg|_{r=a} = \varepsilon_0\frac{\partial\varphi_2}{\partial r}\bigg|_{r=4}，故 \qquad \frac{C_3}{a^2} = -\frac{\rho a}{3\varepsilon_0}$$

解得

$$C_3 = -\frac{\rho a^3}{3\varepsilon_0}, \quad C_2 = -\frac{\rho a^2}{2\varepsilon_0}$$

从而

$$\varphi_1(r) = \frac{\rho}{6\varepsilon_0}(3a^2 - r^2) \qquad (0 \leqslant r \leqslant a)$$

$$\varphi_2(r) = \frac{\rho a^3}{3\varepsilon_0 r} \qquad (a \leqslant r)$$

电场强度

$$E=-\nabla\varphi=-\frac{\partial\varphi}{\partial r}e_r=\begin{cases}\dfrac{\rho r}{3\varepsilon_0}e_r & (0\leqslant a\leqslant r)\\[2ex] \dfrac{\rho a^3}{3\varepsilon_0 r^2} & (a\leqslant r)\end{cases}$$

一般说来，常难以通过泊松方程或拉普拉斯方程定解问题的直接积分求得静电场问题圆满的结果。因此，对于某些问题，人们就寻求间接的方法。这就产生一个问题，用这种或那种方法得到的解答是不是正确的。这便是唯一性定理要回答的问题。静电场的唯一性定理表明，凡满足下述条件的电位函数 φ，是给定静电场的唯一解。

（1）在场域 V 中满足电位微分方程 $\nabla^2\varphi=-\rho/\varepsilon$（或 $\nabla^2\varphi=0$）。对于分区均匀的场域 V，应满足每个分区场域中的方程。

（2）在不同介质的分界面上，符合分界面上的衔接条件。

（3）在场域边界面 S 上，满足给定的边界条件。

上列各项可简述为，在静电场中凡满足电位微分方程和给定边界条件的解 φ，是给定静电场的唯一解，称为静电场的唯一性定理。

现在用“反证法”来证明唯一性定理。设有两个电位函数 φ' 和 φ'' 在场域 V 中满足泊松方程 $\nabla^2\varphi=-\rho/\varepsilon$，则差值 $u=\varphi'-\varphi''$ 必满足拉普拉斯方程。

$$\nabla^2 u=\nabla^2\varphi'-\nabla^2\varphi''=-\frac{\rho}{\varepsilon}+\frac{\rho}{\varepsilon}=0 \tag{2.74}$$

由上式及高斯散度定理得

$$\begin{aligned}\oint_S u\nabla u\cdot \mathrm{d}\boldsymbol{S}&=\int_V\nabla\cdot(u\nabla u)\mathrm{d}V=\int_V\left[u\nabla^2u+(\nabla u)^2\right]\mathrm{d}V\\&=\int_V(\nabla u)^2\mathrm{d}V\end{aligned} \tag{2.75}$$

或写成

$$\oint_S u\frac{\partial u}{\partial n}\mathrm{d}S=\int_V(\nabla u)^2\mathrm{d}V \tag{2.76}$$

若已知第一类边界条件，则在全部边界面 S 上 $\varphi'=\varphi''=\varphi|_S$，故 $u|_S$；若已知第二类边界条件，则在全部边界面 S 上，$\dfrac{\partial\varphi'}{\partial n}=\dfrac{\partial\varphi''}{\partial n}=\dfrac{\partial\varphi}{\partial n}\Big|_S$。这样无论是第一类还是第二类边界条件，都将由式（2.76）得到

$$\int_V(\nabla u)^2\mathrm{d}V=\oint_S u\frac{\partial u}{\partial n}\mathrm{d}S=0 \tag{2.77}$$

因 $(\nabla u)^2$ 不为负值，所以要使上式成立，必在 V 内处处有 $\nabla u=\nabla(\varphi'-\varphi'')=0$，或 $\varphi'-\varphi''=C$（任意常数）。对于第一类边值问题，因在边界面上 $\varphi'=\varphi''=\varphi|_S$，可解得 $C=0$；对于第二类边值问题，φ' 与 φ'' 取同一参考点，则在参考点处 $\varphi'-\varphi''=0$，则常数 C 也为零。由以上分析可见，在场域 V 中各处，恒有 $u=0$，即 $\varphi'=\varphi''$。也就是说，有两个不同的解都满足微分方程和给定边界条件的假设是不能成立的。唯一性定理得证。

唯一性定理对求静电问题的解具有十分重要的意义，它指出了静电场具有唯一解的

充要条件，且可用来判定得到的解的正确性。据此，可以尝试任何一种能找到的最方便的方法求解某一问题，只要这个解满足所有给定条件，那么这个解就是正确的，任何另一种方法求得的同一问题的解必然是与它完全相同的。针对不同情况，人们已找到了多种求解静电问题的方法，如镜像法和电轴法、分离变量法等

习题 2.4

2.4.1　电荷按 $\rho=\dfrac{\alpha}{r^2}$ 的规律分布于 $R_1 \leqslant r \leqslant R_2$ 的球壳层中，其中 α 为常数，试由泊松方程直接积分求电位分布。

2.4.2　两平行导体平板，相距为 d，板的尺寸远大于 d，一板电位为零，另一板电位 V_0，两板间充满电荷，电荷体密度与距离成正比，即 $\rho(x)=\rho_0 x$。试求两板间的电位分布（注：$x=0$ 处板的电位为零）。

2.5　分离变量法

在上节中已经提到，静电场问题可以归结为求解泊松方程或拉普拉斯方程的边值问题。不过前面所举的例子都是一维问题（即 φ 仅为一个坐标的函数），因此泊松方程和拉普拉斯方程可转化为一个二阶微分方程，进行直接积分就能求出解答。然而，实际遇到的问题多为二维的或三维的（即 φ 为两个或三个坐标的函数），对其进行直接积分变得不可能，因此需要寻求其他求解方法。

当场域的边界面刚好与某正交坐标系的坐标面重合时，分离变量法将是一种十分有效的求解方法。它也是求解边值问题的一种最基本和经典的方法。

分离变量法的基本思想是：把电位函数 φ 用两个或三个仅含一个坐标变量的函数的乘积表示，代入偏微分方程后，借助“分离”常数使原来的偏微分方程转化为几个常微分方程，然后分别求解这些常微分方程并以给定的边值条件确定其中待定常数和函数，最终得到电位函数解。所得的解往往具有傅里叶级数形式，因此又称傅里叶法。

本节将介绍在直角坐标系和圆柱坐标系中，解拉普拉斯方程的分离变量法。

2.5.1　直角坐标系中的分离变量法

这里仅讨论二维直角坐标系中拉普拉斯方程的分离变量法。即电位分布只是 x 和 y 的函数，沿 z 方向没有变化，则拉普拉斯方程可写成

$$\frac{\partial^2\varphi}{\partial x^2}+\frac{\partial^2\varphi}{\partial y^2}=0 \tag{2.78}$$

首先，我们可给出上式分离变量形式的试探解，即假设解答为

$$\varphi(x,y)=X(x)\cdot Y(y) \tag{2.79}$$

式（2.79）中，$X(x)$表示仅为x的函数，$Y(y)$表示仅为y的函数。将式（2.79）代入式（2.78），整理后可得

$$\frac{1}{X}\frac{\mathrm{d}^2X}{\mathrm{d}x^2}=-\frac{1}{Y}\frac{\mathrm{d}^2Y}{\mathrm{d}y^2} \tag{2.80}$$

式（2.80）左边与y无关，右边与x无关，而在x、y取任意值时恒成立。显然，这只能在两边均等于一常数时才可能，将此常数写成k_n^2，得

$$\frac{\mathrm{d}^2X}{\mathrm{d}x^2}-k_n^2X=0 \text{ 和 } \frac{\mathrm{d}^2Y}{\mathrm{d}y^2}+k_n^2Y=0 \tag{2.81}$$

这样，我们就把式（2.78）的二维拉普拉斯方程分离成式（2.81）的两个常微分方程。其中，k_n^2称为分离常数。

当$k_n=0$时，上面两个常微分方程[式（2.81）]的解分别为

$$X(x)=A_0x+B_0 \text{ 和 } Y(x)=C_0y+D_0 \tag{2.82}$$

当$k_n\neq 0$时，式（2.81）的解则为

$$X(x)=A_n\mathrm{ch}k_nx+B_n\mathrm{sh}k_nx \text{ 和 } Y(y)=C_n\cos k_ny+D_n\sin k_ny \tag{2.83}$$

式中，A_0、B_0、C_0、D_0、A_n、B_n、C_n和D_n都是待定常数。

因拉普拉斯方程是线性的，故可由叠加原理，分别将$k_n=0$和$k_n\neq 0$时式（2.81）的解代入式（2.79）并进行线性叠加，即可得到电位函数的一般解是

$$\begin{aligned}\varphi(x,y)=&(A_0x+B_0)(C_0x+D_0)+\\&\sum_{n=1}^{\infty}(A_n\mathrm{ch}k_nx+B_n\mathrm{sh}k_nx)(C_n\cos k_ny+D_n\sin k_ny)\end{aligned} \tag{2.84}$$

式（2.84）是y的周期函数，x的双曲函数；若把式（2.81）中的k_n^2换成$-k_n^2$，则φ是x的周期函数，y的双曲函数。因此，可得到另外一个一般解，即

$$\begin{aligned}\varphi(x,y)=&(A_0x+B_0)(C_0x+D_0)+\\&\sum_{n=1}^{\infty}(A_n\cos k_nx+B_n\sin k_nx)(C_n\mathrm{ch}k_ny+D_n\mathrm{sh}k_ny)\end{aligned} \tag{2.85}$$

究竟如何选取分离常数，要由给定问题的具体边界条件情况而定。各待定的常数A_n、B_n、C_n和D_n也按照给定的边界条件确定，即可获得唯一的答案。

例 2.15 无限长接地金属槽内的电场。

如图 2.21 所示，有一无限长直角金属槽，其三壁接地，另一壁与三壁绝缘且保持电位为V_0，金属槽截面的长宽分别为a和b。求此金属槽内电位分布。

解：因金属槽无限长，故槽内电位φ与坐标z无关。由于槽内各点上电荷密度$\rho=0$，故槽内电位函数满足二维直角坐标系中的拉普拉斯方程，根据给定的边界条件，$\varphi(x,y)$的通解应取为式（2.84）。我们将给定的边界条件代入一般解中，逐步确定其中的常数。

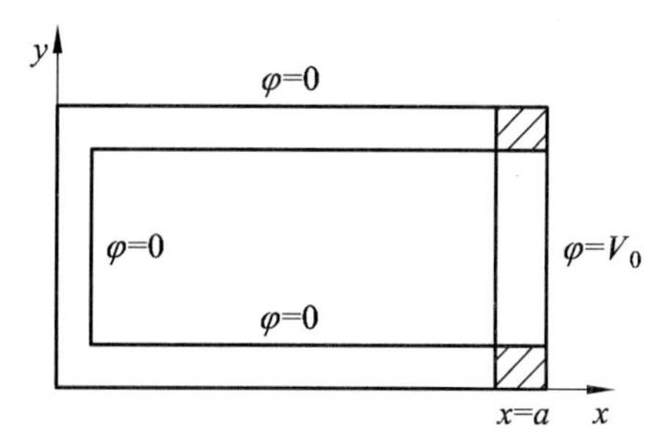

图 2.21 接地金属槽的截面

（1）在 $x=0$ 处，$\varphi=0$ 故

$$B_0(C_0x+D_0)+\sum_{n=1}^{\infty}A_n(C_n\cos k_ny+D_n\sin k_ny)=0$$

上式对于任意 y 值均成立，必有 $B_0=0$，$A_n=0$。

（2）在 $y=0$ 处，$\varphi=0$，故得 $D_0=0$，$C_n=0$。

（3）在 $y=b$ 处，$\varphi=0$，故得 $A_0=0$，$C_0=0$，$\sin k_nb=0$，$k_n=\dfrac{n\pi}{b}$。将以上所得各常数代入式（2.84），即得电位 $\varphi(x,y)$ 的解为

$$\varphi(x,y)=\sum_{n=1}^{\infty}B_nD_n\text{sh}\frac{n\pi x}{b}\sin\frac{n\pi y}{b}$$

（4）在 $x=a$ 处，$\varphi=V_0$，故

$$\sum_{n=1}^{\infty}B_nD_n\text{sh}\frac{n\pi x}{b}\sin\frac{n\pi y}{b}=V_0$$

上式两边同乘以 $\sin\dfrac{m\pi y}{b}$，然后从 $0\to b$ 进行积分

$$\sum_{n=1}^{\infty}\int_0^b B_nD_n\text{sh}\frac{n\pi x}{b}\sin\frac{m\pi y}{b}\sin\frac{n\pi y}{b}\text{d}y=\int_0^b V_0\sin\frac{m\pi y}{b}\text{d}y$$

根据三角函数的正交性，得

$$B_nD_n\text{sh}\frac{n\pi a}{b}=\begin{cases}\dfrac{4V_0}{n\pi} & (n\text{为奇数})\\ 0 & (n\text{为偶数})\end{cases}$$

最终得电位函数 $\varphi(x,y)$ 的解为

$$\varphi(x,y)=\sum_{n=1,3,5,\cdots}^{\infty}\frac{4V_0}{n\pi}\text{sh}\frac{n\pi x}{b}\sin\frac{n\pi y}{b}/\text{sh}\frac{n\pi a}{b}$$

2.5.2 圆柱坐标中的分离变量法

这里，仅介绍在圆柱坐标系中，电位函数 φ 沿 z 方向没有变化时的二维平行平面场。φ 的拉普拉斯方程为

$$\nabla^2\varphi(\rho,\phi)=\frac{1}{\rho}\frac{\partial}{\partial\rho}\left(\rho\frac{\partial\varphi}{\partial\rho}\right)+\frac{1}{\rho^2}\frac{\partial^2\varphi}{\partial\phi^2}=0 \tag{2.86}$$

令待求电位函数 φ 的试探解为 $\varphi(\rho,\phi)=R(\rho)Q(\phi)$，代入上式，经过整理得

$$\frac{\rho^2}{R}\frac{\mathrm{d}^2R}{\mathrm{d}\rho^2}+\frac{\rho}{R}\frac{\mathrm{d}R}{\mathrm{d}\rho}=-\frac{1}{Q}\frac{\mathrm{d}^2Q}{\mathrm{d}\phi^2}=n^2 \tag{2.87}$$

或

$$\rho^2\frac{\mathrm{d}^2R}{\mathrm{d}\rho^2}+\rho\frac{\mathrm{d}R}{\mathrm{d}\rho}-n^2R=0 \tag{2.88}$$

及

$$\frac{\mathrm{d}^2Q}{\mathrm{d}\phi^2}+Qn^2=0 \tag{2.89}$$

当 $n=0$ 时，$R_0(\rho)=A_0\ln\rho+B_0$ 和 $Q_0(\phi)=C_0\phi+D_0$。

当 $n\neq0$ 时，$R_n(\rho)=A_n\rho^n+B_n\rho^{-n}$ 和 $Q_n(\phi)=C_n\cos n\phi+D_n\sin n\phi$。

于是，由这些解的相应乘积叠加组成拉普拉斯方程的一般解，即

$$\begin{aligned}\varphi(\rho,\phi)=&(A_0\ln\rho+B_0)(C_0\phi+D_0)+\\&\sum_{n=1}^{\infty}(A_n\rho^n+B_n\rho^{-n})(C_n\cos n\phi+D_n\sin n\phi)\end{aligned} \tag{2.90}$$

上式各常数由具体问题的给定边界条件确定。

例 2.16 均匀外电场中的电介质圆柱体。

如图 2.22 所示，在均匀外电场中，有一半径为、介电常数为的无限长均匀介质圆柱体，其轴与垂直，柱外充满介电常数为的均匀介质。求柱内与柱外的电位分布。

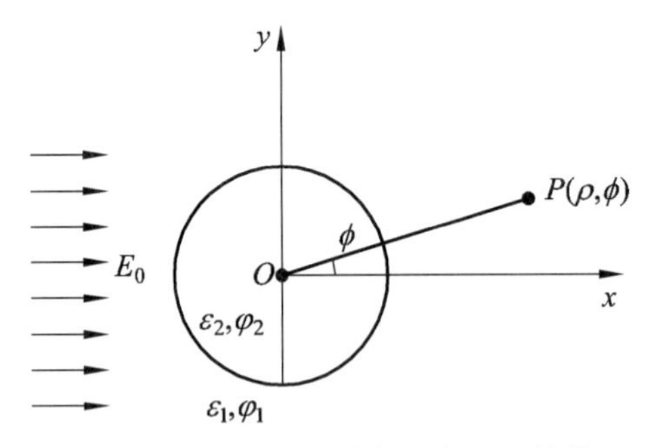

图 2.22 均匀外电场中的介质圆柱体

解：根据界面形状取圆柱坐标系且使轴与柱轴重合。因圆柱无限长，电位与坐标无关，故式（2.90）为一般解。由于电位 $\varphi(\phi+2K\pi)=\varphi(\phi)$，且具有 $\varphi(\phi)=\varphi(-\phi)$，故一般解不应包含 $\sin n\phi$ 项，及应有 $C_0=0$。所以，本问题的一般解取为

$$\varphi(\rho,\phi)=A_0\ln\rho+B_0+\sum_{n=1}^{\infty}(A_n\rho^n+B_n\rho^{-n})\cos n\phi$$

（1）设柱外电位为 φ_1，当 $\rho\to\infty$ 时，$\varphi_1\to-E_0\rho\cos\phi$，比较系数可得

当 $n=1$，$A_1=-E_0$；$n\neq1$，$A_n=0$，$A_1=0$，$B_0=0$，

故

$$\varphi_1 = -E_0\rho\cos\phi + \sum_{n=1}^{\infty}\frac{B_n}{\rho^n}\cos n\phi$$

（2）设柱内电位为φ_2，当$\rho \to 0$时，φ_2为有限值（取为零），故φ_2中不可能有$\ln\rho$和ρ^{-n}两项，即$A_0 = 0$和$B_n = 0$且$B_0 = 0$。于是

$$\varphi_2 = \sum_{n=1}^{\infty} A_n\rho^n \cos n\phi$$

（3）利用柱面上的介质分界面衔接条件，得

$$\left.\begin{aligned} -E_0 a\cos\phi + \sum_{n=1}^{\infty}\frac{B_n}{a^n}\cos n\phi &= \sum_{n=1}^{\infty} A_n a^n \cos n\phi \\ \varepsilon_1\left(-E_0\cos\phi - \sum_{n=1}^{\infty} n\frac{B_n}{a^{n+1}}\cos n\phi\right) &= \varepsilon_2\sum_{n=1}^{\infty} nA_n a^{n-1}\cos n\phi \end{aligned}\right\}$$

比较以上两个式的两端$\cos n\phi$项的系数，当$n=1$时，得

$$\left.\begin{aligned} -E_0 a + \frac{B_1}{a} &= A_1 a \\ \varepsilon_1\left(-E_0 - \frac{B_1}{a^2}\right) &= \varepsilon_2 A_1 \end{aligned}\right\}$$

解之，得

$$A_1 = -\left(1 - \frac{\varepsilon_2 - \varepsilon_1}{\varepsilon_2 + \varepsilon_1}\right)E_0 \quad 和 \quad B_1 = \frac{\varepsilon_2 - \varepsilon_1}{\varepsilon_2 + \varepsilon_1}a^2 E_0$$

当$n \neq 0$时，$A_n = B_n = 0$。因此，求得柱外与柱内的电位为

$$\varphi_1 = -E_0\rho\cos\phi + \frac{\varepsilon_2 - \varepsilon_1}{\varepsilon_2 + \varepsilon_1}\frac{a^2}{\rho}E_0\cos\phi$$

和

$$\varphi_2 = -\left(1 - \frac{\varepsilon_2 - \varepsilon_1}{\varepsilon_2 + \varepsilon_1}\right)E_0\rho\cos\phi$$

综上所述，分离变量法的具体步骤如下：

（1）按给定场域的形状选择适当的坐标系，使场域的边界面能与坐标面相吻合，并写出静电场边值问题在该坐标系中的表达式。

（2）将偏微分方程通过“分离”变量转化为常微分方程。

（3）解各常微分方程并组成拉普拉斯方程的通解。通解含有“分离”常数和待定系数。

（4）由边界条件确定“分离”常数和待定系数，得到问题的唯一确定解。

2.6 有限差分法

求解静电场边值问题，当场域边界的几何形状比较简单时，其解可以用分离变量法求得；但当边界形状比较复杂时，一般只能求出近似解。本节通过拉普拉斯方程介绍求

解偏微分方程近似解的一种重要的数值方法——有限差分法。

有限差分法的基本思想是：把场域用网络进行分割，再把拉普拉斯方程用以各网格节点处的电位作为未知数的差分方程式来进行代换，将拉普拉斯方程解的问题变为求联立差分方程组的解的问题。

2.6.1 差分格式

如图 2.23 所示，在一由边界 L 界定的二维区域 D 内，电位函数 φ 满足拉普拉斯方程且给定第一类边界条件，即有如下的静电场边值问题

$$\begin{cases} \dfrac{\partial^2\varphi}{\partial x^2}+\dfrac{\partial^2\varphi}{\partial y^2}=0\text{（在区域 }D\text{ 内）} \\ \varphi|_L=f(s) \end{cases} \tag{2.91}$$

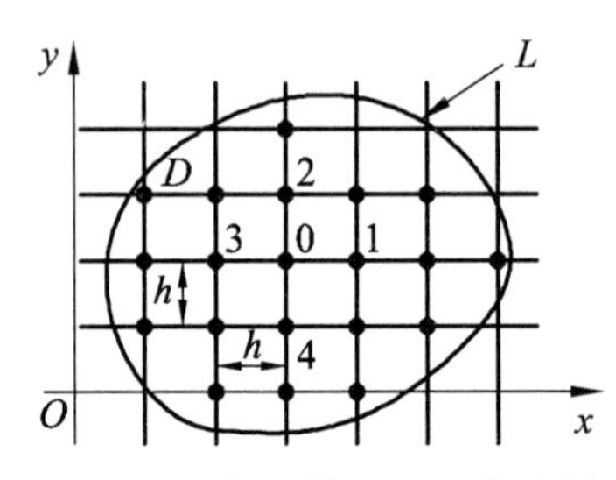

图 2.23 有限差分的网格分割

应用有限差分法，首先要确定网格节点的分布方式。为简单起见，在图 2.22 中，用分别与 x、y 轴平行的两组直线（网格线）把场域 D 划分成足够多的正方形网格，网格线的交点称为节点，两相邻平行网格线间的距离称为步距 h。

划分好网格后，需把拉普拉斯方程离散化。为此，将偏导数以有限差商表示。例如，对于图中任一点 0，有一阶偏导数

$$\left.\frac{\partial\varphi}{\partial x}\right|_{x=x_0}\approx\frac{\varphi(x_0+h,y_0)-\varphi(x_0-h,y_0)}{2h}=\varphi_x \tag{2.92}$$

这里 h 足够小。对于二阶偏导数，有

$$\left.\frac{\partial^2\varphi}{\partial x^2}\right|_{x=x_0}\approx\frac{\varphi_x(x_0+h/2,y_0)-\varphi_x(x_0-h/2,y_0)}{h}=\frac{\varphi_1-2\varphi_0+\varphi_3}{h^2} \tag{2.93}$$

同样，$\left.\dfrac{\partial^2\varphi}{\partial y^2}\right|_{y=y_0}$ 用有限差商代替后变为

$$\left.\frac{\partial^2\varphi}{\partial y^2}\right|_{y=y_0}=\frac{(\varphi_2-2\varphi_0+\varphi_4)}{h^2} \tag{2.94}$$

将式（2.93）和式（2.94）代入式（2.91），得通过差分离散后二维拉普拉斯方程的有限差分近似表达式为

$$\varphi_1+\varphi_2+\varphi_3+\varphi_4-4\varphi_0=0 \tag{2.95}$$

称之为拉普拉斯方程的差分格式，或差分方程。

差分格式说明，在点(x_0,y_0)的电位φ_0可近似地取为其周围相邻四点电位的平均值。这一关系式对区域内的每一节点都成立。也就是说，对于场域内的每一个节点，都可以列出一个式（2.93）形式的差分方程。但是，对于紧邻边界的节点，其边界不一定正好落在正方形网格的节点上，而可能如图 2.24 所示。其中为边界 1，2 为线上的节点，p、q为小于 1 的正数，仿上所述，可推得对这些节点的拉普拉斯方程的差分格式为

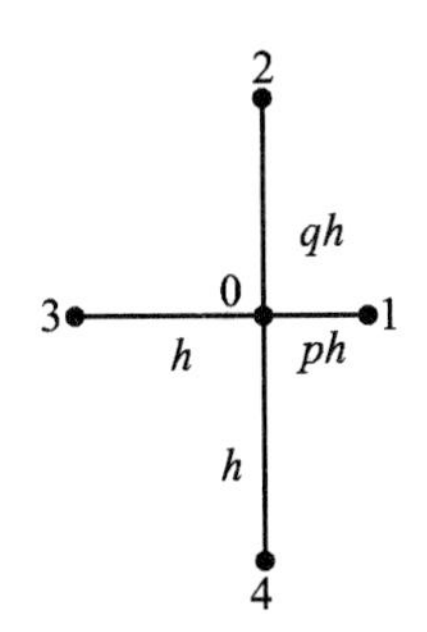

图 2.24　紧邻边界节点

$$\frac{\varphi_1}{p(1+p)}+\frac{\varphi_2}{q(1+q)}+\frac{\varphi_3}{1+p}+\frac{\varphi_4}{1+q}-\left(\frac{1}{p}+\frac{1}{q}\right)\varphi_0=0 \tag{2.96}$$

式中，φ_1和φ_2分别是给定边界条件函数$f(s)$在对应边界点处的值，是已知的。

由上述知，在场域D内的每一个节点都有一个差分方程，通过这些方程把各个内节点的电位以及边界上的节点电位联系起来。只要解这个联立方程组，便可求得各个节点的电位值。

2.6.2　差分方程组的解

在求解实际问题时，由于节点个数很多，联立差分方程的个数往往可达几百甚至几千个，通常的解联立方程的直接方法（如行列式法、消去法等）便不再适用。好在每一个差分方程中只包含很少几项，可以采用逐次近似的迭代方法求解。这里介绍最常用的迭代法：高斯-塞德尔迭代法和逐次超松弛法。

1. 高斯-塞德尔迭代法

先对节点(x_i,y_i)选取迭代初值$\varphi_{ij}^{(0)}$。其中，上角标（0）表示 0 次近似值；下角标i,j表示节点所在位置，即第i行第j列的交点。再按

$$\varphi_{i,j}^{(k+1)}=\frac{1}{4}(\varphi_{i-1,j}^{(k+1)}+\varphi_{i,j-1}^{(k+1)}+\varphi_{i+1,j}^{(k)}+\varphi_{i,j+1}^{(k)})\quad i,j=1,2,\cdots \tag{2.97}$$

反复迭代$(k=0,1,\cdots)$。必须注意，在迭代过程中遇到边界点时，需用式（2.91）中的边界条件$\varphi_{ij}=f_{ij}$代入。迭代一直进行到对所有内节点满足条件

$$\left|\varphi_{i,j}^{(k+1)}-\varphi_{i,j}^{(k)}\right|<W \tag{2.98}$$

为止，其中W是预定的最大允许误差。

在高斯-塞德尔迭代中，网格节点一般按“自然顺序”排列，即先“从左到右”，再“从下到上”的顺序排列，如图 2.25 所示。迭代也是按自然顺序进行。

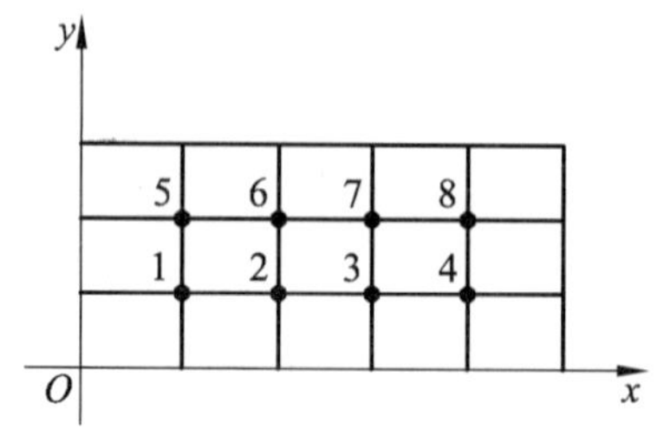

图 2.25　网格节点排列

2. 逐次超松弛法

逐次超松弛方法是前者的变形。它在迭代过程中，为了加速收敛，在把所得结果依次代入进行计算的同时，还使用把每次迭代的变化量加权后再代人的方法。其相应的迭代格式为

$$\varphi_{i,j}^{(k+1)}=\varphi_{i,j}^{(k)}+\frac{\alpha}{4}\left(\varphi_{i+1,j}^{(k)}+\varphi_{i,j+1}^{(k)}+\varphi_{i-1,j}^{(k+1)}+\varphi_{i,j-1}^{(k+1)}-4\varphi_{ij}^{(k)}\right) \tag{2.99}$$

式中，α 是一个供选择的参数，称为“加速收敛因子”，且 $1\leqslant\alpha<2$。逐次超松弛法收敛的快慢与加速收敛因子有着明显的关系。实践表明，如果 α 选得好，可以较快地加快迭代的收敛速度。如何选择最佳的加速收敛因子 α_{opt}，是一个复杂的问题。

借助计算机进行计算时，其程序框图如图 2.26 所示。

逐次超松弛迭代法是解拉普拉斯方程最有效和应用最广泛的方法之一。

例 2.17　应用有限差分法求满足如下静电场边值问题的近似解。

$$\left.\begin{aligned}&\frac{\partial^2 u}{\partial x^2}+\frac{\partial^2 u}{\partial y^2}=0,(0<x<20,0<y<10)\\&u(x,0)=u(x,10)=0\\&u(0,y)=0\\&u(20,y)=100\end{aligned}\right\}$$

解：取 $h=5$ 作正方形网格（见图 2.27）得差分方程

$$\left.\begin{aligned}&4u_1-u_2=0\\&4u_2-u_1-u_3=0\\&4u_3-u_2=100\end{aligned}\right\}$$

利用高斯-塞德尔迭代格式

$$\left.\begin{aligned}&u_1^{(k+1)}=\frac{1}{4}u_2^{(k)}\\&u_2^{(k+1)}=\frac{1}{4}(u_1^{(k+1)}+u_3^{(k)})\\&u_3^{(k+1)}=\frac{1}{4}u_2^{(k+1)}+25\\&k=0,1,2,\cdots\end{aligned}\right\}$$

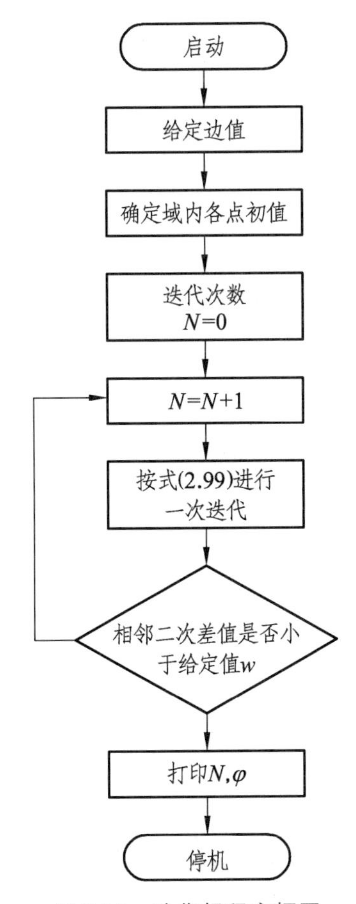

图 2.26　迭代解程序框图

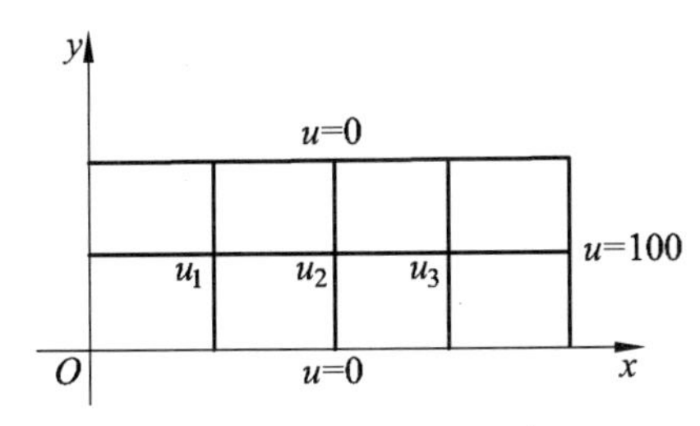

图 2.27　正方形网格（h=5）

选取迭代初值 $u_1^{(0)}=2$，$u_2^{(0)}=7$，$u_3^{(0)}=30$，计算得表 2.1，即经过 6 次迭代得解

$$u_1=1.786\text{，}\quad u_2=7.143\text{，}\quad u_3=26.786$$

表 2.1

k	u_1	u_2	u_3	k	u_1	u_2	u_3
0	2	7.5	30	4	1.789	7.145	26.786
1	1.875	7.969	26.992	5	1.786	7.143	26.786
2	1.992	7.246	26.812	6	1.786	7.143	26.786
3	1.812	7.156	26.789				

若步距 $h=2.5$（见图 2.28）迭代初值为 $u_i=0(i=1,2,\cdots,21)$，最大允许误差 $W=5\times10^{-5}$，经过 32 次迭代得到解

$$
\begin{aligned}
&u_1=0.3530,\ u_2=0.9131,\\
&u_3=2.0102,\\
&u_4=4.2957,\ u_5=9.1531,\\
&u_6=19.6631,\\
&u_7=43.2101,\ u_8=0.4988,\\
&u_9=1.2893,\\
&u_{10}=2.8323,\ u_{11}=6.0193,\\
&u_{12}=12.6537,\\
&u_{13}=26.2894,\ u_{14}=53.1774,\\
&u_{15}=0.3530,\\
&u_{16}=0.9131,\ u_{17}=2.0103\\
&u_{18}=4.2957,\\
&u_{19}=9.1531,\ u_{20}=19.6632,\\
&u_{21}=43.2101
\end{aligned}
$$

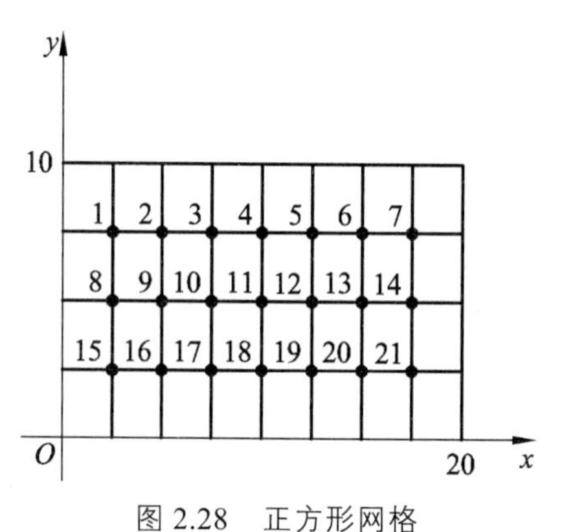

图 2.28　正方形网格

如果应用逐次超松弛法，则在给定相同的最大允许误差 W 的条件下，迭代次数与加速收敛因子 α 的关系见表 2.2。

表 2.2（h=2.5）

α	1.00	1.10	1.20	1.30	1.40	1.50
迭代次数	32	26	20	16	18	24

可见，当 $\alpha\approx1.3$ 时迭代收敛相对最快。

习题 2.6

2.6.1　如题 2.5.1 图中顶盖电位为 $10\sin\dfrac{\pi x}{a}$，$a=10\text{ cm}$，$b=5\text{ cm}$，试用有限差分法求槽内电位分布。

2.6.2　图 2.29 中示出二维拉普拉斯场中的电位函数 φ 的数值解。试验证 M、N 两点用有限差分法所得结果是否满足求解要求（若数值解的绝对误差要求应不大于 0.03）?

2.6.3　如图 2.30 所示，给定二维拉普拉斯场，现用长方形网格予以划分，试求此时与拉普拉斯方程相应的差分格式。

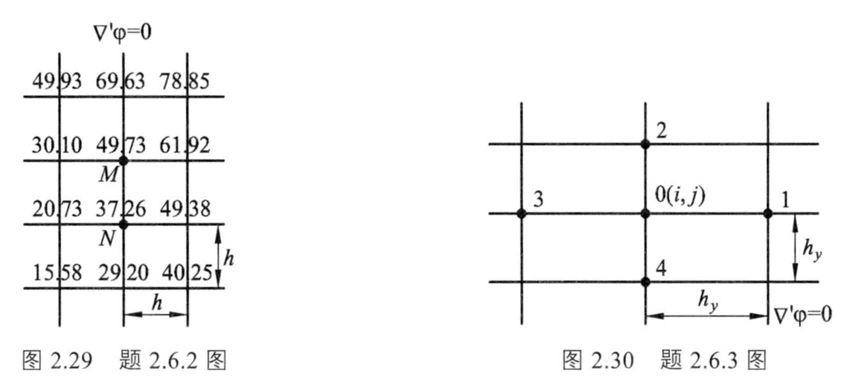

图 2.29　题 2.6.2 图　　　　图 2.30　题 2.6.3 图

2.7　镜像法和电轴法

本节将介绍解静电场边值问题的两种特殊方法——镜像法和电轴法，使某些看来棘手的问题很容易地得到解决。这两种方法是唯一性定理的典型应用。镜像法和电轴法的实质是把实际上分片均匀媒质看成是均匀的，并在所研究的场域边界外的适当地点用虚设的较简单的电荷分布来代替实际边界上复杂的电荷分布（即导体表面的感应电荷或介质分界面的极化电荷）。根据唯一性定理，只要虚设的电荷分布与边界内的实际电荷一起所产生的电场能满足给定的边界条件，这个结果就是正确的。

2.7.1　镜像法

镜像法最简单的例子是，接地无限大导体平面上方一个点电荷的电场，如图 2.31（a）所示。根据唯一性定理，导体平面上半空间的电位分布应满足如下条件：

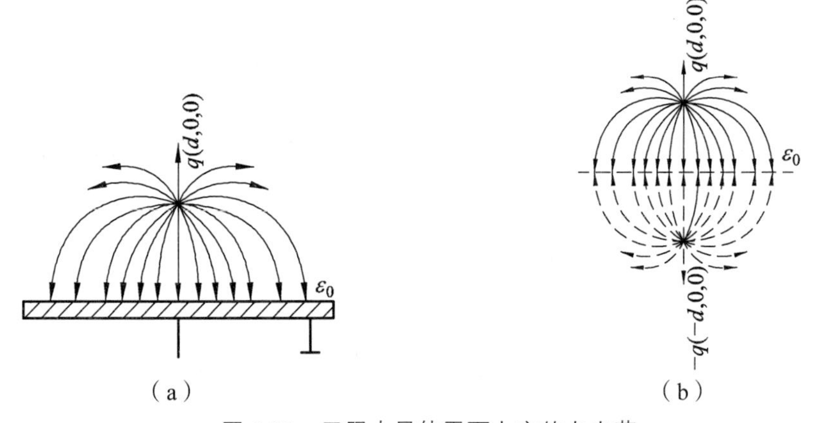

图 2.31　无限大导体平面上方的点电荷

（1）除点电荷 q 所在处外，空间中 $\nabla\varphi^2=0$。

（2）在导体平面及无穷远处边界上，电位均为零。

显然，只要在导体平面的下方与点电荷 q 对称的点 $(-d,0,0)$ 处放置一点电荷 $(-q)$，并把无限大导体平板撤去，整个空间充满介电常数为 ε_0 的电介质，则原来电荷 q 和电荷 $(-q)$ 共同在平板上半空间内产生的电位分布满足上述全部条件，如图 2.31（b）所示。故任意点 $P(x,y,z)$ 的电位为

$$\varphi(x,y,z)=\frac{q}{4\pi\varepsilon_0\sqrt{(x-d)^2+y^2+z^2}}-\frac{q}{4\pi\varepsilon_0\sqrt{(x+d)^2+y^2+z^2}} \tag{2.100}$$

这里的 $(-q)$ 相当于 $(+q)$ 对导体板的“镜像”，故称为镜像法，它代替了分布在导体平板表面上的感应电荷的作用。

用镜像法解题时要注意适用区域。这里，解式（2.100）适用区域为导体平面上半空间内。下半空间内实际上不存在电场。

还有几种其他类型的镜像问题。这里先来研究一个导体球面的镜像问题。如图 2.32 所示，在半径为 R 的接地导体球外，距球心为 d 处有一点电荷 q。根据唯一性定理，球外电位函数 φ 应满足如下条件：

（1）除 q 所在处外，空间中 $\nabla^2\varphi=0$。

（2）当 $r\to\infty$ 时，$\varphi=0$。

（3）因导体球接地，则在球面上 $\varphi=0$。

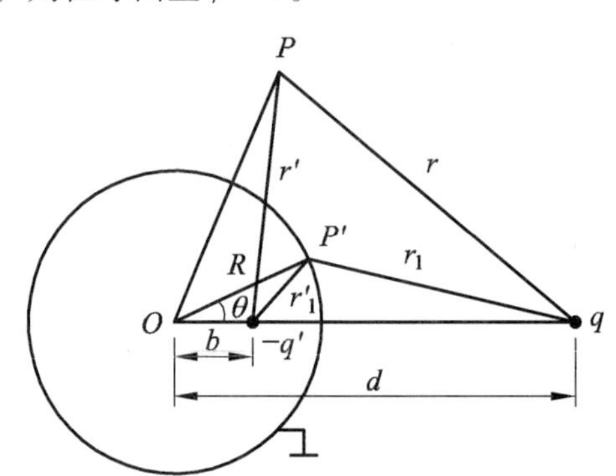

图 2.32　点电荷对导体球的镜像

根据问题的对称性，可设镜像电荷 $(-q')$ 放在球心 O 与点电荷 q 的连线上，且距球心为 b。显然，只要 $(-q')$ 放在球内，不论 $(-q')$ 及 b 数值如何，$(-q')$ 和 q 在球外产生的电位函数 φ 均能满足条件（1）和（2）。因此，若能根据条件（3）确定 $-q'$ 及 b 的数值，即可使上述镜像电荷 $(-q')$ 和 q 在球面上产生的电位也能满足条件（3）。则根据唯一性定理，由设置镜像电荷后的电位函数是唯一的解。为此，在球面上任取一点，由条件（3）有 $\varphi(P')=0$，故得

$$\frac{q}{4\pi\varepsilon_0\sqrt{d^2+R^2-2Rd\cos\theta}}-\frac{q'}{4\pi\varepsilon_0\sqrt{b^2+R^2-2Rb\cos\theta}}=0 \tag{2.101}$$

经过整理，可得

$$[q^2(b^2+R^2)-q'^2(d^2+R^2)]+2R(q'^2d-q^2b)\cos\theta=0 \tag{2.102}$$

因对任意θ值（即球面上任一点）此式都应成立，因而它的左边两项必须分别为零，即

$$\begin{cases}q^2(b^2+R^2)-q'^2(d^2+R^2)=0\\ q'^2d-q^2b=0\end{cases} \tag{2.103}$$

解之得

$$b=\frac{R^2}{d} \quad 和 \quad q'=\sqrt{\frac{b}{d}}q=\frac{R}{d}q \tag{2.104}$$

于是，球外任意点 P 的电位为

$$\varphi=\frac{q}{4\pi\varepsilon_0}\left(\frac{1}{r}-\frac{R}{d}\frac{1}{r'}\right) \tag{2.105}$$

由此可知，点电荷附近接地导体球的影响，可用位于距球心 b 处的镜像电荷$(-q')$来表示。也即$(-q')$代替金属球面上感应电荷的作用（假如上述导体球不接地而且事先也未带电，其结果如何？请读者自己考虑）。

现在研究镜像法对点电荷在双层介质中引起的电场的应用。如图 2.33 所示，平面分界面 S 的左右半空间分别充满介电常数为ε_1与ε_2的均匀介质，在左半空间距 S 为 d 处有一点电荷 q，求空间的电场。

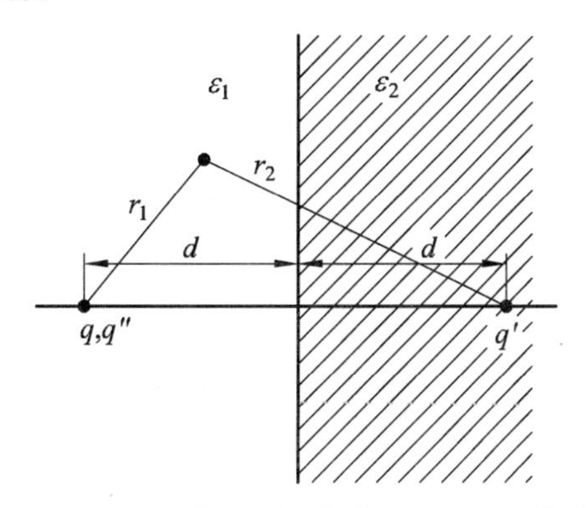

图 2.33　点电荷对无限大介质分界面的镜像

设左半空间电位为φ_1，右半空间电位为φ_2，根据唯一性定理，φ_1与φ_2应满足下列条件：

（1）除点电荷 q 所在处外，左、右半空间中分别有$\nabla^2\varphi_1=0$，$\nabla^2\varphi_2=0$。

（2）当$r\to\infty$时，$\varphi_1\to 0$和$\varphi_2\to 0$。

（3）在分界面 S 上，有衔接条件

$$\left.\begin{aligned}&\varphi_1=\varphi_2\\ &\varepsilon_1\frac{\partial\varphi_1}{\partial n}=\varepsilon_2\frac{\partial\varphi_2}{\partial n}\end{aligned}\right\} \tag{2.106}$$

这里使用这样的镜像系统：即认为左半空间的场由原来电荷 q 和在像点的像电荷 q'

所产生（这时介电常数 ε_1 的介质布满整个空间）；又认为右半空间的场由位于原来点电荷 q 处的像电荷 q'' 单独产生（这时介电常数为 ε_2 的介质布满整个空间）。

显然，不论 q' 和 q'' 的数值多大，条件（1）与条件（2）都能满足。故两介质中的电位表达式为

$$\varphi_1 = \frac{1}{4\pi\varepsilon_1}\left(\frac{q}{r_1} + \frac{q'}{r_2}\right) \tag{2.107}$$

$$\varphi_2 = \frac{1}{4\pi\varepsilon_2}\frac{q''}{r_1} \tag{2.108}$$

同时还需满足条件（3）。因此，在 $r_1 = r_2$ 处，由条件（3）得

$$\left.\begin{aligned} &\frac{q}{\varepsilon_1} + \frac{q'}{\varepsilon_1} = \frac{q''}{\varepsilon_2} \\ &q - q' = q'' \end{aligned}\right\}$$

解之得

$$q' = \frac{\varepsilon_1 - \varepsilon_2}{\varepsilon_1 + \varepsilon_2} q \tag{2.109}$$

$$q'' = \frac{2\varepsilon_2}{\varepsilon_1 + \varepsilon_2} q \tag{2.110}$$

以上介绍了镜像法中最典型的问题。应该指出，上述球面镜像问题可以反过来去求导体球腔内点电荷的电位和电场，不过这时像电荷是在球外罢了。对于一平行于介质分界平面 （或导体平面）的线电荷，也有类似的镜像问题。实际上，能够用镜像法求解的问题还不止这些。

2.7.2 电轴法

分析长直两平行带电圆柱导体的电场（见图 2.34）具有实际意义，因为这种形式的导体在电力传输和通信等工程中有着广泛的应用。但由于两圆柱导体表面上所带电荷的分布并不均匀，且是未知的，已知的通常是沿轴向单位长度表面上所带总电荷分别是 $+\tau$ 和 $-\tau$ 。所以直接求其引起的电场是有困难的。

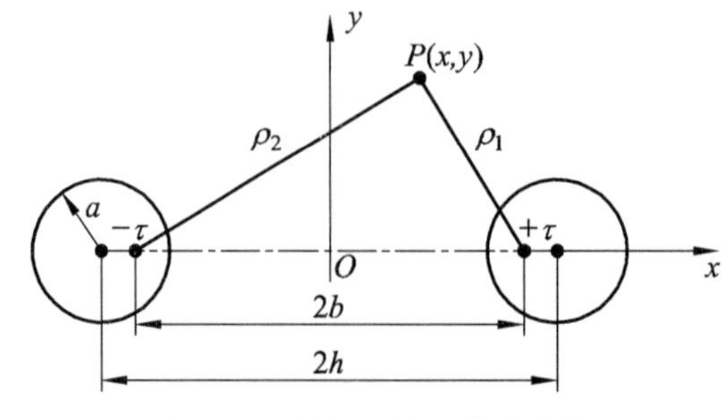

图 2.34 平行圆柱导体传输线

对于两圆柱导体外部空间的电场，可以设想将两圆柱导体撤去，而其表面电荷效应代之以两根很长的带电细线。如图 2.33 中相距为 $2b$（b 的数值待定）的两根电荷线密度分别为 $+\tau$ 和 $-\tau$ 的带电细线。它们所在的轴线就是电轴，所以这种方法称为电轴法。

在两圆柱导体外部任一点上，由 $+\tau$ 和 $-\tau$ 共同引起的电位是

$$\varphi = C + \frac{\tau}{2\pi\varepsilon_0}\ln\frac{\rho_2}{\rho_1} \tag{2.111}$$

式中，C 为积分常数，它与参考点 Q 的选取有关。若 Q 点选在对称轴 y 轴上，则 $C = 0$，所以

$$\varphi = \frac{\tau}{2\pi\varepsilon_0}\ln\frac{\rho_2}{\rho_1} = \frac{\tau}{2\pi\varepsilon_0}\ln\frac{\sqrt{(x+b)^2+y^2}}{\sqrt{(x-b)^2+y^2}} \tag{2.112}$$

由式（2.85）知，当 $\rho_2/\rho_1 = K$ 时，φ 为常数，故该式为等位线的方程式，取平方后得

$$\left(\frac{\rho_2}{\rho_1}\right)^2 = \frac{(x+b)^2+y^2}{(x-b)^2+y^2} = K^2$$

经过整理，有

$$\left(x - \frac{K^2+1}{K^2-1}b\right)^2 + y^2 = \left(\frac{2bK}{K^2-1}\right)^2 \tag{2.113}$$

这是圆的方程。可见，在 xOy 平面上，等位线是一族圆，圆心坐标是 $\left[d\left(=\frac{K^2+1}{K^2-1}b\right), 0\right]$，圆的半径是 $R = \left|\frac{2bK}{K^2-1}\right|$。还可看出各圆心的 x 坐标 d 是随 K 而变的，即这些等位线是一族偏心圆；而且每个圆的半径 R，圆心到原点的距离 d，线电荷所在处到原点的距离 b 三者之间的关系为

$$R^2 + b^2 = d^2 \tag{2.114}$$

根据唯一性定理，若要使两平行线电荷在两圆柱导体外部空间引起的电场 与两圆柱导体之间原来的电场完全相同，则从上述等位线圆族中，必能找出两个与两圆柱导体表面圆周相重合的圆周来。也就是说，图 2.34 中圆柱导体的半径 a，轴心到原点的距离 h，电轴到原点的距离 b 三者之间也应满足式（2.114）表达的关系，即

$$a^2 + b^2 = h^2 \tag{2.115}$$

由式（2.115）就可确定出电轴位置 b 的数值。将 b 的数值代入式（2.112），就可得两圆柱导体外部空间中的电位分布。

上述分析是在已知两圆柱导体表面上沿轴向单位长度所带总电荷量分别为 $+\tau$ 和 $-\tau$ 情况下进行的。然而，对于已知两圆柱导体间电压为 U_0 的大多数情况，借助式（2.112），易得 τ 与 U_0 间的关系为

$$\frac{\tau}{2\pi\varepsilon_0}=\frac{U_0}{2\ln\dfrac{b+(h-a)}{b-(h-a)}} \tag{2.116}$$

于是，两圆柱导体外部空间中的电位又可表示成

$$\varphi=\frac{U_0}{2\ln\dfrac{b+(h-a)}{b-(h-a)}}\ln\frac{\rho_2}{\rho_1} \tag{2.117}$$

例 2.18　图 2.35（a）所示为两根不同半径，相互平行，轴线距离为 d，单位长度分别带电荷 $+\tau$ 和 $-\tau$ 的长直圆柱导体。试决定电轴位置。

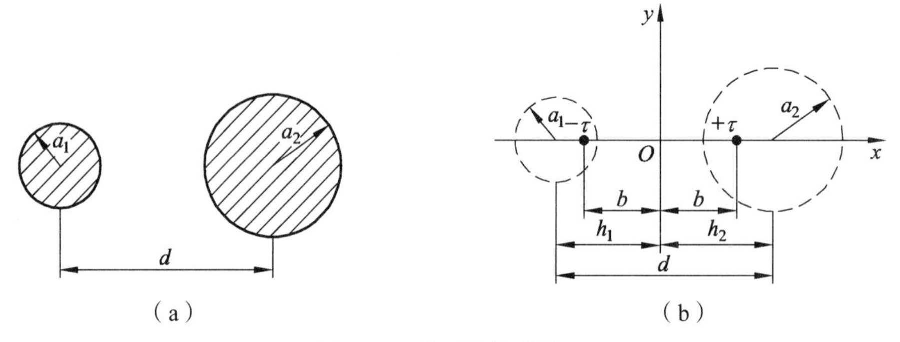

图 2.35　非对称传输线

解： 参阅图 2.35（b），如能先求得 h_1 和 h_2，就可以确定坐标原点 O 及电轴位置。根据式（2.114），可列出关系式

$$\begin{cases} b^2=h_1^2-a_1^2 \\ b^2=h_2^2-a_2^2 \\ d=h_1+h_2 \end{cases}$$

这里 a_1、a_2 和 d 已知，h_1、h_2 和 b 是未知量。联立解之，得

$$h_1=\frac{d^2+a_1^2-a_2^2}{2d} \quad 和 \quad h_2=\frac{d^2-a_1^2+a_2^2}{2d}$$

习题 2.7

2.7.1　在无限大导体平面上方 h 处，有一线电荷 τ，求空间任一点的电位和电场强度。

2.7.2　河面上方 h 处，有一输电线经过（导线半径 $R \ll h$），其电荷线密度为 τ，河水的介电常数为 $80\varepsilon_0$。求镜像电荷的值。

2.7.3　在无限大接地导体平面两侧各有一点电荷 q_1 和 q_2，与导体平面的距离均为 d，求空间的电位分布。

2.7.4　真空中一点电荷 $q=10^{-6}C$，放在距金属球壳（半径为 5 cm）的球心 15 cm 处，求：

（1）球面上各点的 φ,E 表达式。何处场强最大，数值如何？

（2）若将球壳接地，则情况如何？

2.7.5 两根平行圆柱形导线，半径均为 2 cm，相距 12 cm，设加以 1 000 V 电压，求两圆柱体表面上相距最近的点和最远的点的电荷面密度。

2.8 电容和部分电容

普通物理学中已介绍过电容的概念及电容器的电容计算方法。通常电容器都是由两个导体组成的独立系统。在实际工作中，还常遇到三个或更多个导体组成的系统。可以认为，在多导体系统中，一个导体在其他导体的影响下，与另一导体构成的电容只能引入部分电容概念来描述。研究这些部分电容对于确定多导体系统的特性有重要意义。本节除简单回顾两导体组成的独立系统的电容外，重点讨论三个及三个以上导体所组成的系统中的电容，引入部分电容概念。

2.8.1 电 容

通常，一个电容器是由两个带等量异号电荷的导体组成。它的电容 C 定义为此电荷与两导体间电压 U 之比，即

$$C = \frac{Q}{U} \tag{2.118}$$

电容 C 是一个重要的电路参数，其单位是 F（法）。它的大小只与两导体的形状、尺寸、相互位置及导体间的介质有关，而与带电的实际情况无关。有时，人们也会遇到计算一个孤立导体的电容，这是指该导体与无限远处另一导体间的电容。

电容的计算，也就是静电场的计算问题。下面研究无限长同轴导体圆柱面，其内导体每单位长度带有电荷，外导体带有同样多的负电荷。不难求得两导体柱面间的电压是

$$U = \frac{\tau}{2\pi\varepsilon}\ln\frac{b}{a} \tag{2.119}$$

所以每单位长度的电容是

$$C = \frac{2\pi\varepsilon}{\ln(b/a)} \tag{2.120}$$

式中，a 和 b 分别是内外圆柱导体的半径。

同样，可以求出两同心球面导体间的电容是

$$C = \frac{4\pi\varepsilon_0 ab}{b-a} \tag{2.121}$$

必须注意，若 b 趋于无限大，此电容为有限值，这就是孤立导体球的电容。

2.8.2 部分电容

对于由三个及三个以上带电导体组成的系统，任意两个导体之间的电压不仅要受到

它们自身电荷还要受到其余导体上电荷的影响。这时，系统中导体间的电压与导体电荷关系一般不能仅用一个电容来表示，需要将电容的概念加以扩充，引入部分电容概念。

如果一个系统，其中电场的分布只与系统内各带电体的形状、尺寸、相互位置及电介质的分布有关，而和系统外的带电体无关，并且所有电通（量）密度全部从系统内的带电体发出，也全部终止于系统内的带电体上，则称为静电独立系统。对于由$(n+1)$个导体构成的静电独立系统，如令各导体按$0 \to n$顺序编号，则必有电荷关系

$$q_0 + q_1 + \cdots + q_k + \cdots + q_n = 0 \tag{2.122}$$

进一步，假定该静电独立系统中的电介质是线性的。根据叠加原理，得各带电导体的电位与各导体的电荷之间有下列关系

$$\begin{cases} \varphi_1 = \alpha_{11}q_1 + \alpha_{12}q_2 + \cdots + \alpha_{1k}q_k + \cdots + \alpha_{1n}q_n \\ \vdots \\ \varphi_k = \alpha_{k1}q_1 + \alpha_{k2}q_2 + \cdots + \alpha_{kk}q_k + \cdots + \alpha_{kn}q_n \\ \vdots \\ \varphi_n = \alpha_{n1}q_1 + \alpha_{n2}q_2 + \cdots + \alpha_{nk}q_k + \cdots + \alpha_{nn}q_n \end{cases} \tag{2.123}$$

这里，已把 0 号导体选作电位参考点，即$\varphi_0 = 0$。再者，由于受式（2.122）的约束，式（2.123）中没有q_0出现。

式（2.123）也可记作如下矩阵形式，即

$$[\varphi] = [\alpha][q] \tag{2.124}$$

式中，系数α称为电位系数。α_{ii}称为自有电位系数；$\alpha_{ij}(i \neq j)$称为互有电位系数。这些系数的含义，不难从下列式子得到理解。

$$\alpha_{k1} = \left.\frac{\varphi_k}{q_1}\right|_{q_2 = q_3 = \cdots = q_k = \cdots \sim q_n = 0} \tag{2.125}$$

$$\alpha_{kk} = \left.\frac{\varphi_k}{q_k}\right|_{q_1 = \cdots = q_{k-1} = q_{k+1} = \cdots = q_n = 0} \tag{2.126}$$

此外，从上述式子也易看出电位系数的性质有：① 电位系数都是正值；② 自有电位系数α_{ii}大于与它有关的互有电位系数α_{ij}；③ 电位系数只与导体的几何形状、尺寸、相互位置和电介质的介电常数有关；④ $a_{jk} = a_{kj}$，即$[\alpha]$为对称阵，这是静电场互易原理的表现。

多导体系统中电位、电荷的关系，也可用电荷为电位的函数来表示。如果求解上述方程，可得

$$[q] = [\alpha]^{-1} \quad [\varphi] = [\beta][\varphi] \tag{2.127}$$

即

$$\begin{cases} q_1 = \beta_{11}\varphi_1 + \beta_{12}\varphi_2 + \cdots + \beta_{1k}\varphi_k + \cdots + \beta_{1n}\varphi_n \\ \vdots \\ q_k = \beta_{k1}\varphi_1 + \beta_{k2}\varphi_2 + \cdots + \beta_{kk}\varphi_k + \cdots + \beta_{kn}\varphi_n \\ \vdots \\ q_n = \beta_{n1}\varphi_1 + \beta_{n2}\varphi_2 + \cdots + \beta_{nk}\varphi_k + \cdots + \beta_{nn}\varphi_n \end{cases} \tag{2.128}$$

式中，系数 β 称为静电感应系数。β_{ii} 称为自有感应系数；$\beta_{ij}(i \neq j)$ 称为互有感 应系数。这些感应系数也只和导体的几何形状、尺寸、相互位置及介质的介电常数有关。感应系数的含义，不难从下列关系式看出

$$\beta_{k1} = \left.\frac{q_k}{\varphi_1}\right|_{\varphi_2=\varphi_3=\cdots=\varphi_k=\cdots=\varphi_n=0} \tag{2.129}$$

$$\beta_{kk} = \left.\frac{q_k}{\varphi_k}\right|_{\varphi_1=\varphi_2=\cdots=\varphi_{k-1}=\varphi_{k+1}=\cdots=\varphi_n=0} \tag{2.130}$$

感应系数的性质有：① 自有感应系数都是正值；② 互有感应系数都是负值；③ 自有感应系数 β_{ii} 大于与它有关的互有感应系数的绝对值 $\left|\beta_{ij}\right|$。

必须注意到，式（2.128）中的电位是以 0 号导体为参考点的，即该导体与 0 号导体间的电压。在分析实际问题时，为方便起见，把它改变成用该导体与其他各导体间的电压来表示。为此，可将上述方程中的 q_1 改写如下

$$q_1 = (\beta_{11}+\beta_{12}+\cdots+\beta_{1n})(\varphi_1-0)-\beta_{12}(\varphi_1-\varphi_2) \ -\beta_{13}(\varphi_1-\varphi_3)-\cdots-\beta_{1n}(\varphi_1-\varphi_n) \tag{2.131}$$

令

$$C_{10} = \beta_{11}+\beta_{12}+\cdots+\beta_{1n} \quad C_{12}=-\beta_{12}, \ C_{13}=-\beta_{13}, \ \cdots \ , \ C_{1n}=-\beta_{1n} \tag{2.132}$$

则

$$q_1 = C_{10}U_{10}+C_{12}U_{12}+C_{13}U_{13}+\cdots+C_{1n}U_{1n} \tag{2.133}$$

这样，式（2.96）化为

$$\begin{cases} q_1 = C_{10}U_{10}+C_{12}U_{12}+\cdots+C_{1k}U_{1k}+\cdots+C_{1n}U_{1n} \\ \quad\vdots \\ qk = C_{k1}U_{k1}+C_{k2}U_{k2}+\cdots+C_{k0}U_{k0}+\cdots+C_{kn}U_{kn} \\ \quad\vdots \\ q_n = C_{n1}U_{n1}+C_{n2}U_{n2}+\cdots+C_{nk}U_{nk}+\cdots+C_{n0}U_{n0} \end{cases} \tag{2.134}$$

式中，系数 C 称为部分电容。$C_{10},C_{20},\cdots,C_{k0},\cdots,C_{n0}$ 称为自有部分电容；$C_{12},C_{23},\cdots,C_{kn},\cdots$ 称为互有部分电容。所有部分电容都为正值，也仅与导体的形状、尺寸、相互位置及介质的介电常数有关。此外，互有部分电容还具有互易性质，$C_{ij}=C_{ji}$。

顺便指出，在 $(n+1)$ 个导体构成的静电独立系统中，共应有 $n(n+1)/2$ 个部分电容。这些部分电容形成了一个电容网络，这样就把一个静电场的问题变为一个电容电路的问题，把场的概念和路的概念联系起来。图 2.36（a）所示为由三个金属导体和大地组成的四导体系统，图 2.36（b）则为由 6 个部分电容构成的对应电容网络。

图 2.36　部分电容与电容网络

例 2.19　试计算考虑大地影响时的二线传输系统的各个部分电容，及二输电线间的等效电容。设二输电线距地面高度为 h，线间距离为 d，导线半径为 a，且 $a \ll d, a \ll h$，如图 2.37 所示。

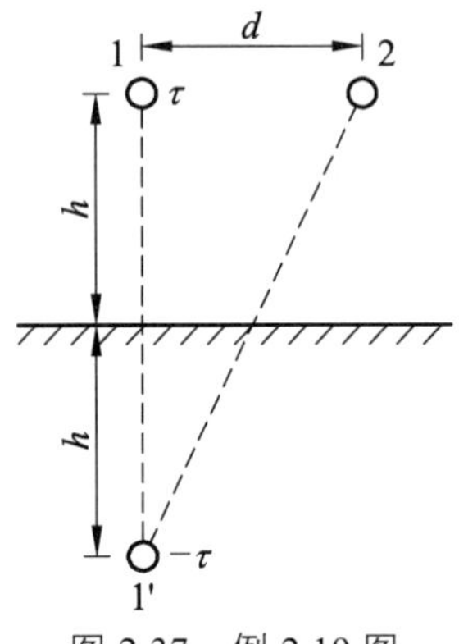

图 2.37　例 2.19 图

解：整个系统是由三个导体组成的静电独立系统，共有三个部分电容。为计算部分电容，先计算电位系数，有

$$\varphi_1 = \alpha_{11}\tau_1 + \alpha_{12}\tau_2, \quad \varphi_2 = \alpha_{21}\tau_1 + \alpha_{22}\tau_2$$

令 $\tau_1 = \tau, \tau_2 = 0$，计算此情况下的 φ_1、φ_2。将地面影响用镜像电荷代替，并略去导线 2 上感应电荷的影响，则得

$$\varphi_1 = \frac{\tau}{2\pi\varepsilon_0}\ln\frac{2h}{a}$$

$$\varphi_2 = \frac{\tau}{2\pi\varepsilon_0}\ln\frac{\sqrt{4h^2 + d^2}}{d}$$

所以

$$\alpha_{11} = \frac{1}{2\pi\varepsilon_0}\ln\frac{2h}{a}, \quad \alpha_{21} = \frac{1}{2\pi\varepsilon_0}\ln\frac{\sqrt{4h^2 + d^2}}{d}$$

再根据各个系数间的关系，可得

$$C_{10} = C_{20} = \beta_{11} + \beta_{12} = \frac{2\pi\varepsilon_0}{\ln\dfrac{2h\sqrt{4h^2 + d^2}}{ad}}$$

$$C_{12}=C_{21}=-\beta_{12}=\frac{2\pi\varepsilon_0\ln\dfrac{\sqrt{4h^2+d^2}}{d}}{\left(\ln\dfrac{2h}{a}\right)^2-\left(\ln\dfrac{\sqrt{4h^2+d^2}}{d}\right)^2}$$

二线间的等效电容为

$$C_e=C_{12}+\frac{C_{10}C_{20}}{C_{10}+C_{20}}=\frac{\pi\varepsilon_0}{\ln\left(\dfrac{2h}{a}\dfrac{d}{\sqrt{4h^2+d^2}}\right)}$$

注：等效电容指在多导体静电独立系统中，把两导体作为电容器的两个极板，设在这两个电极间加上已知电压 U，极板上所带电荷分别为 $\pm q$，则把比值 $\dfrac{q}{U}$ 叫作这两导体间的等效电容。

例 2.20 已知二芯对称的屏蔽电缆如图 2.38 所示，测得导体 1、2 间的等效电容为 0.018 μF，导体 1、2 相连时和外壳间的等效电容为 0.032 μF，求各部分电容。

解： 因二芯对称，故有 $C_{10}=C_{20}$，根据已知条件，有

$$C_{12}+\frac{C_{10}}{2}=0.018,\quad 2C_{10}=0.032$$

解之得

$$C_{10}=C_{20}=0.016\ \mu\text{F},\quad C_{12}=0.01\ \mu\text{F}$$

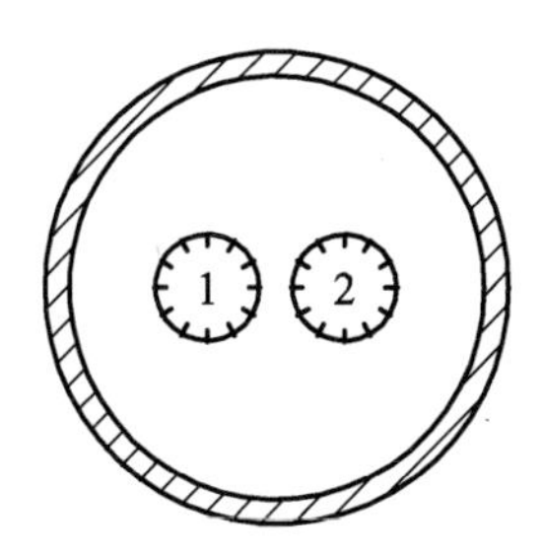

图 2.38 二芯屏蔽电缆

2.8.3 静电屏蔽

应用部分电容还可以说明静电屏蔽问题。设有图 2.39 所示 3 个导体的系统，1 号导体被 0 号导体完全包围着，且 0 号导体接地。由式（2.134），应有方程组

$$\left.\begin{aligned}q_1&=C_{10}U_{10}+C_{12}U_{12}\\q_2&=C_{21}U_{21}+C_{20}U_{20}\end{aligned}\right\}\tag{2.135}$$

令 $q_1=0$，则 0 号导体内无电场，因此 $U_{10}=0$。由（2.135）式中第一个方程，得

$$C_{12}U_{12}=0\tag{2.136}$$

但U_{12}可有各种数值（由于导体 2 的电荷可取任意值），故必有C_{12}。因此，在 0 号导体接地的情况下，得

$$\left.\begin{aligned} q_1 &= C_{10}U_{10} \\ q_2 &= C_{20}U_{20} \end{aligned}\right\} \tag{2.137}$$

这说明了q_1只与U_{10}有关，q_2只与U_{20}有关。即 1 号导体与 2 号导体之间无静电联系，达到了静电屏蔽的要求。也就是说，0 号导体的存在，消除了导体 1、2 间的静电联系。在工程上，常常把不可受外界电场影响的带电体或不希望去影响外界的带电体用一个接地的金属壳罩起来，以隔绝有害的静电影响。例如，高压设备周围的屏蔽网等，就是起静电屏蔽作用的。

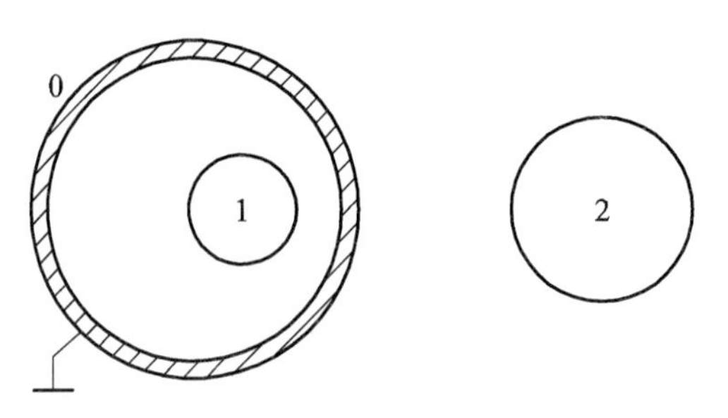

图 2.39　静电屏蔽

习题 2.8

2.8.1　两个小球半径均为 1 cm，相距为 20 cm，位于空气中。

（1）若已知φ_1、φ_2，求q_1、q_2。

（2）若已知φ_1、q_2，求q_1、φ_2。

（3）欲使小球 1 带电荷$q_1 = 10^{-8}$C，小球 2 不带电荷，问该用什么方法实现？

2.8.2　若将某对称的三芯电缆中三个导体相连，测得导体与铅皮间的电容为 0.051 μF，若将电缆中的两导体与铅皮相连，它们与另一导体间的电容为 0.037 μF，求：

（1）电缆的各部分电容。

（2）每一相的工作电容。

（3）若在导体 1、2 之间加直流电压 100 V，求导体每单位长度的电荷量。

2.8.3　两平行导线位于与地面垂直的平面内如图 2.40 所示，已知导体半径为 2 mm，求导线单位长度的部分电容以及两导线间的等效电容。

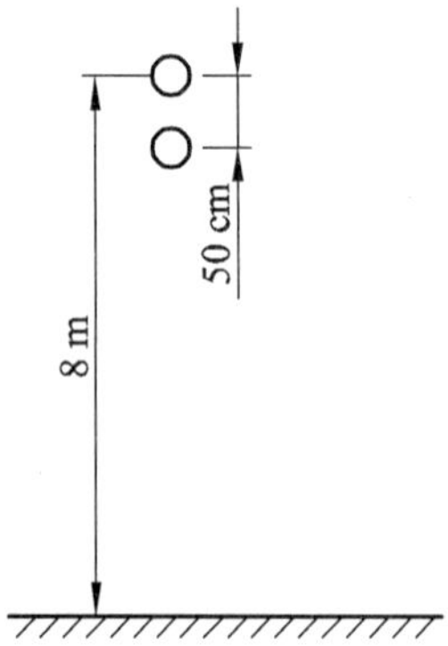

图 2.40　题 2.8.3 图

2.9　静电能量与力

电场对静止电荷有力的作用，对运动的电荷则要做功。把静电场中的储能称为静电

能量。这一节将介绍静电能量的分布方式，并在此基础上介绍计算导体系统中静电力的虚位移法。

2.9.1 带电系统中的静电能量

静电能量是在电场的建立过程中，由外力做功转化而来的。因此，可以根据建立该电场，外力所做的功来计算静电能量。

首先讨论由作任意分布的电荷系统所引起的电场中的静电能量。设电荷体密度是 ρ，此外，假设介质是线性的。在建立这样的电荷系统过程中的某一瞬时，场中某一点的电位是 $\varphi'(x,y,z)$，再将电荷增量 δq 从无穷远移至该点，外力需要做功

$$\delta A=\varphi'(x,y,z)\delta q \tag{2.138}$$

这个功转化为静电能量储存在电场中。全部静电能量，可通过上式的积分而得出。

对于线性介质的情况，使电荷达到最后的分布需做的功是一定的，与实现这一分布的过程无关。因此，可选择这样一种充电方式，使任何瞬间所有带电体的电荷密度都按同样比例增长，令此比值为 m，且 $0\leqslant m\leqslant 1$，即 m 是变量，充电开始时各处电荷密度都为零（相当于 $m=0$），充电终了时各处电荷密度都等于其最终值（相当于 $m=1$）。在任何中间瞬时，电荷密度的增量为

$$\delta\rho=\delta[m\rho(x,y,z)]=\rho(x,y,z)\delta m \tag{2.139}$$

则将（2.138）式进行积分得总静电能量为

$$\boldsymbol{W}_{\mathrm{e}}=\int_0^1\delta m\int_V\rho(x,y,z)\varphi'(m;x,y,z)\mathrm{d}\boldsymbol{V} \tag{2.140}$$

由于所有电荷按同一比值 m 增长，故 $\varphi'(m;x,y,z)=m\varphi(x,y,z)$，这里 $\varphi(x,y,z)$ 是 (x,y,z) 点上充电终了时的 φ 值。因而

$$\boldsymbol{W}_{\mathrm{e}}=\int_0^1 m\delta m\int_{\mathrm{V}}\rho\varphi\mathrm{d}\boldsymbol{V} \tag{2.141}$$

故

$$\boldsymbol{W}_{\mathrm{e}}=\frac{1}{2}\int_V\rho\varphi\mathrm{d}\boldsymbol{V} \tag{2.142}$$

这就是用电荷和电位表示的连续体电荷系统的静电能量。

类似地，对于面积电荷，有

$$W_{\mathrm{e}}=\frac{1}{2}\int_S\sigma\varphi\mathrm{d}S \tag{2.143}$$

对于系统中只有带电导体的情况，则

$$W_{\mathrm{e}}=\frac{1}{2}\int_S\sigma\varphi\mathrm{d}S=\frac{1}{2}\sum_k\varphi_k\int_{S_k}\sigma_k\mathrm{d}S \tag{2.144}$$

故

$$W_e = \frac{1}{2}\sum_k \varphi_k q_k \quad (2.145)$$

式中，q_k 和 φ_k 分别是第 k 号导体表面上分布的总电荷量和其电位值。

2.9.2 静电能量的分布及其密度

式（2.142）、式（2.143）和式（2.145）都是计算总静电能量的，而没有说明能量的分布情况，这些公式还容易给人一种印象，似乎静电能量集中在电荷上。其实，静电能量是分布于电场存在的整个空间中。应用下面关系式

$$E = -\nabla\varphi \text{ 和 } \nabla\cdot\boldsymbol{D} = \rho \quad (2.146)$$

以及矢量恒等式

$$\nabla\cdot(\varphi\boldsymbol{D}) = \varphi\nabla\cdot\boldsymbol{D} + \boldsymbol{D}\cdot\nabla\varphi \quad (2.147)$$

再应用散度定理，则式（2.142）变为

$$W_{\mathrm{e}} = \frac{1}{2}\int_V \boldsymbol{D}\cdot\boldsymbol{E}\mathrm{d}V + \frac{1}{2}\oint_S \varphi\boldsymbol{D}\cdot\mathrm{d}\boldsymbol{S} \quad (2.148)$$

式（2.148）中的积分体积 V 只要包含所有电荷即可，S 是限定 V 的外表面。可以把 V 扩展到整个无限空间，即 S 为半径取 ∞ 的球面。对一大球面积分，由于 φ 与 $\frac{1}{r}$ 成正比，D 与 $\frac{1}{r^2}$ 放成正比且 $\mathrm{d}S$ 与 r^2 成正比，所以上式右边的第二个积分随 $\frac{1}{r}$ 变化。如果积分遍及无限大的空间（即 $r\to\infty$），则第二项积分为零，故得

$$W_{\mathrm{e}} = \frac{1}{2}\int_V \boldsymbol{D}\cdot\boldsymbol{E}\mathrm{d}V \quad (2.149)$$

这就是用场量 $\boldsymbol{D}$ 和 $\boldsymbol{E}$ 表示的静电能量。式（2.149）的物理概念是，凡是静电场不为零的空间都储存着静电能量，场中任一点的静电能量密度是

$$\omega_{\mathrm{e}}' = \frac{1}{2}\boldsymbol{D}\cdot\boldsymbol{E} \quad (2.150)$$

到此为止，得到两个静电能量公式，即式（2.142）和式（2.149）。两个都是体积分式，称式（2.142）为电荷积分式，积分区域为有电荷分布的区域；称式（2.149）为电场积分式，积分区域为整个空间，也就是有电场分布的全部区域。式（2.149）只有在对全部电场空间积分时才与式（2.142）相同。

例 2.21 真空中一半径为 a 的球体内分布有体密度为常量 ρ 的电荷，试求静电能量。

解： 应用高斯定律，求得电场强度为

$$E_r = \begin{cases} \dfrac{\rho r}{3\varepsilon_0}, & r < a \\ \dfrac{\rho a^3}{3\varepsilon_0 r^2}, & r > a \end{cases}$$

应用式（2.149），故

$$W_e = \frac{1}{2}\varepsilon_0\left(\int_0^a \frac{\rho^2 r^2}{9\varepsilon_0^2}4\pi r^2 \mathrm{d}r + \int_a^\infty \frac{\rho^2 a^6}{9\varepsilon_0^2 r^4}4\pi r^2 \mathrm{d}r\right)$$
$$= \frac{4\pi}{15\varepsilon_0}\rho^2 a^5$$

也可利用式（2.149）计算能量，先求得电位函数的结果是

$$\varphi = \begin{cases} \dfrac{\rho a^3}{3\varepsilon_0 r}, & r > a \\ \dfrac{\rho}{2\varepsilon_0}\left(a^2 - \dfrac{r^2}{3}\right), & r < a \end{cases}$$

故

$$W_e = \frac{1}{2}\frac{\rho^2}{2\varepsilon_0}\int_0^a \left(a^2 - \frac{r^2}{3}\right)4\pi r^2 \mathrm{d}r = \frac{4\pi}{15\varepsilon_0}\rho^2 a^5$$

两种方法所得结果相同。

例 2.22 一半径为 a 的均匀球面电荷，电荷面密度为 σ，试求静电能量。

解： 由式（2.143），有

$$W_e = \frac{1}{2}\int_S \sigma\varphi \mathrm{d}S$$

球面上的电位为 $\varphi|_{r=a} = \dfrac{Q}{4\pi\varepsilon_0 a}$，$\left(Q = \int_S \sigma \mathrm{d}S\right)$。由于在球面 S 上 φ 是常数，故

$$W_e = \left(\frac{1}{2}\int \sigma \mathrm{d}S\right)\varphi$$
$$= \frac{Q^2}{8\pi\varepsilon_0 a}$$

另一种计算方法，根据式（2.149），有

$$W_e = \frac{1}{2}\varepsilon_0\int_V E^2 \mathrm{d}V$$

应用高斯定律，得 $E = \dfrac{Q}{4\pi\varepsilon_0 r^2}$，$r \geqslant a$；$E = 0$，$r < a$。因此

$$W_e = \frac{\varepsilon_0}{2}\int_a^\infty \left(\frac{Q}{4\pi\varepsilon_0 r^2}\right)^2 4\pi r^2 \mathrm{d}r$$
$$= \frac{Q^2}{8\pi\varepsilon_0 a}$$

两种方法结果相同。

例 2.23 真空中有 n 个点电荷 q_1，q_2，…，q_n，试求静电能量。

解： 如果应用式（2.149）来计算，且令 $\boldsymbol{E}_1$，$\boldsymbol{E}_2$，…，$\boldsymbol{E}_n$，分别为由电荷 q_1，q_2，…，q_n 单独存在时所引起的电场强度。当 n 个点电荷都存在时，合成电场强度

$$\boldsymbol{E}=\boldsymbol{E}_1+\boldsymbol{E}_2+\cdots+\boldsymbol{E}_n$$

从而

$$|\boldsymbol{E}|^2=(|\boldsymbol{E}_1|^2+|\boldsymbol{E}_2|^2+\cdots+|\boldsymbol{E}_n|^2)+2(\boldsymbol{E}_1\cdot\boldsymbol{E}_2+\boldsymbol{E}_1\cdot\boldsymbol{E}_3+\cdots+\boldsymbol{E}_{n-1}\cdot\boldsymbol{E}_n)$$

故，静电能量为

$$\begin{aligned}W_{\mathrm{e}}=&\frac{\varepsilon_0}{2}\int_V(|\boldsymbol{E}_1|^2+|\boldsymbol{E}_2|^2+\cdots+|\boldsymbol{E}_n|^2)\mathrm{d}V+\\&\frac{\varepsilon_0}{2}\int_V 2(\boldsymbol{E}_1\cdot\boldsymbol{E}_2+\boldsymbol{E}_1\cdot\boldsymbol{E}_3+\cdots+\boldsymbol{E}_{n-1}\cdot\boldsymbol{E}_n)\mathrm{d}V\end{aligned}$$

这就是点电荷系统的静电能量。等号右边第一个积分称为自有能量，当电荷相互移近或移远时不会改变。如果令 $(W_{\mathrm{e}})_j=\dfrac{\varepsilon_0}{2}\int|\boldsymbol{E}_j|^2\mathrm{d}V$，它表示只与电荷 q_j 有关的一部分自有能量，是将许多元电荷 $\mathrm{d}q$ “压紧”以构成 q_j 需要做的功（压紧时，必须克服同号电荷间斥力），对于点电荷，这部分功为无限大。第二个积分称为互有能量，是由电荷之间的相互作用引起的，随电荷间相互移近或移远而改变。采用 $W_{\mathrm{e}}=\dfrac{1}{2}\sum\limits_{k=1}^{n}\varphi_k q_k$，计算时，若 φ_k 是除 q_k 以外其余各个点电荷在 q_k 处所引起的电位，则计算出的是互有能量。

例 2.24 一个原子可以看成是由一个带正电荷 q 的原子核被总电荷量等于（$-q$）且均匀分布于球形体积内的负电荷云包围，如图 2.41 所示。试求原子的结合能。

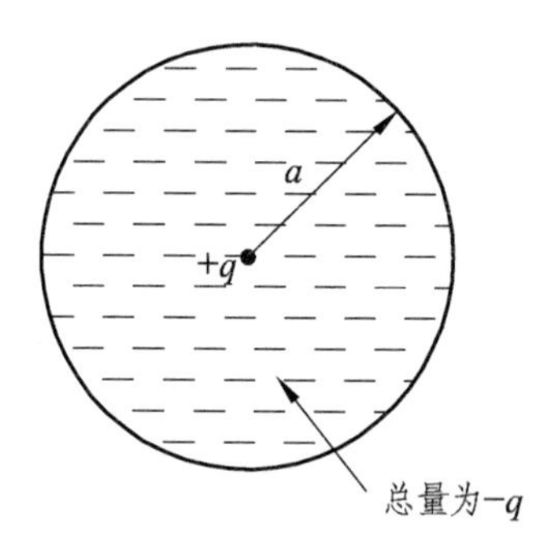

图 2.41 原子结构

解： 原子的结合能应由两部分组成。一部分是均匀分布于球形体积内的负电荷的自有能量 $\left(\dfrac{4\pi}{15\varepsilon_0}\rho^2a^5\right)$。另一部分是正的点电荷与负电荷云间的互有能量，等于 $q\varphi_-(0)$。这里 $\varphi_-(0)$ 是负电荷云在 $r=0$ 处，即正点电荷所在位置引起的电位，其值等于 $-\dfrac{3q}{8\pi\varepsilon_0 a}$。因此，$q\varphi_-(0)=-\dfrac{3q^2}{8\pi\varepsilon_0 a}$。从而得所求能量为

$$W=\frac{4\pi}{15\varepsilon_0}\rho^2a^5+\left(\frac{-3q^2}{8\pi\varepsilon_0 a}\right)=-\frac{9q^2}{40\pi\varepsilon_0 a}$$

这一能量等于把两分电荷从无穷远处移来置于原子中的位置时必须做的功。

2.9.3 静电力

在静电场中，各个带电体都要受到电场力。这个力可直接根据电场强度的定义来计算

$$\boldsymbol{F}=q\boldsymbol{E} \tag{2.151}$$

这里的 $\boldsymbol{E}$ 应理解为除 q 以外其他电荷在 q 处引起的电场强度。对于连续分布的电荷 q，若应用式（2.151），一般计算是相当复杂的。由于力和能量之间是有密切联系的，所以根据能量求力往往要方便得多。下面介绍的虚位移法就是一种基于虚功原理计算静电力的方法。

采用虚位移法计算静电力，要用到广义坐标和广义力的概念。广义坐标是指确定系统中各导体形状、尺寸与位置的一组独立几何量，如距离、面积、体积或角度等。企图改变某一广义坐标的力，就称为对应于该广义坐标的广义力。广义力乘上由它引起的广义坐标的改变量，应等于功。

下面研究由（$n+1$）个导体组成的系统。假定除了 p 号导体外其余的导体都不动，且 p 号导体也只有一个广义坐标 g 发生变化。这时，该系统所发生的功能过程为

$$\mathrm{d}W=\mathrm{d}W_{\mathrm{e}}+f\mathrm{d}g \tag{2.152}$$

式中，$\mathrm{d}W=\left(\sum\varphi_k\mathrm{d}q_k\right)$ 表示与各带电体相联结的外电源提供的能量；$\mathrm{d}W_{\mathrm{e}}$ 和 $f\mathrm{d}g$ 分别表示静电能量的增量和电场力所作的功。

以下分别讨论两种情况：

（1）虚位移时，假定各带电体的总电荷维持不变。也就是当 p 号导体位移时，所有带电体都不和外电源相连，因而 $\mathrm{d}q_k$，即 $\mathrm{d}W=0$。功能关系写成

$$0=\mathrm{d}W_{\mathrm{e}}+f\mathrm{d}g \tag{2.153}$$

或

$$f\,\mathrm{d}g=-\mathrm{d}W_{\mathrm{e}}\big|_{q_k=常量} \tag{2.154}$$

从而得

$$f=\left.\frac{\partial W_{\mathrm{e}}}{\partial g}\right|_{\varphi_k=常量} \tag{2.155}$$

以上两种情况所得结果应该是相等的。事实上，带电体并没有移动（即虚位移），电场力的分布当然没有改变，求得的是在当时的电荷和电位情况下的力。

下面用平板（或球形）电容器中的电场力为例来说明上述结论。此时，电场能量 $W_{\mathrm{e}}=\frac{1}{2}CU^2$ 或 $W_{\mathrm{e}}=\frac{q^2}{2C}$。分别用两个公式求力，得

$$
\begin{cases}
f = \dfrac{-\partial W_{\mathrm{e}}}{\partial g}\bigg|_{q_k=\text{常量}} = -\dfrac{\partial}{\partial g}\left(\dfrac{q^2}{2C}\right) = -\dfrac{q^2}{2}\dfrac{\partial}{\partial g}\left(\dfrac{1}{C}\right) \\
\quad = \dfrac{q^2}{2C^2}\dfrac{\partial C}{\partial g} = \dfrac{U^2}{2}\dfrac{\partial C}{\partial g} \\
f = \dfrac{\partial W_{\mathrm{e}}}{\partial g}\bigg|_{\varphi_k=\text{常量}} = \dfrac{\partial}{\partial g}\left(\dfrac{1}{2}CU^2\right) = \dfrac{U^2}{2}\dfrac{\partial C}{\partial g}
\end{cases}
\tag{2.156}
$$

可见结果是相同的。可以看出，电场力有使电容 C 增大的趋势。

例 2.25 平板电容器的极板面积为 S，板间距离为 d，所加电压为 U，介质的介电常数为 ε。求作用于每个极板上的电场力以及任一极板上单位面积所受的力。

解： 已知平板电容器的电容为 $C = \varepsilon S / d$，如取 d 为广义坐标，则作用在极板上的力为

$$f = \frac{U^2}{2}\frac{\partial C}{\partial d} = -\frac{U^2 \varepsilon S}{2d^2}$$

式中的负号表示力的方向与 d 增大的方向相反。也就是电场力 f 有使 d 缩短的趋势。如图 2.42 所示，正极板所受的力 $\boldsymbol{f}_1 = \dfrac{U^2\varepsilon S}{2d^2}\vec{\boldsymbol{e}}_x$，负极板所受的力 $\boldsymbol{f}_2 = \dfrac{U^2\varepsilon S}{2d^2}\left(-\vec{\boldsymbol{e}}_x\right)$。

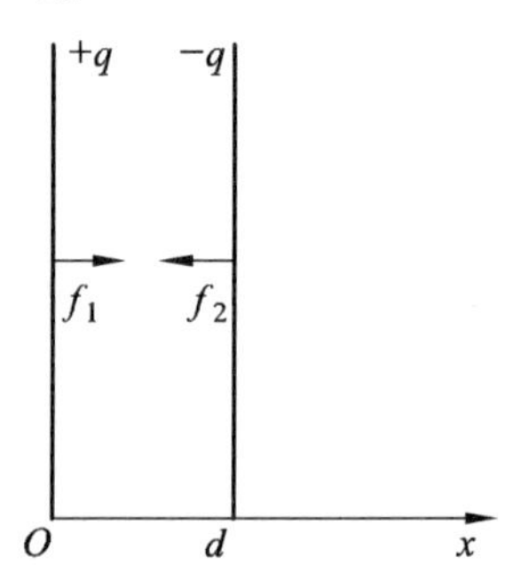

图 2.42 平行板电容器

作用在任一极板单位面积上的力为

$$f' = \frac{f}{S} = \frac{U^2\varepsilon}{2d^2} = \frac{1}{2}\varepsilon E^2 = \frac{1}{2}\boldsymbol{D}\cdot\boldsymbol{E}$$

或引入极板上面积电荷密度 σ，则可表示为

$$f' = \frac{1}{2}\sigma E$$

值得注意的是，这里有系数 $1/2$，而不能简单地使用 σE。

例 2.26 今有一球形薄膜带电表面，半径为 a，其上带电荷 q。求薄膜单位面积上所受的膨胀力。

解： 孤立导体球的电容 $C = 4\pi\varepsilon_0 a$。采用球坐标，原点置于球心，选广义坐标 g 为 a，则

$$f_r = \frac{q^2}{2C^2}\frac{\partial C}{\partial a} = \frac{q^2}{2C^2}4\pi\varepsilon_0$$

$$=\frac{q^2}{8\pi\varepsilon_0 a^2}$$

式中，f_r 的方向与 a 增大的方向相同，为膨胀力。单位面积上的力为

$$f_r'=\frac{q^2}{2\varepsilon_0(4\pi a^2)^2}=\frac{\sigma^2}{2\varepsilon_0}=\frac{1}{2}\sigma E=\frac{1}{2}\boldsymbol{D}\cdot\boldsymbol{E}$$

该膨胀力是由于电荷同号相斥而产生的。

最后，介绍法拉第对静电力的看法，称之为法拉第观点。法拉第认为，在静电场中的每一段电通（量）密度管，沿其轴向要受到纵张力，而在垂直于轴向方向则要受到侧压力，如图 2.43 所示。纵张力和侧压力的量值相等，都是$\frac{1}{2}\boldsymbol{D}\cdot\boldsymbol{E}$，单位是 $\mathrm{N/m^2}$（牛/米^2）。因此，形象地说，电位移管本身好像被拉紧了的橡皮筋，沿轴向方向，它有收缩的趋势；而在垂直于轴向方向，它有扩张趋势。

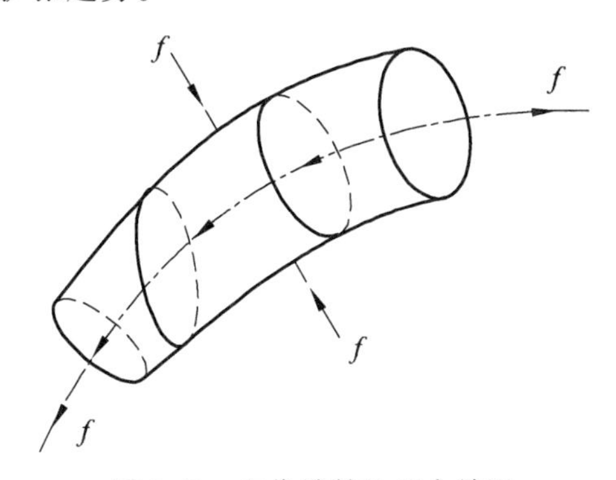

图 2.43　电位移管的受力情况

应用上述观点，可根据场图来判断带电体的受力情况，并且有助于定量计算。例如，一个孤立的带电体表面有扩张本身体积的趋势[见图 2.44（a）]；两个带等量异号电荷的导体，将互相吸引[见图 2.44（b）]；两个带等量同号电荷的导体，将互相排斥[见图 2.44（c）]；一个不带电的导体有被吸向带电体的趋势[见图 2.44（d）]。这些都不难结合场图，应用法拉第观点做出解释。

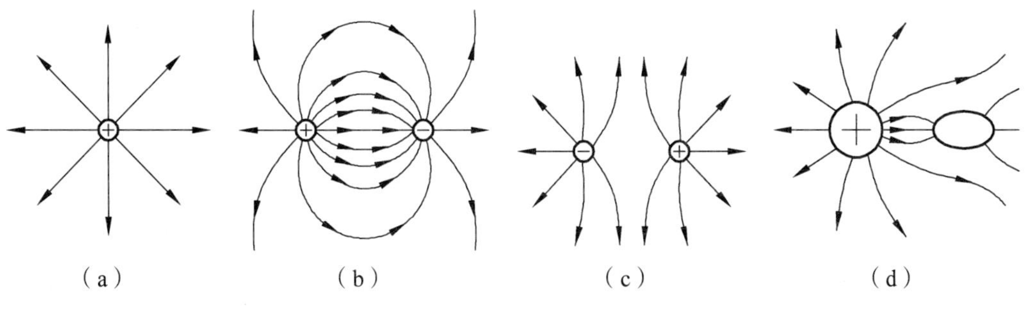

图 2.44

例 2.27　求图 2.45（a）和 2.45（b）所示平行板电容器中，两种介质分界面上每单位面积所受的力。

解：先讨论图 2.45（a），以分界面为基准，沿电场方向作一很短的电通（量）密度管，截面积为 ΔS。根据法拉第观点，分界面右边管壁上受的力 $f_1=\frac{D^2}{2\varepsilon_1}\Delta S$，分界面左边管壁上受的力 $f_2=\frac{D^2}{2\varepsilon_2}\Delta S$。如果令所取电通（量）密度管的长度趋于零，即得分界面的 ΔS 上所受的力为

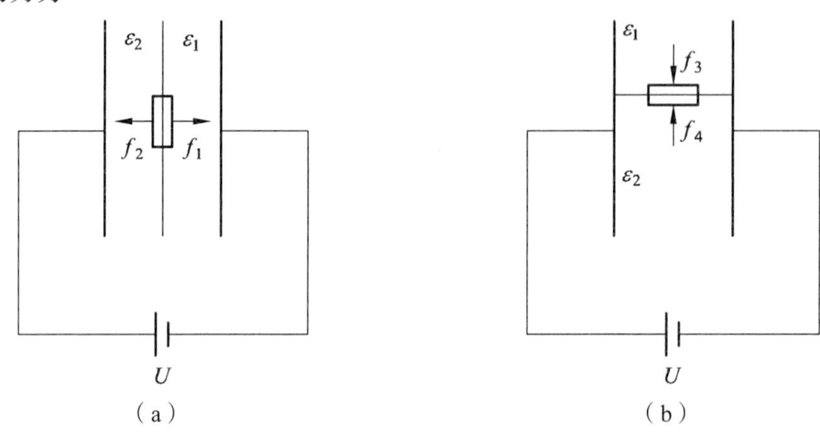

图 2.45　平板电容器

$$f_a=f_1-f_2=\frac{D^2}{2}\left(\frac{1}{\varepsilon_1}-\frac{1}{\varepsilon_2}\right)\Delta S$$

每单位面积所受的力为

$$f_a'=\frac{D^2}{2}\left(\frac{1}{\varepsilon_1}-\frac{1}{\varepsilon_2}\right)$$

这里假定 $\boldsymbol{f}_a$ 和 $\boldsymbol{f}_a'$ 的方向都与 $\boldsymbol{f}_1$ 一致。

再看图 2.45（b），仍以分界面为基准作一横截面很小的电通（量）密度管，设其侧面积为 ΔS。分界面上边的侧面所受的压力为 $f_3=\frac{1}{2}\varepsilon_1E^2\Delta S$，分界面下边的侧面积所受的压力为 $f_4=\frac{1}{2}\varepsilon_2E^2\Delta S$。如果令电通（量）密度管的厚度趋于零，即可得分界面的 $\triangle S$ 上所受之力为

$$f_b=f_4-f_3=\frac{E^2}{2}(\varepsilon_2-\varepsilon_1)\Delta S$$

单位面积上所受的力为

$$f_b'=\frac{E^2}{2}(\varepsilon_2-\varepsilon_1)$$

这里假定了 $\boldsymbol{f}_b$ 和 $\boldsymbol{f}_b'$ 的方向都与 $\boldsymbol{f}_4$ 一致。

上述结果说明，当有电场垂直或平行于两种电介质的分界面时，作用在分界面处的

力总是和分界面垂直的。并且由介电常数大的一边指向介电常数小的一边。事实上，可以证明，在两种介质分界面上，作用于单位面积上的电场力为

$$f'=\frac{\varepsilon_2-\varepsilon_1}{2\varepsilon_1\varepsilon_2}(D_{1n}^2+\varepsilon_1\varepsilon_2E_{1t}^2)$$

而且不论电场方向如何，此力总是垂直于该元面积，且总是由介电常数较大的介质一边指向介电常数较小的一边。

习题 2.9

2.9.1　两个电容器 C_1 和 C_2 各充以电荷 q_1 和 q_2。然后移去电源，再将两电容器并联，问总的能量是否减少？减少了多少？到哪里去了？

2.9.2　半径分别为 a 和 b 的两同轴圆柱，所带电荷之和为零。试求下列各种电荷分布下，沿轴向每单位长度中储存的能量。

（1）每一圆柱面上的电荷为 $\sigma_a 2\pi a(=-\sigma_b 2\pi b)$。

（2）内柱中电荷的体密度为 ρ_a，外柱有面密度为 σ_b 的面电荷，且 $\sigma_b 2\pi b=-\rho_a\pi a^2$。

（3）内柱中电荷的体密度为 ρ_a，两柱之间区域内电荷的体密度为 ρ_b，且 $\rho_a\pi a^2=-\rho_b\pi(b^2-a^2)$。

2.9.3　用 8 mm 厚、$\varepsilon_r=5$ 的电介质片隔开的两片金属盘，形成一电容为 1 pF 的平行板电容器，并接到 1 kV 电源。如果不计摩擦，要把电介质片从两金属盘间移出来，问在下列两种情况各需做多少功?

（1）移动前，电源已断开。

（2）移动中，电源一直连着。

2.9.4　一个由两只同心导电球壳构成的电容器，内球半径为 a，外球壳半径为 b，外球壳很薄，其厚度可略去不计，两球壳上所带电荷分别是 $+Q$ 和 $-Q$，均匀分布在球面上。求这个同心球形电容器的静电能量。

2.9.5　板间距为 d，电压为 U_0 的两平行板电极，浸于介电常数为 ε 的液态介质中，如图 2.46 所示。已知介质液体的质量密度是 ρ_m，请问两极板间的液体将升高多少?

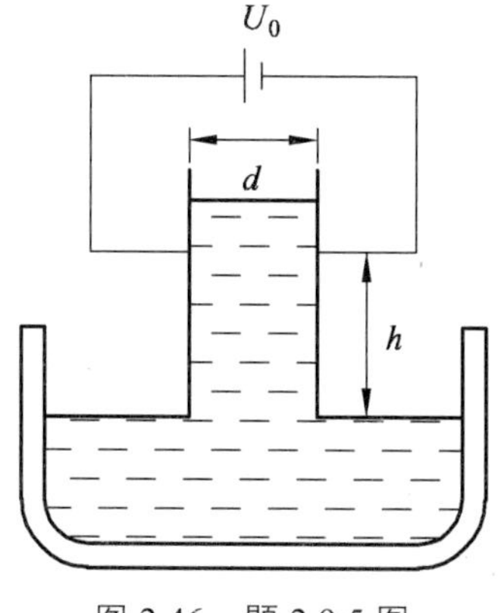

图 2.46　题 2.9.5 图

2.9.6　应用虚位移法，计算例 2.27 平行板电容器中两种介质分界面上每单位面积所受的力。

总　结

1. 静电场的基础是库仑定律。静电场的基本场量是电场强度为

$$\boldsymbol{E}=\lim_{q_0\to 0}\frac{\boldsymbol{f}}{q_0}$$

真空中位于原点的点电荷 q 在 $\boldsymbol{r}$ 处引起的电场强度为

$$\boldsymbol{E}(\boldsymbol{r})=\frac{1}{4\pi\varepsilon_0}\frac{q}{r^2}\boldsymbol{e}_r$$

连续分布的电荷引起的电场可表示为

$$\boldsymbol{E}(\boldsymbol{r})=\frac{1}{4\pi\varepsilon_0}\int\frac{\boldsymbol{r}-\boldsymbol{r}'}{|\boldsymbol{r}-\boldsymbol{r}'|^3}\mathrm{d}q$$

式中的 $\mathrm{d}q$ 可以是 $\rho(\boldsymbol{r}')\mathrm{d}V', \sigma(\boldsymbol{r}')\mathrm{d}\boldsymbol{S}', \tau(\boldsymbol{r}')\mathrm{d}l'$ 或是它们的组合。

2. 电介质对电场的影响可以归结为极化后极化电荷所产生的影响。介质极化的程度用电极化强度 P 表示，即

$$\boldsymbol{P}=\lim_{\Delta V\to 0}\frac{\sum\boldsymbol{p}}{\Delta V}$$

极化电荷的体密度 ρ_P 和面密度 σ_P 与电极化强度 $\boldsymbol{P}$ 间的关系分别为

$$\rho_P=-\nabla\cdot\boldsymbol{P} \text{ 和 } \sigma_P=\boldsymbol{P}\cdot e_n$$

3. 静电场基本方程的积分和微分形式

4. 由静电场的无旋性，引入标量电位

在各向同性的线性均匀电介质中，电位满足泊松方程或拉普拉斯方程，即

$$\nabla^2\varphi=-\rho/\varepsilon, \nabla^2\varphi=0$$

5. 静电场问题都可归结为在给定边界条件的情况下，求解泊松方程或拉普拉斯方程的边值问题。边界条件分为以下三类：

第一类边值 $\varphi|_S=f_1(s)$

第二类边值 $\left.\dfrac{\partial\varphi}{\partial n}\right|_S=f_2(s)$

第三类边值 $\left.\left(\varphi+\beta\dfrac{\partial\varphi}{\partial n}\right)\right|_S=f_3(s)$

另外，在不同媒质的分界面上，场量的衔接条件为

$$D_{2\mathrm{n}}-D_{1\mathrm{n}}=\sigma,\ E_{2\mathrm{t}}-E_{1\mathrm{t}}$$

或者

$$\varepsilon_2 \frac{\partial \varphi_2}{\partial n} - \varepsilon_1 \frac{\partial \varphi_1}{\partial n} = -\sigma, \ \varphi_1 = \varphi_2$$

只要满足给定的边界条件，泊松方程或拉普拉斯方程的解是唯一的。

6. 在静电场边值问题的分析中，常采用以下几种重要的求解方法：

（1）直接积分法：适用于一维电场问题，采用常微分方程的求解方法。

（2）分离变量法：适用于二维或三维电场问题。关键是能否选择出可分离变量的坐标系使场域的边界面和媒质分界面均与所选坐标系的坐标面相吻合。

（3）有限差分法：它首先将场域用适当的网格离散化。然后，在各网格节点上用位函数的差商来近似替代该点的偏导数，把偏微分方程转化为一组相应的差分方程，解之即得位函数在各网格节点上的数值解。

（4）镜像法：点电荷对于无限大接地导体平面的镜像特点是：等量异号、位置对称，镜像电荷位于边界外。点电荷对两种无限大电介质分界平面的镜像计算如下：

$$q' = \frac{\varepsilon_1 - \varepsilon_2}{\varepsilon_1 + \varepsilon_2} q \quad （适用区域 \varepsilon_1 ）$$

$$q = \frac{2\varepsilon_2}{\varepsilon_1 + \varepsilon_2} q \quad （适用区域 \varepsilon_2 ）$$

位置对称。

在点电荷对接地金属球问题中，如点电荷在球外，则镜像电荷 $q' = \frac{R}{d} q$ ，它与球心相距 $b = R^2 / d$ 。

（5）电轴法：只能解决带等量异号电荷的两平行圆柱导体间的静电场问题，可通过

$$h^2 - a^2 = b^2$$

确定电轴位置。

7. 在线性介质内由多个导体组成的静电独立系统中，必须应用“部分电容”来代替电容器的“电容”概念。这时，电位与电荷有关系：$[\varphi]=[\alpha][q]$；电荷与电位有关系：$[q]=[\beta][\varphi]$；电荷与电压有关系：$[q]=[C][U]$。部分电容 C 组成电容网络，它只与各导体的几何形状、大小、相互位置及介质分布有关，而与导体的电荷量无关。

8. 静电能量的计算，可应用

$$W_{\mathrm{e}} = \frac{1}{2}\int_V \rho\varphi \mathrm{d}V + \frac{1}{2}\int_S \sigma\varphi \mathrm{d}S$$

或

$$W_{\mathrm{e}} = \frac{1}{2}\int_V \boldsymbol{E} \cdot \boldsymbol{D} \mathrm{d}V$$

或

$$W_{\mathrm{e}} = \frac{1}{2}\sum \varphi_k q_k$$

静电能量的体密度为

$$W_{\mathrm{e}}' = \frac{1}{2}\boldsymbol{E} \cdot \boldsymbol{D}$$

9. 静电力的计算，可应用

$$\boldsymbol{F} = \boldsymbol{E}q$$

或应用虚位移法

$$f_g = \left.\frac{\partial W_e}{\partial g}\right|_{\varphi_k=\text{常量}} = -\left.\frac{\partial W_e}{\partial g}\right|_{q_k=\text{常量}}$$

利用法拉第对静电力的观点也可以分析带电体受力的情况。

第 3 章　恒定电场

本章主要讨论导电媒质中的恒定电场（通常又称恒定电流场）。

首先，介绍各种形式的电流密度及其相应的元电流段。随后讨论欧姆定律的微分形式、焦耳定律的微分形式及维持恒定电场所需的电源。

电场强度 $\boldsymbol{E}$ 和电流密度 $\boldsymbol{J}$ 是恒定电场的主要场量。在分别研究 $\boldsymbol{E}$ 的回路线积分和 $\boldsymbol{J}$ 的闭合面积分之后，得出导电媒质中恒定电场（电源外）的基本方程。

$$\oint_l \boldsymbol{E}\cdot \mathrm{d}\boldsymbol{l}=0 \text{ 和 } \oint_S \boldsymbol{J}\cdot \mathrm{d}\boldsymbol{S}=0$$

根据上述积分形式的基本方程，导得不同媒质分界面上的衔接条件。在微分形式基本方程（$\nabla\times\boldsymbol{E}=0$ 和 $\nabla\cdot\boldsymbol{J}=0$）的基础上，导得拉普拉斯方程。

把无电荷分布区域的静电场与电源外导电媒质中的恒定电场相对比，两者有相似的关系，从而引出静电比拟。

最后介绍电导与接地电阻、跨步电压和危险区半径的计算。

3.1　导电媒质中的电流

上一章讨论的是对于观察者没有相对运动的电荷所引起的电场。在静电场中，导体内电场强度为零，导体内部也没有电荷的运动。若在外电场的作用下，自由电荷定向运动则形成电流。在导电媒质（如导体、电解液等）中，电荷的运动形成的电流称为传导电流。在自由空间（如真空等）中，电荷的运动形成的电流称为运流电流。本节主要讨论导电媒质中的电流。

单位时间内通过某一横截面的电荷量，称为电流强度（简称电流），记作 I。

$$I=\frac{\mathrm{d}q}{\mathrm{d}t} \tag{3.1}$$

在 SI 中，I 的单位是 A（安）。它只描述了每秒通过某一面积的电荷总量。从场的观点来看电流强度是一个通量概念的量，它没有说明电荷在导体截面上每一点流动的情况。为了描述导体中每一点处电荷运动的情况，引入电流密度这个物理量。

3.1.1　电流密度和元电流

电流按分布的情况可分为体电流、面电流、线电流。电荷在空间某一体积内流动形成体电流。在某个面积上流动形成面电流。当电荷沿一根截面积等于零的几何曲线流动时，形成线电流。

当按体密度ρ分布的电荷，以速度v做匀速运动时，形成电流密度矢量$\boldsymbol{J}$，且表示为

$$\boldsymbol{J}=\rho\boldsymbol{v} \tag{3.2}$$

$\boldsymbol{J}$的单位是A/m²（安/米²），故又称为电流面密度。它描述了某点处通过垂直于电流方向的单位面积上的电流。由此可知，通过任一面积元$\mathrm{d}\boldsymbol{S}$的电流为

$$\mathrm{d}I=\boldsymbol{J}\cdot\mathrm{d}\boldsymbol{S} \tag{3.3}$$

流过任意面积S的电流为

$$I=\int_S\boldsymbol{J}\cdot\mathrm{d}\boldsymbol{S} \tag{3.4}$$

若按面密度σ和线密度τ分布的电荷，以速度v运动（设面电荷在其所分布的面上运动、线电荷沿其所分布的线上运动），就分别形成电流线密度矢量$\boldsymbol{K}(=\sigma\boldsymbol{v})$和线电流$I(=\tau v)$。其单位分别为 A/m（安/米）和 A（安）。其中，电流线密度描述在该面上某点处，通过垂直于电流方向单位宽度的电流。由此可知，通过该面上某点元线段$\mathrm{d}l$的电流为

$$\mathrm{d}I=(\boldsymbol{K}\cdot\boldsymbol{e}_{\mathrm{n}})\mathrm{d}l \tag{3.5}$$

式（3.5）中$\boldsymbol{e}_{\mathrm{n}}$为垂直于元线段$\mathrm{d}l$的方向上的单位矢量。这样，流过任意线段$l$的电流为

$$I=\int_l(\boldsymbol{K}\cdot\boldsymbol{e}_{\mathrm{n}})\mathrm{d}l \tag{3.6}$$

由此可见，电流密度的概念应用得更为广泛。一般把电流密度矢量在各处都不随时间而变化的电流称为恒定电流。

如有元电荷$\mathrm{d}q$以速度v运动，则$v\mathrm{d}q$的单位为C·m/s=A·m，称为元电流段。因此，可以得到不同分布的元电荷运动后形成的元电流段。例如，与体分布的元电荷$\rho\mathrm{d}V$相应的元电流段为$\boldsymbol{J}\mathrm{d}V(=\rho\boldsymbol{v}\mathrm{d}V)$，与面分布的元电荷$\sigma\mathrm{d}S$相应的元电流段为$\boldsymbol{K}\mathrm{d}S(=\sigma\boldsymbol{v}\mathrm{d}S)$。与作线分布的元电荷$\tau\mathrm{d}l$相应的元电流段为$I\mathrm{d}\boldsymbol{l}(=\tau\boldsymbol{v}\mathrm{d}l=\tau v\mathrm{d}\boldsymbol{l})$。综合上述，元电流段有下列不同形式：

$$\boldsymbol{v}\mathrm{d}q\,,\quad \boldsymbol{J}\mathrm{d}V\,,\quad \boldsymbol{K}\mathrm{d}S\,,\quad I\mathrm{d}\boldsymbol{l} \tag{3.7}$$

3.1.2 欧姆定律的微分形式

要在导电媒质中维持恒定电流，必须存在一个恒定电场。因此，电流密度矢量与电场强度矢量一定存在某种函数关系。

由电路理论知，导体两端的电压与流过它的电流成正比，即

$$U=IR \tag{3.8}$$

式（3.8）称为欧姆定律，其中R是导体的电阻。对于均匀截面的导体有

$$R=\frac{l}{\gamma S} \tag{3.9}$$

式中，γ 为电导率，单位是 S/m（西/米）。γ 的倒数称为电阻率，用 ρ_r 表示，单位是 $\Omega\cdot$m（欧·米）。

在场论中，对各向同性导电媒质中任意点，选一段元电流管，其长度为 dl，管的横截面积 dS 在此长度上可认为是均匀的，如图 3.1 所示。流过该管的电流为

$$\mathrm{d}I = \boldsymbol{J}\cdot\mathrm{d}\boldsymbol{S} \tag{3.10}$$

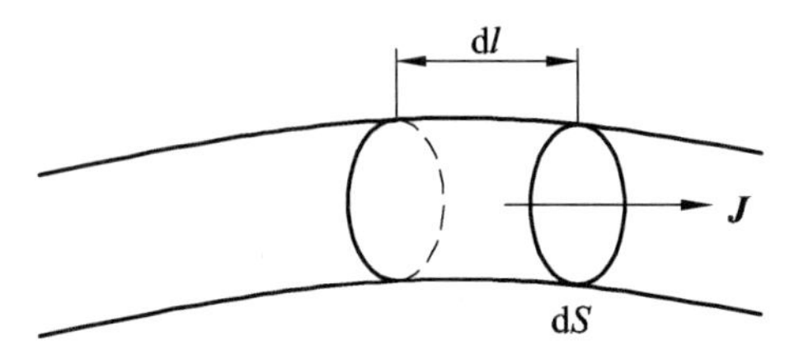

图 3.1　元电流管

dl 段两端的电压为 dU，$\mathrm{d}U = \boldsymbol{E}\cdot\mathrm{d}\boldsymbol{l}$。利用欧姆定律式（3.8）有

$$\boldsymbol{E}\cdot\mathrm{d}\boldsymbol{l} = \boldsymbol{J}\cdot\mathrm{d}\boldsymbol{S}\frac{\mathrm{d}l}{\gamma\mathrm{d}S} \tag{3.11}$$

因为 dl 的方向就是 dS 的法线方向，所以得

$$\boldsymbol{J} = \gamma\boldsymbol{E} \tag{3.12}$$

这就是欧姆定律的微分形式。它给出了导电媒质中任一点的电流密度与电场强度间的关系。此式虽是从恒定情况下导出的，但非恒定情况也适用。

3.1.3　焦耳定律的微分形式

自由电荷在导电媒质内移动时，不可避免地会与其他质点发生碰撞。如金属导体中自由电子在电场力作用下定向运动时，会不断与原子晶格发生碰撞，将动能转变为原子的热振动，造成能量损耗。因此，如果要在导体内维持恒定电流，必须持续地对电荷提供能量，这些能量最终都转换为热能。下面介绍功率密度的表达式。

设导体每单位体积内有 N 个自由电子，它们的平均速度为 v，则式（3.2）可写成

$$\boldsymbol{J} = N(-e)\boldsymbol{v} \tag{3.13}$$

如导体中存在电场强度 $\boldsymbol{E}$，则每一电子所受的电场作用力是 $\boldsymbol{f} = -e\boldsymbol{E}$。在 d$t$ 时间内，电场力对每一电子所做的功是

$$\mathrm{d}A_{\mathrm{e}} = \boldsymbol{f}\cdot\mathrm{d}\boldsymbol{l} = -e\boldsymbol{E}\cdot\boldsymbol{v}\mathrm{d}t \tag{3.14}$$

移动元体积 dV 内的所有电子，需要做功

$$\mathrm{d}A = (N\mathrm{d}V)\mathrm{d}A_{\mathrm{e}} = N(-e)\mathbf{v}\cdot E\mathrm{d}V\mathrm{d}t \tag{3.15}$$

考虑到式（3.13），上式又可写成

$$\mathrm{d}A = \boldsymbol{J}\cdot\boldsymbol{E}\mathrm{d}V\mathrm{d}t \tag{3.16}$$

式（3.16）给出了在 dt 时间内，导体每一元体积 d V 内，由于电子运动而转换成的热能，从而可得到功率密度

$$p = \frac{\mathrm{d}P}{\mathrm{d}V} = \frac{\mathrm{d}A/\mathrm{d}t}{\mathrm{d}V} = \boldsymbol{J} \cdot \boldsymbol{E} \tag{3.17}$$

式（3.17）即焦耳定律的微分形式。P 的单位是 W/m^3（瓦/米^3）。表示导体内任一点单位体积的功率损耗与该点的电流密度和电场强度间的关系。电路理论中的焦耳定律（积分形式为 $P = I^2R$）可由它积分而得。

习题 3.1

3.1.1　直径为 2 mm 的导线，如果流过它的电流是 20 A，且电流密度均匀，导线的电导率为 $\frac{1}{\pi} \times 10^8$ S/m。求导线内部的电场强度。

3.1.2　已知 $\boldsymbol{J} = (10y^2z\boldsymbol{e}_x - 2x^2y\boldsymbol{e}_y + 2x^2z\boldsymbol{e}_z)$ A/m^2。求穿过 $x = 3$ m 处，$2\ \mathrm{m} \leqslant y \leqslant 3\ \mathrm{m}$，$3.8\ \mathrm{m} \leqslant z \leqslant 5.2\ \mathrm{m}$ 面积上在 $\boldsymbol{e}_x$ 方向的总电流 I。

3.1.3　平行板电容器板间距离为 d，其中媒质的电导率为 γ，两板接有电流为 I 的电流源，测得媒质的功率损耗为 P。如将板间距离扩为 $2d$，其间仍充满电导率为 γ 的媒质，则此电容器的功率损耗是多少？

3.2　电源电动势与局外场强

焦耳定律说明恒定电流通过导电媒质，将电能转化为热能而损耗。所以，要在导电媒质中维持一恒定电场从而维持一恒定电流，必须将导电媒质与电源相接，由电源不断地提供维持电流流动所需的能量。下面介绍电源的电动势与局外场强概念。

3.2.1　电源电动势与局外场强

电源是一种能将其他形式的能量（机械能、化学能、热能等）转换成电能的装置，它能把电源内导体原子或分子中的正负电荷分开，使正负电极之间的电压维持恒定，从而使与它们相连接的（电源外）导体之间的电压也恒定，并在其周围维持一恒定电场。电源中能将正负电荷分离开来的力 f_e 称为局外力，把作用于单位正电荷上的局外力 f_e/q 设想为一等效场强，称为局外场强，并用 $\boldsymbol{E}_\mathrm{e}$ 表示。其方向由电源的负极指向正极。这样，从场的角度，可用局外场强来描述电源的特性，电源的电动势 ε 与局外场强的关系为

$$\varepsilon = \int_l \boldsymbol{E}_\mathrm{e} \cdot \mathrm{d}l \tag{3.18}$$

在电源内部。除了由两极上电荷所引起的库仑电场强度 $\boldsymbol{E}$ 以外，还有局外场强 $\boldsymbol{E}_\mathrm{e}$，因此其中的合成场强应为两者之和，即 $\boldsymbol{E}+\boldsymbol{E}_\mathrm{e}$。应该注意，$\boldsymbol{E}$ 与 $\boldsymbol{E}_\mathrm{e}$ 是反向的，前者由正极

指向负极，后者则由负极指向正极，如图 3.2 所示。因此，通过含源导电媒质的电流为

$$\boldsymbol{J} = \gamma(\boldsymbol{E} + \boldsymbol{E}_e) \tag{3.19}$$

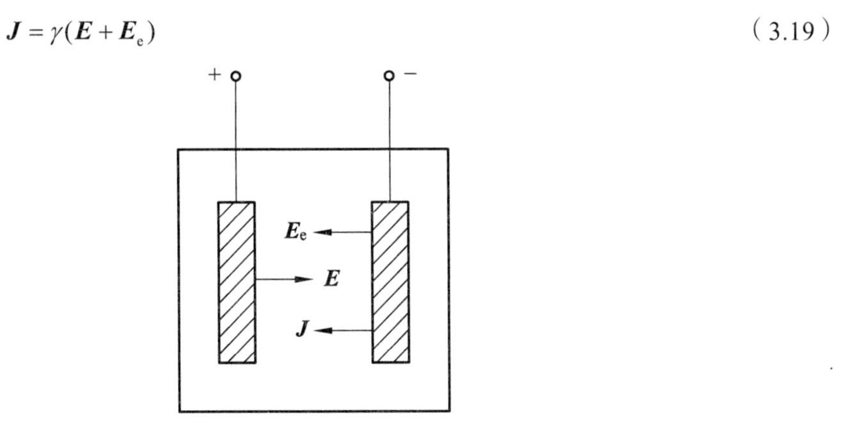

图 3.2　电源

3.2.2　恒定电场

对于恒定电场应分别考虑两种情况：一种是导电媒质中的恒定电场，这是本章要讨论的主要内容；另一种是通有恒定电流的导体周围电介质或空气中的恒定电场。因为电介质中的恒定电场是由分布不随时间变化的导体上电荷引起的，所以这类电场也是保守场，可以用电位函数表征其特性，用与解静电场问题相同的方法处理。虽然严格地说，导体中如通有电流，导体就不是等位体，它的表面也就不是等位面。可是在很多实际问题中，紧挨导体表面的电介质内电场强度 $\boldsymbol{E}$ 的切线分量，较其法线分量小得多，往往可以忽略不计。这样一来导体表面上的边界条件就可认为与静电场中的相同。因此，在研究有恒定电流通过的导体周围电介质中的恒定电场时，就可以应用相应的静电场问题的解答。所以，这里将着重讨论电源以外导电媒质内的恒定电场。

3.3　恒定电场基本方程分界面上的衔接条件

本节介绍恒定电场的基本方程，并在积分形式的基本方程基础上研究不同媒质分界面两侧场量间的关系，导出分界面上的衔接条件。

3.3.1　电流连续性方程

根据电荷守恒定律，由任一闭合面流出的传导电流，应等于该面内自由电荷的减少率。写成式子为

$$\oint_S \boldsymbol{J} \cdot \mathrm{d}\boldsymbol{S} = -\frac{\partial q}{\partial t} \tag{3.20}$$

这就是电流连续性方程（积分形式）的一般形式。

要确保导电媒质中的电场恒定，任意闭合面内不能有电荷的增减（即 $\partial q/\partial t=0$），否则就会导致电场的变化。也就是说，要在导电媒质中维持一恒定电场，由任一闭合面（净）流出的传导电流应为零。这样，式（3.20）就变成

$$\oint_S \boldsymbol{J}\cdot \mathrm{d}\boldsymbol{S}=0 \tag{3.21}$$

上式即恒定电场中的传导电流连续性方程。

3.3.2 电场强度的环路线积分

先设所取积分路线经过电源。考虑到在电源内的合成场强为 $\boldsymbol{E}+\boldsymbol{E}_{\mathrm{e}}$，因此电场强度矢量的环路线积分为

$$\oint_l (\boldsymbol{E}+\boldsymbol{E}_{\mathrm{e}})\cdot \mathrm{d}\boldsymbol{l}=\oint_l \boldsymbol{E}\cdot \mathrm{d}\boldsymbol{l}+\oint_l \boldsymbol{E}_{\mathrm{e}}\cdot \mathrm{d}\boldsymbol{l}=0+\mathcal{E} \tag{3.22}$$

可见

$$\oint_l (\boldsymbol{E}+\boldsymbol{E}_{\mathrm{e}})\cdot \mathrm{d}\boldsymbol{l}=\varepsilon \tag{3.23}$$

如果所取积分路线不经过电源，由于整个积分路线上只存在库仑场强，故有

$$\oint_l \boldsymbol{E}\cdot \mathrm{d}\boldsymbol{l}=0 \tag{3.24}$$

3.3.3 恒定电场的基本方程

导电媒质（电源外）中积分形式的恒定电场基本方程是式（3.21）和式（3.24）。它们表征导电媒质中恒定电场的基本性质。

由高斯散度定理和斯托克斯定理，以上两式可以写成

$$\nabla\cdot \boldsymbol{J}=0 \tag{3.25}$$

$$\nabla\times \boldsymbol{E}=0 \tag{3.26}$$

这是导电媒质（电源外）中微分形式的恒定电场基本方程。它说明电场强度 $\boldsymbol{E}$ 的旋度等于零，恒定电场仍为一个保守场。同时说明 $\boldsymbol{J}$ 线是无头无尾的闭合曲线，因此恒定电流只能在闭合电路中流动。电路中只要有一处断开，电流就不能存在。

电流密度 $\boldsymbol{J}$ 与电场强度 $\boldsymbol{E}$ 间的关系为

$$\boldsymbol{J}=\gamma \boldsymbol{E} \tag{3.27}$$

3.3.4 分界面上的衔接条件

在两种不同导电媒质分界面上，由于物性发生突变，场量也会随之突变，故必须补充适合于分界面上的衔接条件。由于电源以外区域的恒定电场与无体积电荷分布区域的静电场的基本方程的相似性，恒定电场分界面上的衔接条件的推导也与静电场相仿。

设在分界面上无局外场存在，则根据 $\oint_l \boldsymbol{E}\cdot \mathrm{d}\boldsymbol{l}=0$，可以得到

$$E_{1t} = E_{2t} \tag{3.28}$$

说明电场强度 E 在分界面上的切线分量是连续的。

再根据 $\oint_S \boldsymbol{J}\cdot \mathrm{d}\boldsymbol{S} = 0$ ，可以得到

$$J_{1n} = J_{2n} \tag{3.29}$$

说明电流密度 $\boldsymbol{J}$ 在分界面上的法线分量是连续的。

如果媒质是各向同性的，即 $\boldsymbol{J}$ 与 $\boldsymbol{E}$ 的方向一致，如图 3.3 所示，则式（3.28）和式（3.29）可分别写成

$$E_1 \sin\alpha_1 = E_2 \sin\alpha_2 \tag{3.30}$$

$$\gamma_1 E_1 \cos\alpha_1 = \gamma_2 E_2 \cos\alpha_2 \tag{3.31}$$

两式相除即得

$$\frac{\tan\alpha_1}{\tan\alpha_2} = \frac{\gamma_1}{\gamma_2} \tag{3.32}$$

这就是恒定电场中电场强度矢量线和电流密度矢量线的折射定律。折射情况如图 3.3 所示。

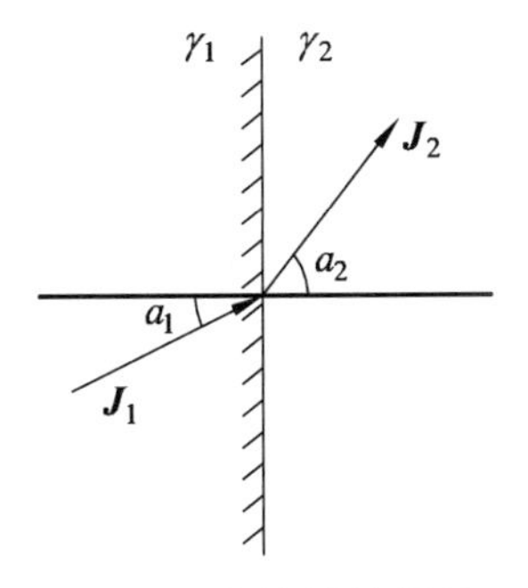

图 3.3　电流线的折射

若第一种媒质是良导体，第二种媒质是不良导体，即 $\gamma_1 \gg \gamma_2$。除 $\alpha_1 = 90°$ 外，在其他情况下，不论 α_1 大小如何，即不论良导体中电流密度线与导体表面成什么角度，α_2 一定很小。也就是说，在靠近分界面处，不良导体内的电流密度线可近似看成与分界面的法线平行。例如，钢（ $\gamma_1 = 5\times 10^6$ S/m ）与土壤（ $\gamma_2 = 10^{-2}$ S/m ）的分界面上，当 $\alpha_1 = 89°59'50''$ 时 $\alpha_2 = 8''$ 。这说明电流由良导体进入不良导体内。电流密度线是与良导体表面相垂直的。如图 3.4 所示，可近似地将分界面视为等位面。

在被理想介质包围的载流导体表面上，由于理想介质的电导率为零（ $\gamma_2 = 0$ ），理想介质中不存在恒定电流，即 $\boldsymbol{J}_2 = 0$ ，由式（3.29）可知 $\boldsymbol{J}_{1n} = \boldsymbol{J}_{2n} = 0$ 。又因为 $J_{1n} = \gamma_1 E_{1n}$ ，则 $E_{1n} = 0$ 。说明导体一侧只能存在切线分量的电流和切线分量的电场强度，即 $E_1 = E_{1t} = \dfrac{J_{1t}}{\gamma_1} = \dfrac{J_1}{\gamma_1}$ 。因此一根细导线上通有恒定电流时，不论导线如何弯曲，导线内的电流线也将是同样的弯曲。

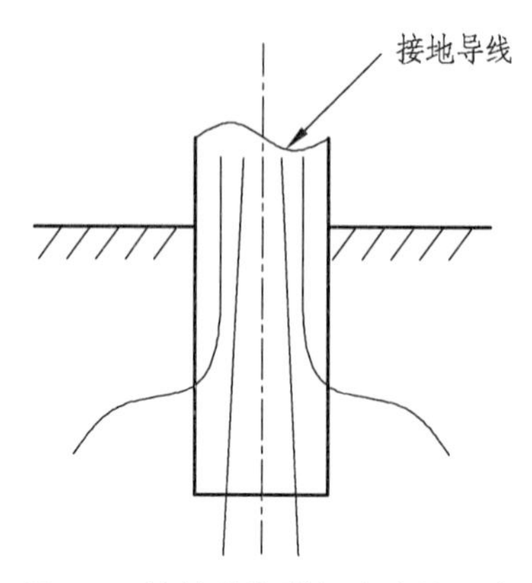

图 3.4　接地导体附近电流线分布

进一步分析可知，理想介质中 $\boldsymbol{J}_2=0$，但在理想介质中电场强度 $\boldsymbol{E}_2$ 并不为零。因为 $\boldsymbol{J}_2=\gamma_2\boldsymbol{E}_2, \gamma_2=0, \boldsymbol{J}_2=0$，所以 $\boldsymbol{E}_2$ 不一定等于零。如前所述，导体周围电介质中的恒定电场可以应用相应的静电场问题的推导结果，分界面上应满足 $D_{2n}-D_{1n}=\sigma$，$D_{1n}=\varepsilon_1 E_{1n}=0$，所以 $\sigma=D_{2n}=\varepsilon_2 E_{2n}$。这说明在导体与理想介质分界面上有面积电荷分布。现在通过一个简单的例子，利用场图给出定性分析。设有一段长直圆柱导线，两端与电源相连接。在圆柱导线内，电流应该均匀分布即电流密度 $\boldsymbol{J}$ 应该与坐标无关。在电源的作用下，两端面上有正负面积电荷产生。由它们单独在导体内所引起的电场不可能是均匀的，如图 3.5（a）所示。要在导体内得到均匀电场，必须抵消导体截面内电场的径向分量，即在导体的侧面应另有电荷分布。这部分电荷单独产生的电场如图 3.5（b）所示。上述两部分电荷在导线内部所引起的电场的轴线方向分量互相增强，而其径向分量互相抵消。两者叠加使导线内得到一个均匀的合成电场，如图 3.5（c）所示。

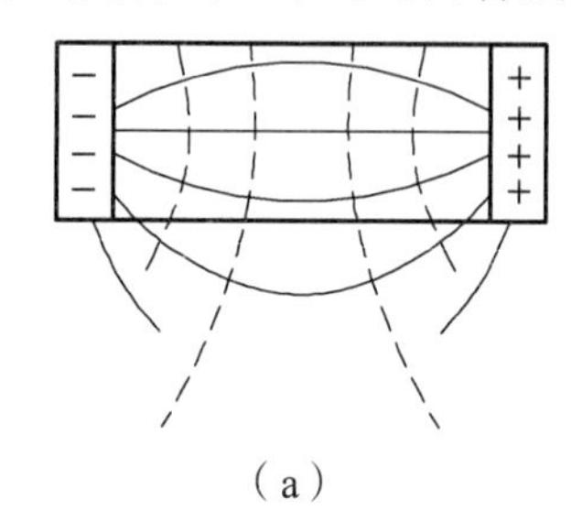

（a）

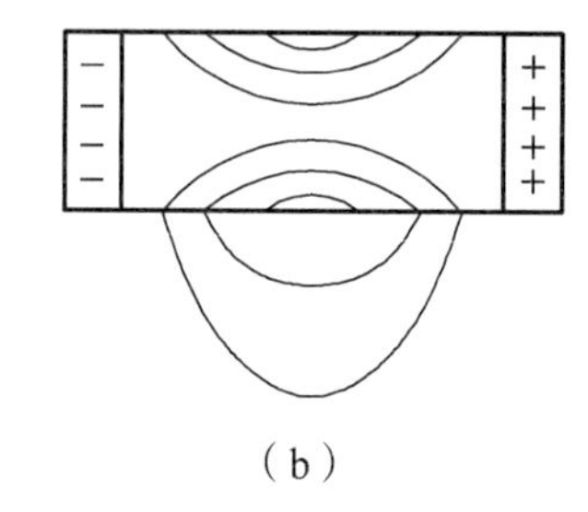

（b）

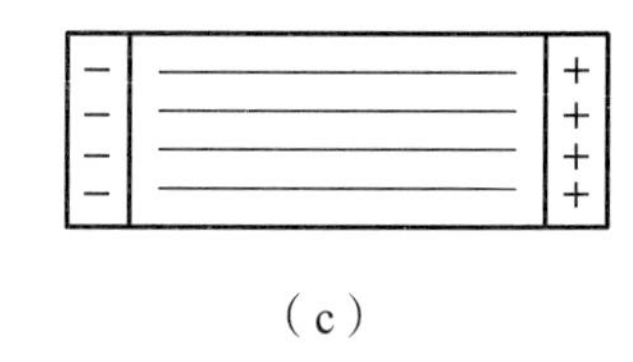

（c）

图 3.5　载流导体表面的电荷分布

在导线外理想介质中不仅电场强度的法线分量存在，而且由式（3.28）$E_{2t}=E_{1t}\neq 0$，即电场强度的切线分量也存在。因此在电介质中紧挨导体表面处的电场强度 $\boldsymbol{E}_2$ 与导体表面不垂直，如图 3.6 所示。

在两种不同导电媒质的分界面处，设区域 1 的电导率为 γ_1，介电常数为 ε_1，区域 2 的电导率为 γ_2，介电常数为 ε_2，则电位移和电流密度的法线分量的衔接条件分别为

$$D_{2n}-D_{1n}=\sigma \quad \text{或} \quad \varepsilon_2 E_{2n}-\varepsilon_1 E_{1n}=\delta \tag{3.33}$$

$$J_{2n}-J_{1n}=0 \quad \text{或} \quad \gamma_2 E_{2n}-\gamma_1 E_{1n}=0 \tag{3.34}$$

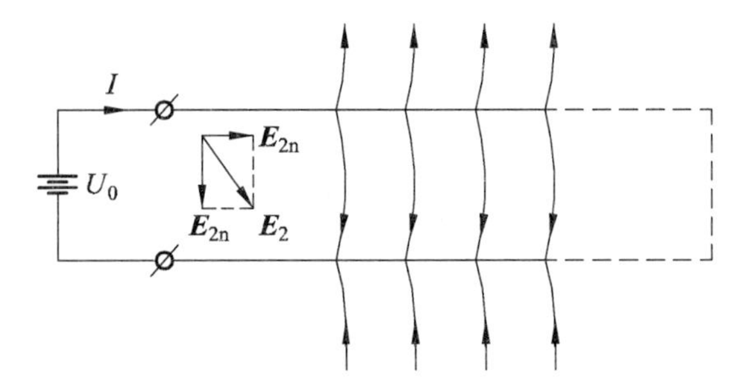

图 3.6　载流导体表面的电场

由此得出，分界面上的电荷面密度为

$$\sigma=\left(\varepsilon_2-\varepsilon_1\frac{\gamma_2}{\gamma_1}\right)E_{2n}=\left(\varepsilon_2\frac{\gamma_1}{\gamma_2}-\varepsilon_1\right)E_{1n} \tag{3.35}$$

若$\frac{\gamma_2}{\gamma_1}=\frac{\varepsilon_2}{\varepsilon_1}$，则$\sigma=0$。

根据经典电子理论，在恒定场情况下，可以近似地认为金属导体的介电常数$\varepsilon\approx\varepsilon_0$。因此，两种不同金属导体分界面上的电荷面密度为

$$\sigma=\left(1-\frac{\gamma_2}{\gamma_1}\right)\varepsilon_0 E_{2n}=\left(\frac{\gamma_1}{\gamma_2}-1\right)\varepsilon_0 E_{1n} \tag{3.36}$$

3.3.5　恒定电场的边值问题

在恒定电场中，由于$\nabla\times\boldsymbol{E}=0$，因此电场强度$\boldsymbol{E}$与标量电位函数$\varphi$的关系仍然是

$$E=-\nabla\varphi \tag{3.37}$$

由式（3.25）和式（3.27），可得到

$$\nabla\cdot\boldsymbol{J}=\nabla\cdot(\gamma\boldsymbol{E})=\gamma\nabla\cdot\boldsymbol{E}+\boldsymbol{E}\cdot\nabla\gamma=0 \tag{3.38}$$

对于均匀媒质，应有$\nabla\gamma$，再将式（3.37）代入，从而得

$$\nabla^2\varphi=0 \tag{3.39}$$

和

$$\gamma_1\frac{\partial\varphi_1}{\partial n}=\gamma_2\frac{\partial\varphi_2}{\partial n} \tag{3.40}$$

上述衔接条件与场域边界上所给定的边界条件一起构成了恒定电场的边值条件。很多恒定电场问题的解决，都可归结为在一定条件下求拉普拉斯方程的解答，称之为恒定电场的边值问题。

例 3.1　长直接地金属槽，底面、侧面电位均为零，顶盖电位为$U_0\sin\frac{\pi x}{a}$。求槽内导电媒质中的电位分布。

解：如图 3.7 建立坐标系，则槽内待求恒定电场的边值问题为

$$
\begin{cases}
\dfrac{\partial^2\varphi}{\partial x^2}+\dfrac{\partial^2\varphi}{\partial y^2}=0 & (0\leqslant x\leqslant a,\ 0\leqslant y\leqslant b) \\
\varphi\Big|_{\substack{x=0\\0\leqslant y\leqslant b}}=0,\varphi\Big|_{\substack{y=0\\0\leqslant x\leqslant a}}=0,\varphi\Big|_{\substack{y=b\\0\leqslant x\leqslant a}}=U_0\sin\dfrac{\pi x}{a},\varphi\Big|_{\substack{x=a\\0\leqslant y\leqslant b}}=0
\end{cases}
$$

根据分离变量法，容易得到该问题的解为

$$
\varphi(x,y)=\frac{U_0}{\operatorname{sh}\dfrac{\pi b}{a}}\sin\frac{\pi x}{a}\operatorname{sh}\frac{\pi y}{b}
$$

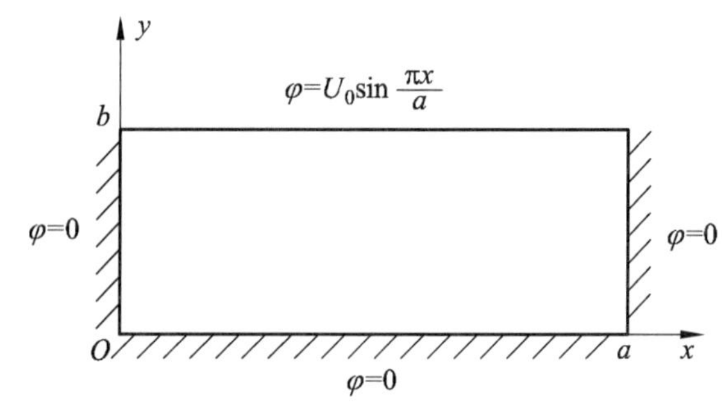

图 3.7　接地金属槽

习题 3.3

3.3.1　有恒定电流流过两种不同导电媒质（介电常数和电导率分别为 ε_1 、γ_1 和 ε_2 、γ_2 ）的分界面。问若要使两种导电媒质分界面处的电荷面密度 $\sigma=0$ ，则 ε_1 、γ_1 和 ε_2 、γ_2 应满足什么条件？

3.3.2　若恒定电场中有非均匀的导电媒质[其电导率 $\gamma=\gamma(x,y,z)$ ，介电常数 $\varepsilon=\varepsilon(x,y,z)$]，求媒质中自由电荷的体密度。

3.3.3　求图 3.8 所示边值条件的矩形导电片中的电位分布（导电片沿 z 方向的厚度很小）。

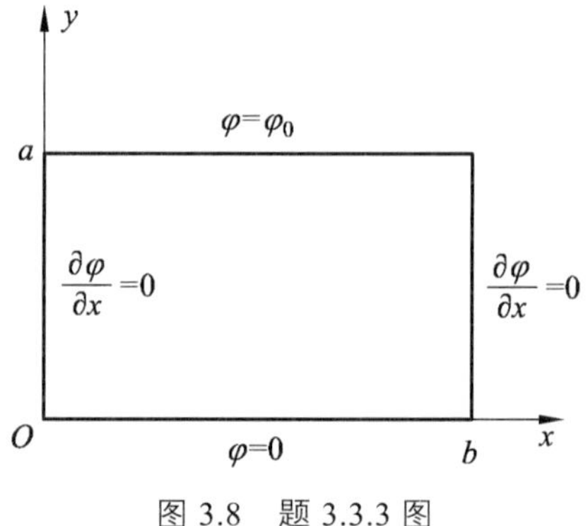

图 3.8　题 3.3.3 图

3.4 导电媒质中的恒定电场与静电场的比拟

比较电源外导电媒质中的恒定电场与无电荷分布区域中的静电场，可以看出表征两类场性质的基本方程有相似的形式，由此可以引出一种方法，它在一定条件下，可以把一种场的计算或实验所得的结果，推广应用于另一种场，这种方法称为静电比拟。

为了便于看出两种场的共同点，将两种场对应的物理量列出见表 3.1。

表 3.1

静电场（ρ=0 处）	$\boldsymbol{E}$	φ	$\boldsymbol{D}$	q（或 ψ_D）	ε
导电媒质中恒定电场（电源外）	$\boldsymbol{E}$	φ	$\boldsymbol{J}$	I	γ

两种场所满足的基本方程和重要关系式见表 3.2。

表 3.2

静电场（ρ=0 处）	导电媒质中恒定电场（电源外）
$\nabla\times\boldsymbol{E}=0$（或 $\boldsymbol{E}=-\nabla\varphi$） $\nabla\cdot\boldsymbol{D}=0$ $\boldsymbol{D}=\varepsilon\boldsymbol{E}$ $\nabla^2\varphi=0$ $q=\psi_D=\oint_S\boldsymbol{D}\cdot\mathrm{d}\boldsymbol{S}$	$\nabla\times\boldsymbol{E}=0$（或 $\boldsymbol{E}=-\nabla\varphi$） $\nabla\cdot\boldsymbol{J}=0$ $\boldsymbol{J}=\gamma\boldsymbol{E}$ $\nabla^2\varphi=0$ $I=\int_S\boldsymbol{J}\cdot\mathrm{d}\boldsymbol{S}$

可以看出对应的物理量所满足的方程形式上是一样的，若两个场的边界条件也一样的话，那么只要通过对一个场的求解，再利用对应量的关系进行置换，便可立即得到另一个场的解。

例如，两个相同的导体系。它们分别置于介电常数为 ε 和电导率 γ 为的媒质中，并在导体（电极）间外加电压 U，如图 3.9 所示。两者边界条件相同，形状一样，均匀导电媒质内的恒定电场与均匀介质内的静电场应有相同的场图，即两者等位面的分布一致，且前者的 $\boldsymbol{J}$ 线与后者的 $\boldsymbol{D}$ 线分布一致。若两种场中媒质分片均匀，只要分界面具有相同的几何形状，且满足条件

$$\frac{\gamma_1}{\gamma_2}=\frac{\varepsilon_1}{\varepsilon_2} \tag{3.41}$$

则这两种场在分界面处的折射情况仍然一致，相似关系仍成立。

再例如，对于图 3.10（a）所示两种不同导电媒质中置有电极的问题，也可用镜像法来计算。对于第一种媒质（γ_1）中的电场，可按图 3.10（b）计算；对于第二种媒质（γ_2）中的电场，可按图 3.10（c）计算。其中，镜像电流 I' 与 I'' 由静电比拟关系，可知为

$$I'=\frac{\gamma_1-\gamma_2}{\gamma_1+\gamma_2}I \text{ 和 } I''=\frac{2\gamma_2}{\gamma_1+\gamma_2}I \tag{3.42}$$

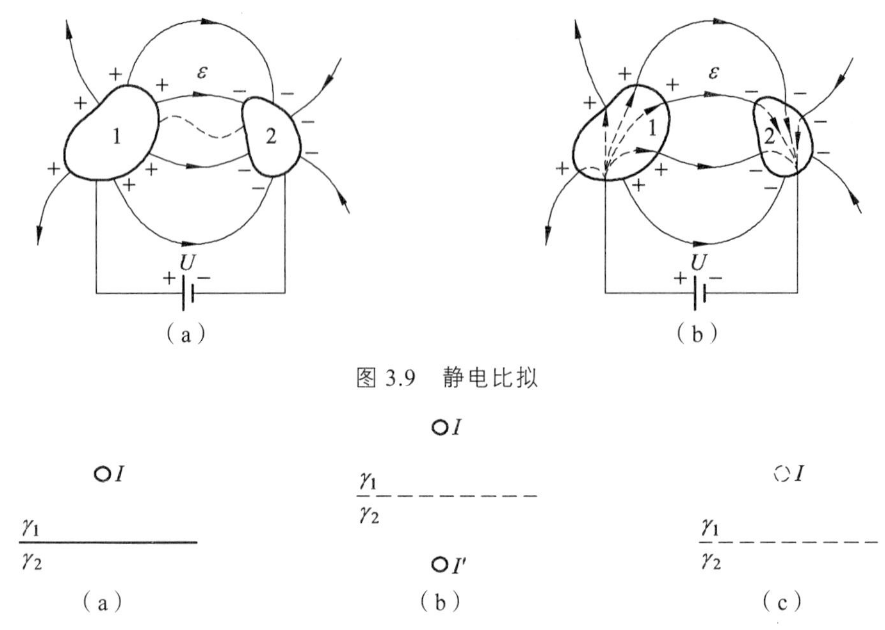

图 3.9　静电比拟

I

γ_1

γ_2

（a）

I

γ_1

γ_2

I'

（b）

I

γ_1

γ_2

（c）

图 3.10　线电流对无限大导电媒质分界平面的镜像

如第一种媒质是土壤，第二种媒质是空气，即 $\gamma_2=0$，则由式（3.42）可得

$$I'=I \text{ 和 } I''=0 \tag{3.43}$$

在工程实际中，为了避免发生击穿事故，往往需要了解绝缘介质中的电场分布。有些情况下，还必须了解高压电气设备附近的电场强度分布，以确保运行人员的人身安全，这时往往借助于场的模拟实验来解决这些问题。将模型置于注有高电阻率导电溶液的槽中，对其中的恒定电流场进行电位或电场强度的测定，称之为电解槽模拟。它多用于轴对称场的模拟，如高压套管电场，电缆头电场，棒式绝缘子电场等。

习题 3.4

3.4.1　金属球形电极 A 和平板电极 B 的周围为空气时，已知其电容为 C_0 当将该系统周围的空气全部换为电导率为 γ 的均匀导电媒质，且在两极间加直流电压 U_0 时，求电极间导电媒质损耗的功率是多少？

3.4.2　半径为 α 的长直圆柱导体放在无限大导体平板上方，圆柱轴线距平板的距离为 h，空间充满电导率为 γ 的不良导电媒质。若导体的电导率远远大于 γ，求圆柱和平板间单位长度的电阻（请用静电比拟法，先求该系统的电容）。

3.5　电导和部分电导

工程上常常需要计算两电极之间充填的导电媒质（或有损耗绝缘材料）的电导（或漏电导，其倒数又称绝缘电阻），这也是恒定电场中的一个重要问题。

3.5.1 电　导

电导的定义是流经导电媒质的电流与导电媒质两端电压之比，即

$$G = \frac{I}{U} \tag{3.44}$$

当导体形状较规则或有某种对称关系时，可先假设一电流，然后按 $I \to \boldsymbol{J} \to \boldsymbol{E} \to U \to G$ 的步骤求得电导。当然也可以先假设一电压，然后按 $U \to \boldsymbol{E} \to \boldsymbol{J} \to I \to G$ 的步骤求电导。一般情况下，则从解拉普拉斯方程入手来计算电导。当恒定电场与静电场两者边界条件相同时，利用电导计算公式与电容计算公式的相似性，可用静电比拟法，将静电场中各量分别用恒定电场的对应量代换，如

$$C = \frac{Q}{U} = \frac{\int_S \boldsymbol{D} \cdot \mathrm{d}\boldsymbol{S}}{\int_l \boldsymbol{E} \cdot \mathrm{d}\boldsymbol{l}} = \frac{\varepsilon \int_S \boldsymbol{E} \cdot \mathrm{d}\boldsymbol{S}}{\int_l \boldsymbol{E} \cdot \mathrm{d}\boldsymbol{l}} \tag{3.45}$$

$$G = \frac{I}{U} = \frac{\int_S \boldsymbol{J} \cdot \mathrm{d}\boldsymbol{S}}{\int_l \boldsymbol{E} \cdot \mathrm{d}\boldsymbol{l}} = \frac{\gamma \int_S \boldsymbol{E} \cdot \mathrm{d}\boldsymbol{S}}{\int_l \boldsymbol{E} \cdot \mathrm{d}\boldsymbol{l}} \tag{3.46}$$

两式相比得

$$\frac{C}{G} = \frac{\varepsilon}{\gamma} \tag{3.47}$$

故在求电容公式中将 ε 代换为 γ，即得求相应电导的公式，反之亦然。

例 3.2　求同轴电缆的绝缘电阻。设内外导体的半径分别为 R_1、R_2，长度为 1，中间介质的电导率为 γ，介电常数为 ε（见图 3.11）。

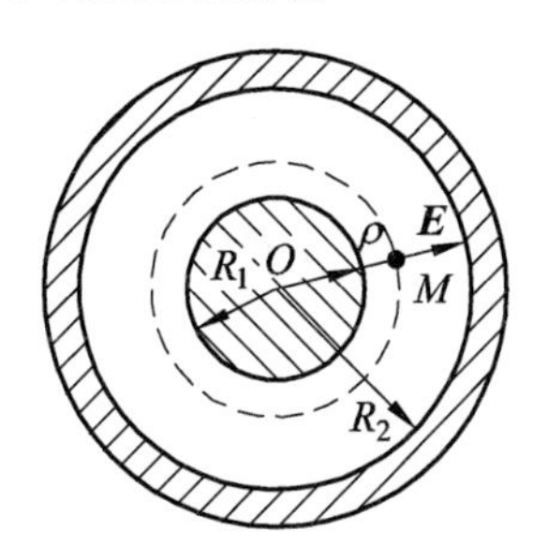

图 3.11　同轴电缆的绝缘电阻

解：设电缆的长度 l 远大于截面半径，忽略其端部边缘效应，并设漏电流为 I，则两电极（即内外导体）间任意点 M 的漏电流密度为

$$J = \frac{I}{2\pi\rho l}$$

故电场强度为

$$E = \frac{J}{\gamma} = \frac{I}{2\pi\rho l\gamma}$$

内外两导体间的电压为

$$U = \int_{R_1}^{R_2} \frac{I}{2\pi\rho l\gamma} \mathrm{d}\rho = \frac{I}{2\pi l\gamma} \ln\frac{R_2}{R_1}$$

从而得漏电导

$$G = \frac{I}{U} = \frac{2\pi\gamma l}{\ln\frac{R_2}{R_1}}$$

相应的绝缘电阻为

$$R = \frac{1}{G} = \frac{1}{2\pi\gamma l} \ln\frac{R_2}{R_1}$$

也可以应用静电比拟法。在第二章中已求得同轴电缆内外导体间的电容为

$$C = \frac{2\pi\varepsilon l}{\ln\frac{R_2}{R_1}}$$

故由关系 $\frac{C}{G} = \frac{\varepsilon}{\gamma}$，得内、外导体间的漏电导为

$$G = \frac{2\pi\gamma l}{\ln\frac{R_2}{R_1}}$$

相应的绝缘电阻为

$$R = \frac{1}{2\pi\gamma l} \ln\frac{R_2}{R_1}$$

例 3.3 求图 3.12 所示导电片的电导，已给定 $\phi = 0$，$\varphi = 0$；$\phi = \theta$，$\varphi = U_0$。

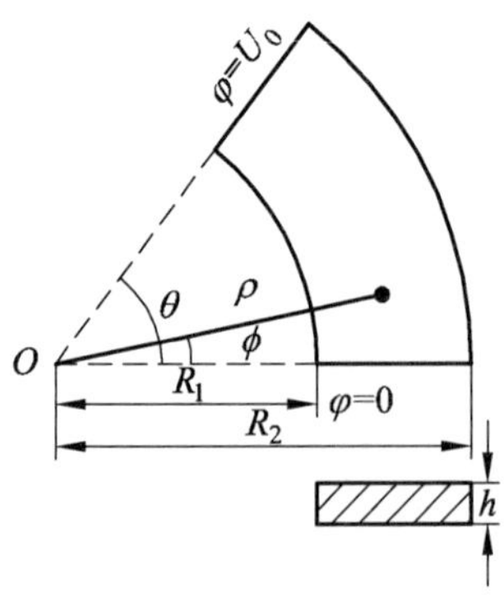

图 3.12 弧形导电片

解： 除用上面的解法外，还可从解拉普拉斯方程入手。如图 3.12 所示，取圆柱坐标系，可以判定电位函数 φ 与 ρ 及 z 无关，这样该导电片内恒定电场的边值问题可写为

$$\frac{1}{\rho^2}\frac{\partial^2\varphi}{\partial\phi^2} = 0,\ \ \varphi\big|_{\phi=0} = 0,\ \ \varphi\big|_{\phi=\theta} = U_0$$

方程的通解为

$$\varphi = C_1\phi + C_2$$

将给定的边界条件代入，可以得到

$$\varphi = \left(\frac{U_0}{\theta}\right)\phi$$

电场强度

$$\boldsymbol{E} = -\nabla\varphi = -\frac{1}{\rho}\frac{\partial\varphi}{\partial\phi}\boldsymbol{e}_\phi = -\frac{U_0}{\rho\theta}\boldsymbol{e}_\phi$$

电流密度

$$\boldsymbol{J} = \gamma\boldsymbol{E} = -\frac{\gamma U_0}{\rho\theta}\boldsymbol{e}_\phi$$

电流

$$I = \int_S J \cdot \mathrm{d}\boldsymbol{S} = \int_{R_1}^{R_2}\frac{\gamma U_0}{\rho\theta}\boldsymbol{e}_\phi \cdot h\,\mathrm{d}\rho(-\boldsymbol{e}_\phi) = \frac{\gamma h U_0}{\theta}\ln\frac{R_2}{R_1}$$

最后得导电片的电导

$$G = \frac{I}{U_0} = \frac{\gamma h}{\theta}\ln\frac{R_2}{R_1}$$

3.5.2 部分电导

在导电媒质中，对于由三个及三个以上的良导体电极（可看成等位体）组成的多电极系统，任意两个电极之间的电流不仅要受到它们自身间电压的影响，还要受其他电极间电压的影响。这时，系统中电极间的电压与电流关系不能再仅用一个电导来表示，需将电导的概念加以扩充，引入部分电导概念。

设在线性各向同性导电媒质中有（n+1）个排列一定的电极，它们的电流分别为I_0、I_1、…、I_k、…、I_n，且有

$$I_0 + I_1 + \cdots + I_k + \cdots + I_n = 0 \tag{3.48}$$

则根据叠加原理得各电极与0号电极间的电压和各电极的电流之间有下列关系

$$\begin{cases} U_{10} = R_{11}I_1 + R_{12}I_2 + \cdots + R_{1k}I_k + \cdots + R_{1n}I_n \\ \qquad\vdots \\ U_{k0} = R_{k1}I_1 + R_{k2}I_2 + \cdots + R_{kk}I_k + \cdots + R_{kn}I_n \\ \qquad\vdots \\ U_{n0} = R_{n1}I_1 + R_{n2}I_2 + \cdots + R_{nk}I_k + \cdots + R_{nn}I_n \end{cases} \tag{3.49}$$

由于受式（3.48）的约束，式（3.49）中没有出现I_0。式（3.49）等号右边各项中电流的系数可分为两类：下标相同的如$R_{11},\cdots,R_{kk},\cdots,R_{nn}$，称为自有电阻系数；下标不同的

如 R_{12}、R_{23}、…、R_{kn}、…等，称为互有电阻系数。

电阻系数只和电极的几何形状、尺寸、相互位置及导电媒质的电阻率有关。且 $R_{jk}=R_{kj}$。

由式（3.49）求解各电流，可得

$$\begin{cases} I_1 = P_{11}U_{10} + P_{12}U_{20} + \cdots + P_{1k}U_{k0} + \cdots + P_{1n}U_{n0} \\ \vdots \\ I_k = P_{k1}U_{10} + P_{k2}U_{20} + \cdots + P_{kk}U_{k0} + \cdots + P_{kn}U_{n0} \\ \vdots \\ I_n = P_{n1}U_{10} + P_{n2}U_{20} + \cdots + P_{nk}U_{k0} + \cdots + P_{nn}U_{n0} \end{cases} \tag{3.50}$$

其中

$$P_{kk} = \frac{A_{kk}}{\Delta}, P_{kn} = \frac{A_{kn}}{\Delta} \tag{3.51}$$

这里的 Δ 是式（3.49）方程组中各电阻系数组成的行列式，A_{kk} 是 R_{kk} 的余因式，A_{kn} 是 R_{kn} 的余因式。P_{kj} 称为电导系数。和 R_{kj} 一样 P_{kj} 也只和所有电极的几何形状、尺寸，相互位置及导电媒质的电导率有关。由于 $R_{kj}=R_{jk}$，可知 $P_{kj}=P_{jk}$。另外，下标相同的 P_{kk} 都是正值，下标不同的 P_{kj} 都是负值，且 P_{kk} 大于与它有关的 P_{jk} 的绝对值。

还可以将方程组式（3.50）改写为另一种形式，以其中第 k 式为例，对式中每一项加减同一量，即有

$$\begin{aligned} I_k &= P_{k1}U_{10} + P_{k2}U_{20} + \cdots + P_{kk}U_{k0} + \cdots + P_{kn}U_{n0} \\ &= -P_{k1}(U_{k0}-U_{10}) - P_{k2}(U_{k0}-U_{20}) - \cdots - P_{kk}(U_{k0}-U_{k0}) - \cdots - \\ &\quad P_{kn}(U_{k0}-U_{n0}) + (P_{k1}+P_{k2}+\cdots+P_{kk}+\cdots+P_{kn})U_{k0} \\ &= -P_{k1}U_{k1} - P_{k2}U_{k2} - \cdots + (P_{k1}+P_{k2}+\cdots+P_{kk}+\cdots+P_{kn})U_{k0} - \cdots - P_{kn}U_{kn} \\ &= G_{k1}U_{k1} + G_{k2}U_{k2} + \cdots + G_{k0}U_{k0} + \cdots + G_{kn}U_{kn} \end{aligned} \tag{3.52}$$

式中

$$G_{k1} = -P_{k1}, G_{k2} = -P_{k2}, \cdots, G_{kn} = -P_{kn} \tag{3.53}$$

$$G_{k0} = P_{k1} + P_{k2} + \cdots + P_{kk} + \cdots + P_{kn} \tag{3.54}$$

同理，整个方程组可以写为

$$\begin{cases} I_1 = G_{10}U_{10} + G_{12}U_{12} + \cdots + G_{1k}U_{1k} + \cdots + G_{1n}U_{1n} \\ \vdots \\ I_k = G_{k1}U_{k1} + G_{k2}U_{k2} + \cdots + G_{k0}U_{k0} + \cdots + G_{kn}U_{kn} \\ \vdots \\ I_n = G_{n1}U_{n1} + G_{n2}U_{n2} + \cdots + G_{nk}U_{nk} + \cdots + G_{nn}U_{n0} \end{cases} \tag{3.55}$$

式中，G_{kj} 称为多电极系统中电极间的部分电导。其中 G_{10}、G_{20}、…、G_{k0}、…、G_{n0} 称为自有部分电导，即各电极与 0 号电极间的部分电导；而 G_{12}、…、G_{23}、…、G_{kn}、…等称为互有部分

电导，即相应两个电极间的部分电导。所有的部分电导都为正值，且 $G_{kj}=G_{jk}$。在 $(n+1)$ 个电极组成的多电极系统中，共应有 $\frac{n(n+1)}{2}$ 个部分电导。图 3.13 所示为处在导电媒质中的三个电极与地间的部分电导的示意图。

可以看到，静电系统的部分电容与多电极系统的部分电导两者间可以相互比拟。

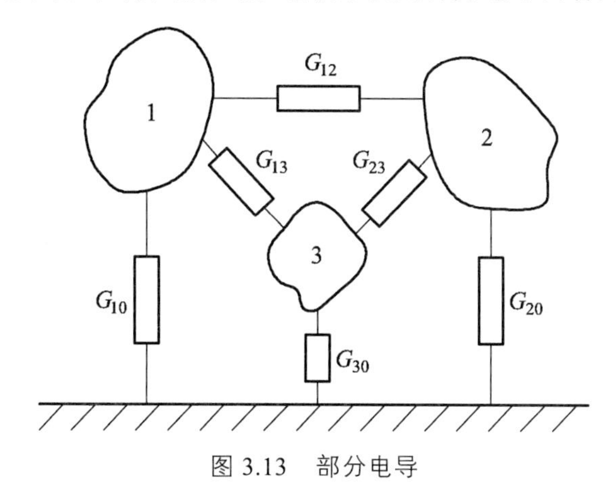

图 3.13　部分电导

3.5.3　接地电阻

工程上常将电气设备的一部分和大地连接，这就叫接地。如果是为了保护工作人员及电气设备的安全而接地，称为保护接地。如果是以大地为导线或为消除电气设备的导电部分对地电压的升高而接地，称为工作接地。为了接地将金属导体埋入地内，而将设备中需要接地的部分与该导体连接，这种埋在地内的导体或导体系统称为接地体。连接电力设备与接地体的导线称为接地线。接地体与接地线总称接地装置。

接地电阻就是电流由接地装置流入大地再经大地流向另一接地体或向远处扩散所遇到的电阻，它包括接地线和接地体本身的电阻、接地体与大地之间的接触电阻以及两接地体之间大地的电阻或接地体到无限远处的大地电阻。其中，前三部分电阻值比最后部分要小得多，因此接地电阻主要是指后者，即大地的电阻。

计算接地电阻，必须研究地中电流的分布。在分析时，可把接地体看作电极，并以离它足够远处作为零电位点。地中电流的电流线不是散发到无限远，而是汇集在另一电极上或绝缘遭到破坏之处。但是这一情况，对于电极附近的电流分布影响不大，因此对于相应的接地电阻影响很小。这是因为电流流散时，在电极附近电流密度最大，所遇到的电阻也就主要集中在电极附近。

深埋地中半径为 a 的接地导体球，此时可以不考虑地面的影响，其 $\boldsymbol{J}$ 线的分布如图 3.14 所示。设电流 I 进入土壤达到某点，则该 $J=\frac{I}{4\pi r^2}$，$E=\frac{J}{\gamma}=\frac{I}{4\pi\gamma r^2}$，$U_{球\infty}=\int_a^\infty\frac{I}{4\pi\gamma r^2}\mathrm{d}r=\frac{I}{4\pi\gamma a}$。接地电阻 $R=\frac{U_{球\infty}}{I}=\frac{1}{4\pi\gamma a}$。

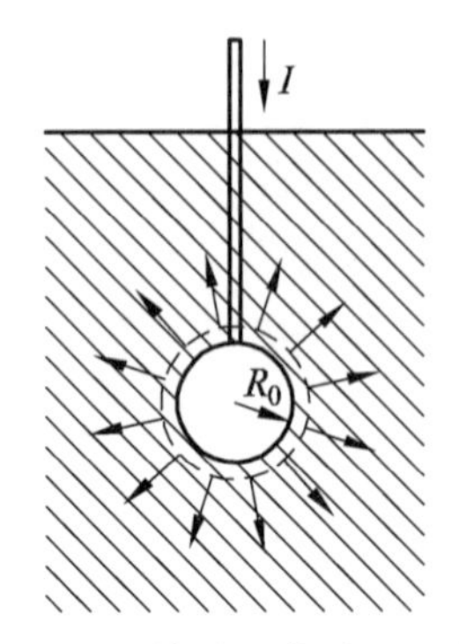

图 3.14　深埋接地导体球的 ***J*** 线分布

如果接地球不是深埋地中，这时必须考虑地面的影响，***J*** 线分布将如图 3.15（a）所示。靠近地面处 ***J*** 线将与地面相切。对于这类问题，一般可应用镜像法求解，即可用图 3.15（b）进行计算。显然，实际电极与其镜像所构成系统中流出的电流为实际电极流出电流的两倍，所以实际接地电阻应等于实际电极与其镜像所构成系统接地电阻的两倍。

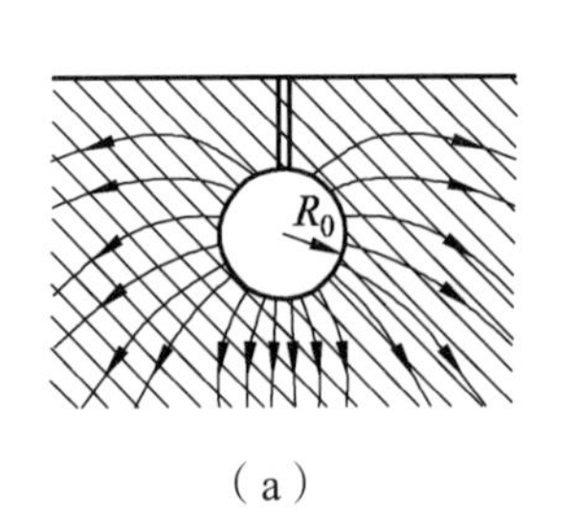

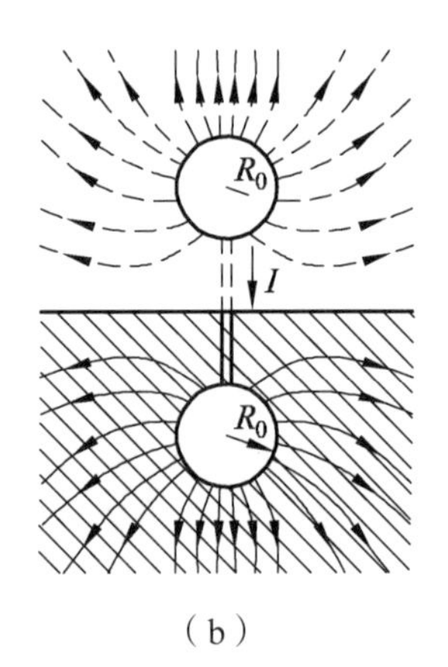

（a）　　　　（b）

图 3.15　非深埋接地导体球

例如，对于图 3.16（a）所示紧靠地面的半球形接地体，应用镜像法得到一个孤立球，并考虑到均匀介质中孤立球的电容 $C = 4\pi\varepsilon a$，所以得所求的接地电阻 $R = 2\times\dfrac{1}{4\pi\gamma a} = \dfrac{1}{2\pi\gamma a}$。

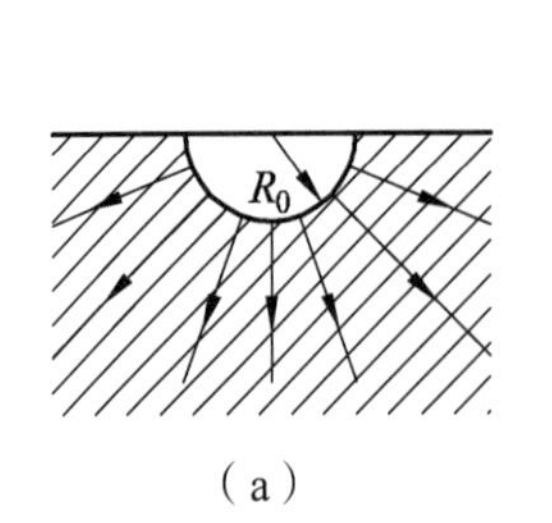

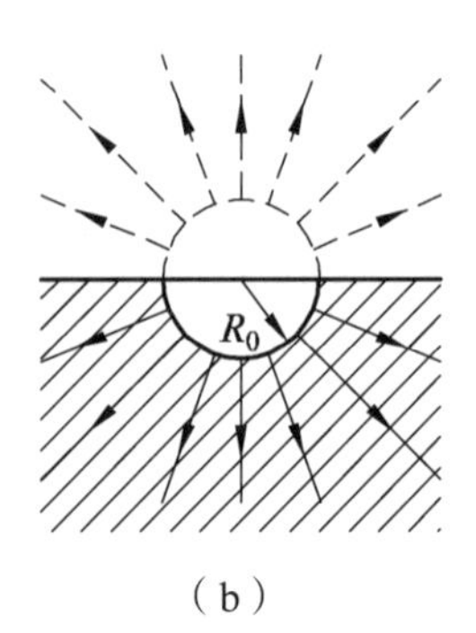

（a）　　　　（b）

图 3.16　半球形接地体

3.5.4 跨步电压

在电力系统中的接地体附近，由于接地电阻的存在，当有大电流在土壤中流动时，就可能使地面上行走的人的两足间的电压（跨步电压）很高，超过安全值达到对人致命的程度。跨步电压超过安全值达到对生命产生危险程度的范围称为危险区。

这里，先讨论半球形接地体附近地面上的电位分布，然后确定危险区的半径。半球的半径为 a，如图 3.17 所示。如果由接地体流入大地的电流为 I，则在距离球心 x 处的电流密度 $J=\dfrac{I}{2\pi x^2}$，场强 $E=\dfrac{J}{\gamma}=\dfrac{I}{2\pi\gamma x^2}$。电位 $\varphi(a)=\int_a^{\infty}\dfrac{I}{2\pi\gamma x^2}\mathrm{d}x=\dfrac{I}{2\pi\gamma a}$。电位分布曲线如图 3.17 所示。

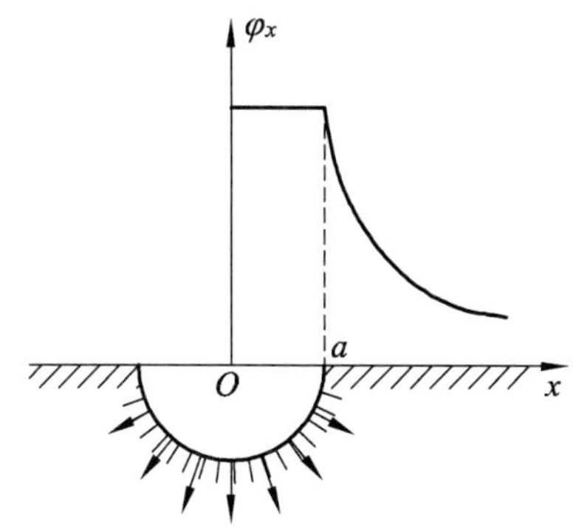

图 3.17 跨步电压

设地面上 A、B 两点之间的距离为 b，等于人的两脚的跨步距离。令 A 点与接地体中心的距离为 l，接地体中心与 B 点相距（$l-b$），则跨步电压为

$$U_{BA}=\int_{l-b}^{l}\frac{I}{2\pi\gamma x^2}\mathrm{d}x=\frac{I}{2\pi\gamma}\left(\frac{1}{l-b}-\frac{1}{l}\right) \tag{3.56}$$

若对人体有危险的临界电压为 U_0，当 $U_{BA}=U_0$ 时，A 点就成为危险区的边界，即危险区是以 O 为中心，以 l 为半径的圆面积。由

$$U_0=\frac{I}{2\pi\gamma}\left(\frac{1}{l-b}-\frac{1}{l}\right)\approx\frac{Ib}{2\pi\gamma l^2} \tag{3.57}$$

可得

$$l=\sqrt{\frac{Ib}{2\pi\gamma U_0}} \tag{3.58}$$

应该指出，实际上直接危及生命的不是电压，而是通过人体的电流。当通过人体的工频电流超过 8 mA 时，有可能发生危险，超过 30 mA 时将危及生命。

习题 3.5

3.5.1 厚度为 d 的法拉第感应盘的外半径为 R_2，中心孔的半径为 R_1，设圆盘的电导率为 γ，试证明孔与圆盘外边缘的电阻为 $R=\dfrac{1}{2\pi\gamma d}\ln\dfrac{R_2}{R_1}$。

3.5.2　一半径为 0.5 m 的导体球当作接地电极深埋地下，土壤的电导率 $\gamma = 10^{-2}$ S/m，求此接地体的接地电阻。

总　结

1. 电流是由电荷的有规则运动形成的，不同的电荷分布运动时所形成的电流密度，具有不同的表达式。两种电流密度以及线电流与它们相应的元电流段的表达式，见表 3.3 所列。

表 3.3

项目	电流密度（或线电流）	元电流段
面密度	$J=\rho v$	$J\mathrm{d}V$
线密度	$K=\sigma v$	$K\mathrm{d}S$
线电流	$I=\tau v$	$I\mathrm{d}l$

电流密度与相应的电流之间，有下列关系

$$I = \int_l (\boldsymbol{K} \cdot \boldsymbol{e}_\mathrm{n})\mathrm{d}l$$

$$I = \int_S \boldsymbol{J} \cdot \mathrm{d}\boldsymbol{S}$$

对于传导电流，电流密度与电场强度间的关系为

$$J = \gamma E$$

2. 导电媒质中有电流时，必伴随有功率损耗，其体密度为

$$p = \boldsymbol{J} \cdot \boldsymbol{E}$$

因此要在导电媒质中维持一恒定电流， 必须与电源相连。电源的特性可用它的局外场强 $\boldsymbol{E}_\mathrm{e}$ 表示，$\boldsymbol{E}_\mathrm{e}$ 与电源的电动势间的关系为

$$\varepsilon = \int \boldsymbol{E}\mathrm{e} \cdot \mathrm{d}\boldsymbol{l}$$

3. 导电媒质中恒定电场（电源外）基本方程的积分形式和微分形式分别为

$$\oint_S \boldsymbol{J} \cdot \mathrm{d}\boldsymbol{S} = 0 \qquad \oint_l \boldsymbol{E} \cdot \mathrm{d}\boldsymbol{l} = 0$$

和

$$\nabla \cdot \boldsymbol{J} = 0 \qquad \nabla \times \boldsymbol{E} = 0$$

由微分形式的基本方程可以导得拉普拉斯方程

$$\nabla^2 \varphi = 0$$

4. 两种不同媒质分界面上的衔接条件是

$$J_{1\mathrm{n}} = J_{2\mathrm{n}}$$

$$E_{1\mathrm{t}} = E_{2\mathrm{t}}$$

和被理想介质包围的载流导体表面，有面积电荷存在。

5. 导电媒质中恒定电场（电源外，即 $\boldsymbol{E}_{\mathrm{e}}=0$ 处）和静电场（无电荷分布，即 $\rho=0$ 处）有相似的关系，有关的对应量见表 3.4。

表 3.4　恒定电场与恒定电场对应量

静电场（$\rho=0$）	E	φ	D	q	ε
恒定电场（$\boldsymbol{E}_{\mathrm{e}}=0$）	E	φ	J	I	γ

静电比拟法可应用于电场和电路参数的计算以及实验研究中。

6. 电导的计算原则与电容相仿。

7. 接地电阻的计算，要分析地中电流的分布。在电力系统的接地体附近，要注意危险区。

第 4 章　恒定磁场

在第 2 章和第 3 章中分别讨论了静止电荷产生的静电场及恒定电流中的恒定电场。运动电荷或电流也可以产生磁场，恒定电流产生的磁场称为恒定磁场。本章从计算两个载流回路之间的作用力——安培力定律出发，讨论恒定磁场的基本物理量、恒定磁场的基本方程和边界条件；并介绍矢量磁位和标量磁位的定义及求解；还将讨论互感和自感的计算，以及磁场能量和磁场力的计算

4.1　安培力定律与磁感应强度

4.1.1　安培力定律

磁场最基本的特征是对运动的电荷有作用力。恒定磁场的重要定律是安培力定律，安培力定律是法国物理学家安培根据实验总结出来的一个基本定律。

对于图 4.1 所示的两个载流导线回路，安培力定律指出，在真空中载有电流 I_1 的回路 C_1 上的任一线元 $\mathrm{d}\boldsymbol{l}_1$ 对另一载有电流 I_2 的回路 C_2 上的任一线元 $\mathrm{d}\boldsymbol{l}_2$ 的作用力为

$$\mathrm{d}\boldsymbol{F}_{12} = \frac{\mu_0}{4\pi}\frac{I_2\mathrm{d}\boldsymbol{l}_2 \times (I_1\mathrm{d}\boldsymbol{l}_1 \times \boldsymbol{a}_R)}{R^2} \tag{4.1}$$

式中，4π 为真空的导磁率，$\mu_0 = 4\pi\sum I\, 10^{-7}$ H/m；$I_1\mathrm{d}\boldsymbol{l}_1$、$I_2\mathrm{d}\boldsymbol{l}_2$ 为线电流的电流元矢量；R 为 $I_1\mathrm{d}\boldsymbol{l}_1$ 到 $\sum I = \int_S \boldsymbol{J}\cdot\mathrm{d}\boldsymbol{S}$ 的距离；$\int_S(\nabla\times\boldsymbol{B})\cdot\mathrm{d}\boldsymbol{S} = \mu_0\int_S \boldsymbol{J}\cdot\mathrm{d}\boldsymbol{S}$ 为 $\nabla\times\boldsymbol{B} = \mu_0\boldsymbol{J}$ 指向 $\oint_s \boldsymbol{B}\cdot\mathrm{d}\boldsymbol{S} = 0$ 的单位矢量。整个电流回路 $\nabla\cdot\boldsymbol{B} = 0$ 所受到的电流回路 C_1 的作用力为

$$\boldsymbol{F}_{12} = \frac{\mu_0}{4\pi}\oint_{C_2}\oint_{C_1}\frac{I_2\mathrm{d}\boldsymbol{l}_2 \times (I_1\mathrm{d}\boldsymbol{l}_1 \times \boldsymbol{a}_R)}{R^2} \tag{4.2}$$

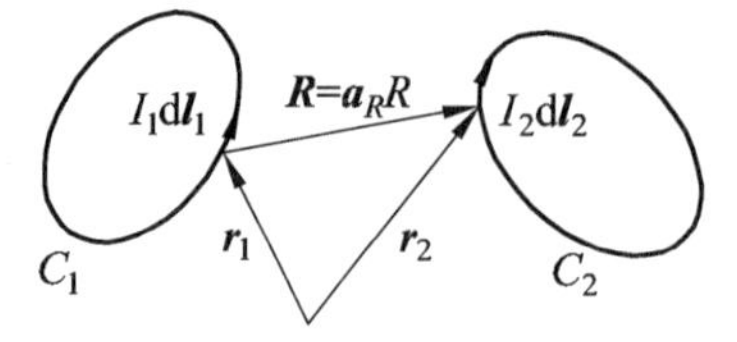

图 4.1　载流导线回路之间的作用力

可以证明，这个作用力符合牛顿第三定律，即 $\boldsymbol{F}_{12} = -\boldsymbol{F}_{21}$。安培力定律在恒定磁场中的地位与库仑定律在静电场中的地位相当。由于安培力定律中包含一个双重矢量积分，因此计算比较复杂，这主要源于电流元的矢量性。

4.1.2 磁感应强度——毕奥-萨伐尔定律

在式（4.2）中，二重积分的积分变量各自独立，故可将该式改写为

$$\boldsymbol{F}_{12}=\oint_{C_2} I_2 \mathrm{d}\boldsymbol{l}_2 \times \frac{u_0}{4\pi}\oint_{C_1}\frac{I_1 \mathrm{d}\boldsymbol{l}_1 \times \boldsymbol{a}_R}{R^2} \tag{4.3}$$

用场的观点解释，力 $\boldsymbol{F}_{12}$ 应为第 1 个电流回路 C_1 在空间产生的磁场，该磁场对第 2 个回路 C_2 产生作用力。

令

$$\boldsymbol{B}=\frac{\mu_0}{4\pi}\oint_{C_1}\frac{I_1 \mathrm{d}\boldsymbol{l}_1 \times \boldsymbol{a}_R}{R^2} \tag{4.4}$$

式（4.4）即为回路 C_1 在 $\boldsymbol{r}_2$ 点处产生的磁感应强度，也称作磁通密度，单位为特斯拉（T），也可用 $\mathrm{Wb/m^2}$ 或 Gs。单位之间的换算关系为 $1\ \mathrm{T}=1\ \mathrm{Wb/m^2}=10^4\ \mathrm{Gs}$。

将式（4.4）写成下面一般的形式：

$$\boldsymbol{B}=\frac{\mu_0}{4\pi}\oint_{C}\frac{I\mathrm{d}\boldsymbol{l}' \times \boldsymbol{a}_R}{R^2}=\frac{\mu_0}{4\pi}\oint_{C}\frac{I\mathrm{d}\boldsymbol{l}' \times \boldsymbol{R}}{R^3} \tag{4.5}$$

$$\mathrm{d}\boldsymbol{B}=\frac{\mu_0}{4\pi}\frac{I\mathrm{d}\boldsymbol{l}' \times \boldsymbol{a}_R}{R^2}=-\frac{\mu_0}{4\pi}I\mathrm{d}\boldsymbol{l}' \times \nabla\left(\frac{1}{\boldsymbol{R}}\right) \tag{4.6}$$

式（4.5）和式（4.6）都称为毕奥-萨伐尔（Biot-Sovart）定律，是毕奥和萨伐尔于 1820 年根据闭合回路的实验结果分析总结出来的。

分析式（4.5）和式（4.6）可得出以下结论。

（1）磁感应强度与距离平方成反比关系，与场源成线性关系，服从场强的叠加原理。

（2）$\mathrm{d}\boldsymbol{B}$ 垂直于 $I\mathrm{d}\boldsymbol{l}\times\boldsymbol{a}_R$，即电流元 $I_1\mathrm{d}\boldsymbol{l}_1$ 产生的磁场是以 $I_1\mathrm{d}\boldsymbol{l}_1$ 的延长线为轴线的同心圆。

在这点上与电场的规律完全不同，电荷产生的电场 $\mathrm{d}\boldsymbol{E}$ 是以 $\mathrm{d}q$ 为球心发出的径向射线；而电流元产生的磁场则是以 $I\mathrm{d}\boldsymbol{l}$ 为轴线的涡旋状闭合曲线。

当考虑线电流的实际分布时，毕奥-萨伐尔定律可以推广到分布电流，如图 4.2 所示。

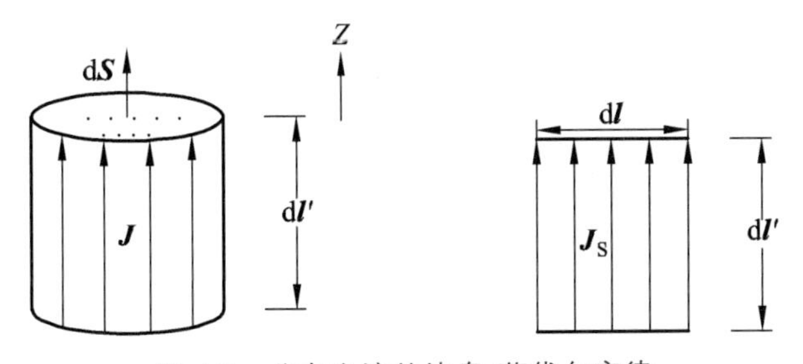

图 4.2 分布电流的毕奥-萨伐尔定律

对体电流元，$I\mathrm{d}\boldsymbol{l}'=(\boldsymbol{J}\cdot\mathrm{d}S)\mathrm{d}\boldsymbol{l}'=\boldsymbol{J}\mathrm{d}\tau'$ 在无限大空间或真空中产生的磁感应强度为

$$\mathrm{d}\boldsymbol{B}=\frac{\mu_0}{4\pi}\frac{\boldsymbol{J}\mathrm{d}\tau' \times \boldsymbol{a}_R}{R^2} \tag{4.7}$$

$$\boldsymbol{B}=\frac{\mu_0}{4\pi}\int_{\tau}\frac{\boldsymbol{J} \times \boldsymbol{a}_R}{R^2}\mathrm{d}\tau' \tag{4.8}$$

对面电流元，$I\mathrm{d}\boldsymbol{l}'=(\boldsymbol{J}_s\cdot\mathrm{d}\boldsymbol{l})\mathrm{d}l'=\boldsymbol{J}_s\mathrm{d}S'$，在无限大空间或真空中产生的磁感应强度为

$$\mathrm{d}\boldsymbol{B}=\frac{\mu_0}{4\pi}\frac{\boldsymbol{J}_s\mathrm{d}\boldsymbol{S}'\times\boldsymbol{a}_R}{R^2} \tag{4.9}$$

$$\boldsymbol{B}=\frac{\mu_0}{4\pi}\int_s\frac{\boldsymbol{J}_s\times\boldsymbol{a}_R}{R^2}\mathrm{d}S' \tag{4.10}$$

4.1.3 洛仑兹力

从式（4.3）可以得出电流元 $I\mathrm{d}\boldsymbol{l}$ 在外加磁场 $\boldsymbol{B}$ 中受到的作用力为

$$\mathrm{d}\boldsymbol{F}=I\mathrm{d}\boldsymbol{l}\times\boldsymbol{B} \tag{4.11}$$

对以速度 v 运动的点电荷 q，可由 $I\mathrm{d}\boldsymbol{l}=\boldsymbol{J}\mathrm{d}\tau=\rho\boldsymbol{v}\mathrm{d}\tau=\mathrm{d}q\boldsymbol{v}$ 推知其在外磁场中受到的力为

$$\boldsymbol{B}(\boldsymbol{r})=\nabla\times\boldsymbol{A}(\boldsymbol{r}) \tag{4.12}$$

如果空间同时还存在电场，则电荷 q 还会受到电场力的作用。这样，带电 q 以速度 v 运动的点电荷在外加电磁场中受到的总作用力应为

$$\boldsymbol{F}=q\boldsymbol{E}+q\boldsymbol{v}\times\boldsymbol{B}=q(\boldsymbol{E}+\boldsymbol{v}\times\boldsymbol{B}) \tag{4.13}$$

式（4.12）和式（4.13）均称为洛仑兹力公式。

下面通过几个例子，具体讨论毕奥-萨伐尔定律求解磁感应强度的应用。

例 4.1 一段长为 l 的直导线通有电流 I，求空间各点的磁感应强度。

解： 采用圆柱坐标系，使 z 轴与直导线相合，原点可置于导线的中点。从对称关系可看出，场与 φ 坐标无关，因而可以将场点置于 $\varphi=0$ 的平面上。这样，场点 P 的坐标为 $(\rho,0,z)$，源点（电流元）的坐标为 $(0,0,z')$，如图 4.3 所示。

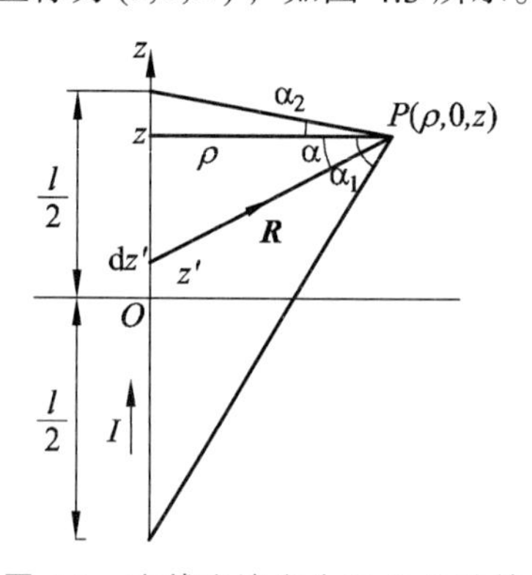

图 4.3 直线电流产生的 B 的计算

依据图 4.3 所示的几何关系，将毕奥-萨伐尔定律中的积分变量用圆柱坐标表示为

$$\nabla\times\boldsymbol{A}'=\nabla\times\boldsymbol{A}+\nabla\times\nabla\psi=\nabla\times\boldsymbol{A}=\boldsymbol{B}$$

$$z'=z-\rho\tan\alpha$$

上式取微分，得

$$\mathrm{d}z' = -\rho\sec^2\alpha\mathrm{d}\alpha$$

故

$$I\mathrm{d}\boldsymbol{l}' = -\boldsymbol{a}_z I\rho\sec^2\alpha\mathrm{d}\alpha$$

由图中几何关系对单位矢量 $\boldsymbol{a}_R$ 进行分解，有

$$\boldsymbol{a}_R = \boldsymbol{a}_\rho\cos\alpha + \boldsymbol{a}_z\sin\alpha$$

$$R = \rho\sec\alpha$$

$$I\mathrm{d}\boldsymbol{l}'\times\boldsymbol{a}_R = -\boldsymbol{a}_\varphi I\rho\sec^2\alpha\cos\alpha\mathrm{d}\alpha$$

把以上各式代入式（4.4），得

$$\boldsymbol{B} = \frac{\mu_0}{4\pi}\oint_C\frac{I\mathrm{d}\boldsymbol{l}'\times\boldsymbol{a}_R}{R^2} = \frac{\mu_0 I}{4\pi}\int_{\alpha_1}^{\alpha_2}\frac{-\boldsymbol{a}_\varphi\rho\sec^2\alpha\cos\alpha\mathrm{d}\alpha}{\rho^2\sec^2\alpha}$$

$$= \boldsymbol{a}_\varphi\frac{\mu_0 I}{4\pi\rho}\int_{\alpha_1}^{\alpha_2} -\cos\alpha\cdot\mathrm{d}\alpha = \boldsymbol{a}_\varphi\frac{\mu_0 I}{4\pi\rho}(\sin\alpha_1 - \sin\alpha_2)$$

对于无限长直流电流，$l\to\infty$、$\alpha_1\to\pi/2$、$\alpha_2\to-\pi/2$，有

$$\boldsymbol{B} = a_\varphi\frac{\mu_0 I}{2\pi\rho}$$

上式与无限长直线电荷产生的电场 $\boldsymbol{E} = \boldsymbol{a}_\rho\dfrac{\rho_l}{2\pi\varepsilon_0\rho}$ 形式上相对应。电力线的形状是以无限长线为轴线的辐射状分布，而磁力线则是以无限长线为轴线的同心圆。二者都是平行平面场，也就是既没有 z 分量，又与 z 坐标无关的场。

例 4.2 求电流为 I 的细圆环（半径为 a）在轴线上任一点产生的磁感应强度。

解： 采用圆柱坐标，取圆环的轴线为 z 轴，并使圆环位于 z=0 的平面上。场点 P 的坐标为 $(0,0,z)$，如图 4.4 所示。由图可得

$$I\mathrm{d}\boldsymbol{l}' = \boldsymbol{a}_\varphi Ia\mathrm{d}\varphi'$$

源点 A 处的位置矢量为

$$\boldsymbol{r}' = \boldsymbol{a}_\rho a$$

场点 P 处的位置矢量为

$$\boldsymbol{r} = \boldsymbol{a}_z z$$

由图所示的矢量三角形可得

$$\boldsymbol{R} = \boldsymbol{r} - \boldsymbol{r}' = \boldsymbol{a}_z z - \boldsymbol{a}_\rho a$$

$$I\mathrm{d}\boldsymbol{l}'\times\boldsymbol{R} = \boldsymbol{a}_\rho Iaz\mathrm{d}\varphi' + \boldsymbol{a}_z Ia^2\mathrm{d}\varphi'$$

把以上各式代入式（4.5），得

$$\boldsymbol{B} = \frac{\mu_0}{4\pi}\oint_C\frac{I\mathrm{d}\boldsymbol{l}'\times\boldsymbol{R}}{R^3} = \frac{\mu_0 I}{4\pi}\int_0^{2\pi}\frac{\boldsymbol{a}_\rho az\mathrm{d}\varphi' + \boldsymbol{a}_z a^2\mathrm{d}\varphi'}{R^3}$$

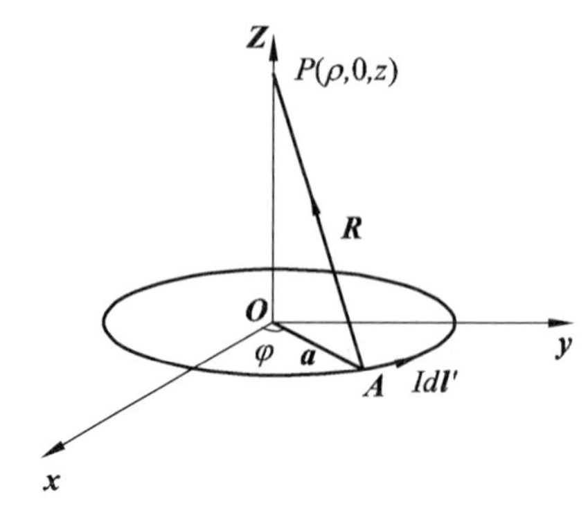

图 4.4　圆环电流轴线上的磁场

由于圆周的轴对称性，每个电流元产生的磁感应强度的 $\boldsymbol{a}_\rho$ 分量在积分时互相抵消，故上式前一项的积分为 0，则：

$$\boldsymbol{B}=\boldsymbol{a}_z\frac{\mu_0 I}{4\pi}\int_0^{2\pi}\frac{a^2\mathrm{d}\varphi'}{R^3}=\boldsymbol{a}_z\frac{\mu_0 I a^2}{2(z^2+a^2)^{3/2}}$$

在圆环的环心 $z=0$ 处，有

$$\boldsymbol{B}=\boldsymbol{a}_z\frac{\mu_0 I}{2a}$$

习题 4.1

4.1.1　长直导线载有电流 $\boldsymbol{B}(\boldsymbol{r})$，在其附近有一矩形线框，线框以速度 v 向远离导线的方向移动，如图 4.5 所示。求线框中的感应电动势。

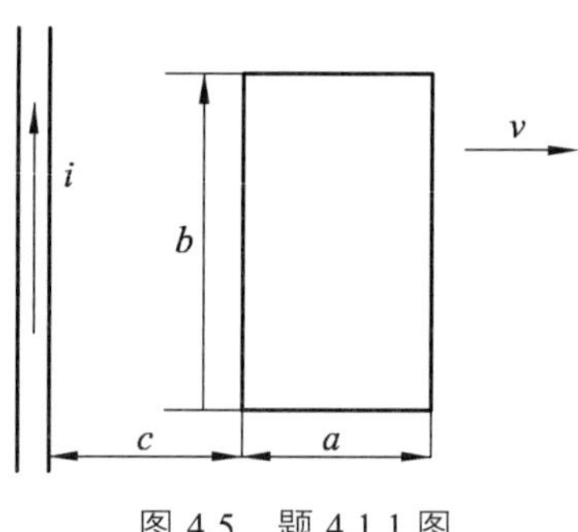

图 4.5　题 4.1.1 图

4.1.2　设电场强度 $E(t)=E_\mathrm{m}\cos\omega t$ V/m，$\omega=10^3$ rad/s。计算下列各种媒质中的传导电流密度和位移电流密度之幅值的比值：

（1）铜 $\gamma=5.8\times10^7$ S/m，$\varepsilon_\mathrm{r}=1$；

（2）蒸馏水 $\gamma=2\times10^{-4}$ S/m，$\varepsilon_\mathrm{r}=80$；

（3）聚苯乙烯 $\gamma=10^{-16}$ S/m，$\varepsilon_\mathrm{r}=2.53$。

4.1.3　设在空气中有一个边长分别为 1 m 和 0.5 m 的长方形回路，通以电流 $I=4$ A，求其中心垂直轴线上离回路平面 1 m 处的磁感应强度。

4.1.4　两平行放置无限长直导线分别通有电流 I_1 和 I_2，它们之间距离为 d，分别求两导线单位长度所受的力。

4.2　真空中恒定磁场的基本方程

4.2.1　磁通连续性方程

与静电场一样，要研究恒定磁场的基本方程，首先需要研究恒定磁场的通量和环量。磁感应强度或磁通密度 $\boldsymbol{B}$ 穿过曲面 S 的通量称为磁通量，用 Φ 表示。

$$\Phi = \int_S \boldsymbol{B} \cdot \mathrm{d}\boldsymbol{S} \tag{4.14}$$

磁通的单位是 Wb（韦[伯]）。磁通是电磁学中一个重要的物理量。感应电动势、电感、磁场能量及电流回路在磁场中受力的计算等，都与一个回路包围的磁通有关。

如果 S 为闭合曲面，则有

$$\Phi = \oint_S \boldsymbol{B} \cdot \mathrm{d}\boldsymbol{S} \tag{4.15}$$

下面以载流回路 C 产生的磁场为例，计算恒定磁场对一个闭合曲面的通量。利用式（4.5），则有

$$\boldsymbol{B} = \frac{\mu_0}{4\pi}\oint_C \frac{I\mathrm{d}\boldsymbol{l}' \times \boldsymbol{a}_R}{R^2} = -\frac{\mu_0}{4\pi}\oint_C I\mathrm{d}\boldsymbol{l}' \times \nabla\left(\frac{1}{R}\right) \tag{4.16}$$

将式（4.16）代入式（4.15），并利用矢量恒等式 $\boldsymbol{A}\times\boldsymbol{B}\cdot\boldsymbol{C} = \boldsymbol{A}\cdot\boldsymbol{B}\times\boldsymbol{C}$ 得

$$\Phi = \oint_S \boldsymbol{B} \cdot \mathrm{d}\boldsymbol{S} = \oint_S -\frac{\mu_0}{4\pi}\oint_C I\mathrm{d}\boldsymbol{l}' \times \nabla\left(\frac{1}{R}\right)\cdot \mathrm{d}\boldsymbol{S} = -\oint_C \frac{\mu_0 I}{4\pi}\mathrm{d}\boldsymbol{l}' \cdot \oint_S \nabla\left(\frac{1}{R}\right)\times \mathrm{d}\boldsymbol{S} \tag{4.17}$$

根据矢量恒等式

$$\int_\tau \nabla\times\boldsymbol{A}\mathrm{d}\tau = \oint_S -\boldsymbol{A}\times\mathrm{d}\boldsymbol{S} \tag{4.18}$$

得

$$\Phi = \oint_S \boldsymbol{B} \cdot \mathrm{d}\boldsymbol{S} = \oint_C \frac{\mu_0 I}{4\pi}\mathrm{d}\boldsymbol{l}' \cdot \oint_\tau \nabla\times\nabla\left(\frac{1}{R}\right)\mathrm{d}\tau \tag{4.19}$$

因为

$$\nabla\times\nabla\left(\frac{1}{R}\right) = \boldsymbol{0} \tag{4.20}$$

故

$$\Phi = \oint_S \boldsymbol{B} \cdot \mathrm{d}\boldsymbol{S} = 0 \tag{4.21}$$

利用散度定理，得

$$\nabla\cdot\boldsymbol{B} = 0 \tag{4.22}$$

式（4.21）和式（4.22）就是恒定磁场关于通量和散度的基本方程，也称作磁通连续性方程。磁通连续性是普遍性的原理，对时变电磁场也成立。

$\nabla\cdot\boldsymbol{B}$ 处处为零，这表明，磁场中没有“喷泉”或“漏口”，即没有散度源，是无散场。因此，磁力线是无头无尾、永不相交的闭合回线。

4.2.2　安培环路定律

为了讨论恒定磁场的旋度，从毕奥-萨伐尔定律出发，利用立体角可以推导出恒定磁场的环量和磁场的源（电流）之间的关系。

根据式（4.5）可知，电路回路 C' 产生的磁场为

$$\boldsymbol{B}=\frac{\mu_0}{4\pi}\oint_{C'}\frac{I\mathrm{d}\boldsymbol{l}'\times\boldsymbol{a}_R}{R^2} \tag{4.23}$$

在该磁场中任取一个积分回路 C，如图 4.6（a）所示，则 $\boldsymbol{B}$ 的环量为

$$\oint_C\boldsymbol{B}\cdot\mathrm{d}\boldsymbol{l}=\frac{\mu_0}{4\pi}\oint_C\oint_{C'}\frac{I\mathrm{d}\boldsymbol{l}'\times\boldsymbol{a}_R}{R^2}\cdot\mathrm{d}\boldsymbol{l}=\frac{\mu_0 I}{4\pi}\oint_C\oint_{C'}-\frac{\boldsymbol{a}_R}{R^2}\cdot(-\mathrm{d}\boldsymbol{l}\times\mathrm{d}\boldsymbol{l}') \tag{4.24}$$

式（4.24）中利用了矢量混合积的轮换性。

设 P 是积分路径 C 上的场点，则载流回路 C' 所包围的表面对 P 点张开一个立体角，设为，Ω。当 P 点沿着 C 位移 $\mathrm{d}\boldsymbol{l}$ 时，该立体角即会产生一个增量的 $\mathrm{d}\Omega$，如图 4.6（a）所示。显然从相对运动的观点来看，若 P 点保持不动而回路 C' 位移 $-\mathrm{d}\boldsymbol{l}$ 引起的立体角增量也为 $\mathrm{d}\Omega$，且按照立体角的定义，这个增量立体角由增量面积确定。由于（$-\mathrm{d}\boldsymbol{l}\times\mathrm{d}\boldsymbol{l}'$）即是 $\mathrm{d}\boldsymbol{l}'$ 位移 $-\mathrm{d}\boldsymbol{l}$ 所形成的有向面积增量，则有

$$\mathrm{d}\Omega=-\oint_{C'}\frac{\boldsymbol{a}_R}{R^2}\cdot(-\mathrm{d}\boldsymbol{l}\times\mathrm{d}\boldsymbol{l}') \tag{4.25}$$

将上式对回路 C 积分，即可得到 P 点沿回路 C 位移 $\mathrm{d}\boldsymbol{l}$ 时所增加的立体角。因此式（4.24）可表示为

$$\oint_C\boldsymbol{B}\cdot\mathrm{d}\boldsymbol{l}=\frac{\mu_0 I}{4\pi}\oint_C\mathrm{d}\Omega=\frac{\mu_0 I}{4\pi}\Delta\Omega \tag{4.26}$$

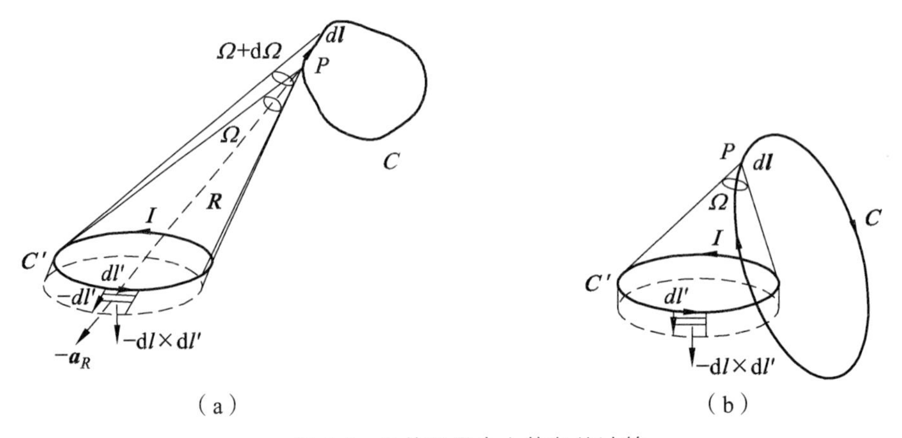

图 4.6　$\boldsymbol{B}$ 的环量中立体角的计算

可见，$\boldsymbol{B}$ 沿 C 的环量取决于 $\Delta\Omega$，而 $\Delta\Omega$ 取决于 C 和 C' 的两种相对位置。

（1）积分回路 C 不与场源回路 C' 套链，如图 4.5（a）所示。

可以看出，当 P 从某点开始沿 C 绕行一周回到始点时，立体角又回复到原来的值，故 $\Delta\Omega=0$，从而式（4.26）变为

$$\oint_C \boldsymbol{B}\cdot \mathrm{d}\boldsymbol{l}=\boldsymbol{0} \tag{4.27}$$

（2）积分回路 C 与场源回路 C' 相套链，即 C 穿过 C' 包围的曲面 S'，如图 4.6（b）所示。

当场点 P 按图示方向沿回路 C 绕行一周时，增量面积亦即 P 点不动、C' 反向位移一周时所扫过的面积显然是一个包围 P 点的闭合曲面。在图 4.6（b）所示的 C 和 C' 的绕行方向下（C 和 C' 右手关系套链），增量面积（$-\mathrm{d}\boldsymbol{l}\times \mathrm{d}\boldsymbol{l}'$）确定的方向是闭合面的外法线方向，即有 $\Delta\Omega=4\pi$。因此式（4.26）变为

$$\oint_C \boldsymbol{B}\cdot \mathrm{d}\boldsymbol{l}=\frac{\mu_0 I}{4\pi}\cdot 4\pi=\mu_0 I \tag{4.28}$$

当穿过积分回路C的电流有多个时，$\sum I$ 是与回路 C 套链的电流的代数和，式（4.28）可改写为

$$\oint_C \boldsymbol{B}\cdot \mathrm{d}\boldsymbol{l}=\mu_0\sum I \tag{4.29}$$

其中，I 的方向与 C 成右手螺旋关系。

式（4.29）即是安培定律的积分形式。它表明在真空中，磁感应强度沿任意回路的环量等于真空磁导率乘以与该回路相交链的电流的代数和。对于分布电流，利用斯托克斯定理，可以得到安培环路定律的微分形式：

$$\oint_C \boldsymbol{B}\cdot \mathrm{d}\boldsymbol{l}=\int_S(\nabla\times\boldsymbol{B})\cdot \mathrm{d}\boldsymbol{S} \tag{4.30}$$

$$\sum I=\int_S \boldsymbol{J}\cdot \mathrm{d}\boldsymbol{S} \tag{4.31}$$

$$\int_S(\nabla\times\boldsymbol{B})\cdot \mathrm{d}\boldsymbol{S}=\mu_0\int_S \boldsymbol{J}\cdot \mathrm{d}\boldsymbol{S} \tag{4.32}$$

$$\nabla\times\boldsymbol{B}=\mu_0\boldsymbol{J} \tag{4.33}$$

式（4.33）即为安培环路定律的微分形式。它表明，恒定磁场的磁感应强度的旋度等于该点的电流密度与真空磁导率的乘积，也就是说恒定磁场的涡旋源是电流。

综上所述，可得到真空中恒定磁场的基本方程：

	积分形式	微分形式
磁通连续性方程：	$\oint_s \boldsymbol{B}\cdot \mathrm{d}\boldsymbol{S}=0$	$\nabla\cdot\boldsymbol{B}=0$
安培环路定律：	$\oint_c \boldsymbol{B}\cdot \mathrm{d}\boldsymbol{l}=\mu_0 I$	$\nabla\times\boldsymbol{B}=\mu_0\boldsymbol{J}$

可见，与静电场是有散无旋场、保守场不同，恒定磁场是无散有旋场、非保守场。在电流分布具有某些特殊的对称性时，如无限长的直流导线、无限长的载流圆柱体、无

限大的均匀电流面等，通过适当选取坐标系，可使磁通连续性方程自动满足，这时只要利用安培环路定律的积分形式就可以计算 $\boldsymbol{B}$ 的分布。反之，若已知磁场分布，也可利用安培环路定律的微分形式求出电流分布。

例 4.3 半径为 a 的无限长直圆柱导体通过电流 I，计算导体内外的 $\boldsymbol{B}$。

解： 电流分布具有轴对称性，选柱坐标。场的分布与 φ 和 z 无关，磁感应线是以直圆柱导体的轴线为轴线的同心圆，沿磁感应线取 $\boldsymbol{B}$ 的线积分，则有

$$\oint_C \boldsymbol{B}\cdot \mathrm{d}\boldsymbol{l} = \boldsymbol{B}2\pi\rho = \mu_0 \sum I$$

$\rho \leqslant a$ 时

$$\sum I = \pi\rho^2 J = I\frac{\rho^2}{a^2}$$

故
$$B_\varphi = \frac{\mu_0}{2\pi\rho} I \frac{\rho^2}{a^2} = \frac{\mu_0 I \rho}{2\pi a^2}$$

$\rho > a$ 时，回路中包围的电流为 I，则有

$$B_\varphi = \frac{\mu_0 I}{2\pi\rho}$$

这与沿无限长直导线积分所得的结果即例 4.1 相同。$\boldsymbol{B}$ 在圆柱内外的变化如图 4.7 所示。

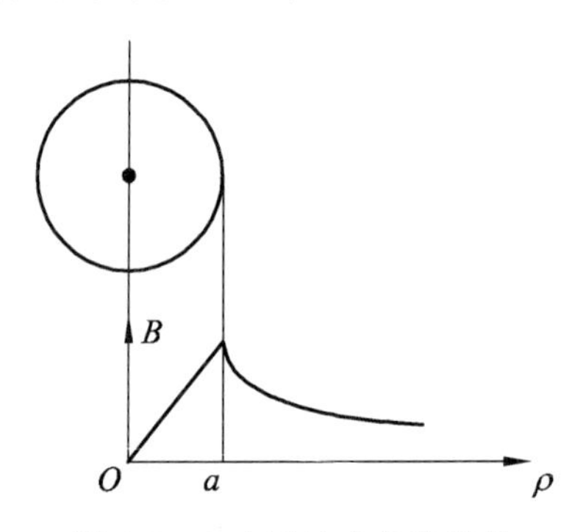

图 4.7 B 在圆柱内外的变化

例 4.4 两个相交的圆柱，半径相同（均为 a），两圆心相距为 c，通过强度相等方向相反的电流 $\boldsymbol{I}$，因而相交的部分 $\boldsymbol{J}$=0，如图 4.8 所示。证明相交的区域中是匀强磁场。

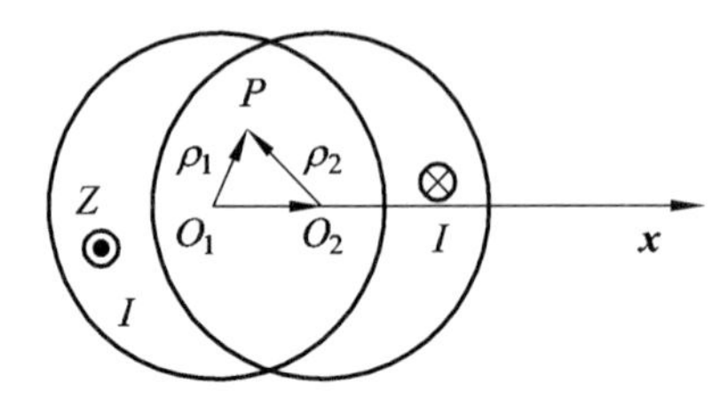

图 4.8 流过相反电流的两个相交圆柱

解： 两圆柱单独存在时，均具有轴对称性，选两套柱坐标，计算相交区域任一场点 P 的磁感应强度。

由上例，两圆柱单独存在时，每个圆柱内的磁感应强度为

$$\oint_C \boldsymbol{B}_1 \cdot \mathrm{d}\boldsymbol{l} = \mu_0 I \frac{\rho_1^2}{a^2}$$

$$\boldsymbol{B}_1 = \boldsymbol{a}_{\varphi_1} \frac{\mu_0}{2\pi\rho_1} I \frac{\rho_1^2}{a^2} = \boldsymbol{a}_z \times \rho_1 \frac{\mu_0 I}{2\pi a^2}$$

$$\oint_C \boldsymbol{B}_2 \cdot \mathrm{d}\boldsymbol{l} = \mu_0 I \frac{\rho_2^2}{a^2}$$

$$\boldsymbol{B}_2 = \boldsymbol{a}_{\varphi_2} \frac{\mu_0}{2\pi\rho_2} (-I) \frac{\rho_2^2}{a^2} = -\boldsymbol{a}_z \times \rho_2 \frac{\mu_0 I}{2\pi a^2}$$

$\boldsymbol{a}_{\varphi_1}$ 与 $\boldsymbol{a}_{\varphi_2}$ 分别是以 O_1 和 O_2 为轴心的圆柱坐标系中的单位矢量，相交区域中的 $\boldsymbol{B}$ 为 $\boldsymbol{B}_1$ 和 $\boldsymbol{B}_2$ 的叠加，即

$$\boldsymbol{B} = \boldsymbol{B}_1 + \boldsymbol{B}_2 = \boldsymbol{a}_z \times (\rho_1 - \rho_2) \frac{\mu_0 I}{2\pi a^2} = \boldsymbol{a}_z \times \boldsymbol{c} \frac{\mu_0 I}{2\pi a^2} = \boldsymbol{a}_y \frac{\mu_0 c I}{2\pi a^2}$$

式中，$\boldsymbol{c}$ 为两个圆心连线的矢量，方向从 O_1 指向 O_2，可见，$\boldsymbol{B}$ 与场点坐标无关，为均匀场，方向与 $\boldsymbol{c}$ 和 z 轴垂直，即为 y 方向。当两圆柱轴线相距很近时，相交部分将近似于一个圆柱。

习题 4.2

4.2.1 磁导率为 μ，半径为 a 的无限长导磁媒质圆柱，其中心有无限长的线电流 I，圆柱外是空气。求圆柱内外的磁感应强度、磁场强度和磁化强度。

4.2.2 一半径为 a 的长直圆柱形导体，被一同样长度的同轴圆筒导体所包围，圆筒半径为 b，圆柱导体和圆筒载有相反方向电流 I。求圆筒内外的磁感应强度（导体和圆筒内外导磁媒质的磁导率为 μ_0）。

4.2.3 有一半径为 a 的长直圆柱形导体，通有电流密度 $\boldsymbol{J} = J_0 \dfrac{\rho}{a} \boldsymbol{e}_z$ 的恒定电流（z 轴就是圆柱导体的轴线）。求导体内外的磁感应强度 $\boldsymbol{H}$。

4.3 矢量磁和磁偶极子

4.3.1 矢量磁位

恒定磁场的基本方程表明，磁场是有旋场，因而磁场中不能无条件地引入标量位，但磁场的无散性为简化磁场的计算提供了另一条思路。由矢量恒等式可知，一个无散场总可以表示成另外一个矢量场的旋度，故可令

$$\boldsymbol{B}(\boldsymbol{r}) = \nabla \times \boldsymbol{A}(\boldsymbol{r}) \tag{4.34}$$

称矢量函数 $\boldsymbol{A}$ 为矢量磁位或矢量位。$\boldsymbol{A}$ 的单位为 T·m（特·米）或 Wb/m（韦/米）。

需要指出的是，满足 $\nabla\cdot\boldsymbol{A}=\boldsymbol{B}$ 的矢量场 $\boldsymbol{A}$ 并不是唯一的。它仅仅规定了矢量场 $\boldsymbol{A}$ 的旋度。而 $\boldsymbol{A}$ 的散度可以任意假定。假设 $\boldsymbol{A}'=\boldsymbol{A}+\nabla\psi$，$\psi$ 是一个任意的标量场，则有

$$\nabla\times\boldsymbol{A}'=\nabla\times\boldsymbol{A}+\nabla\times\nabla\psi=\nabla\times\boldsymbol{A}=\boldsymbol{B} \tag{4.35}$$

可见，凡与 $\boldsymbol{A}$ 相差任一个梯度场的矢量场 $\boldsymbol{A}'$ 的旋度都是 $\boldsymbol{B}$，但是它们的散度却可能各不相同。因而，为了唯一确定 $\boldsymbol{A}$，可以通过限定 $\nabla\cdot\boldsymbol{A}$ 来选择。对 $\nabla\cdot\boldsymbol{A}$ 的值的指定，称为一种规范。在恒定磁场中，选取矢量磁位的散度为零较为方便，即

$$\nabla\cdot\boldsymbol{A}=0 \tag{4.36}$$

式（4.36）称为库仑规范。

将 $\boldsymbol{B}=\nabla\times\boldsymbol{A}$ 代入式（4.33），得

$$\nabla\times\nabla\times\boldsymbol{A}=\mu_0\boldsymbol{J} \tag{4.37}$$

利用矢量恒等式，并代入库仑规范，有

$$\nabla^2\boldsymbol{A}=-\mu_0\boldsymbol{J} \tag{4.38}$$

式（4.38）即是矢量磁位 $\boldsymbol{A}$ 满足的微分方程，称为矢量磁位的泊松方程。对于 $\boldsymbol{J}=0$ 的无源区，矢量磁位满足矢量拉普拉斯方程，即

$$\nabla^2\boldsymbol{A}=0 \tag{4.39}$$

将直角坐标系中的 ∇^2 代入式（4.38），得

$$\nabla^2\boldsymbol{A}=\boldsymbol{a}_x\nabla^2A_x+\boldsymbol{a}_y\nabla^2A_y+\boldsymbol{a}_z\nabla^2A_z=-\mu_0\boldsymbol{J} \tag{4.40}$$

可得到对应分量的三个标量的泊松方程：

$$\begin{cases}\nabla^2A_x=-\mu_0J_x\\ \nabla^2A_y=-\mu_0J_y\\ \nabla^2A_z=-\mu_0J_z\end{cases} \tag{4.41}$$

将式（4.41）中三个方程与静电场中电位的泊松方程对比，可以得到 $\boldsymbol{A}$ 的各个分量的解：

$$\begin{cases}A_x=\dfrac{\mu_0}{4\pi}\displaystyle\int_\tau\frac{J_x}{R}\mathrm{d}\tau'\\ A_y=\dfrac{\mu_0}{4\pi}\displaystyle\int_\tau\frac{J_y}{R}\mathrm{d}\tau'\\ A_z=\dfrac{\mu_0}{4\pi}\displaystyle\int_\tau\frac{J_z}{R}\mathrm{d}\tau'\end{cases} \tag{4.42}$$

将上式各分量合成矢量形式，即为

$$\boldsymbol{A}(\boldsymbol{r})=\frac{\mu_0}{4\pi}\int_\tau\frac{\boldsymbol{J}(\boldsymbol{r}')}{R}\mathrm{d}\tau' \tag{4.43}$$

矢量磁位的引入使磁感应强度 $\boldsymbol{B}$ 的计算分为两步，即先按式（4.43）计算 $\boldsymbol{A}(\boldsymbol{r})$，再按式（4.34）计算 $\boldsymbol{B}(\boldsymbol{r})$。由于

$$\mathrm{d}\boldsymbol{A}(\boldsymbol{r})=\frac{\mu_0}{4\pi}\frac{\boldsymbol{J}(\boldsymbol{r}')\mathrm{d}\tau'}{R} \tag{4.44}$$

电流元产生的矢量磁位 $\mathrm{d}\boldsymbol{A}(\boldsymbol{r})$ 与电流元 $\boldsymbol{J}(\boldsymbol{r}')\mathrm{d}\tau'$ 平行，因而 $\boldsymbol{A}(\boldsymbol{r})$ 的矢线也是与场源电流相平行的矢线。在选择适当的坐标系下。$\boldsymbol{A}(\boldsymbol{r})$ 往往只有一个分量，而 $\boldsymbol{B}(\boldsymbol{r})$ 一般不止一个分量。在已知场源电流分布直接求磁感应强度 $\boldsymbol{B}$ 时，利用矢量磁位可以简化计算。

对于面电流和线电流，与式（4.41）和式（4.43）对应的矢量磁位分别为

$$\boldsymbol{A}(\boldsymbol{r})=\frac{\mu_0}{4\pi}\int_S\frac{\boldsymbol{J}_S(\boldsymbol{r}')}{R}\mathrm{d}S' \qquad \mathrm{d}\boldsymbol{A}(\boldsymbol{r})=\frac{\mu_0}{4\pi}\frac{\boldsymbol{J}_S(\boldsymbol{r}')}{R}\mathrm{d}\boldsymbol{S}' \tag{4.45}$$

$$\boldsymbol{A}(\boldsymbol{r})=\frac{\mu_0}{4\pi}\int_l\frac{I\mathrm{d}\boldsymbol{l}'}{R} \qquad \mathrm{d}\boldsymbol{A}(\boldsymbol{r})=\frac{\mu_0}{4\pi}\frac{I\mathrm{d}\boldsymbol{l}'}{R} \tag{4.46}$$

例 4.5　计算通过电流为 I、半径为 a 的小圆环在远离圆环处的磁场。

解： 当场点偏离圆环的轴线时，直接用式（4.5）计算磁感应强度 $\boldsymbol{B}$ 比较困难。可以通过求矢量磁位 $\boldsymbol{A}$ 来计算 $\boldsymbol{B}$。电流具有轴对称性，但在远场点，$r\gg a$，小圆环相当于一个点，所以采用球坐标。

将圆环的圆心置于球坐标原点，取圆环的轴线为 z 轴如图 4.9（a）所示。显然，场是轴对称的，$\boldsymbol{A}$ 与 φ 坐标无关，故将场点 P 放在 $\varphi=0$ 的平面上并不失一般性。

利用式（4.46），载流环上任一线电流元 $I\mathrm{d}\boldsymbol{l}'$ 在场点 处产生的矢量磁位为

$$\mathrm{d}\boldsymbol{A}=\frac{\mu_0}{4\pi}\frac{I\mathrm{d}\boldsymbol{l}'}{R}$$

以 x 轴为对称轴选取电流元对，如图 4.9（b）所示，即在圆环上取两个分别位于 $+\varphi$ 和 $-\varphi$ 处的电流元，则它们在场点 P 产生的合成 $\mathrm{d}\boldsymbol{A}$ 只有 $\boldsymbol{a}_\varphi$ 方向的分量，即

$$2\mathrm{d}A_\varphi=2\mathrm{d}A\cdot\cos\varphi=\frac{\mu_0 I}{4\pi R}a\mathrm{d}\varphi\cdot 2\cos\varphi$$

$$A_\varphi(r,\theta)=\frac{\mu u_0 Ia}{2\pi}\int_0^\pi\frac{\cos\varphi\mathrm{d}\varphi}{R}$$

根据图 4.9（a）、（b）的几何关系，利用余弦定理，得

$$R=[(r\cos\theta)^2+(a\sin\varphi)^2+(r\sin\theta-a\cos\varphi)^2]^{\frac{1}{2}}$$

$$=(r^2+a^2-2ra\sin\theta\cos\varphi)^{\frac{1}{2}}$$

$$=r\left(1+\frac{a^2}{r^2}-\frac{2a}{r}\sin\theta\cos\varphi\right)^{\frac{1}{2}}$$

当 $r\gg a$ 时，把 $1/R$ 用幂级数展开并略去高阶项，得

$$\frac{1}{R}=\frac{1}{r}\left(1-\frac{2a}{r}\sin\cos\varphi+\frac{a^2}{r^2}\right)^{-\frac{1}{2}}$$

$$\approx\frac{1}{r}\left(1+\frac{a}{r}\sin\theta\cos\varphi\right)$$

因此

$$A_\varphi(r,\theta)=\frac{\mu_0 Ia}{2\pi r}\int_0^{\pi}\left(1+\frac{a}{r}\sin\theta\cos\varphi\right)\cos\varphi\mathrm{d}\varphi$$

$$=\frac{\mu_0 Ia}{2\pi r}\cdot\frac{a}{r}\sin\theta\cdot\frac{\pi}{2}=\frac{\mu_0 I\pi a^2\sin\theta}{4\pi r^2}$$

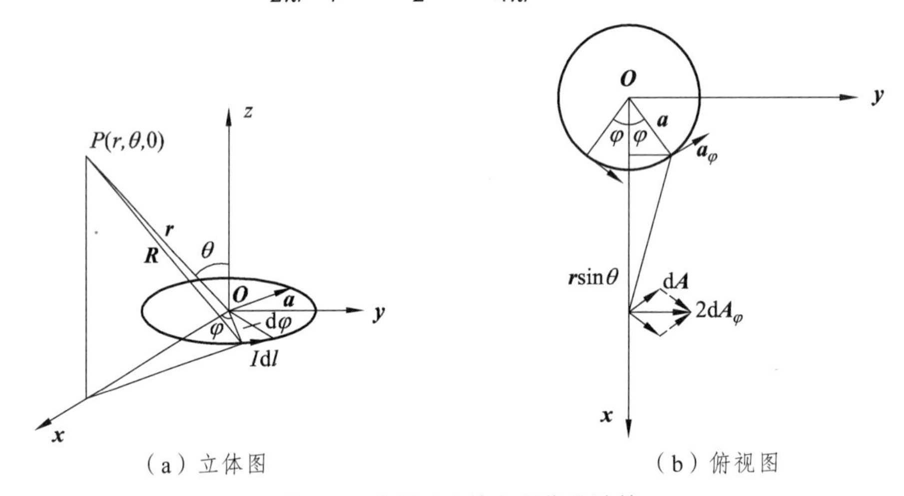

（a）立体图　　（b）俯视图

图 4.9　小圆环电流矢量位的计算

令式中，$S=\pi a^2$，则在球坐标系中对式（4.47）求旋度，可由 $\boldsymbol{A}$ 求得 $\boldsymbol{B}$：

$$\boldsymbol{A}(r,\theta)=\boldsymbol{a}_\varphi\frac{\mu_0 IS\sin\theta}{4\pi r^2} \tag{4.47}$$

$$\boldsymbol{B}=\nabla\times\boldsymbol{A}=\frac{\boldsymbol{a}_r}{r\sin\theta}\frac{\partial}{\partial\theta}(\sin\theta A_\varphi)-\frac{\boldsymbol{a}_\theta}{r}\frac{\partial}{\partial r}(rA_\varphi)$$

$$\approx\frac{\mu_0 SI}{4\pi r^3}(\boldsymbol{a}_r 2\cos\theta+\boldsymbol{a}_\theta\sin\theta) \tag{4.48}$$

一般来说，作为一个求解工具，矢量磁位在恒定磁场中远不像标量电位在静电场中那样有用，但它在时变场的复杂情况下却是十分有用的，是计算磁场的最重要的辅助函数。例如，在适当的坐标系中，$\boldsymbol{A}$ 的矢量波动方程可分解为标量波动方程来求解。而求解标量波动方程有许多种解析方法或数值解法。如果不通过位函数而直接求解场矢量的波动方程，将是十分复杂的。

4.3.2　磁偶极子

将例 4.5 中小圆电流环在远区场的磁感应强度的表示式为

$$\boldsymbol{B} \approx \frac{\mu_0 \boldsymbol{IS}}{4\pi r^3}\left(\boldsymbol{a}_r 2\cos\theta + \boldsymbol{a}_\theta \sin\theta\right) \tag{4.49}$$

与静电场中电偶极子在远区场的电场表示式为

$$\boldsymbol{E} \approx \frac{ql}{4\pi\varepsilon_0 r^3}(\boldsymbol{a}_r 2\cos\theta + \boldsymbol{a}_\theta \sin\theta) \tag{4.50}$$

进行比较，可以看出二者非常相似，因此将载有恒定电流的小圆环称为磁偶极子。乘积 $\boldsymbol{IS}$ 称为磁偶极子的磁偶极矩，简称磁矩，单位为 A·m^2（安·米^2），用矢量 $\boldsymbol{P}_m$ 表示，即

$$\boldsymbol{P}_m = I\boldsymbol{S} \tag{4.51}$$

式中，$\boldsymbol{S}$ 或 $\boldsymbol{P}_m$ 的方向与电流 I 的方向成右手螺旋关系，如图 4.10 所示。由于表达式形式相同，式（4.48）所示的磁偶极子的远区场磁感应线的分布与电偶极子的远区电力线分布也是相同的，如图 4.11 所示。但是在近区场二者的解并不相同，而且它们之间有一个根本的不同点：电力线都是起始于电偶极子的正电荷，终止于负电荷；而磁力线则是与小电流环套链的闭合曲线。

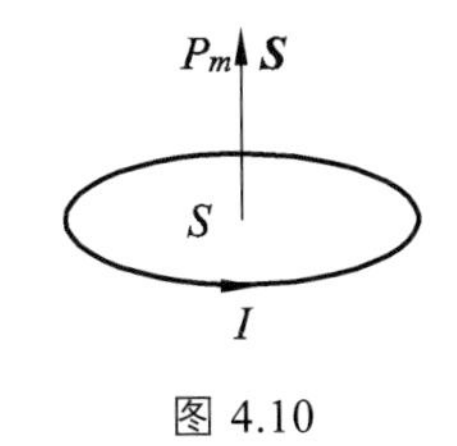

图 4.10

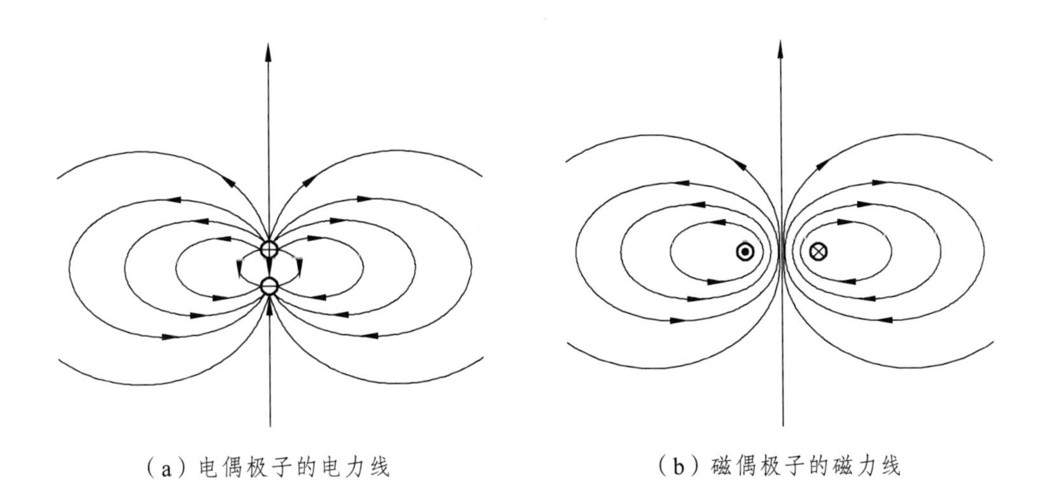

（a）电偶极子的电力线　　（b）磁偶极子的磁力线

图 4.11　电偶极子和磁偶极子

利用矢量恒等式，式（4.47）的矢量磁位表达式还可写为

$$A(r,\theta) = a_\varphi \frac{\mu_0 \boldsymbol{IS}\sin\theta}{4\pi r^2} = \frac{\mu_0 \boldsymbol{IS}}{4\pi} a_z \times \frac{r}{r^3} = -\frac{\mu_0}{4\pi} P_m \times \left(\nabla\frac{1}{r}\right) \tag{4.52}$$

习题 4.3

4.3.1　在某一场域内，如果磁矢位 $A = 5x_3\boldsymbol{e}_x$，求电流密度 $\boldsymbol{J}$ 的分布。

4.3.2　已知电流分布为 $\boldsymbol{J} = \boldsymbol{J}_0\rho\boldsymbol{e}_z, \rho \leqslant a$，$\boldsymbol{J}_0$ 为常数，求磁矢位 $\boldsymbol{A}$ 和磁感应强度 $\boldsymbol{B}$（注 $\boldsymbol{A}$ 的参考点选为 $\rho = \rho_0 > a$ 处）。

4.4　磁介质中的恒定磁场方程

4.4.1　介质的磁化

从微观角度看，原子中的每一个电子和原子核都在不停地自旋，电子同时还绕核旋转，这些旋转形成微小的环形电流，相当于磁偶极子。单个分子内所有磁偶极子对外部所产生的磁效应总和可以用一个等效回路电流来表示，这个等效回路电流称为分子电流，分子电流的磁矩称为分子磁矩。定义一个分子电流的磁矩 $\boldsymbol{P}_{mi} = I_i\boldsymbol{S}_i$。其中，$I_i$ 是分子电流强度；$\boldsymbol{S}_i$ 是分子电流围成的面积，$\boldsymbol{S}_i$ 的方向与电流环绕方向满足右手螺旋关系。

在没有外加磁场时，由于热运动，分子磁矩排列随机，总磁矩为零，整块物质对外不显磁性。当外加磁场时，分子中一直处于运动状态的带电粒子受到磁场力作用而改变运动方向，从而使得分子磁矩的排列比较有序，宏观的合成磁矩不再为零，这种现象称为磁化。被磁化的物质产生附加磁场，叠加到外磁场中，使物质的磁化状态再次发生变化，直至达到稳定状态。

不同的物质被磁化的程度不同，顺磁性物质如铝锡、镁、钨、铂、钯等被磁化后，合成磁场略有增大，抗磁性物质如银、铜、铋、锌、铅、汞等被磁化后，合成磁场略有减小，这些都属于弱磁性物质。而铁磁性物质如铁、钴、镍和亚铁磁性物质如铁氧体等在外加磁场中会被显著磁化，产生较强的磁性，属于强磁性物质，而且这种磁性具有非线性特性，存在磁滞和剩磁现象，因而得到广泛应用。

为了从宏观上描述介质的磁化程度，引入磁化强度 $\boldsymbol{M}$ 表示介质中单位体积内所有分子磁矩的矢量和。若介质中体积 $\Delta\tau$ 内共有 n 个分子，第 i 个分子的磁偶极距为 $\boldsymbol{P}_{mi}$，则

$$\boldsymbol{M} = \lim_{\Delta\tau \to 0} \frac{\sum_{i=1}^{n} \boldsymbol{P}_{mi}}{\Delta\tau} \tag{4.53}$$

式中，$\boldsymbol{M}$ 的单位是 A/m（安/米）。由于 $\Delta\tau$ 很小，可取平均磁矩 $\boldsymbol{P}_m$，即有 $\sum_{i=1}^{n} \boldsymbol{P}_{mi} = n\boldsymbol{P}_m$，则

$$\boldsymbol{M} = \lim_{\Delta\tau \to 0} \frac{n\boldsymbol{P}_m}{\Delta\tau} = N\boldsymbol{P}_m \ (\text{A/m}) \tag{4.54}$$

式中，N 为单位体积内的分子数。可见，$\boldsymbol{M}$ 是分布函数。介质被磁化后由于分子磁矩的有序排列，使介质内部产生某个方向的净电流，在介质表面也会出现宏观面电流，这种

电流称为磁化电流。由于这种电流是被束缚在原子或分子周围的，因此又称束缚电流。下面计算磁化电流。如图 4.12 所示，设磁化介质的体积为 τ'，介质的磁化强度为 $\boldsymbol{M}(\boldsymbol{r}')$，则 $\mathrm{d}\tau'$ 内的总磁矩为 $\boldsymbol{M}\mathrm{d}\tau' = N\boldsymbol{P}_m\mathrm{d}\tau'$，利用式（4.52），这个磁矩在场点 P 产生的矢量位为

$$\mathrm{d}\boldsymbol{A}(\boldsymbol{r}) = -\frac{\mu_0}{4\pi}N\boldsymbol{P}_m\times\left(\nabla\frac{1}{R}\right)\mathrm{d}\tau' = -\frac{\mu_0}{4\pi}\boldsymbol{M}(\boldsymbol{r}')\times\left(\nabla\frac{1}{R}\right)\mathrm{d}\tau' \tag{4.55}$$

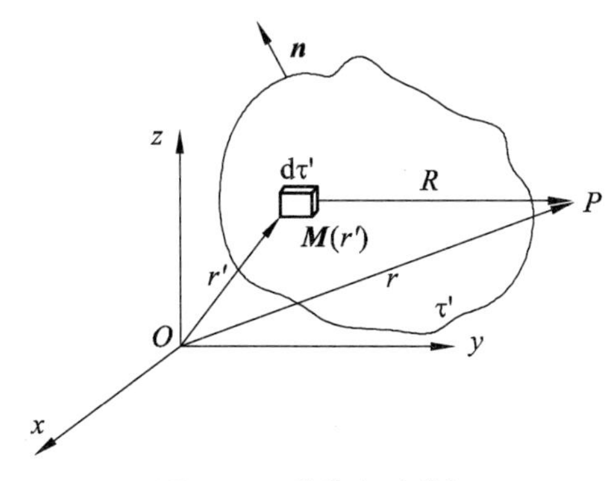

图 4.12　磁化介质的场

整块介质的磁矩产生的矢量磁位为

$$\boldsymbol{A}(\boldsymbol{r}) = -\frac{\mu_0}{4\pi}\int_{\tau'}\boldsymbol{M}(\boldsymbol{r}')\times\left(\nabla\frac{1}{R}\right)\mathrm{d}\tau' = \frac{\mu_0}{4\pi}\int_{\tau'}\boldsymbol{M}(\boldsymbol{r}')\times\left(\nabla'\frac{1}{R}\right)\mathrm{d}\tau' \tag{4.56}$$

利用矢量恒等式：

$$\boldsymbol{M}\times\left(\nabla'\frac{1}{R}\right) = \frac{1}{R}\nabla'\times\boldsymbol{M} - \nabla'\times\frac{\boldsymbol{M}}{R} \tag{4.57}$$

及

$$-\int_{\tau'}\nabla'\times\frac{\boldsymbol{M}}{R}\mathrm{d}\tau' = \oint_{S'}\frac{\boldsymbol{M}}{R}\times\boldsymbol{n}\mathrm{d}S' \tag{4.58}$$

得

$$\boldsymbol{A}(\boldsymbol{r}) = \frac{\mu_0}{4\pi}\int_{\tau'}\frac{\nabla'\times\boldsymbol{M}(\boldsymbol{r}')}{R}\mathrm{d}\tau' + \frac{\mu_0}{4\pi}\oint_{S'}\frac{\boldsymbol{M}(\boldsymbol{r}')\times\boldsymbol{n}}{R}\mathrm{d}S' \tag{4.59}$$

式（4.59）中第 1 项与体分布电流产生的量磁位表达式相同，第 2 项与面分布电流产生的矢量磁位表达式相同，因此磁化介质所产生的矢量位可以看作是等效体电流和面电流在真空中共同产生的，于是，磁化体电流密度 $\boldsymbol{J}_m$ 和磁化面电流密度 $\boldsymbol{J}_{ms}$ 分别为

$$\boldsymbol{J}_m = \nabla'\times\boldsymbol{M}(\boldsymbol{r}') \tag{4.60}$$

$$\boldsymbol{J}_{ms} = \boldsymbol{M}(\boldsymbol{r}')\times\boldsymbol{n}\,|_s \tag{4.61}$$

式中，$\boldsymbol{n}$ 是磁介质表面的外法线方向。习惯上，只讨论磁化电流分布或磁化强度分布时，坐标变量和矢量微分算符都不必加撇(′)。

综合以上讨论，可得出下面的结论。

（1）对均匀、线性、各向同性介质，当外加磁场均匀时，介质将被均匀磁化，$\boldsymbol{M}$ 是

常矢量，介质内不存在磁化体电流；当外加磁场不均匀时，$\boldsymbol{M}$ 是分布函数，介质体积内将出现宏观磁化电流。

（2）根据式（4.60），利用斯托克斯定理可得介质内穿过截面 $\boldsymbol{S}$ 的磁化电流强度为

$$I_m=\int_s \nabla\times\boldsymbol{M}\cdot \mathrm{d}\boldsymbol{S}=\oint_c \boldsymbol{M}\cdot \mathrm{d}\boldsymbol{l} \tag{4.62}$$

式（4.62）表明，在磁介质中，磁化强度沿任一闭合回路的环量等于闭合回路所包围的总磁化电流。

（3）由式（4.61）可知，被磁化 $(\boldsymbol{M}\neq\boldsymbol{0})$ 的介质表面总会存在磁化面电流。

（4）由于磁化电流是由分子电流有序排列形成的，而分子电流总是在微观范围内自成闭合回路，因此穿过整块介质的任意截面上的磁化电流总量必定为零，即

$$I_m+I_{ms}=0 \tag{4.63}$$

4.4.2　磁介质中的安培环路定律

介质被磁化后产生的磁化电流密度 $\boldsymbol{J}_m$ 与传导电流密度 $\boldsymbol{J}$ 一样也会产生磁场，因此，只需在真空中的安培定律中加入磁化电流密度 $\boldsymbol{J}_m$ 即可得到介质中的安培环路定律：

$$\oint_C \boldsymbol{B}\cdot \mathrm{d}\boldsymbol{l}=\mu_0\sum(I+I_{\mathrm{m}})=\mu_0\int_s(\boldsymbol{J}+\boldsymbol{J}_{\mathrm{m}})\cdot \mathrm{d}\boldsymbol{S} \tag{4.64}$$

将式（4.62）代入上式，得

$$\oint_C \boldsymbol{B}\cdot \mathrm{d}\boldsymbol{l}=\mu_0(\sum I+\oint_C \boldsymbol{M}\cdot d\boldsymbol{l}) \tag{4.65}$$

将上式改写为

$$\oint_C\left(\frac{\boldsymbol{B}}{\mu_0}-\boldsymbol{M}\right)\cdot \mathrm{d}\boldsymbol{l}=\sum I \tag{4.66}$$

令

$$\boldsymbol{H}=\frac{\boldsymbol{B}}{\mu_0}-\boldsymbol{M} \tag{4.67}$$

则式（4.66）可写为

$$\oint_C \boldsymbol{H}\cdot \mathrm{d}\boldsymbol{l}=\sum I \tag{4.68}$$

式中，$\boldsymbol{H}$ 称为磁场强度，是为了简化磁场的计算而引进的辅助矢量，单位为 A/m（安/米）。式（4.68）称为介质中的安培定律的积分形式。它表明，在介质中磁场强度沿任意回路的环量等于该回路所包围的传导电流的代数和。利用斯托克斯定理，与之对应的微分形式为

$$\nabla\times\boldsymbol{H}=\boldsymbol{J} \tag{4.69}$$

它表明，磁场强度 $\boldsymbol{H}$ 的涡旋源是传导电流。

由于在磁介质中引入了辅助量 $\boldsymbol{H}$，为了便于分析，还必须找出 $\boldsymbol{B}$ 和 $\boldsymbol{H}$ 之间的更简单的关系。$\boldsymbol{B}$ 和 $\boldsymbol{H}$ 之间的关系称为本构关系，它表示磁介质的磁化特性。

实验表明，磁化强度 $\boldsymbol{M}$ 与磁场强度 $\boldsymbol{H}$ 满足：

$$\boldsymbol{M}=\chi_m\boldsymbol{H} \tag{4.70}$$

式中，χ_m 称为介质的磁化率，对于线性和各向同性磁介质，χ_m 是一个无量纲的常数。非线性磁介质的 χ_m 与磁场强度有关，非均磁介质的 χ_m 是空间位置的函数，各向异性介质的 $\boldsymbol{M}$ 和 $\boldsymbol{H}$ 的方向不同，χ_m 是张量。顺磁介质的 χ_m 为正实数，抗磁介质的 χ_m 为负实数，真空中的 $\chi_m=0$。将式（4.70）代入式（4.67），得

$$\boldsymbol{B}=\mu_0(1+\chi_m)\boldsymbol{H}=\mu_0\mu_r\boldsymbol{H}=\mu\boldsymbol{H} \tag{4.71}$$

式（4.71）称为 $\boldsymbol{B}$ 和 $\boldsymbol{H}$ 之间的本构关系。
其中

$$u=(1+\chi_m)\mu_0=\mu_r\mu_0 \tag{4.72}$$

μ 称为介质的磁导率，单位为享/米（H/m）；$\mu_r=1+\chi_m$ 称为介质的相对磁导率，对于线性和各向同性磁介质是一个无量纲的常数。由于顺磁质和抗磁质的 χ_m 都很小，磁化效应都很弱工程上通常认为它们的相对磁导率 $\mu_r\approx 1$。而对于铁磁性物质，$\boldsymbol{B}$ 和 $\boldsymbol{H}$ 的关系并非线性，通常用 ***B-H*** 曲线（磁滞回线）来表示，而且它的 μ_r $\boldsymbol{u}_r$ 非常大，可达几百、几千，甚至 10^6 量级。

磁化电流的出现并不影响磁通的连续性，因而仍有 $\nabla\cdot\boldsymbol{B}=0$。另外，考虑到磁化电流的影响，介质中的矢量磁位变为

$$\boldsymbol{A}(\boldsymbol{r})=\frac{\mu}{4\pi}\int_{\tau'}\frac{\boldsymbol{J}(\boldsymbol{r}')}{R}\mathrm{d}\tau' \tag{4.73}$$

式（4.73）所满足的微分方程变为

$$\nabla^2\boldsymbol{A}=-\mu\boldsymbol{J} \tag{4.74}$$

综上所述，磁介质中恒定磁场的基本方程为

$$\nabla\cdot\boldsymbol{B}=0 \tag{4.75}$$

$$\nabla\cdot\boldsymbol{H}=\boldsymbol{J} \tag{4.76}$$

$$\boldsymbol{B}=\mu\boldsymbol{H} \tag{4.77}$$

与上式对应的积分形式为

$$\oint_S\boldsymbol{B}\cdot\mathrm{d}\boldsymbol{S}=0 \tag{4.78}$$

$$\oint_C\boldsymbol{H}\cdot\mathrm{d}\boldsymbol{l}=I \tag{4.79}$$

磁介质中恒定磁场的基本方程表明，磁场是有旋无散场，磁场强度的涡旋源是传导电流，磁场强度线是围绕传导电流的闭合曲线。

例 4.6 有一磁导率为 μ、半径为 a 的无限长导磁圆柱，其轴线处有无限长的线电流 I，圆柱外是空气 μ_0，如图 4.13 所示。试求圆柱内外的 $\boldsymbol{B}$、$\boldsymbol{H}$ 与 $\boldsymbol{M}$ 的分布。

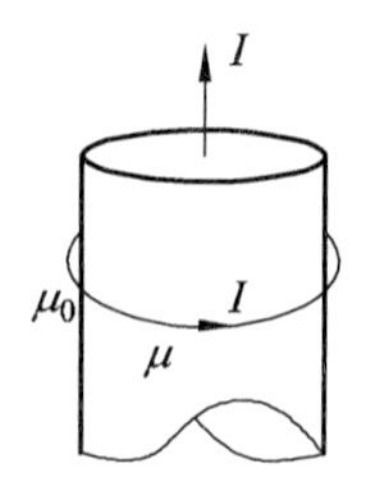

图 4.13　轴线载流的无限长导磁圆柱

解：因为磁场为轴对称分布，故利用磁介质中的安培环路定律：

$$\oint_l \boldsymbol{H}\cdot \mathrm{d}\boldsymbol{l} = 2\pi\rho H_\varphi = I$$

可求出磁场强度：

$$\boldsymbol{H} = \frac{I}{2\pi\rho}\boldsymbol{a}_\varphi \quad (0<\rho<\infty)$$

利用 $\boldsymbol{B} = \mu\boldsymbol{H}$，可求出磁感应强度：

$$\boldsymbol{B} = \begin{cases} \dfrac{\mu I}{2\pi\rho}\boldsymbol{a}_\varphi & (0<\rho\leqslant a) \\ \dfrac{\mu_0 I}{2\pi\rho}\boldsymbol{a}_\varphi & (a<\rho<\infty) \end{cases}$$

磁化强度为

$$\boldsymbol{M} = \frac{\boldsymbol{B}}{\mu_0} - \boldsymbol{H} = \begin{cases} \dfrac{\mu-\mu_0}{\mu_0}\cdot\dfrac{I}{2\pi\rho}\boldsymbol{a}_\varphi & (0<\rho\leqslant a) \\ 0 & (a<\rho<\infty) \end{cases}$$

习题 4.4

4.4.1　真空中，在 $z=0$ 平面面上的 $0<x<10$ 和 $y>0$ 范围内，有以线密度 $K=500e_y$ A/m 均匀分布的电流，求在点（0, 0, 5）产生的磁感应强度。

4.4.2　四条平行的载流 I 无限长直导线垂直地通过一边长为 a 的正方形顶点，求正方形中心点 P 处的磁感应强度值。

4.5　恒定磁场的边界条件

介质被磁化后，介质表面及两种介质分界面总会存在磁化面电流、磁化面电流又成为磁感应强度的涡旋源，使 $\boldsymbol{B}$ 和 $\boldsymbol{H}$ 在穿过界面时会发生突变，突变的规律即恒定磁场的边界条件应满足场的基本方程的积分形式。与静电场边界条件的推导方法类似，下面分别讨论两种介质分界面上恒定磁场在法向和切向必须满足的边界条件。

4.5.1 两种磁介质分界面上的边界条件

1. 法向边界条件

如图 4.14 所示，在介质的分界面上做一柱状闭合面，闭合面的上下底面分别位于分界面两侧，回路的高度 $h \to 0$。对此闭合面应用磁通连续性方程，得

$$\oint_s \boldsymbol{B} \cdot \mathrm{d}\boldsymbol{S} = \boldsymbol{B}_1 \cdot \boldsymbol{n}\Delta S - \boldsymbol{B}_2 \cdot \boldsymbol{n}\Delta S = 0 \tag{4.80}$$

式中，$\boldsymbol{n}$ 为介质分界面法线方向的单位量，由介质 2 指向介质 1。

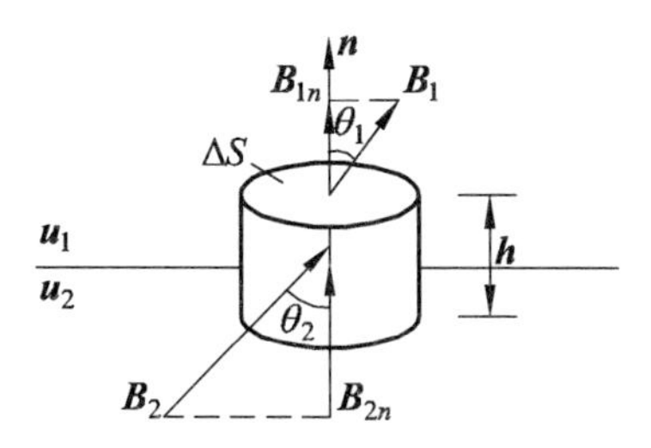

图 4.14 恒定磁场的法向边界条件

于是有

$$\boldsymbol{n} \cdot (\boldsymbol{B}_1 - \boldsymbol{B}_2) = 0 \text{ 或 } B_{1\mathrm{n}} = B_{2\mathrm{n}} \tag{4.81}$$

式（4.81）表明，磁感应强度 $\boldsymbol{B}$ 的法向分量是连续的。

2. 切向边界条件

如图 4.15 所示，在介质分界面上作一小矩形回路 C，使回路的两条长边分别位于分界面两侧，回路的高度 $h \to 0$，且回路所围面积的单位矢量方向 $\boldsymbol{s}$ 与分界面相切。设 Δl 为小矩形回路在介质 1 中的矢量线段，则有

$$\Delta \boldsymbol{l} = \boldsymbol{s} \times \boldsymbol{n}\Delta l \tag{4.82}$$

将介质中的安培环路定律应用于该回路，有

$$\oint_C \boldsymbol{H} \cdot \mathrm{d}\boldsymbol{l} = \boldsymbol{H}_1 \cdot \Delta \boldsymbol{l} - \boldsymbol{H}_2 \cdot \Delta \boldsymbol{l} = I \tag{4.83}$$

若分界面上有传导电流，则必定是面电流，那么将 $I = J_s \cdot s\Delta l$ 代入上式，得

$$\oint_C \boldsymbol{H} \cdot \mathrm{d}\boldsymbol{l} = (\boldsymbol{H}_1 - \boldsymbol{H}_2) \cdot \Delta \boldsymbol{l} = (\boldsymbol{H}_1 - \boldsymbol{H}_2) \cdot (s \times \boldsymbol{n})\Delta l = \boldsymbol{J}_s \cdot s\Delta l \tag{4.84}$$

利用混合积的轮换恒等式，上式可写为

$$\boldsymbol{n} \times (\boldsymbol{H}_1 - \boldsymbol{H}_2) \cdot s = \boldsymbol{J}_s \cdot s \tag{4.85}$$

由于 S 是介质分界面内的任意方向，则有

$$\boldsymbol{n} \times (\boldsymbol{H}_1 - \boldsymbol{H}_2) = \boldsymbol{J}_s \text{ 或 } H_{1\mathrm{t}} - H_{2\mathrm{t}} = J_s \tag{4.86}$$

式（4.86）表明，磁场强度的切向分量的差值等于分界面上与磁场垂直的面电流密度。由于一般介质分界面上没有传导电流，因此，式（4.86）可写为

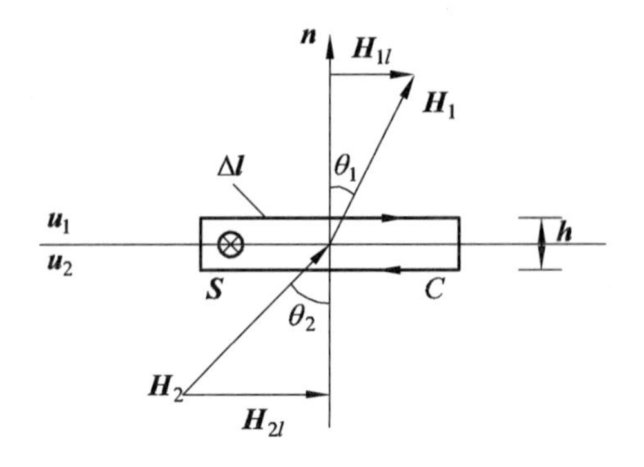

图 4.15　恒定磁场的切向边界条件

$$\boldsymbol{n}\times(\boldsymbol{H}_1-\boldsymbol{H}_2)=0 \text{ 或 } H_{1t}=H_{2t} \tag{4.87}$$

式（4.81）表明，磁场强度的切向分量是连续的。

综上所述，恒定磁场的边界条件总结如下。

$$\begin{cases}\boldsymbol{n}\cdot(\boldsymbol{B}_1-\boldsymbol{B}_2)=0\\ \boldsymbol{n}\cdot(\boldsymbol{H}_1-\boldsymbol{H}_2)=\boldsymbol{J}_s\end{cases} \tag{4.88}$$

$\boldsymbol{J}_s=0$ 时，

$$\begin{cases}B_{1n}=B_{2n}\\ H_{1t}=H_{2t}\end{cases} \tag{4.89}$$

3. 折射关系

设 $\boldsymbol{B}_1$ 与 $\boldsymbol{n}$ 的夹角为 θ_1，$\boldsymbol{B}_2$ 与 $\boldsymbol{n}$ 的夹角为 θ_2，如图 4.16 所示。

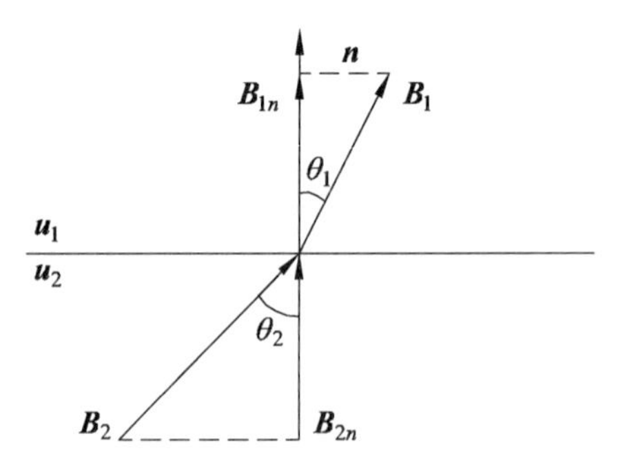

图 4.16　不同介质分界面上折射关系的推导

若图 4.16 中的分界面上不存在传导电流，利用式（4.81）和式（4.87）可推出：

$$\frac{\tan\theta_1}{\tan\theta_2}=\frac{B_{1t}/B_{1n}}{B_{2t}/B_{2n}}=\frac{B_{1t}}{B_{2t}}=\frac{\mu_1 H_{1t}}{\mu_2 H_{2t}}=\frac{\mu_1}{\mu_2} \tag{4.90}$$

式（4.90）表明，磁力线在分界面上会改变方向。利用此式，可分析下面两种分界面上磁场的分布特征。

4.5.2　理想导磁体表面的边界条件

1. 理想导磁体表面

设介质 1 为空气，介质 2 为理想导磁体，即 $\mu_2=\infty$，则由 $\boldsymbol{B}_2=\mu_2\boldsymbol{H}_2$，得

$$\boldsymbol{H}_2=\boldsymbol{0} \tag{4.91}$$

因为如果 $\boldsymbol{H}_2\neq\boldsymbol{0}$，则 $B_2\to\infty$，即要求有无穷大的恒定电流，这显然不可能。因此，理想导磁体内不可能存在恒定磁场。由边界条件可知，$H_{1t}=H_{2t}=0$，这表明理想导磁体表面磁场仅有法向分量，即磁场总是与理想导磁体表面垂直。

2. 铁磁物质表面

设介质 1 为空气，介质 2 为铁磁物质，即 $\mu_2=\mu\gg\mu_0=\mu_1$，则由式（4.87）可知：

$$\frac{\tan\theta_1}{\tan\theta_2}=\frac{\mu_1}{\mu_2}\to 0 \tag{4.92}$$

即 $\theta_1\to 0$，$\theta_2\to 90°$

该式表明，空气中的磁感应线几乎垂直于铁磁物质表面，而铁磁物质则像是在“收拢”磁力线，使其顺着铁磁物质走。因此图 4.17 所示的铁磁球壳，就可以起到较好的磁屏蔽作用。与静电屏蔽的区别是，磁屏蔽是不彻底的。加厚屏蔽层可以提高屏蔽程度。更好的办法是双重屏蔽。如果两屏蔽层之间距离相当大，可以想象总屏蔽程度接近两个单层屏蔽程度的乘积。

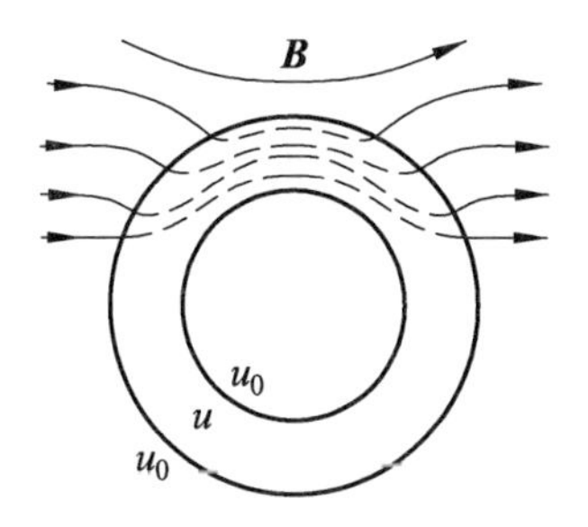

图 4.17　磁屏蔽壳的磁力线分布

4.5.3　矢量磁位表示的边界条件

根据矢量磁位的散度和旋度定义，即 $\nabla\cdot\boldsymbol{A}=0$，$\boldsymbol{B}=\nabla\times\boldsymbol{A}$，利用 $B_{1n}=B_{2n}$ 的边界条件，可推出：

$$\boldsymbol{A}_1=\boldsymbol{A}_2 \tag{4.93}$$

利用 $H_{1t}=H_{2t}$ 的边界条件，可推出：

$$\frac{1}{\mu_1}(\nabla\times\boldsymbol{A}_1)_t=\frac{1}{\mu_2}(\nabla\times\boldsymbol{A}_2)_t \tag{4.94}$$

例 4.7 环形铁心螺线管半径 a 远小于环半径 R，环上均匀密绕 N 匝线圈，电流为 I，铁心磁导率为 μ，如图 4.18（a）所示。

（1）计算螺线管中 $\boldsymbol{B}$ 和 Φ。

（2）如果在环上开一个宽度为 t 的小切口，如图 4.18（b）所示，电流及匝数都不变，求铁心和空气隙中的 $\boldsymbol{B}$ 和 $\boldsymbol{H}$。

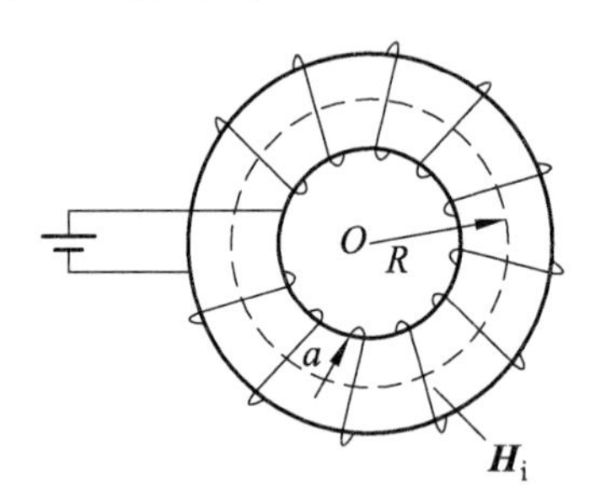

（a）环形螺线管

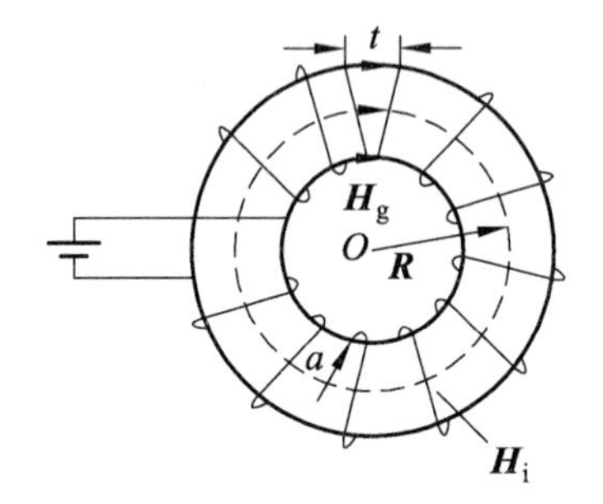

（b）开小切口的环形螺线管

图 4.18 环形铁心螺线管

解：（1）参考图 4.18（a），因为 $a \ll R$，可认为铁心截面上场均匀，沿轴线取环积分，利用安培环路定律，则有

$$\oint_C \boldsymbol{H}_1 \cdot \mathrm{d}\boldsymbol{l} = H_1 \cdot 2\pi R = NI$$

$$H_1 = \frac{NI}{2\pi R}$$

$$B_1 = \mu H_1 = \frac{\mu NI}{2\pi R}$$

$$\Phi = \int_S \boldsymbol{B}_1 \cdot \mathrm{d}\boldsymbol{S} = B_1 \cdot \pi a^2 = \frac{\mu NIa^2}{2R}$$

（2）当环上开一小切口时，参考图 4.18（6），由于 t 很小，可认为 $\boldsymbol{B}$ 仍然均匀分布在 $S=\pi a^2$ 的截面上，边缘效应可以忽略。根据法向边界条件，则有

$$B_g = B_i = B_2$$

利用安培环路定律，则有：

$$\oint_C \boldsymbol{H}_2 \cdot \mathrm{d}\boldsymbol{l} = H_i \cdot (2\pi R - t) + H_g t = NI$$

$$\frac{B_i}{\mu} \cdot (2\pi R - t) + \frac{B_g}{\mu_0} t = NI$$

$$B_2 = \frac{\mu_0 \mu NI}{2\pi R \mu_0 + (\mu - \mu_0)t} = \frac{\mu NI}{2\pi R + (\mu_r - 1)t} < \frac{\mu NI}{2\pi R} = B_1$$

由于 $u_r \gg 1$，B_2 比 B_1 小了很多。

铁心和空气隙中的磁场强度 H_i 和 H_g 分别为

$$H_i = \frac{B_2}{u} = \frac{NI}{2\pi R + (u_r - 1)t}$$

$$H_g = \frac{B_2}{\mu_0} = \frac{\mu_r NI}{2\pi R + (\mu_r - 1)t} \gg H_i$$

这说明磁场强度主要集中在切口的空气隙中。

习题 4.5

4.5.1　如图 4.19 所示，设在均匀磁场 H_0 中，放置一个磁导率为 μ 的无限长直圆柱体，其截面一半径为 a，圆柱外磁导率为 μ_0，求圆柱内、外的磁场。

4.5.2　真空中在 $x = -2$ m，$y = 0$ 处，有一沿 e_z 方向 6 mA 的线电流，另外在 $x = 2$ m，$y = 0$ 处有一沿（$-e_z$）方向 6 mA 的线电流，设原点的磁位 $\varphi_m = 0$，试求沿 y 轴的磁位 φ_m。

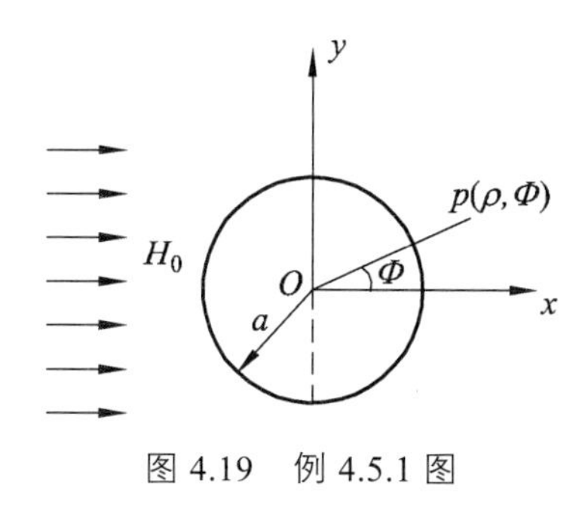

图 4.19　例 4.5.1 图

4.6　标量磁位

4.6.1　标量磁位及其方程

恒定磁场是有旋场，但在电流分布之外的区域，磁场强度是无旋的。此时可引入标量位 Φ_m，令：

$$\boldsymbol{H} = -\nabla \Phi_m \tag{4.95}$$

式（4.95）中 Φ_m 称为恒定磁场的标量磁位，单位为 $\boldsymbol{A}$；负号是为了与静电场的标量电位相对应而人为地加入的。

在均匀介质内，μ 与空间坐标无关，得

$$\nabla \cdot \boldsymbol{B} = \nabla \cdot (\mu \boldsymbol{H}) = \mu \nabla \cdot \boldsymbol{H} = 0 \tag{4.96}$$

将式（4.95）代入上式，可得出标量磁位满足拉普拉斯方程：

$$\nabla^2 \Phi_m = 0 \tag{4.97}$$

式（4.97）与标量电位满足的拉普拉斯方程完全相同。把边界条件式（4.85）（$\boldsymbol{J}_S = 0$）代入式（4.95），可得标量磁位的边界条件：

$$\mu_1 \frac{\partial \varPhi_{m1}}{\partial n}\bigg|_s = \mu_2 \frac{\partial \varPhi_{m2}}{\partial n}\bigg|_s \tag{4.98}$$

$$\varPhi_{m1}|_s = \varPhi_{m2}|_s \tag{4.99}$$

可见，边界条件与静电场的标量电位在形式上也完全相同。因此关于标量电位的拉普拉斯方程的求解方法都可用于标量磁位的求解。

例 4.8 两个铁制磁极如图 4.20 所示。若两极的标量磁位值分别为 U_m 和 $-U_m$，求空气中的磁场。

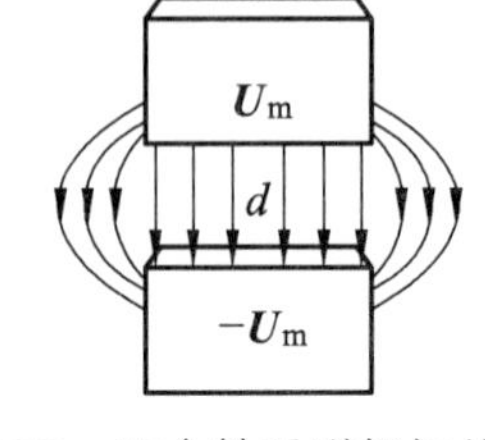

图 4.20 两个铁质磁极间的磁场

解：两磁极间没有电流存在，与静电场中的两平板电极间的场分布相同，忽略边缘效应，则有

$$H = \frac{U_m - (-U_m)}{d} = \frac{2U_m}{d}$$

4.6.2 标量磁位的多值性

静电场是无旋场，是保守的，因此电位是与积分路径无关的单值函数；而恒定磁场是有旋场，是非保守的，所以标量磁位与积分路径有关，当积分路径环绕电流时标量磁位是多值的函数。

由 $\boldsymbol{H} = -\nabla \varPhi_m$ 可推出：

$$\varPhi_m(A) = \int_A^P \boldsymbol{H} \cdot \mathrm{d}\boldsymbol{l} \tag{4.100}$$

如果考虑直线电流的标量磁位，计算 $\boldsymbol{H}$ 沿图 4.21 所示的两种路径的线积分。设 P 为标量位 $\varPhi_m$ 的参考点。按照安培环路定律，则有

$$\varPhi_{m1}(A) = \int_0^{\varphi} \frac{I}{2\pi\rho} \boldsymbol{a}_\varphi \cdot \boldsymbol{a}_\varphi \rho \mathrm{d}\varphi = \frac{I}{2\pi}\varphi \tag{4.101}$$

$$\varPhi_{m2}(A) = \int_0^{2\pi+\varphi} \frac{I}{2\pi\rho} \boldsymbol{a}_\varphi \cdot \boldsymbol{a}_\varphi \rho \mathrm{d}\varphi = \frac{I}{2\pi}\varphi + I \tag{4.102}$$

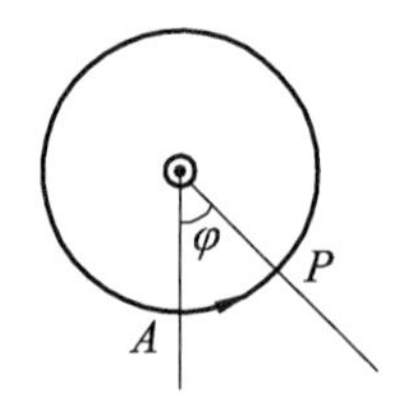

图 4.21 直线电流的标量磁位

显然，如果从 A 点起对 I 的方向而言右（左）螺旋 n 周到 P 点，$\varPhi_m$ 值就会加上（减去）nI。换言之，对同一点 A 而言，$\varPhi_m$ 的取值有无穷的多个，它们彼此之间相差一个常数 nI（n=0，±1，±2，…）。但由于 $\boldsymbol{H} = -\nabla \varPhi_m$，$\varPhi_m$ 的多值性并不会影响磁场的解，$\boldsymbol{B}$、$\boldsymbol{H}$ 的解仍然是唯一的。

4.6.3 介质磁化的磁荷模型及其标量磁位

对于介质的磁化机理的解释，除了安培的分子电流模型，还有一种假说，就是仿照介质的极化原理提出的磁荷模型，即认为磁偶极矩也像电偶极矩那样由一对等量异号的磁荷产生。

这样，介质体积中的磁化体电荷密度为

$$\rho_{\mathrm{m}} = -\nabla \cdot \boldsymbol{M} \tag{4.103}$$

介质表面的磁化面电荷密度为

$$\rho_{\mathrm{m}s} = \boldsymbol{M} \cdot \boldsymbol{n} \tag{4.104}$$

因此，可以直接写出介质中的磁荷所产生的标量磁位：

$$\varPhi_{\mathrm{m}}(\boldsymbol{r}) = \frac{1}{4\pi}\int_{\tau}\frac{\rho_{\mathrm{m}}(\boldsymbol{r}')}{R}\mathrm{d}\tau' + \frac{1}{4\pi}\oint_{s}\frac{\rho_{\mathrm{m}s}(\boldsymbol{r}')}{R}\mathrm{d}S' \tag{4.105}$$

且标量磁位满足的微分方程为泊松方程，即

$$\nabla^2\varPhi_{\mathrm{m}} = -\rho_{\mathrm{m}} \tag{4.106}$$

在 $\rho_{\mathrm{m}} = 0$ 的空间，标量磁位满足拉普拉斯方程：

$$\nabla^2\varPhi_{\mathrm{m}} = 0 \tag{4.107}$$

到目前为止，虽然尚未确认磁荷的存在，但这种假设可以作为一种简化理论分析的工具。在时变场的求解中，也经常利用磁荷等对偶的物理量把场方程写成对偶的形式，然后根据对偶性原理套用电（磁）场的解直接写出磁（电）场的解。

习题 4.6

4.6.1　已知无源区的磁感应强度为 $\boldsymbol{B} = \boldsymbol{e}_x\frac{1}{a}\sin\frac{\pi x}{a}\cos\frac{\pi y}{b} + \boldsymbol{e}_y\frac{1}{b}\sin\frac{\pi y}{b}\cos\frac{\pi x}{a}$，试求该区域的标量磁位。

4.6.2　截面为圆环形的中空长直导线沿轴向流过的电流为 I，导线圆环的内外半径分别为 R_1、R_2，求导体以外空间各处的磁位和磁场强度。

4.7 电　感

4.7.1 自感系数和互感系数

在线性磁介质中，根据毕奥-萨伐尔定律，一个载流回路在空间产生的磁场与回路电流 I 成正比，因而穿过空间任一固定回路的磁通量 $\varPhi$ 也与 I 成正比，且有

$$\Phi = \int_S \boldsymbol{B} \cdot \mathrm{d}\boldsymbol{S} \tag{4.108}$$

如果载流回路由无限细导线绕成 N 匝，则总磁通量是各匝的磁通之和，称为磁链，用 ψ 表示。如果线圈密绕，可近似认为各匝的磁通相等，则有

$$\psi = N\Phi \tag{4.109}$$

设线性媒质中存在两个载流回路 C_1 和 C_2，分别通流 I_1 和 I_2，如图 4.22 所示。I_1 和 I_2，与回路 C_1 和 C_2 相交链的磁链分别为

$$\left.\begin{aligned} \psi_1 &= \psi_{11} + \psi_{21} \\ \psi_2 &= \psi_{22} + \psi_{12} \end{aligned}\right\} \tag{4.110}$$

式中，ψ_{11} 为电流 I_1 与回路 1 相交链的磁链；ψ_{22} 为电流 I_2 与回路 2 相交链的磁链；ψ_{12} 为电流 I_1 与回路 2 相交链的磁链。显然，ψ_{11}，$\psi_{12} \propto I_1$；ψ_{21}，$\psi_{22} \propto I_2$。

定义：

$$L_1 = \frac{\psi_{11}}{I_1} \tag{4.111}$$

为回路 1 的自感系数。

定义：

$$L_2 = \frac{\psi_{22}}{I_2} \tag{4.112}$$

为回路 2 的自感系数。

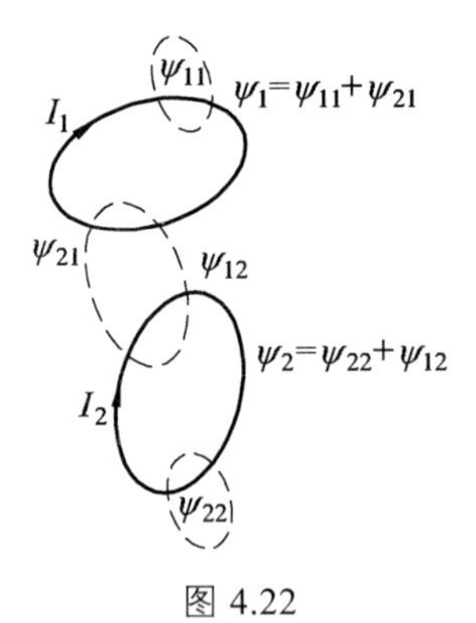

图 4.22

自感系数简称自感，单位为 H（亨利），大小与导线回路的尺寸、形状及周围的媒质参数有关，与导线中有无电流无关。

定义：

$$M_{12} = \frac{\psi_{12}}{I_1} \tag{4.113}$$

为回路 1 对回路 2 的互感系数。

定义：

$$M_{21} = \frac{\psi_{21}}{I_2} \tag{4.114}$$

为回路 2 对回路 1 的互感系数。

互感系数简称互感，单位也为 H（亨利）。互感的大小与导线回路的尺寸、形状、两个线圈的相互位置及周围的媒质参数有关，与回路中有无电流无关。

自感和互感统称电感。根据上述自感和互感的定义，回路 C_1 和回路 C_2 中的总磁链可重新写为

$$\left.\begin{aligned}\psi_1 &= L_1 I_1 + M_{21} I_2 \\ \psi_2 &= L_2 I_2 + M_{12} I_1\end{aligned}\right\} \tag{4.115}$$

4.7.2 自感和互感的计算

先由定义计算两个极细单匝回路间的互感。设两个载流线圈 C_1 和 C_2，$\mathrm{d}\boldsymbol{l}_1$ 是 C_1 上任取的线元，$\mathrm{d}\boldsymbol{l}_2$ 是 C_2 上任取的线元，如图 4.23 所示。

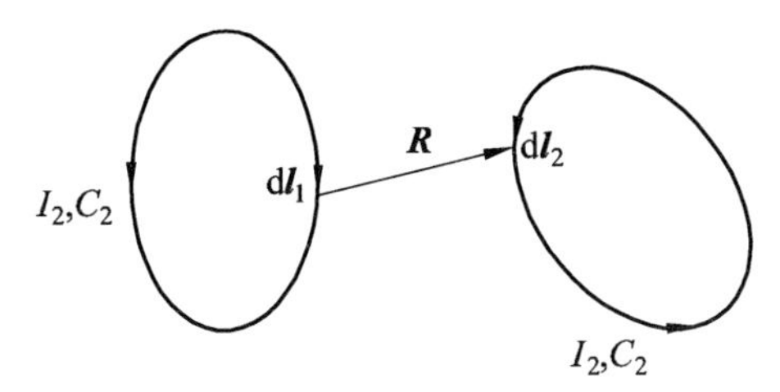

图 4.23　互感的计算

设回路 C_1 载有电流 I_1，则其穿过 C_2 的磁链为

$$\Psi_{12} = \Phi_{12} = \int_{S_2} \boldsymbol{B}_1 \cdot \mathrm{d}\boldsymbol{S} = \oint_{C_2} \boldsymbol{A}_1 \cdot \mathrm{d}\boldsymbol{l}_2 = \frac{\mu_0}{4\pi}\oint_{C_2}\oint_{C_1}\frac{I_1 \mathrm{d}\boldsymbol{l}_1 \cdot \mathrm{d}\boldsymbol{l}_2}{R} \tag{4.116}$$

将其代入式（4.113），得

$$M_{12} = \frac{\Psi_{12}}{I_1} = \frac{\mu_0}{4\pi}\oint_{C_2}\oint_{C_1}\frac{\mathrm{d}\boldsymbol{l}_1 \cdot \mathrm{d}\boldsymbol{l}_2}{R} \tag{4.117}$$

式（4.117）称为诺伊曼（Neumann）公式。

同理：

$$M_{21} = \frac{\Psi_{21}}{I_2} = \frac{\mu_0}{4\pi}\oint_{C_1}\oint_{C_2}\frac{\mathrm{d}\boldsymbol{l}_2 \cdot \mathrm{d}\boldsymbol{l}_1}{R} \tag{4.118}$$

由式（4.117）和式（4.118）可以看出：

$$M_{21} = M_{12} = M \tag{4.119}$$

式（4.113）说明互感具有互易性。

若 C_1 密绕 N_1 匝，C_1 密绕 N_2 匝，则由 $\psi = N\Phi$，得

$$\Psi_{12} = N_2\Phi_{12} = N_2\frac{\mu_0}{4\pi}\oint_{C_2}\oint_{C_1}\frac{N_1 I_1 \mathrm{d}\boldsymbol{l}_1 \cdot \mathrm{d}\boldsymbol{l}_2}{R} = N_1 N_2\frac{\mu_0}{4\pi}\oint_{C_2}\oint_{C_1}\frac{I_1 \mathrm{d}\boldsymbol{l}_1 \cdot \mathrm{d}\boldsymbol{l}_2}{R} \tag{4.120}$$

$$M = M_{12} = \frac{\psi_{12}}{I_1} = M_{21} = N_1 N_2 M_0 \tag{4.121}$$

式中，M_0 为 $N_1 = N_2 = 1$ 时 C_1 和 C_2 之间的互感。

自感的计算式同样可以由定义得到。当考虑到导线的直径时，由于电流在导线内部和外部均产生磁场，与之交链的磁链也可细分为内磁链和外磁链，因此，自感又分为内自感和外自感。

如图 4.24 所示，电流 I 与导线外部最内侧的回路 C_2 中的磁力线交链的磁链称为外磁链；与导线内部磁力线交链的磁链称为内磁链。计算外自感时可把电流 I 看成是集中于导线的轴线 C_1 上的细电流，因此外自感的计算式可写成诺伊曼公式（4.117）的形式，即

$$L_{0外} = \frac{\Phi_{外}}{I} = \frac{\mu_0}{4\pi} \oint_{C_2} \oint_{C_1} \frac{\mathrm{d}\boldsymbol{l}_1 \cdot \mathrm{d}\boldsymbol{l}_2}{R} \tag{4.122}$$

如果匝数 $N \neq 1$，则 $L_{外} = N^2 L_{0外}$。

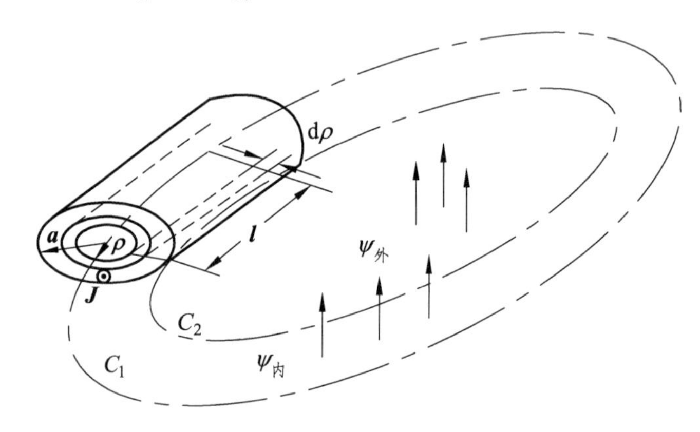

图 4.24　外自感和内自感的计算

计算内自感时应注意，内磁链是导线中部分电流与磁力线交链而成的。例如，半径为 a 的无限长直导线内的磁感应强度为

$$B(\rho) = \frac{\mu_0 I'}{2\pi\rho} = \frac{\mu_0}{2\pi\rho}\left(\frac{\rho^2}{a^2} I\right) = N(\rho)\frac{\mu_0}{2\pi\rho} I \tag{4.123}$$

式中，$N(\rho) = \dfrac{\rho^2}{a^2}$。

该处磁场穿过长 l 宽 $\mathrm{d}\rho$ 的面元的磁通元为

$$\mathrm{d}\Phi = B(\rho)\mathrm{d}S = N(\rho)\frac{\mu_0 I}{2\pi\rho} l\mathrm{d}\rho \tag{4.124}$$

由于半径 ρ 处的磁力线交链的电流为 I'，占导线电流 I 的比例为 $N(\rho) < 1$，因此磁链元为

$$\mathrm{d}\psi_{内} = N(\rho)\mathrm{d}\Phi = N^2(\rho)\frac{\mu_0 I}{2\pi\rho} l\mathrm{d}\rho = \frac{\mu_0 I}{2\pi a^4}\rho^3 l\mathrm{d}\rho \tag{4.125}$$

因此可得长为 l 的导线的内自感：

$$L_{内}=\frac{\Psi_{内}}{I}=\frac{\mu_0 I}{2\pi a^4}\int_0^a \rho^3 \mathrm{d}\rho=\frac{\mu_0 l}{8\pi} \tag{4.126}$$

例 4.9 两个共轴的、互相平行的一匝圆线圈相距为 d，半径分别为 a 和 b，且 $d \gg a$，如图 4.25 所示，求它们之间的互感。

解： 因为互感具有互易性，可以设 C_1 通电流 I，也可以设 C_2 通电流 I。此处设 C_1 通电流 I。

因为 $d \gg a$，所以 $R \gg a$。由 4.3 节中式（4.47）可知，通过电流为 I、半径为 a 的小圆环在远离

圆环处的矢量磁位为

$$\boldsymbol{A}(r,\theta)=\boldsymbol{a}_{\varphi}\frac{\mu_0 \pi a^2 I\sin\theta}{4\pi R^2}$$

I 产生的磁场与回路 C_2 交链的磁链 ψ_{12} 为

$$\Psi_{12}=\oint_{C_2}\boldsymbol{A}\cdot \mathrm{d}\boldsymbol{l}_2=A\cdot 2\pi b=\frac{\mu_0 \pi a^2 I}{4\pi R^2}(\sin\theta)2\pi b$$

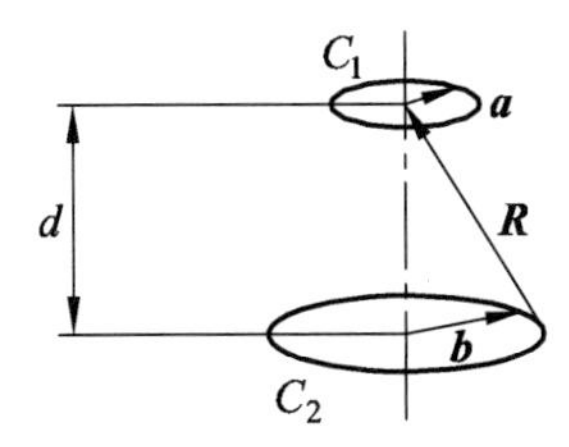

图 4.25　例 4.9 示意图

因为 $d \gg a$，由图 4.25 可得

$$\sin\theta=\frac{b}{a}\qquad\qquad R=\sqrt{b^2+d^2}$$

由此可求出互感 M：

$$M=\frac{\Psi_{12}}{I}=\frac{\mu_0 \pi a^2 b^2}{2(b^2+d^2)^{3/2}}$$

例 4.10 求平行双线输电线单位长度的外自感。已知导线半径为 a，导线间距离 $D \gg a$，如图 4.26 所示，并设大地的影响可以忽略。

解： 设导线电流为 I，根据无线长直导线的磁场计算结果，可求出平行双线输电线两轴线所在平面间磁感应强度：

$$B=\frac{\mu_0 I}{2\pi}\left(\frac{1}{x}+\frac{1}{D-x}\right)$$

磁场的方向与导线回路平面垂直，单位长度的外磁链为

$$\psi=\Phi_0=\int_S B\mathrm{d}S=\int_a^{D-a}\frac{\mu_0 I}{2\pi}\left(\frac{1}{x}+\frac{1}{D-x}\right)\mathrm{d}x=\frac{\mu_0 I}{\pi}\ln\frac{D-a}{a}$$

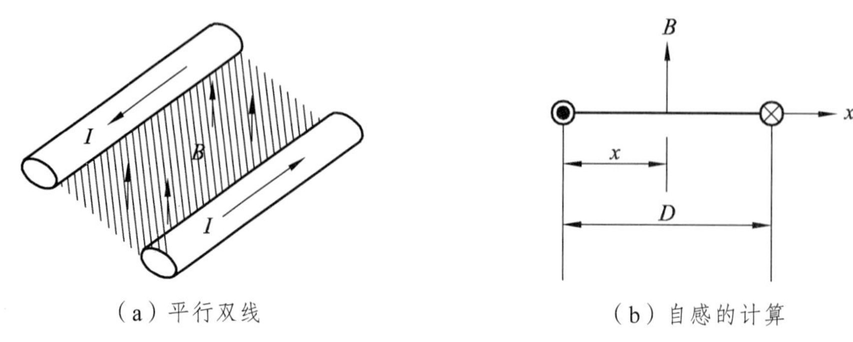

（a）平行双线　　（b）自感的计算

图 4.26　例 4.10 示意图

由此可求出单位长度的外自感：

$$L_0 = \frac{\Psi}{I} = \frac{\mu_0}{\pi}\ln\frac{D-a}{a} \approx \frac{\mu_0}{\pi}\ln\frac{D}{a}$$

诺伊曼公式证明了两个回路互感的互易性，提供了计算互感的基本公式，但实际应用却比较少，因为公式中的积分非常复杂且不易求出。当电流分布简单，求解磁场比较容易时，可利用式（4.79）~（4.82）求解自感和互感。

习题 4.7

如图 4.27 所示，求真空中沿 z 轴放置的无限长线电流和匝数为 1 000 的矩形回路之间的互感。

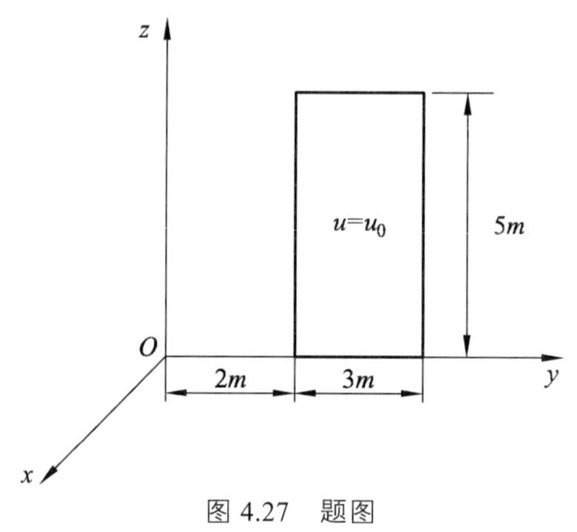

图 4.27　题图

4.8　磁场能量磁场力

4.8.1　磁场能量

安培力定律表明，电流回路在恒定磁场中会受到磁场力的作用而产生运动，这说明恒定磁场中储存着能量。磁场由电流产生，因而磁场能量的建立是在建立电流的过程中由外源做功转换而来的。正如电荷系统的静电能量是在建立电荷系统的过程中外力做功所赋予的，载流回路系统的磁场能量也是在建立这个系统的过程中外加电源做功所赋予的。

假设媒质为线性媒质；磁场建立无限缓慢，即不考虑涡流及辐射；系统能量仅与系统的最终状态有关，与能量的建立过程无关。这样，根据能量守恒定律，外源所做的功将转变为磁场中的储存能量。

1. 单个电流回路的磁场能量

首先分析电感为 L 的导电回路中的电流从 0 增加到 I 的过程中外源的做功情况。

设电流增加过程中的某时刻 t，导线回路的电流为 i，在 $\mathrm{d}t$ 时间内电流增加 $\mathrm{d}i$，则有

$$\mathrm{d}\psi = L\mathrm{d}i \tag{4.127}$$

由法拉第电磁感应定律，回路中的感应电动势等于与回路交链的磁链的时间变化率，即回路中的感应电动势为

$$e = -\frac{\mathrm{d}\psi}{\mathrm{d}t} = -L\frac{\mathrm{d}i}{\mathrm{d}t} \tag{4.128}$$

为使电流在 $\mathrm{d}t$ 内增加 $\mathrm{d}i$，必须施加一个抵消感生电动势的外部电压来反抗感应电动势做功，即

$$U = -e = L\frac{\mathrm{d}i}{\mathrm{d}t} \tag{4.129}$$

在 $\mathrm{d}t$ 时间内外源向导线回路输送电荷 $\mathrm{d}q$ 所做的功为

$$\mathrm{d}A = U\mathrm{d}q = Ui\mathrm{d}t = L\frac{\mathrm{d}i}{\mathrm{d}t}i\mathrm{d}t = Li\mathrm{d}i \tag{4.130}$$

电流从 0 到 I，外源所做的总功为

$$A = \int_0^I Li\mathrm{d}i = \frac{1}{2}LI^2 \tag{4.131}$$

在回路为刚性的情况下（回路没有形变），外源所做的功将全部转化为磁场能量。因此，电感为 L、电流为 I 的载流回路的磁场能量为

$$W_m = \frac{1}{2}LI^2 = \frac{1}{2}\psi I \tag{4.132}$$

由式（4.132）可知，单个回路的电感也可通过回路储存的磁场能量来计算：

$$L = \frac{2W_m}{I^2} \tag{4.133}$$

2. 多个电流回路的磁场能量

如图 4.28 所示，设两个载流回路 C_1 和 C_2 的自感分别为 L_1 和 L_2，它们之间的互感为 M，电流分别为 I_1 和 I_2，且在以下的计算过程中，不考虑电阻的功率损耗。磁场能量的计算分以下两步进行。

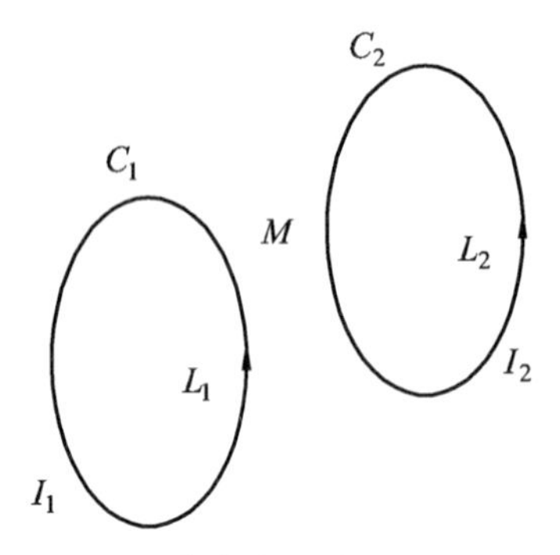

图 4.28　两个载流回路磁场能量计算

第一步：使回路 1 的电流从 0 增加到 I_1，回路 2 电流为 0。

对回路 1，磁场能量的计算与单个回路相同。外源所做的功为 A_1，且全部转化为磁场能量，即

$$A_1 = \frac{1}{2} L_1 I_1^2 \tag{4.134}$$

第二步：使回路 2 的电流从 0 增加到 I_2，回路 1 电流恒定为 I_1。

假设回路 2 在 dt 时间内电流增加 di_2，则回路 1 中的感应电动势为

$$e_1 = -\frac{\mathrm{d}\Psi_1}{\mathrm{d}t} = -L_1 \frac{\mathrm{d}I_1}{\mathrm{d}t} - M \frac{\mathrm{d}i_2}{\mathrm{d}t} \tag{4.135}$$

回路 2 中的感应电动势为

$$e_2 = -\frac{\mathrm{d}\Psi_2}{\mathrm{d}t} = -L_2 \frac{\mathrm{d}i_2}{\mathrm{d}t} - M \frac{\mathrm{d}I_1}{\mathrm{d}t} \tag{4.136}$$

由于回路 1 中电流恒定，则有

$$\frac{\mathrm{d}I_1}{\mathrm{d}t} = 0 \tag{4.137}$$

因此

$$e_1 = -\frac{\mathrm{d}\Psi_1}{\mathrm{d}t} = -M \frac{\mathrm{d}i_2}{\mathrm{d}t} \tag{4.138}$$

$$e_2 = -\frac{\mathrm{d}\Psi_2}{\mathrm{d}t} = -L_2 \frac{\mathrm{d}i_2}{\mathrm{d}t} \tag{4.139}$$

回路 2 的电流在 dt 内增加 di_2，外源所做的功为

$$\mathrm{d}A_2 = U_1 I_1 \mathrm{d}t + U_2 I_2 \mathrm{d}t = (-e_1) I_1 \mathrm{d}t + (-e_2) i_2 \mathrm{d}t = M I_1 \mathrm{d}i_2 + L_2 i_2 \mathrm{d}i_2 \tag{4.140}$$

回路 2 的电流从 0 增加到 I_2，外源所做的功为

$$A_2 = \int_0^{I_2} (M I_1 + L_2 i_2) \mathrm{d}i_2 = M I_1 I_2 + \frac{1}{2} L_2 I_2^2 \tag{4.141}$$

两个回路总的磁场能量等于以上两步外源做功的和：

$$W_m = A_1 + A_2 = \frac{1}{2}L_1 I_1^2 + M I_1 I_2 + \frac{1}{2}L_2 I_2^2$$
$$= \frac{1}{2}L_1 I_1^2 + \frac{1}{2}M I_1 I_2 + \frac{1}{2}M I_1 I_2 + \frac{1}{2}L_2 I_2^2 \tag{4.142}$$
$$= \frac{1}{2}(L_1 I_1 + M I_2) I_1 + \frac{1}{2}(M I_1 + L_2 I_2)$$

$$W_m = \frac{1}{2}\Psi_1 I_1 + \frac{1}{2}\Psi_2 I_2 \tag{4.143}$$

将上述结果推广到 N 个电流回路，有

$$W_m = \sum_{k=1}^{N} \frac{1}{2}\psi_k I_k \tag{4.144}$$

$$W_m = \frac{1}{2}\sum_{j=1}^{N}\sum_{K=1}^{N}(M_{kj} I_k) I_j = \frac{1}{2}\sum_{j=1}^{N}\Psi_j I_j \tag{4.145}$$

其中，回路 j 的磁链为

$$\Psi_j = \sum_{k=1}^{N} M_{kj} I_k = \oint_{C_j} \boldsymbol{A}\cdot \mathrm{d}\boldsymbol{l}_j \tag{4.146}$$

式中，$\boldsymbol{A}$ 是 N 个回路在 $\mathrm{d}\boldsymbol{l}_j$ 上的合成矢量磁位。

由式（4.145）和式（4.146），得

$$W_m = \frac{1}{2}\sum_{j=1}^{N} I_j \oint_{C_j} \boldsymbol{A}\cdot \mathrm{d}\boldsymbol{l}_j = \frac{1}{2}\sum_{j=1}^{N}\oint_{C_j} \boldsymbol{A}\cdot I_j \mathrm{d}\boldsymbol{l}_j \tag{4.147}$$

把以上结果推广到分布电流的情况，可得出分布电流的磁场能量。

对体分布电流：

$$W_m = \frac{1}{2}\int_\tau \boldsymbol{A}\cdot \boldsymbol{J}\mathrm{d}\tau \tag{4.148}$$

对面分布电流：

$$W_m = \frac{1}{2}\int_s \boldsymbol{A}\cdot \boldsymbol{J}_s \mathrm{d}S \tag{4.149}$$

式（4.148）和式（4.149）的积分区域为电流所在的空间。

3. 磁能量的场量表示式

通常在计算磁场能量时，利用磁感应强度或磁场强度来计算更加方便。将 $\boldsymbol{J} = \nabla\times\boldsymbol{H}$ 代入式（4.148），并利用矢量恒等式，得

$$W_m = \frac{1}{2}\int_\tau \boldsymbol{A}\cdot \boldsymbol{J}\mathrm{d}\tau = \frac{1}{2}\int_\tau \boldsymbol{A}\cdot(\nabla\times\boldsymbol{H})\mathrm{d}\tau = \frac{1}{2}\int_\tau [\boldsymbol{H}\cdot(\nabla\times\boldsymbol{A}) - \nabla\cdot(\boldsymbol{A}\times\boldsymbol{H})]\mathrm{d}\tau$$
$$= \frac{1}{2}\int_\tau \boldsymbol{H}\cdot\boldsymbol{B}\mathrm{d}\tau - \frac{1}{2}\oint_S \boldsymbol{A}\times\boldsymbol{H}\cdot\mathrm{d}\boldsymbol{S} \tag{4.150}$$

式中，τ 是电流所在的空间，如果将积分区域扩大到整个空间，积分值并不会发生变化。因此，可令 $\tau \to \infty$，即 $R \to \infty$。由于 $A \propto \frac{1}{R}$，$H \propto \frac{1}{R^2}$，$S \propto R^2$，因而有 $\boldsymbol{A} \times \boldsymbol{H} \cdot S \propto \frac{1}{R} \to 0$，所以：

$$W_{\mathrm{m}} = \frac{1}{2}\int_{\tau} \boldsymbol{H} \cdot \boldsymbol{B} \mathrm{d}\tau = \int_{\tau} W_{\mathrm{m}} \mathrm{d}\tau \tag{4.151}$$

式（4.151）中的积分区域为整个空间。此式表明，磁场能量储存于磁场不为零的全部空间。若用能量密度 W_{m} 来表示被积函数，有

$$W_{\mathrm{m}} = \frac{1}{2}\boldsymbol{B} \cdot \boldsymbol{H} \tag{4.152}$$

对简单媒质

$$W_{\mathrm{m}} = \frac{1}{2}\mu \cdot H^2 = \frac{B^2}{2\mu} \tag{4.153}$$

例 4.11 以空气绝缘的同轴线内外导体半径分别为 a 和 b，通流为 I。假设外导体极薄，因而其中的储能可忽略不计，试计算单位长度的同轴线储存的磁能，并由磁能计算单位长度的电感。

解： 由介质中的安培环路定律，可求出导体圆柱内外的磁场强度。

$\rho < a$ 时

$$H_{1\varphi} = \frac{1}{2\pi\rho}\frac{\rho^2}{a^2} I = \frac{\rho I}{2\pi a^2}$$

$a \leqslant \rho \leqslant b$ 时

$$H_{2\varphi} = \frac{I}{2\pi\rho}$$

$\rho > b$ 时

$$H_{3\varphi} = 0$$

由式（4.145）和式（4.147）可知，单位长度的同轴线储存的磁能为

$$\begin{aligned} W_{\mathrm{m}} &= \frac{1}{2}\int_{\tau_1} \mu H_1^2 \mathrm{d}\tau + \frac{1}{2}\int_{\tau_2} \mu H_2^2 \mathrm{d}\tau = \frac{1}{2}\int_0^a \frac{\mu_0 \rho^2 I^2}{4\pi^2 a^4} 2\pi\rho \mathrm{d}\rho + \frac{1}{2}\int_a^b \frac{\mu_0 I^2}{4\pi^2 \rho^2} 2\pi\rho \mathrm{d}\rho \\ &= \frac{\mu_0 I^2}{16\pi} + \frac{\mu_0 I^2}{4\pi} \ln\frac{b}{a} \end{aligned}$$

由磁能计算单位长度的电感为

$$L_0 = \frac{2W_{\mathrm{m}}}{I^2} = \frac{\mu_0}{8\pi} + \frac{\mu_0}{2\pi}\ln\frac{b}{a} = L_{内} + L_{外}$$

4.8.2 磁场力

两个载流回路间的作用力原则上可用安培力定律计算，但实际上很不方便，因而经

常利用电磁场能量对空间的变化率来计算力，也就是采用虚位移法进行力的计算。

设在 N 个刚性载流导线回路系统的磁场中，其中一个载流导线回路 C_i 或磁性媒质沿 $\boldsymbol{l}$ 方向受到磁场力 F_l 的作用而发生位移 dl，其余回路位置固定不变。在位移过程中，外源做功为 dA，系统中磁场能量的增量为 dW_m，则根据能量守恒定律，有

$$\mathrm{d}A = \mathrm{d}W_m + F_l \mathrm{d}l \tag{4.154}$$

其中：

$$\mathrm{d}A = \sum_{k=1}^{N} U_k \mathrm{d}q_k = \sum_{k=1}^{N} \frac{\mathrm{d}\psi_k}{\mathrm{d}t} I_k \mathrm{d}t = \sum_{k=1}^{N} I_k \mathrm{d}\psi_k \tag{4.155}$$

$$\mathrm{d}W_m = \sum_{k=1}^{N} \frac{1}{2} \mathrm{d}(I_k \Psi_k) \tag{4.156}$$

式（4.154）中力的方向默认为位移增加的方向。下面针对只有一个回路 C_1 沿力的方向发生位移 dl、载流导线回路系统的电流保持不变和磁链保持不变两种情况进行讨论。

（1）各回路电流保持不变，即 $\mathrm{d}I_k = 0$ 。

此时，磁场能量的增量为

$$\mathrm{d}W_m = \sum_{k=1}^{N} \frac{1}{2} \mathrm{d}(I_k \Psi_k) = \sum_{k=1}^{N} \frac{1}{2} I_k \mathrm{d}\Psi_k \tag{4.157}$$

外源做功为

$$\mathrm{d}A = \sum_{k=1}^{N} I_k \mathrm{d}\Psi_k = 2\mathrm{d}W_m \tag{4.158}$$

因此由（4.154），得

$$F_1 \mathrm{d}l = \mathrm{d}A - \mathrm{d}W_m = \mathrm{d}W_m \tag{4.159}$$

上式表明，外接电源所做的功，一半用于增加磁场能量，另一半用于使回路 C_1 沿力的方向发生位移所需的机械功。因此回路 C_1 所受的磁场力为

$$F_1 = \left.\frac{\mathrm{d}W_m}{\mathrm{d}l}\right|_{I=常数} \tag{4.160}$$

（2）各回路包围的磁通保持不变，即 $d\psi_k = 0$ 。

当导线回路的磁通不变时，各个回路中的感应电动势为零，因此外源不做功。磁场力做的功必然来自磁场能量的减小。由式（4.148），得

$$F_1 \mathrm{d}l = -\mathrm{d}W_m \tag{4.161}$$

$$F_1 = -\left.\frac{\mathrm{d}W_m}{\mathrm{d}l}\right|_{\psi=常数} \tag{4.162}$$

与静电场中的静电力类似，磁场力也可用能量的梯度来表示，即式（4.162）和式（4.118）可写为更一般的表达式：

$$\boldsymbol{F} = \nabla W_m \big|_{I=常数} \tag{4.163}$$

$$\boldsymbol{F} = -\nabla W_{\mathrm{m}}\big|_{\psi=\text{常数}} \tag{4.164}$$

例 4.12 两个共轴的、互相平行的一匝圆线圈相距为 d，半径分别为 a 和 b，且 $d \gg a$，两线圈中分别载有电流 I_1 和 I_2，如图 4.29 所示。求它们之间的磁场力。

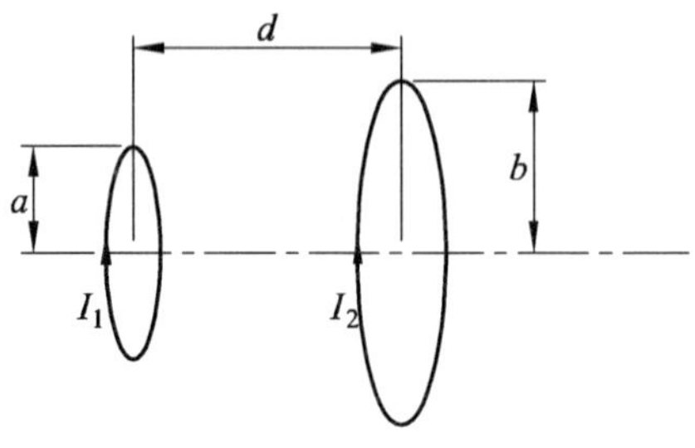

图 4.29 例 4.12 图

解：由例题 4.9 结果可知，两线圈之间的互感为

$$M = \frac{\mu_0 \pi a^2 b^2}{2(b^2 + d^2)^{3/2}}$$

由式（4.151）可知，两线圈的磁场能量为

$$W_m = \frac{1}{2} L_1 I_1^2 + M I_1 I_2 + \frac{1}{2} L_2 I_2^2$$

由式（4.162）可知，线圈 1 对线圈 2 的磁场力为

$$F_{12} = \frac{\mathrm{d}W_{\mathrm{m}}}{\mathrm{d}d}\bigg|_{I=\text{常数}} = I_1 I_2 \frac{\mathrm{d}M}{\mathrm{d}d}$$

$$= -\frac{3\pi \mu_0 a^2 b^2 d I_1 I_2}{2(b^2 + d^2)^{5/2}}$$

当电流 I_1 和 I_2 同向时，为吸引力，反向时为排斥力。

习题 4.8

4.8.1 求长度为 l，内外小导体半径分别为 R_1 和 R_2（外导体很薄）的同轴电缆，通有电流 I 时，电缆所具有的磁场能量（两导体间媒质的磁导率为 μ_0）。

4.8.2 求无限长同轴电缆单位长度内导体和内外导体之间区域所存储的磁场能量。

4.9 恒定磁场的应用

恒定磁场的应用非常普遍，下面简述恒定磁场几个方面的应用。

1. 磁法勘探

据测算，地磁场的变化有一定的规律性，小范围内地磁感应强度和磁倾角几乎没有什么变化，当地壳内存在磁铁矿赤铁矿、玄武岩或金矿等矿脉时，均会导致地磁异常变化。我们可以根据地磁异常现象来探测矿脉，这种方法称为无源磁法勘探。

1954 年，我国一支地质探矿队发现，在山东某个地区面积大约 4 km^2 的范围内，地磁感应强度异常，极大值达到了 3.5×10^{-6} T。地质队员们推测，这里一定是一个储量较大的铁矿。经过钻探发掘，最终在地下 450 m 深处发现了总厚度达 62.54 m 的磁铁矿区。

2. 地磁预报

地壳中的许多岩石具有磁性。地震发生时，这些岩石受力变形，它们的磁性也随之变化。在强烈地震前夕，地磁感应强度、磁倾角等都会发生变化，造成局部地磁异常，这就是所谓的“震磁效应”。掌握了震磁效应的规律，利用测量仪器监测地磁变化，就可以根据震磁效应对地震做出较准确的预报。

3. 磁法选矿

利用磁场也可以分选矿物，磁分离器是为分离磁性物质和非磁性物质设计的。将磁性物质和非磁性物质的混合物放到传输带上，经过磁性滑轮，滑轮由铁壳和激励线圈组成，可以产生磁场。非磁性物质立刻落入一个仓室内，而磁性物质被滑轮吸住直到传输带离开滑轮才落下来，落入另一个仓室，即可实现分离。

4. 载流线圈和螺线管产生的磁场应用

在很多电子电气设备和仪表中，普遍使用载流的铁心线圈产生磁场，而载流的螺线管可以产生匀强磁场，用于质谱仪、磁控管及回旋加速器。

5. 磁性传感器的应用

磁电式传感器中，磁旋转传感器是重要的一种。磁旋转传感器主要由半导体磁阻元件，永磁铁、固定器、外壳等几个部分组成。磁旋转传感器在工厂自动化系统中有着广泛的应用，应用在机床伺服电机的转动检测、工厂自动化的机器人臂的定位、液压冲程的检测、工厂自动化相关设备的位置检测、旋转编码器的检测单元和各种旋转的检测单元等。

随着新一代传感器的开发和产业化，高性能磁敏感材料为主的新型磁传感器起着越来越重要的作用。

6. 磁性材料的应用

通常认为磁性材料是指过渡元素铁、钴、镍及其合金等能够直接或间接产生磁性的物质。磁性材料是生产、生活、国防科学技术中广泛使用的材料。如制造电力技术中的各种电机、变压器，电子技术中的各种磁性元件和微波电子管，通信技术中的滤波器和增感器，国防技术中的磁性水雷、电磁炮，各种家用电器等。此外，磁性材料在地矿探测、海洋探测及信息、能源、生物、空间新技术中也获得了广泛的应用。

永磁材料经外磁场磁化后，即使在相当大的反向磁场作用下，仍能保持一部分或大部分原磁化方向的磁性，属于硬磁材料，包括合金、铁氧体和金属间化合物三类。永磁材料有多种用途。基于电磁力作用原理的应用主要有扬声器、电表、按键、电机、继电器、传感器、开关等。基于磁电作用原理的应用主要有磁控管和行波管等微波电子管、显像管、微波铁氧体器件、磁阻器件、霍尔器件等。基于磁力作用原理的应用主要有磁轴承、选矿机、磁力分离器、磁性吸盘、磁密封、复印机、控温计等。

7. 磁悬浮技术

磁悬浮技术是利用磁场力抵消重力的影响，从而使物体悬浮。从工作原理上，可分为常导磁悬浮、超导磁悬浮和永磁体悬浮，其磁场分别由常导电流、超导电流和永磁体产生。利用磁悬浮技术制成的磁悬浮列车已经付诸实用。

常导型磁悬浮列车，利用普通直流电磁铁电磁吸力的原理将列车悬起，悬浮的气隙较小，一般为 10 mm 左右。常导型高速磁悬浮列车的速度可达 400~1 500 km/h，适合于城市间的长距离快速运输。

超导型磁悬浮列车，利用超导磁体产生的强磁场列车运行时与布置在地面上的线圈相互用，产生电动斥力将列车悬起，悬浮气隙较大，一般为 100 mm 左右，速度可达 500 km/h 以上。

我国采用德国技术在上海浦东铺设了长度为 30 km、速度达 430 km/h 的磁悬浮列车高速运输线 2002 年正式启用。2009 年 6 月，国内首列具有完全自主知识产权的实用型中低磁悬浮列车，在中国北车唐山轨道客车有限公司下线后完成列车调试，开始进行线路运行验，这标志着我国已经具备中低速磁悬浮列车产业化的制造能力。

2021 年 7 月 20 日，由中国中车四方股份公司承担研制、具有完全自主知识产权的我国速度 600 km/h 高速磁浮交通系统在山东青岛成功下线，标志中国铁路成功突破了高速磁悬浮列车的关键核心技术，在各个系统的研发方面都取得了重要的阶段性成果。该高速磁浮，采用成熟可靠的常导技术，其基本原理，是利用电磁吸力使列车悬浮于轨道，实现无接触运行。

8. 磁屏蔽技术

为了避免仪器设备受到强磁场的影响，通常要对产生强磁场的设备或易受磁场干扰的设备进行磁屏蔽。

对于静磁场或低频磁场（100 kHz 以下），屏蔽装置通常采用铁磁性材料，如铁、硅钢片、坡莫合金等，由于铁磁性材料磁导率比空气的磁导率大得多，一般为 10^3~10^4。这样，屏蔽装置就提供一个低磁阻的闭合路径，将磁场限制在被屏蔽的区域内（对产生强磁场干扰源的屏蔽，主动磁屏蔽），或将磁场引至被屏蔽的区域之外（对易受磁场干扰设备的屏蔽，被动磁屏蔽）。

低频磁场屏蔽在高频时并不适用。主要原因是铁磁性材料的磁导率随频率的升高而下降，从而使屏蔽效能变坏。同时高频时铁磁性材料的磁损增加。磁损包括由于磁滞现象引起的磁滞损失及由于电磁感应而产生的涡流的损失，磁损是消耗功率的。高频磁场屏蔽材料采用金属良导体，如铜、铝等。当高频磁场穿过金属板时在金属板上产生感应电动势，由于金属板的电导率很高，所以产生很大的涡流，涡流又产生反向磁场，与穿过金属板的原磁场相互抵消，这样做成屏蔽金属盒后就起到屏蔽高频磁场的作用。

4.10 MATLAB 应用分析

例 4.13 真空中电流 I，长度为 L 的长直细导线。计算在导线外任一点所引起的磁感应强度。使用 MATLAB 中 Symbolic 数学工具箱的函数 int，采用直接积分的方法得到磁感应强度的解析表达式，验证答案。假定线电流长度为 10 m，使用 MATLAB，画出线电流归一化的磁场分布。

解：执行 syms muO I rho z z1 L B 语句定义积分中要用到的符号，执行操作：

B=mu0*I/4/pi * int(rho/(rh0^2+(z-z1)^2)^(3/2)，z1，-L/2，L/2)计算积分，直接可以得到解析表达式：

1/4*muO*I/pi*((L^2+4*rho^2+4*z^2+4*z*L)^(1/2)*L-2*(L^2+4*rho^2+4*z^2+4*z*L)^(1/2)*z+(L^2+4*rho^2+4*z^2+4*z*L)^(1/2)*L+2*(L^2+4*rho^2+4*z^2-4*z*L)^(1/2)*z)/(L^2+4*rho^2+4*z^2-4*z*L)^(1/2)/rho/(L^2+4* rho^2+4*z^2+4*z*L)^(1/2)

解之，得

$$B=\frac{\mu_0 I}{4\pi}\left(\frac{z+\dfrac{l}{2}}{\sqrt{\rho^2+\left(z+\dfrac{l}{2}\right)^2}}-\frac{z-\dfrac{l}{2}}{\sqrt{\rho^2+\left(z-\dfrac{l}{2}\right)^2}}\right)$$

水平放置有限长直细导线磁场分布剖面如图 4.30 所示。

例 4.14 求通过电流为 I、半径为 a 的细圆环在轴线上的磁感应强度，圆环半径为 a，并使用 MATLAB 画出轴线上的磁场分布。

解：轴线上的磁场为

$$B(z)=\boldsymbol{a}_z\frac{\mu_0 I a^2}{2(z^2+a^2)_{3/2}}$$

磁场分布如图 4.31 所示。

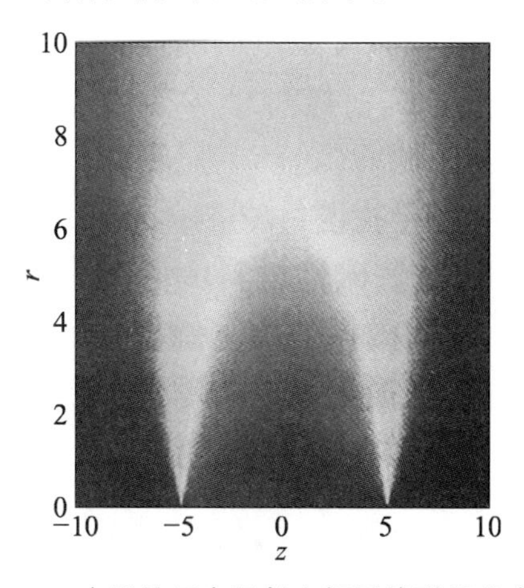

图 4.30 水平放置有限长直细导线磁场分布剖面

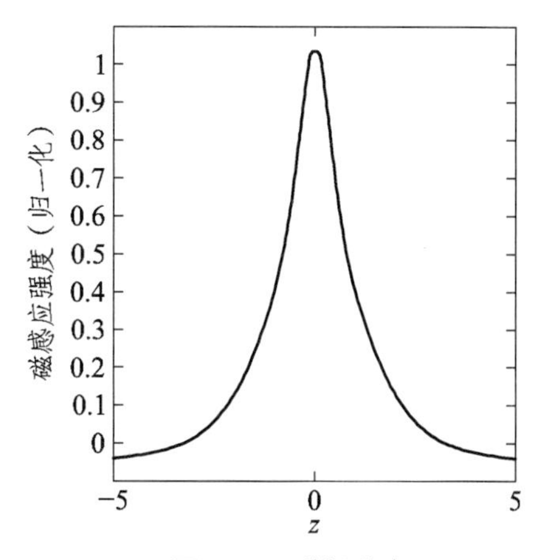

图 4.31 磁场分布

总　结

1. 安培力定律

$$F_{12}=\frac{\mu_0}{4\pi}\oint_{C_2}\oint_{C_1}\frac{I_2\mathrm{d}\boldsymbol{l}_2\times(I_1\mathrm{d}\boldsymbol{l}_1\times\boldsymbol{a}_R)}{R^2}$$

2. 均匀介质中线电流或分布电流产生的磁感应强度

线电流：

$$\boldsymbol{B}=\frac{\mu_0}{4\pi}\oint_C\frac{I\mathrm{d}\boldsymbol{l}'\times\boldsymbol{a}_R}{R^2}=\frac{\mu_0}{4\pi}\oint_C\frac{I\mathrm{d}\boldsymbol{l}'\times\boldsymbol{R}}{R^3}$$

体电流：

$$\boldsymbol{B}=\frac{\mu_0}{4\pi}\int_\tau\frac{\boldsymbol{J}\times\boldsymbol{a}_R}{R^2}\mathrm{d}\tau'$$

面电流：

$$\boldsymbol{B}=\frac{\mu_0}{4\pi}\int_s\frac{\boldsymbol{J}_s\times\boldsymbol{a}_R}{R^2}\mathrm{d}S'$$

3. 洛仑兹力

$$\boldsymbol{F}=q\boldsymbol{v}\times\boldsymbol{B}$$

4. 真空中恒定磁场的基本方程

积分形式：

$$\oint_s\boldsymbol{B}\cdot\mathrm{d}\boldsymbol{S}=0$$

$$\oint_c\boldsymbol{B}\cdot\mathrm{d}\boldsymbol{l}=u_0 l$$

微分形式：

$$\nabla\cdot\boldsymbol{B}=0$$

$$\nabla\times\boldsymbol{B}=\mu_0\boldsymbol{J}$$

5. 矢量磁位和标量磁位

矢量磁位 $\boldsymbol{A}$，$\boldsymbol{B}=\nabla\times\boldsymbol{A}$，在选择 $\nabla\cdot\boldsymbol{A}=0$ 的前提下，矢量磁位 $\boldsymbol{A}$ 满足泊松方程或拉普拉斯方程，即

$$\nabla^2\boldsymbol{A}=-\mu_0\boldsymbol{J}$$

$$\nabla^2\boldsymbol{A}=\boldsymbol{0}$$

矢量磁位 $\boldsymbol{A}$ 可由线电流或分布电流的积分计算

体电流：

$$\boldsymbol{A}=\frac{\mu_0}{4\pi}\int_\tau\frac{\boldsymbol{J}}{R}\mathrm{d}\tau'$$

面电流：

$$A = \frac{\mu_0}{4\pi}\int_s \frac{\boldsymbol{J}_s}{R}\mathrm{d}S'$$

线电流：

$$\boldsymbol{A} = \frac{\mu_0}{4\pi}\int_l \frac{I\mathrm{d}\boldsymbol{l}'}{R}$$

在有恒定电流分布的曲线、表面和体积之外，磁场强度是无旋的。若有标量磁位 $\varPhi_m$，则

$$\boldsymbol{H} = -\nabla \varPhi_m$$

标量磁位满足的拉普拉斯方程：

$$\nabla^2 \varPhi_m = 0$$

6. 介质中的安培定律

介质在外加磁场中会发生磁化，磁化的程度用磁化强度 $\boldsymbol{M}$ 表示，磁场强度 $\boldsymbol{H}$ 与磁化强度 $\boldsymbol{M}$ 的关系为

$$\boldsymbol{H} = \frac{\boldsymbol{B}}{\mu_0} - \boldsymbol{M}$$

对于各向同性介质，$\boldsymbol{B} = \mu\boldsymbol{H}$。介质中安培环路定律的积分和微分形式分别为

$$\oint_C \boldsymbol{H}\cdot\mathrm{d}\boldsymbol{l} = I$$

$$\nabla\times\boldsymbol{H} = \boldsymbol{J}$$

式中，I 是闭合回路包含的传导电流。

7. 恒定磁场的边界条件

$$\boldsymbol{n}\cdot(\boldsymbol{B}_1 - \boldsymbol{B}_2) = 0 \text{ 或 } B_{1\mathrm{n}} = B_{2\mathrm{n}}$$

$$\boldsymbol{n}\times(\boldsymbol{H}_1 - \boldsymbol{H}_2) = \boldsymbol{J}_s \text{ 或 } H_{1\mathrm{t}} - H_{2\mathrm{t}} = J_s$$

8. 电　感

在线性介质中，一个电流回路的磁链与引起该磁链的电流 I 成正比，比值即为电感，用 L 表示。电感分为自感和互感。电感的大小与回路的形状、大小、相对位置及周围介质有关与回路电流无关。

9. 磁场能量和磁场力

磁场能量储存在整个磁场所在的空间，磁场能量的计算公式有以下两个：

$$W_{\mathrm{m}} = \frac{1}{2}\int_\tau \boldsymbol{A}\cdot\boldsymbol{J}\mathrm{d}\tau$$

积分区域为电流所在的空间。

$$W_{\mathrm{m}}=\frac{1}{2}\int_{\tau}\boldsymbol{H}\cdot\boldsymbol{B}\mathrm{d}\tau$$

积分区域为磁场所在的整个空间。

磁场力可由虚位移法计算：

$$F_{l}=\left.\frac{\mathrm{d}W_{\mathrm{m}}}{\mathrm{d}l}\right|_{I=\text{常数}}$$

$$F_{l}=-\left.\frac{\mathrm{d}W_{\mathrm{m}}}{\mathrm{d}l}\right|_{\psi=\text{常数}}$$

第 5 章　时变电磁场

前面各章分别讨论了静止电荷的电场和恒定电流的电场和磁场。它们都不随时间变化，而且彼此独立无关。从这一章开始，将讨论随时间变化的电场和磁场。把随时间变化的电场和磁场统称为时变电磁场。本节将介绍时变电磁场中两个最基本的定律——电磁感应定律和全电流定律，它们反映了时变的电场及磁场之间相互依存和转化的关系。

5.1　电磁感应

5.1.1　电磁感应定律

大量的实验证实存在着如下的普遍规律：当穿过一闭合导体回路的磁通（不论由于什么原因）发生变化时，在导体回路中就会出现电流，这种现象称为电磁感应现象，出现的电流称为感应电流。

导体回路中出现感应电流是导体回路中必然存在着某种电动势的反映，这种由电磁感应引起的电动势叫作感应电动势。法拉第对电磁感应现象进行了精心的研究，总结出电磁感应定律如下：闭合回路中的感应电动势 ε 与穿过此回路的磁通 $\varPhi_m$ 随时间的变化率 $\dfrac{\mathrm{d}\varPhi_m}{\mathrm{d}t}$ 成正比。其数学形式是

$$\mathcal{E} = -\frac{\mathrm{d}\varPhi_m}{\mathrm{d}t} = -\frac{\mathrm{d}}{\mathrm{d}t}\int_S \boldsymbol{B} \cdot \mathrm{d}\boldsymbol{S} \tag{5.1}$$

这里规定感应电动势的参考方向与穿过该回路磁通 $\varPhi_m$ 的参考方向符合右手螺旋关系。式中的 S 是由闭合回路的周界 l 所限定的面积，面积的正法线方向和 l 的绕向应符合右手螺旋关系。

从式（5.1）知，闭合回路磁通变化的原因有下面三种：

（1）$\boldsymbol{B}$ 随时间变化而闭合回路的任一部分对媒质没有相对运动。这样产生的感应电动势叫作感生电动势。这时，式（5.1）可表示为

$$\varepsilon = -\int_S \frac{\partial \boldsymbol{B}}{\partial t} \cdot \mathrm{d}\boldsymbol{S} \tag{5.2}$$

变压器就是利用这一原理制成的，所以也称这一感应电动势为变压器电动势。

（2）$\boldsymbol{B}$ 不随时间变化（恒定磁场）而闭合回路的整体或局部相对于媒质在运动。这样产生的感应电动势叫作动生电动势。这时，式（5.1）可表示为

$$\varepsilon = \oint_l (\boldsymbol{V} \times \boldsymbol{B}) \cdot \mathrm{d}\boldsymbol{l} \tag{5.3}$$

这正是发电机的工作原理，故称之为发电机电动势。

（3）$\boldsymbol{B}$ 随时间变化且闭合回路也有运动。这时的感应电动势是感生电动势和动生电动势的叠加，即

$$E = -\int_S \frac{\partial \boldsymbol{B}}{\partial t} \cdot \mathrm{d}\boldsymbol{S} + \oint_l (\boldsymbol{V} \times \boldsymbol{B}) \cdot \mathrm{d}\boldsymbol{l} \tag{5.4}$$

电磁感应定律使我们能够根据磁通的变化率直接确定感应电动势。至于感应电流，则还要知道闭合回路的电阻才能求得。对于给定的导体回路，感应电流与感应电动势成正比。如果回路并不闭合（或者说电阻为无限大），则虽有感应电动势却没有感应电流。因此，在理解电磁感应现象时，感应电动势是比感应电流更为本质的物理量。感应电动势的大小只与穿过回路磁通随时间的变化率有关，而与构成回路的材料的特性无关。因此，电磁感应定律可以推广到任意媒质内的假想回路中。

5.1.2　感应电场

从第 2 章中可知，电动势是非保守电场的环路线积分，回路中存在感应电动势说明回路中有非保守电场。麦克斯韦假设：除了电荷产生电场外，变化的磁场也总要在空间产生电场，由变化磁场产生的电场，称为感应电场，记作 $\boldsymbol{E}_\mathrm{i}$。变化的磁场在固定不动的导体回路中产生的感应电流就是由这种感应电场引起的。

应该注意，法拉第建立的电磁感应定律是对一个回路而言的，而上述麦克斯韦的假设并无此限制，即认为不论空间有无导体，有无回路，不论是在真空中或媒质中它都适用。这一假设被无数实验所证实而被公认为是反映客观规律的理论。

由电动势的定义可知，回路中的感应电动势 ε 应为

$$\varepsilon = \oint_l \boldsymbol{E}_\mathrm{i} \cdot \mathrm{d}\boldsymbol{l} \tag{5.5}$$

由电磁感应定律

$$\begin{aligned}\oint_l \boldsymbol{E}_\mathrm{i} \cdot \mathrm{d}\boldsymbol{l} &= -\frac{\mathrm{d}\Phi_\mathrm{m}}{\mathrm{d}t} = -\frac{\mathrm{d}}{\mathrm{d}t}\int_S \boldsymbol{B} \cdot \mathrm{d}\boldsymbol{S} \\ &= -\int_S \frac{\partial \boldsymbol{B}}{\partial t} \cdot \mathrm{d}\boldsymbol{S} + \oint_l (\boldsymbol{V} \times \boldsymbol{B}) \cdot \mathrm{d}\boldsymbol{l}\end{aligned} \tag{5.6}$$

上式就是感应电场与变化磁场的定量关系式。它表明，感应电场的环量不等于零，与静电场不同，感应电场是非保守场，它的力线是一些无头无尾的闭合曲线，所以感应电场又称为涡旋电场。

一般情况下，空间中既存在电荷产生的电场也存在感应电场。麦克斯韦将上述关系推广，对任何电磁场都有

$$\oint_l \boldsymbol{E} \cdot \mathrm{d}\boldsymbol{l} = -\int_S \frac{\partial \boldsymbol{B}}{\partial t} \cdot \mathrm{d}\boldsymbol{S} + \oint_l (\boldsymbol{V} \times \boldsymbol{B}) \cdot \mathrm{d}\boldsymbol{l} \tag{5.7}$$

式中，$\boldsymbol{E}$ 表示空间的总场强。

应用斯托克斯定理，可得对应上式的微分形式

$$\nabla \times \boldsymbol{E} = -\frac{\partial \boldsymbol{B}}{\partial t} + \nabla \times (\boldsymbol{V} \times \boldsymbol{B}) \tag{5.8}$$

这是电磁感应定律的微分形式。在静止媒质中，则有

$$\nabla \times \boldsymbol{E} = -\frac{\partial \boldsymbol{B}}{\partial t} \tag{5.9}$$

麦克斯韦将上述关系作为电磁场的基本方程之一。它揭示了变化磁场产生电场这一重要的物理本质，从而把电场与磁场更紧密地联系在一起。

5.1.3 全电流定律

感应电场的概念揭开了电场与磁场联系的一个方面——变化的磁场要产生电场。在研究从库仑到法拉第等前人成果的基础上，深信电场、磁场有着密切关系且具有对称性的麦克斯韦，为解决把安培环路定律应用到非恒定电流电路时所遇到的矛盾，又提出了“位移电流”的假说——随时间变化的电场将激发磁场，从而揭示了电场与磁场联系的另一个方面。麦克斯韦对电磁场理论的重大贡献的核心是位移电流的假说。

恒定磁场的安培环路定律具有如下形式

$$\oint_l \boldsymbol{H} \cdot \mathrm{d}\boldsymbol{l} = \int_S \boldsymbol{J} \cdot \mathrm{d}\boldsymbol{S} = \boldsymbol{I} \tag{5.10}$$

现在研究图 5.1 所示含有电容 C 的交变电流电路。将安培环路定律应用于闭合曲线 l，显然，对于 S_1 面有

$$\oint_l \boldsymbol{H} \cdot \mathrm{d}\boldsymbol{l} = \int_{S_1} \boldsymbol{J} \cdot \mathrm{d}\boldsymbol{S} = i \tag{5.11}$$

而对 S_2 面

$$\oint_l \boldsymbol{H} \cdot \mathrm{d}\boldsymbol{l} = \int_{S_2} \boldsymbol{J} \cdot \mathrm{d}\boldsymbol{S} = 0 \tag{5.12}$$

上面两式是互相矛盾的，这个矛盾的直接原因是传导电流不连续。这样看来，在恒定情况下得到的安培环路定律式（5.10），一般说来不能直接应用到时变电流（非恒定）情况，必须加以修正。

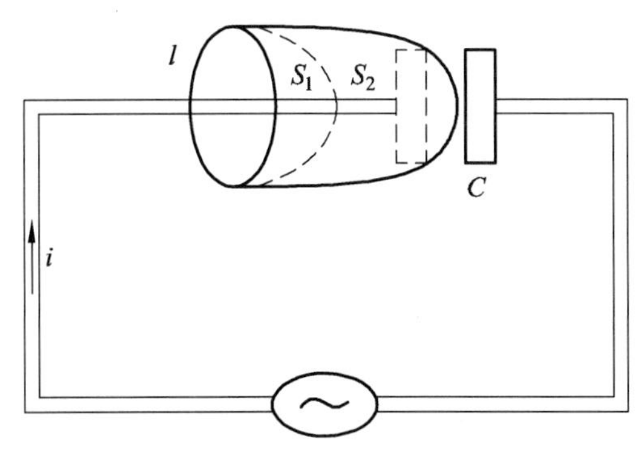

图 5.1 在非恒定情况用安培环路定律

麦克斯韦注意到电容器极板处传导电流的不连续引起极板上电荷量的变化，因而产生变化的电场，存在$\dfrac{\partial D}{\partial t}$。设想在电容器极板间也有某种“电流”通过，它与电场的变化率$\dfrac{\partial \boldsymbol{D}}{\partial t}$相联系，且在量值上与同时刻电路中的传导电流相等，即保持“电流”闭合，那么这个开口就被“连上”，形式上这个矛盾就可以解决。麦克斯韦把电位移（电通密度）$\boldsymbol{D}$的变化率看作是一种等效电流密度，称为位移电流密度。这样，在传导电流中断的地方，就有位移电流接上去。传导电流与位移电流的总和，称为全电流，则是连续的。如果用$\boldsymbol{J}_{\mathrm{d}}$表示位移电流的密度，则

$$\oint_S (\boldsymbol{J}+\boldsymbol{J}_{\mathrm{d}})\cdot \mathrm{d}\boldsymbol{S}=0 \tag{5.13}$$

这就是麦克斯韦关于位移电流的假设。麦克斯韦认为，磁场对任意闭合曲线的积分取决于通过该路径所包围面积的全电流，即

$$\oint_l \boldsymbol{H}\cdot \mathrm{d}\boldsymbol{l}=\int_S (\boldsymbol{J}+\boldsymbol{J}_{\mathrm{d}})\cdot \mathrm{d}\boldsymbol{S}=0 \tag{5.14}$$

从引入位移电流的过程看，位移电流这一概念似乎只有形式上的意义，但是通过以后的讨论就会看到，它非常深刻地反映了电磁现象的物理实质。根据式（5.13），全电流具有闭合性，因此有

$$\oint_S \boldsymbol{J}\cdot \mathrm{d}\boldsymbol{S}=-\oint_S \boldsymbol{J}_{\mathrm{d}}\cdot \mathrm{d}\boldsymbol{S} \tag{5.15}$$

由电荷守恒定律$\oint_S \boldsymbol{J}\cdot \mathrm{d}\boldsymbol{S}=-\dfrac{\mathrm{d}q}{\mathrm{d}t}$，以及高斯定律$\oint_S \boldsymbol{D}\cdot \mathrm{d}\boldsymbol{S}=q$，可得

$$\oint_S \boldsymbol{J}\cdot \mathrm{d}\boldsymbol{S}=-\frac{\mathrm{d}q}{\mathrm{d}t}=\frac{\mathrm{d}}{\mathrm{d}t}\oint_S \boldsymbol{D}\cdot \mathrm{d}\boldsymbol{S}=\oint_S \frac{\partial \boldsymbol{D}}{\partial t}\cdot \mathrm{d}\boldsymbol{S} \tag{5.16}$$

因为S为任意形状的封闭曲面，因此被积函数相等，即

$$\boldsymbol{J}_{\mathrm{d}}=\frac{\partial \boldsymbol{D}}{\partial t} \tag{5.17}$$

即位移电流密度等于电位移（电通密度）的变化率，这与上面定性分析的结果一致。这样，对于非恒定的电流，安培环路定律修改成为

$$\oint_l \boldsymbol{H}\cdot \mathrm{d}\boldsymbol{l}=\int_S \boldsymbol{J}\cdot \mathrm{d}\boldsymbol{S}+\int_S \frac{\partial \boldsymbol{D}}{\partial t}\cdot \mathrm{d}\boldsymbol{S} \tag{5.18}$$

上式称为全电流定律，与它相应的微分形式是

$$\nabla\times \boldsymbol{H}=\boldsymbol{J}+\frac{\partial \boldsymbol{D}}{\partial t} \tag{5.19}$$

（5.18）和（5.19）两式揭示了一个新的物理内容：不但传导电流$\boldsymbol{J}$能够激发磁场，而且位移电流$\boldsymbol{J}_{\mathrm{d}}$也以相同的方式激发磁场。位移电流这一所谓形式上的概念反映了变化的电场与电流一样，也能激发磁场这一物理实质。

应该注意到，位移电流和传导电流是两个不同的物理概念，它们的共同性质是按相

同的规律激发磁场，而其他方面则是截然不同的。真空中的位移电流仅对应于电场的变化，而不伴有电荷的任何运动。其次，位移电流不产生焦耳热，对于真空这是很明显的。在电介质中由于$\dfrac{\partial \boldsymbol{P}}{\partial t}$项的存在，位移电流会产生热效应，然而这和传导电流通过导体产生焦耳热不同，它遵从完全不同的规律。

5.1.4　电磁场

按照位移电流的概念，任何随时间而变化的电场，都要在邻近空间激发磁场。一般说来，随时间变化的电场所激发的磁场也随时间变化。概括地讲，充满变化电场的空间，同时也充满变化的磁场。

按照感应电场的概念，任何随时间而变化的磁场，都要在邻近空间激发感应电场，一般说来，随时间变化的磁场所激发的电场也随时间变化。因而，充满变化磁场的空间，同时充满变化的电场。

这两种变化的场，电场和磁场，永远互相联系着，形成了统一的电磁场。在此基础上麦克斯韦又预言了电磁波（变化电磁场在空间的传播）的存在，且算出电磁波的传播速度与光速一样。这些预言于 1888 年被赫兹用实验证实。从此，电磁感应定律和全电流定律便被确认为反映普遍的电磁规律的客观真理。

习题 5.1

5.1.1　长直导线载有电流 $i = I_{\mathrm{m}} \sin \omega t$，在其附近有一矩形线框，线框以速度 v 向远离导线的方向移动，如图 5.2 所示。求线框中的感应电动势。

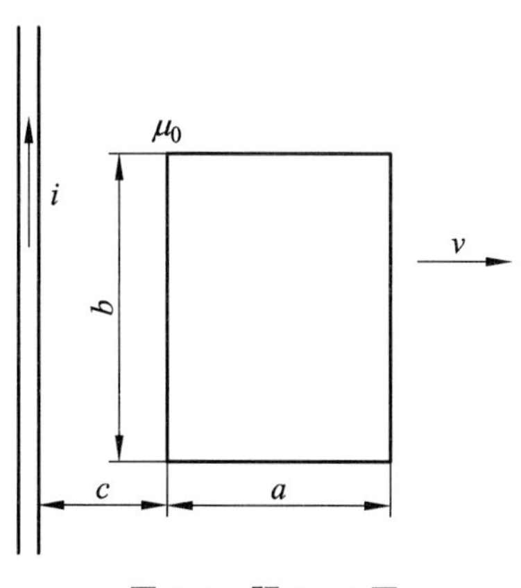

图 5.2　题 5.1.1 图

5.1.2　设电场强度 $E(t) = E_{\mathrm{m}} \cos \omega t\ \mathrm{V/m},\ \omega = 10^3\ \mathrm{rad/s}$。计算下列各种媒质中的传导电流密度和位移电流密度之幅值的比值。

（1）铜 $\gamma = 5.8 \times 10^7\ \mathrm{S/m}$，$\varepsilon_{\mathrm{r}} = 1$；

（2）蒸馏水 $\gamma = 2 \times 10^{-4}\ \mathrm{S/m}$，$\varepsilon_{\mathrm{r}} = 80$；

（3）聚苯乙烯 $\gamma = 10 \times 10^{-16}\ \mathrm{S/m}$，$\varepsilon_{\mathrm{r}} = 2.53$。

5.2 电磁场基本方程组——分界面上的衔接条件

这一节将系统地总结有关电磁场的基本规律,并建立完整的电磁场理论——电磁场基本方程组。最后，在电磁场基本方程组积分形式的基础上导出分界面上的衔接条件。

5.2.1 电磁场基本方程组

把前面几章所得到的结论加以总结和推广，结合位移电流的假说，就可以得到概括电磁现象规律的 4 个方程式，通常称之为电磁场基本方程组。这一总结工作是由麦克斯韦完成的，故电磁场基本方程组又称为麦克斯韦方程组，其积分形式为

$$\oint_l \boldsymbol{H}\cdot \mathrm{d}\boldsymbol{l}=\int_S\left(\boldsymbol{J}+\frac{\partial \boldsymbol{D}}{\partial t}\right)\cdot \mathrm{d}\boldsymbol{S} \tag{5.20}$$

$$\oint_l \boldsymbol{E}\cdot \mathrm{d}\boldsymbol{l}=-\int_S \frac{\partial \boldsymbol{B}}{\partial t}\cdot \mathrm{d}\boldsymbol{S} \tag{5.21}$$

$$\oint_S \boldsymbol{B}\cdot \mathrm{d}\boldsymbol{S}=0 \tag{5.22}$$

$$\oint_S \boldsymbol{D}\cdot \mathrm{d}\boldsymbol{S}=q \tag{5.23}$$

式（5.20）是全电流定律，也称为麦克斯韦第一方程。它表明不仅传导电流能产生磁场，而且变化的电场也能产生磁场。式（5.21）是推广的电磁感应定律，称为麦克斯韦第二方程，表明变化的磁场也会产生电场。式（5.22）是磁通连续性原理，说明磁力线是无头无尾的闭合曲线。这一方程式原来是在恒定磁场中得到的，麦克斯韦把它推广到变化的磁场中。式（5.23）是高斯定律，它反映了电荷以发散的方式产生电场。这组方程表明变化的电场和变化的磁场相互激发、相互联系形成统一的电磁场。

容易得到，电磁场基本方程组的微分形式为

$$\nabla\times \boldsymbol{H}=\boldsymbol{J}+\frac{\partial \boldsymbol{D}}{\partial t} \tag{5.24}$$

$$\nabla\times \boldsymbol{E}=-\frac{\partial \boldsymbol{B}}{\partial t} \tag{5.25}$$

$$\nabla\cdot \boldsymbol{B}=0 \tag{5.26}$$

$$\nabla\cdot \boldsymbol{D}=\rho \tag{5.27}$$

在有媒质存在时，上述电磁场基本方程组尚不完备，$\boldsymbol{E}$ 和 $\boldsymbol{B}$ 都和媒质的特性有关。因此，还需要补充三个描述媒质特性的方程式。对于各向同性的媒质来说，有

$$\boldsymbol{D}=\varepsilon \boldsymbol{E} \tag{5.28}$$

$$\boldsymbol{B}=\mu \boldsymbol{H} \tag{5.29}$$

$$\boldsymbol{J}=\gamma \boldsymbol{E} \tag{5.30}$$

这里 ε、μ 和 γ 分别是媒质的介电常数、磁导率和电导率。式（5.28）和式（5.30）常称为电磁场的辅助方程或构成关系。

电磁场基本方程组全面总结了电磁场的规律，是宏观电磁场理论的基础。 它在电磁场理论中的地位与牛顿定律在经典力学中的地位相仿。利用这组方程 加上辅助方程原则上可以解决各种宏观电磁场问题。例如，在具体问题中给出电磁场量的初始条件与边界条件，则求解方程组可得 $\boldsymbol{E}(x,y,z,t)$ 和 $\boldsymbol{B}(x,y,z,t)$ 。这就是说，当电荷、电流给定时，从电磁场基本方程组根据初始条件以及边界条件就可以完全决定电磁场的变化。这就是电磁场中的唯一性定理。

例 5.1 在无源的自由空间中，已知磁场强度

$$\boldsymbol{H} = 2.63\times10^{-5}\cos(3\times10^{9}t-10z)\boldsymbol{e}_y \ \text{A/m}$$

求位移电流密度 $\boldsymbol{J}_\text{d}$。

解：由于 $\boldsymbol{J}$=0，麦克斯韦第一方程成为

$$\nabla\times\boldsymbol{H} = \frac{\partial \boldsymbol{D}}{\partial t}$$

所以，得

$$\begin{aligned}\boldsymbol{J}_\text{d} &= \frac{\partial \boldsymbol{D}}{\partial t} = \nabla\times\boldsymbol{H} = -\boldsymbol{e}_x\frac{\partial H_y}{\partial z}\\ &= -2.63\times10^{-4}\sin(3\times10^{9}t-10z)\boldsymbol{e}_x \ \text{A/m}^2\end{aligned}$$

例 5.2 在无源区域中，已知调频广播电台辐射的电磁场的电场强度

$$\boldsymbol{E} = 10^{-2}\sin(6.28\times10^{9}t-20.9z)\boldsymbol{e}_y \ \text{V/m}$$

求空间任一点的磁感应强度 $\boldsymbol{B}$。

解：由麦克斯韦第二方程，有

$$\begin{aligned}\frac{\partial \boldsymbol{B}}{\partial t} &= -\nabla\times\boldsymbol{E} = \frac{\partial H_y}{\partial z}\boldsymbol{e}_x\\ &= -20.9\times10^{-2}\cos(6.28\times10^{9}t-20.9z)\boldsymbol{e}_x\end{aligned}$$

将上式对时间 t 积分，若不考虑静态场，则有

$$\begin{aligned}\boldsymbol{B} &= \int\frac{\partial E_y}{\partial z}\boldsymbol{e}_y\text{d}t\\ &= -3.33\times10^{-11}\sin(6.28\times10^{9}t-20.9z)\boldsymbol{e}_x \ \text{T}\end{aligned}$$

5.2.2 分界面上的衔接条件

考虑两种不同的媒质，ε_1 和 μ_1 分别表示第一种媒质的介电常数和磁导率，ε_2 和 μ_2 分别表示第二种媒质的介电常数和磁导率。e_n 为分界面上的法向单位矢量，其方向由媒质 1 指向媒质 2，如图 5.3 所示。与静电场和恒定磁场中推导分界面上的衔接条件所用的方法

完全相似，把式（5.22）和式（5.23）应用于跨在分界面两侧的扁盒形封闭面，在极限条件下，就可得到 **D** 和 **B** 所满足的条件。把式（5.20）和式（5.21）应用于跨在分界面两侧的矩形闭合路径，就可得到 **E** 和 **H** 的切向分量所满足的条件。所得到的分界面上的衔接条件是

$$B_{1n} = B_{2n} \tag{5.31}$$

$$D_{2n} - D_{1n} = \sigma \tag{5.32}$$

$$H_{1t} - H_{2t} = K \tag{5.33}$$

$$E_{1t} = E_{2t} \tag{5.34}$$

式中，σ 为分界面上的自由电荷面密度；K 为传导电流的线密度。

上述分界面上的衔接条件表明：**E** 的切向分量和 **B** 的法向分量总是连续的。在有自由电荷和传导电流分布的分界面上，**D** 的法向分量和 **H** 的切向分量都是不连续的。

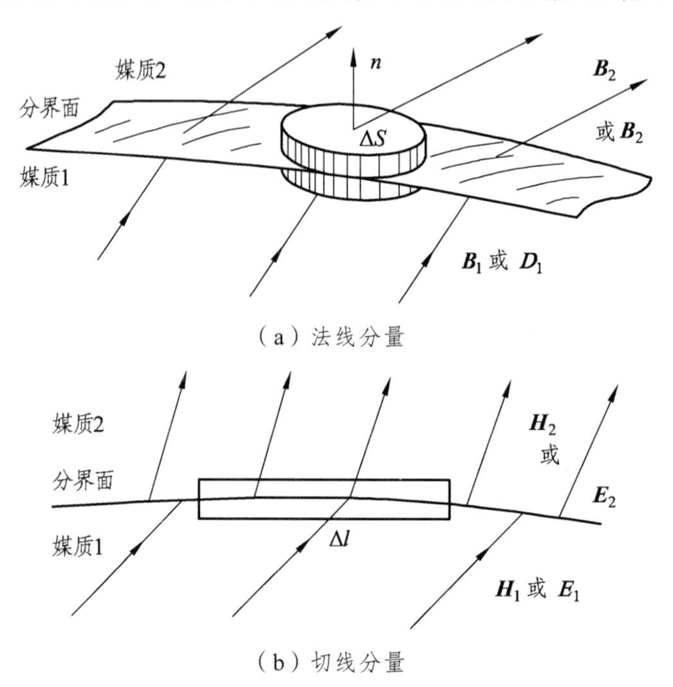

（a）法线分量

（b）切线分量

图 5.3　推导不同媒质分界面上的衔接条件

当分界面上不存在面自由电荷和传导电流线密度时，显然可以得到

$$E_1 \sin\alpha_1 = E_2 \sin\alpha_2 \tag{5.35}$$

$$\varepsilon_1 E_1 \cos\alpha_1 = \varepsilon_2 E_2 \cos\alpha_2 \tag{5.36}$$

$$H_1 \sin\beta_1 = \sin\beta_2 \tag{5.37}$$

$$\mu_1 H_1 \cos\beta_1 = \mu_2 H_2 \cos\beta_2 \tag{5.38}$$

式中，α_1、α_2分别为 $\boldsymbol{E}_1$、$\boldsymbol{E}_2$与分界面法线间的夹角；β_1、β_2分别为 $\boldsymbol{H}_1$、$\boldsymbol{H}_2$与分界面法线间的夹角。从上列各式可得到

$$\frac{\tan\alpha_1}{\tan\alpha_2}=\frac{\varepsilon_1}{\varepsilon_2} \tag{5.39}$$

$$\frac{\tan\beta_1}{\tan\beta_2}=\frac{\mu_1}{\mu_2} \tag{5.40}$$

以上两式就是电磁场的折射定律。

5.2.3 理想导体表面上的边界条件

在实际问题中，往往把某些导体看成理想导体以简化问题的分析。由于理想导体的电导率$\gamma\to\infty$，所以它内部的电场强度为零。根据式（5.26），可知理想导体内部的时变磁场也为零（不考虑与时间无关的常量）。理想导体中的电流可以看成是沿着导体表面流动而形成面电流，同时表面也会有自由电荷的积累而形成面电荷，因而在理想导体（设为媒质 1）与电介质（设为媒质 2）的分界面上，衔接条件为

$$\begin{cases} H_{2t}=K \\ B_{2n}=0 \\ E_{2t}=0 \\ D_{2n}=\sigma \end{cases} \tag{5.41}$$

也称为理想导体表面上的边界条件。它表明，在理想导体表面外侧的附近介质中，磁力线平行于其表面，电力线则与其表面相垂直。

例 5.3 比较导体中的传导电流和位移电流的大小。设导体中存在电场，电场强度为$E_m\sin\omega t$，导体的电导率$\gamma=10^7$ S/m，介电常数$\varepsilon=\varepsilon_0$。

解： 根据欧姆定律的微分形式，导体中的传导电流密度为

$$J=\gamma E=\gamma E_m\sin\omega t$$

导体中的位移电流密度为

$$J_d=\frac{\partial}{\partial t}(\varepsilon_0E_m\sin\omega t)=\varepsilon_0E_m\omega\cos\omega t$$

$$\left|\frac{J_d}{J}\right|=\frac{\omega\varepsilon_0}{\gamma}\approx10^{-17}\ f$$

其中，$\omega=2\pi f$。当频率低于光波频率$f\approx10^{13}$ Hz 时，在良导体中，位移电流与传导电流相比，是微不足道的。

例 5.4 在两块导电平板$z=0$和$z=d$之间的空气中传播的电磁波的电场强度为

$$\boldsymbol{E}=E_0\sin\frac{\pi}{d}z\cos(\omega t-\beta x)\boldsymbol{e}_y$$

其中，β为常数。试求：（1）磁场强度$\boldsymbol{H}$；（2）两块导电平板表面上的电流线密度K。

解：（1）由麦克斯韦第二方程$\nabla\times\boldsymbol{E}=-\dfrac{\partial\boldsymbol{B}}{\partial t}$，得到

$$-\mu_0 \frac{\partial \boldsymbol{H}}{\partial t} = -\frac{\partial E_y}{\partial z} e_x + \frac{\partial E_y}{\partial x} e_z$$

所以

$$\boldsymbol{H} = -\frac{1}{\mu_0} \int \left(-\frac{\partial E_y}{\partial z} \boldsymbol{e}_x + \frac{\partial E_y}{\partial x} \boldsymbol{e}_y \right) \mathrm{d}t$$
$$= \frac{E_0}{\mu_0 \omega} \left[\frac{\pi}{d} \cos\frac{\pi z}{d} \sin(\omega t - \beta x) \boldsymbol{e}_x + \beta \sin\frac{\pi z}{d} \cos(\omega t - \beta x) \boldsymbol{e}_z \right]$$

容易验证，$\boldsymbol{E}$ 和 $\boldsymbol{H}$ 都满足理想导体表面的边界条件。导体表面没有电场的法向分量，故没有表面电荷。

（2）导体表面线电流存在于两块导电板相对的一面。在 $z = 0$ 的表面上，电流线密度 K_1 为

$$\boldsymbol{K}_1 = |\,\boldsymbol{H}\,|_{z=0}\ \boldsymbol{e}_y = \frac{\pi E_0}{\mu_0 \omega d} \sin(\omega t - \beta x) \boldsymbol{e}_y$$

在 $z = d$ 表面上，电流线密度 K_2 为

$$\boldsymbol{K}_2 = |\,\boldsymbol{H}\,|_{z=d}\ (-\boldsymbol{e}_y) = \frac{\pi E_0}{\mu_0 \omega d} \sin(\omega t - \beta x) \boldsymbol{e}_y$$

习题 5.2

5.2.1　证明下述电磁场量满足电磁场基本方程组

$$\boldsymbol{E} = \cos(y - ct) \boldsymbol{e}_z$$
$$\boldsymbol{B} = c \cos(y - ct) \boldsymbol{e}_x$$

5.2.2　已知分界面一侧媒质 1 为空气，另一侧媒质 2 为干土，$\varepsilon_{r2} = 3, \gamma_2 = 10^3\ \mathrm{S/m}$，现有 $E_1 = 100 \sin(1\,000 t + 30^\circ)\ \mathrm{V/m}$，其方向与分界面法线成 45°，求 E_2。

5.2.3　设 $z = 0$ 处为空气与理想导体的分界面，$z < 0$ 一侧为理想导体，分界面处的磁场强度为

$$\boldsymbol{H}(x, y, 0, t) = H_0 \sin \beta x \cos(\omega t - \beta y) e_x$$

试求理想导体表面上的电流分布和分界面处的电场强度 $\boldsymbol{E}$ 的切线分量。

5.3　动态位及其积分解

在讨论静电场、恒定电场与恒定磁场时，为了计算与分析的方便，曾经分别引入过标量电位 φ 和磁矢位 $\boldsymbol{A}$。类似地，在时变电磁场中，也可以引入称作动态位的辅助量，而使求解麦克斯韦方程组的问题简化。本节介绍动态位及其满足的达朗贝尔方程解答的性质。

5.3.1 动态位

在时变电磁场中，空间各点的场量应满足电磁场基本方程组。根据式（5.26），可以引入一个矢量函数 $\boldsymbol{A}$，使

$$\boldsymbol{B}=\nabla\times\boldsymbol{A} \tag{5.42}$$

将上式代入式（5.25），可得

$$\nabla\times\left(\boldsymbol{E}+\frac{\partial\boldsymbol{A}}{\partial t}\right)=0 \tag{5.43}$$

上述结果表明，存在一个标量函数 φ，它满足

$$\boldsymbol{E}+\frac{\partial\boldsymbol{A}}{\partial t}=-\nabla\varphi \tag{5.44}$$

或

$$\boldsymbol{E}=-\frac{\partial\boldsymbol{A}}{\partial t}-\nabla\varphi \tag{5.45}$$

这样，便把电磁场 $\boldsymbol{E}$ 和 $\boldsymbol{B}$ 用矢量函数 $\boldsymbol{A}$ 和标量函数 φ 表达出来了，称 $\boldsymbol{A}$ 为矢量位函数，φ 为标量位函数。由于 $\boldsymbol{A}$ 和 φ 不仅都是空间坐标的函数，同时又都随时间变化，所以也称作动态位函数，简称动态位。

5.3.2 达朗贝尔方程

为了确定动态位 $\boldsymbol{A}$、φ 与激励源之间的关系，利用 $\boldsymbol{B}=\mu\boldsymbol{H}$ 和 $\boldsymbol{D}=\varepsilon\boldsymbol{E}$，且假设 μ 和 ε 均是常数，把式（5.42）和式（5.45）分别代入式（5.34）和式（5.27），得到

$$\nabla^2\boldsymbol{A}-\mu\varepsilon\frac{\partial^2\boldsymbol{A}}{\partial t^2}=-\mu\boldsymbol{J}+\nabla\left(\nabla\cdot\boldsymbol{A}+\mu\varepsilon\frac{\partial\varphi}{\partial t}\right) \tag{5.46}$$

和

$$\nabla^2\varphi+\frac{\partial}{\partial t}(\nabla\cdot\boldsymbol{A})=-\frac{\rho}{\varepsilon} \tag{5.47}$$

这是一组相当复杂的联立的二阶偏微分方程组。直观上看，要通过这组方程解出 $\boldsymbol{A}$ 和 φ，最好是能够把 $\boldsymbol{A}$ 和 φ 分开，找出它们各自单独满足的微分方程。

在上面的推导过程中，只规定了 $\boldsymbol{A}$ 的旋度，尚未规定 $\boldsymbol{A}$ 的散度。因而确定 $\boldsymbol{A}$ 的条件尚不完备。为了单值地确定动态位，有必要规定 $\boldsymbol{A}$ 的散度。最常用的选择是让 $\boldsymbol{A}$、φ 满足附加条件

$$\nabla^2\boldsymbol{A}+\mu\varepsilon\frac{\partial\varphi}{\partial t}=0 \tag{5.48}$$

因此，上述联立的偏微分方程组就化成为

$$\nabla^2 \boldsymbol{A} - \mu\varepsilon \frac{\partial^2 \boldsymbol{A}}{\partial t^2} = -\mu \boldsymbol{J} \tag{5.49}$$

$$\nabla^2 \varphi - \mu\varepsilon \frac{\partial^2 \varphi}{\partial t^2} = -\frac{\rho}{\varepsilon} \tag{5.50}$$

这是两个非齐次的波动方程，通常称为动态位的达朗贝尔方程。式（5.48）称为洛仑兹条件。

在洛仑兹条件下，动态位 $\boldsymbol{A}$ 单独地由电流密度 $\boldsymbol{J}$ 决定；动态位 φ 单独地由电荷密度 ρ 决定。由此不难理解式（5.45）的物理意义，它又一次表明时变电磁场中的电场强度不仅由电荷产生，同时也由变化的磁场产生。

例 5.5 在时变电磁场中，已知矢量位函数

$$\boldsymbol{A} = A_{\mathrm{m}} \mathrm{e}^{-\alpha z} \sin(\omega t - \beta z) \boldsymbol{e}_x$$

其中，A_{m}、α 和 β 均为常数。求电场强度 $\boldsymbol{E}$ 和磁感应强度 $\boldsymbol{B}$。

解：由式（5.34），可得

$$\begin{aligned}\boldsymbol{B} &= \nabla \times \boldsymbol{A} \\ &= -A_{\mathrm{m}} \mathrm{e}^{-\alpha z} [\alpha \sin(\omega t - \beta z) + \beta \cos(\omega t - \beta z)] \boldsymbol{e}_y\end{aligned}$$

由式（5.48）

$$\mu\varepsilon \frac{\partial \varphi}{\partial t} = -\nabla \cdot \boldsymbol{A} = 0$$

$$\varphi = C(x, y, z)$$

在时变电磁场中，暂不考虑静电场的存在，所以，由式（5.45），得

$$\boldsymbol{E} = -A_{\mathrm{m}} \omega \mathrm{e}^{-\alpha z} \cos(\omega t - \beta z) \boldsymbol{e}_x$$

5.3.3 达朗贝尔方程的解

先讨论位于坐标原点的一个电荷量随时间变化的点电荷 $q(t)$激发的标量位 φ。显然，除原点处外，标量位 φ 满足齐次波动方程

$$\nabla^2 \varphi - \mu\varepsilon \frac{\partial^2 \varphi}{\partial t^2} = 0 \tag{5.51}$$

考虑到 $q(t)$激发的场具有球对称性，所以 φ 与坐标 θ、φ 无关，仅是 r 和 t 的函数，即 $\varphi = \varphi(r, t)$。因此，式（5.51）在球坐标系下展开为

$$\frac{\partial^2 (r\varphi)}{\partial r^2} = \frac{1}{v^2} \frac{\partial^2 (r\varphi)}{\partial t^2} \tag{5.52}$$

式中，$v = 1/\sqrt{\mu\varepsilon}$。这是 $(r\varphi)$ 的一维波动方程，它的通解为

$$\varphi = \frac{f_1\left(t - \dfrac{r}{v}\right)}{r} + \frac{f_2\left(t + \dfrac{r}{v}\right)}{r} \tag{5.53}$$

这里，f_1 和 f_2 是具有二阶连续偏导数的两个任意函数，其特解形式由点电荷的变化规律及周围介质的情况而定。

首先讨论式（5.53）等号右端第一项中因子 $f_1\left(t-\frac{r}{v}\right)$ 的物理意义。如果时间由 t 增加到 $t+\Delta t$，而空间坐标由 r 增加到 $r+v\Delta t$，则因子 f_1 的自变量保持不变，即有 $f_1\left(t+\Delta t-\frac{r+v\Delta t}{v}\right)=f_1\left(t+\Delta t-\frac{r}{v}-\Delta t\right)=f_1\left(t-\frac{r}{v}\right)$。换句话说，如果在时刻 t，距离原点为 r 处 f_1 为某个值，则经过时间 Δt 后，f_1 的这个数值出现在比 r 远一个距离 $v\Delta t$ 处，如图 5.4 所示。这意味着，$f_1\left(t-\frac{r}{v}\right)$ 是从原点出发，以速度 v 向 $+r$ 方向行进的波。这就是电磁波，称之为入射波。同理，第二项 $f_2\left(t+\frac{r}{v}\right)$ 表示向 $(-r)$ 方向行进的电磁波（也就是向原点行进的电磁波），称之为反射波。只有当电磁波在行进途中遇到障碍时，才会出现反射波。由于现在考虑的是无限大均匀媒质问题，这时应当只有从原点向 $+r$ 方向行进的波，而不会有向 $(-r)$ 方向行进的波，即可以取 $f_2=0$。但必须选择函数 f_1 使之对应于激励源（点电荷 q）的效应。

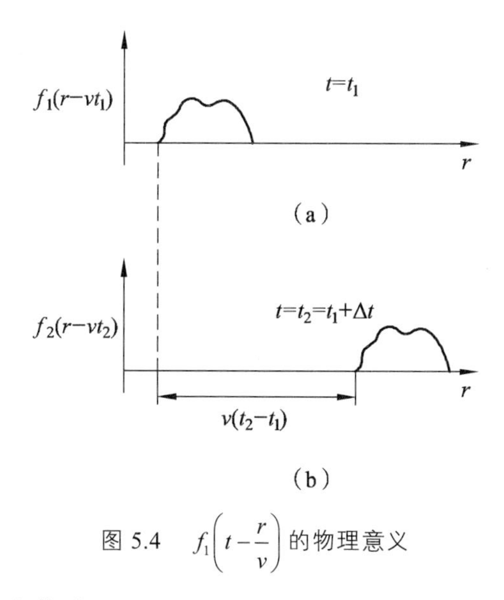

图 5.4　$f_1\left(t-\frac{r}{v}\right)$ 的物理意义

当点电荷不随时间变化时，

$$\varphi=\frac{q}{4\pi\varepsilon r} \tag{5.54}$$

由此可推得，在原点处的时变点电荷 $q(t)$ 的动态标量位 φ 为

$$\varphi=\frac{q\left(t-\frac{r}{v}\right)}{4\pi\varepsilon r} \tag{5.55}$$

这一公式也能用于点电荷不位于原点的情况，只需把 r 视为场点到点电荷的距离 R 即可。

对于体积 V' 中的任意体积电荷分布 $\rho(\boldsymbol{r}')$，如图 5.5 所示，其在空间所建立的标量位 φ 可由叠加原理求得为

$$\varphi(r,t)=\frac{1}{4\pi\varepsilon}\int_{V'}\frac{\rho\left(r',t-\dfrac{R}{v}\right)}{R}\mathrm{d}V' \tag{5.56}$$

式中，$R=|\boldsymbol{r}-\boldsymbol{r}'|$ 是场点 r 到元电荷 $\rho(\boldsymbol{r}')\mathrm{d}V'$ 的距离。

同理，可求得体积 V' 中的任意体积电流分布 $J(r')$ 所建立的矢量位 $\boldsymbol{A}$ 为

$$\boldsymbol{A}(\boldsymbol{r},t)=\frac{\mu}{4\pi}\int_{V'}\frac{\boldsymbol{J}\left(\boldsymbol{r}',t-\dfrac{R}{v}\right)}{R}\mathrm{d}V' \tag{5.57}$$

（5.56）和（5.57）两式称为达朗贝尔方程的解，也称为动态位的积分形式解。它们都表明，空间某点在时刻 t 的标量位或矢量位必须根据 $\left(t-\dfrac{R}{v}\right)$ 时刻的场源分布函数进行求积。换句话说，在时刻 t，场中某点 r 处的动态位以及场量，并不是决定于该时刻激励源的情况，而是决定于在此之前的某一时刻，即 $\left(t-\dfrac{R}{v}\right)$ 时刻激励源的情况。这说明，激励源在时刻 t 的作用，要经过一个推迟的时间 $\dfrac{R}{v}$ 才能到达离它 R 远处的场点，这一推迟的时间也就是传递电磁作用所需的时间。空间各点的动态位 $\boldsymbol{A}$ 和 φ 随时间的变化总是落后于激励源的变化，所以通常又称 $\boldsymbol{A}$、φ 为推迟位。推迟效应说明了电磁作用的传递是以有限速度 v 由近及远地向外进行的，这个速度称为电磁波的波速，它由媒质的特性决定，即

$$v=\frac{1}{\sqrt{\mu\varepsilon}} \tag{5.58}$$

在真空中，电磁波的波速 $v=c=3\times10^{8}\ \mathrm{m/s}$，与光速相同。

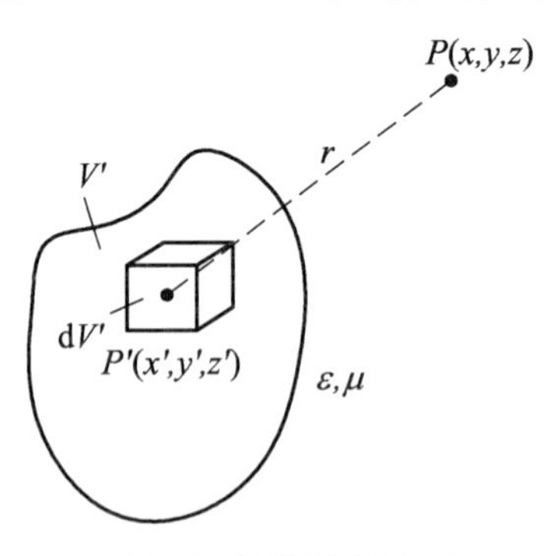

图 5.5　体积电荷分布

习题 5.3

5.3.1　在时变电磁场中，已知矢量位函数

$$\boldsymbol{A}=A_{\mathrm{m}}\sin(\omega t-\beta z)\boldsymbol{e}_x$$

其中，A_{m} 和 β 均是常数。试求电场强度 $\boldsymbol{E}$ 和磁场强度 $\boldsymbol{H}$。

5.3.2　试用直接代入法证明，以 $(t-R\sqrt{\mu\varepsilon})$ 或 $(t+R\sqrt{\mu\varepsilon})$ 为变量的具有二阶连续偏导数的任意函数 u，均是齐次波动方程 $\dfrac{\partial^2 u}{\partial R^2}-\mu\varepsilon\dfrac{\partial^2 u}{\partial t^2}=0$ 的解。

5.4　电磁功率流和坡印亭矢量

与静电场和恒定磁场一样，时变电磁场也具有能量，但更重要的是特有的能量流动现象。当随时间变化的电磁场以恒定的速度传播时，必将伴随着能量的传播，形成电磁能流。因此，在随时间变化的电磁场的任一给定区域中，电磁场的能量不再是恒量。但是，在自然界中，能量是守恒的。作为物质的一种特殊形态——电磁场，它当然也不例外地遵循自然界一切物质运动过程的普遍法则：能量守恒和转化定律。这一节将根据麦克斯韦方程组，构成电磁场的能量守恒和转化定律—坡印亭定理，并引入一个描述电磁能量流动的物理量——坡印亭矢量 $\boldsymbol{S}$。

在时变电磁场中，麦克斯韦认为能量也是定域于场中的，并作了电磁场能量的体密度就等于电场能量的体密度与磁场能量的体密度之和的基本假设，即

$$w=w_e'+w_m'=\frac{1}{2}\boldsymbol{E}\cdot\boldsymbol{D}+\frac{1}{2}\boldsymbol{B}\cdot\boldsymbol{H} \tag{5.59}$$

任一体积 V 中的电磁场能量为

$$W=\int_V w\mathrm{d}V=\int_V\left(\frac{1}{2}\boldsymbol{D}\cdot\boldsymbol{E}+\frac{1}{2}\boldsymbol{B}\cdot\boldsymbol{H}\right)\mathrm{d}V \tag{5.60}$$

由于电磁场的变化，V 内的能量将随时间变化。它的变化率为

$$\begin{aligned}\frac{\partial W}{\partial t}&=\frac{\partial}{\partial t}\int_V\left(\frac{1}{2}\boldsymbol{D}\cdot\boldsymbol{E}+\frac{1}{2}\boldsymbol{B}\cdot\boldsymbol{H}\right)\mathrm{d}V\\&=\int_V\left[\frac{\partial}{\partial t}\left(\frac{1}{2}\boldsymbol{D}\cdot\boldsymbol{E}\right)+\frac{\partial}{\partial t}\left(\frac{1}{2}\boldsymbol{B}\cdot\boldsymbol{H}\right)\right]\mathrm{d}V\end{aligned} \tag{5.61}$$

一般情况下，对于各向同性的线性媒质，有下列关系

$$\frac{\partial}{\partial t}\left(\frac{1}{2}\boldsymbol{D}\cdot\boldsymbol{E}\right)=\boldsymbol{E}\cdot\frac{\partial\boldsymbol{D}}{\partial t}\quad\text{和}\quad\frac{\partial}{\partial t}\left(\frac{1}{2}\boldsymbol{B}\cdot\boldsymbol{H}\right)=\boldsymbol{H}\cdot\frac{\partial\boldsymbol{B}}{\partial t} \tag{5.62}$$

再利用麦克斯韦第一、第二方程式（5.24）和式（5.25），进一步有

$$\frac{\partial}{\partial t}\left(\frac{1}{2}\boldsymbol{D}\cdot\boldsymbol{E}\right)=\boldsymbol{E}\cdot\nabla\times\boldsymbol{H}-\boldsymbol{E}\cdot\boldsymbol{J}\text{ 和 }\frac{\partial}{\partial t}\left(\frac{1}{2}\boldsymbol{B}\cdot\boldsymbol{H}\right)=-\boldsymbol{H}\cdot\nabla\times\boldsymbol{E} \tag{5.63}$$

将这两个关系式代入式（5.61），得

$$\frac{\partial W}{\partial t}=\int_V(\boldsymbol{E}\cdot\nabla\times\boldsymbol{H}-\boldsymbol{H}\cdot\nabla\times\boldsymbol{E}-\boldsymbol{E}\cdot\boldsymbol{J})\mathrm{d}V \tag{5.64}$$

或者

$$-\frac{\partial W}{\partial t}=\int_V \nabla\cdot(\boldsymbol{E}\times\boldsymbol{H})\mathrm{d}V+\int_V \boldsymbol{E}\cdot\boldsymbol{J}\mathrm{d}V \tag{5.65}$$

再应用高斯散度定理，上式可改写成

$$-\frac{\partial W}{\partial t}=\int_V \boldsymbol{J}\cdot\boldsymbol{E}\mathrm{d}V+\oint_A(\boldsymbol{E}\times\boldsymbol{H})\cdot\mathrm{d}\boldsymbol{A} \tag{5.66}$$

式中，$\boldsymbol{A}$ 为限定体积 V 的闭合面。

如果考虑到体积 V 内含有电源，那么 $\boldsymbol{J}=\gamma(\boldsymbol{E}+\boldsymbol{E}_{\mathrm{e}})$。将 $\boldsymbol{E}=\frac{\boldsymbol{J}}{\gamma}-\boldsymbol{E}_{\mathrm{e}}$ 代入式（5.66），则有

$$\oint_A(\boldsymbol{E}\times\boldsymbol{H})\cdot\mathrm{d}\boldsymbol{A}=-\frac{\partial W}{\partial t}-\int_V\frac{J^2}{\gamma}\mathrm{d}V+\int_V \boldsymbol{J}\cdot\boldsymbol{E}_{\mathrm{e}}\mathrm{d}V \tag{5.67}$$

这就是电磁场中的能量守恒和转化定律，一般称作电磁能流定理或坡印亭定理。式（5.67）中等号右边第一项 $\frac{\partial W}{\partial t}$ 为体积 V 内增加的电磁场能量；第二项积分（$\int_V\frac{J}{\gamma}\mathrm{d}V$）表示电磁场在 V 内的导体中激起电流所产生的焦耳热损耗能量；第三项积分（$\int_V \boldsymbol{J}\cdot\boldsymbol{E}_{\mathrm{e}}\mathrm{d}V$）为 V 内电源提供的能量。而左边一项的闭合面积分是通过包围体积 V 的闭合面 $\boldsymbol{A}$ 向外输送的电磁能量。换句话说，单位时间内通过 $\boldsymbol{A}$ 面从体积 V 中流出的电磁能量为

$$\oint_A(\boldsymbol{E}\times\boldsymbol{H})\cdot\mathrm{d}\boldsymbol{A}=\oint_A\boldsymbol{S}\cdot\mathrm{d}\boldsymbol{A} \tag{5.68}$$

式中，$\boldsymbol{S}$ 称为坡印亭矢量，且

$$\boldsymbol{S}=\boldsymbol{E}\times\boldsymbol{H} \tag{5.69}$$

$\boldsymbol{S}$ 的单位符号是 $\mathrm{W/m^2}$。它表示在单位时间内通过垂直于能量传播方向的单位面积的电磁能量，其方向就是电磁能量传播或流动的方向。所以，$\boldsymbol{S}$ 也称为电磁能流密度。

对于恒定电磁场，如果体积 V 中充满导电媒质，且不存在局外场强 $\boldsymbol{E}_{\mathrm{e}}$（即没有电源），那么在坡印亭定理表达式（5.67）中令电磁场能量对时间的偏导数为零，便可得到恒定场中的功率平衡方程为

$$\oint_A(\boldsymbol{E}\times\boldsymbol{H})\cdot\mathrm{d}\boldsymbol{A}=\int_V\frac{J^2}{\gamma}\mathrm{d}V \tag{5.70}$$

式（5.70）说明，导电媒质中的焦耳损耗能量是通过其表面 $\boldsymbol{A}$ 由外部输入的电磁能流供给的。

例 5.6 用坡印亭矢量分析直流电源沿同轴电缆向负载传送能量的过程。设电缆本身导体的电阻可以忽略。

解： 考虑到同轴电缆本身导体的电阻可以忽略，其内外导体表面无电场的切向分量，只有电场的径向分量。已知内外导体间的电压为 U，流过的电流为 I，如图 5.6 所示，容易求出在内外导体之间的电场和磁场分别为

$$\boldsymbol{E}=\frac{U}{\rho\ln(b/a)}e_\rho$$

$$\boldsymbol{H}=\frac{I}{2\pi\rho}e_\phi$$

式中，a、b 分别为内外导体的半径。

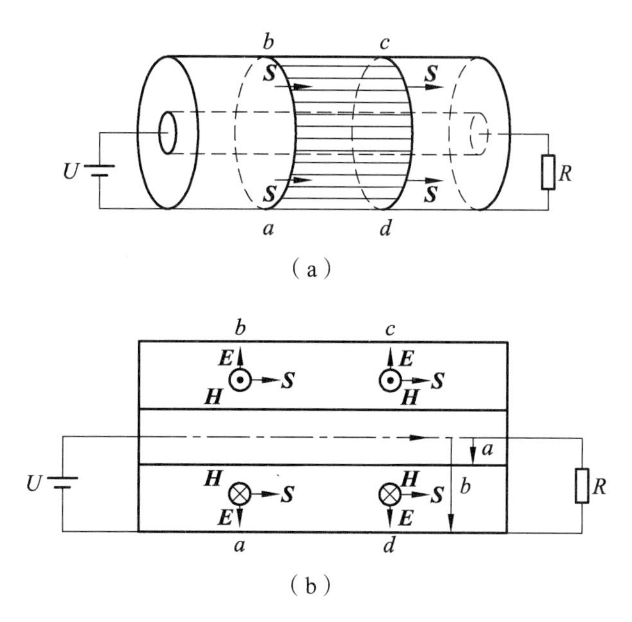

图 5.6　同轴电缆中的电磁能流

内外导体间任意截面上的坡印亭矢量为

$$\boldsymbol{S}=\boldsymbol{E}\times\boldsymbol{H}=\frac{UI}{2\pi\rho^2\ln(b/a)}\boldsymbol{e}_z \tag{5.71}$$

式（5.71）说明，电磁能量在内外导体间的空间内沿 z 轴方向流动，由电源向负载。而在电缆外部空间和内外导体内部均没有电磁场，从而坡印亭矢量为零，无能量流动。

单位时间内通过同轴电缆内、外导体间的横截面 $\boldsymbol{A}$ 的总能量为

$$\begin{aligned}P&=\int_A\boldsymbol{S}\cdot\mathrm{d}\boldsymbol{A}\\&=\int_a^b\frac{UI}{2\pi\rho^2\ln(b/a)}2\pi\rho\mathrm{d}\rho\\&=UI\end{aligned} \tag{5.72}$$

它正好等于电源的输出功率，这是在电路理论分析中熟知的结果。有趣的是，在求解过程中积分是在内外导体之间的截面上进行的，并不包括导体内部。这说明所传输的电磁能量不是在导体内部进行的，而是由内外导体之间的空间电磁场构成的功率流传递。这样，从能量传递的角度看，电缆的条件似乎并不重要。但是，正因为导体上有电荷和电流分布，才使空间存在电场和磁场，通过场把能量送给负载。当然导体还起着引导能流走向的作用。

例 5.7 在例 5.6 中，若导体的电阻不能忽略，分析能量的传输情况。

解： 当导体的电阻不能忽略时，在导体内部存在沿着电流方向的电场分量 $E_z=\dfrac{J}{\gamma}$。磁场的分布仍和上面例题相同。此时，电场、磁场的分布状况如图 5.7 所示。

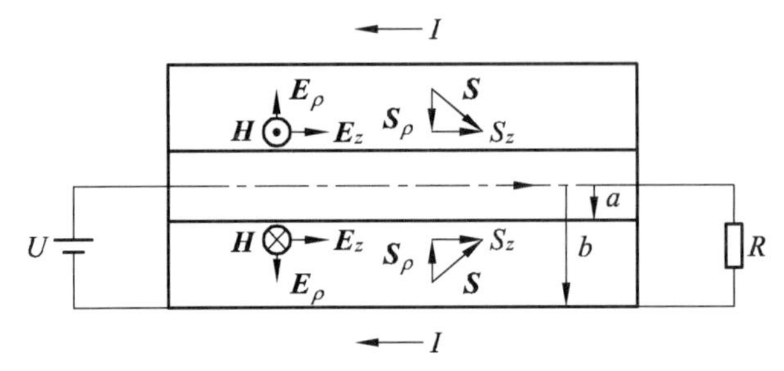

图 5.7 导体有电阻时同轴电缆中的电场、磁场和坡印亭矢量

从图中可以看出，在导体内部、电场只有 z 向分量，所以坡印亭矢量只有径向分量 S_ρ。也就是说，在导体内部没有沿 z 方向的能量传输，所以能量的传输仍在内外导体间的空间进行，即

$$\boldsymbol{E}=E_\rho\boldsymbol{e}_\rho+E_\phi\boldsymbol{e}_\phi$$

在内外导体之间，除了有径向的电场分量外，还存在 z 方向的电场分量，坡印亭矢量

$$\begin{aligned}\boldsymbol{S}&=(E_\rho\boldsymbol{e}_\rho+E_z\boldsymbol{e}_z)\times\boldsymbol{H}\\&=(E_\rho H_\phi)\boldsymbol{e}_z-(E_zH_\phi)\boldsymbol{e}_\rho\end{aligned}\tag{5.73}$$

式（5.73）表明，坡印亭矢量 S 除了有上述的沿 z 轴方向传输的分量 S_z 外，还有一个逆径向的分量 S_ρ，即指向导体内部。这部分能流进入导体后，变成导体发出的焦耳热。能流密度的分布如图 5.7 所示。这表示导体中消耗在电阻上的焦耳热的能量也是通过坡印亭矢量传送的。

现在截取单位长度的内导体，把它的表面作为闭合面 A，由坡印亭定理可知，由 A 面进入的坡印亭矢量的通量应等于这段导体电阻上的焦耳损耗功率 P。因为在 A 面上（在两端面处，因 S_ρ 与端面的法线垂直，所以不予考虑）

$$E_z=\frac{J}{\gamma}=\frac{I}{\pi a^2\gamma}=IR,\ H_\phi=\frac{I}{2\pi a}$$

和

$$S_\rho=-E_zH_\phi=\frac{-I^2R}{2\pi a}$$

故流进单位长度内导体的功率为

$$P=\int_0^1\frac{I^2R}{2\pi a}2\pi a\mathrm{d}z=I^2R$$

式中，$R=\dfrac{1}{\pi a^2\gamma}$ 为该单位长度导体的电阻。

I^2R 这个结果正是从电路理论中得到的该段导体内的消耗功率。

此例再一次说明，电磁能量的储存者和传递者都是电磁场，导体仅起着定向导引电磁能流的作用，故通常称为导波系统。对有损耗的传输线，能量仍在导体之间的空间传输。只是在传输过程中有部分能量被导体吸收，变为导体电阻上的焦耳热损耗罢了。如果仅凭直觉，往往会认为能量是通过电流在导体中传输的。但理论分析说明，实际情况不是这样，电磁能量是在空间介质中传输的。两个天线之间通过广阔的空间收发电磁波的过程就是最常见的例子。

习题 5.4

5.4.1　已知一电磁波的电场和磁场的分量表达式为

$$\boldsymbol{E} = 1\,000\cos(\omega t - \beta z)\boldsymbol{e}_x \ \text{V/m}$$
$$\boldsymbol{H} = 2.65\cos(\omega t - \beta z)\boldsymbol{e}_y \ \text{A/m}$$

试写出坡印亭矢量 $\boldsymbol{S}$。

5.4.2　圆柱形导线长为 l，电阻为 R，载有电流 I。求证，电磁场通过表面输入导线的功率 $-\oint_A (\boldsymbol{E}\times\boldsymbol{H})\cdot \mathrm{d}\boldsymbol{A}$ 等于焦耳热功率 I^2R。

5.5　正弦电磁场

在时变电磁场中，场量和场源除了是空间坐标的函数，还是时间的函数。电磁场随时间正弦变化是最常见也是最重要的形式。这种以一定频率正弦变化的电磁场，称为正弦电磁场。在一般情形下，即使是非正弦变化的时变电磁场，也可以采用傅里叶分析方法将其分解成各次谐波分量来研究。因此，研究正弦变化的时变电磁场具有非常重要的意义。

5.5.1　正弦电磁场的复数表示法

分析正弦时变电磁场的有效工具就是交流电路分析中所采用的复数方法。在直角坐标系中，随时间作正弦变化的电场强度 $\boldsymbol{E}$ 的一般形式为

$$\begin{aligned}\boldsymbol{E}(x,y,z,t) = {} & E_{xm}(x,y,z)\cos(\omega t+\varphi_x)\boldsymbol{e}_x + \\ & E_{ym}(x,y,z)\cos(\omega t+\varphi_y)\boldsymbol{e}_y + \\ & E_{zm}(x,y,z)\cos(\omega t+\varphi_z)\boldsymbol{e}_z\end{aligned} \tag{5.74}$$

式中，ω 是角频率；φ_x、φ_y 和 φ_z 分别为各坐标分量的初相角，它们仅是空间位置的函数。

上式也可以表示成

$$\boldsymbol{E}(x,y,z,t) = \mathrm{Re}[\dot{\boldsymbol{E}}(x,y,z)\sqrt{2}\mathrm{e}^{\mathrm{j}\omega t}] \tag{5.75}$$

其中

$$\dot{\boldsymbol{E}}(x,y,z)=\dot{\boldsymbol{E}}_x\boldsymbol{e}_x+\dot{\boldsymbol{E}}_y\boldsymbol{e}_y+\dot{\boldsymbol{E}}_z\boldsymbol{e}_z$$
$$=\frac{1}{\sqrt{2}}E_{xm}e^{j\varphi}\boldsymbol{e}_x+\frac{1}{\sqrt{2}}E_{ym}e^{j\varphi}\boldsymbol{e}_y+\frac{1}{\sqrt{2}}E_{zm}e^{j\varphi}\boldsymbol{e}_z \quad (5.76)$$

把 $\dot{\boldsymbol{E}}(x,y,z)$ 称为电场强度 $\boldsymbol{E}$ 的复数形式。式（5.75）是瞬时形式与复数形式间的关系式。

复数法使对时间的求导运算化为乘积运算，因为由式（5.75），有

$$\frac{\partial \boldsymbol{E}(x,y,z,t)}{\partial t}=\mathrm{Re}[\mathrm{j}\omega\dot{\boldsymbol{E}}(x,y,z)\sqrt{2}e^{j\omega t}]$$

此式表明，对时间的一次求导，相应的复数形式应乘以一个因子 $\mathrm{j}\omega$。

应用上述运算规律经过运算后，可得电磁场基本方程组的复数形式为

$$\nabla\times\dot{\boldsymbol{H}}=\dot{\boldsymbol{J}}+\mathrm{j}\omega\dot{\boldsymbol{D}} \quad (5.77)$$

$$\nabla\times\dot{\boldsymbol{E}}=-\mathrm{j}\omega\dot{\boldsymbol{B}} \quad (5.78)$$

$$\nabla\cdot\dot{\boldsymbol{B}}=0 \quad (5.79)$$

$$\nabla\cdot\dot{\boldsymbol{E}}=\dot{\rho} \quad (5.80)$$

同理，得到电磁场的构成关系的复数形式为

$$\dot{\boldsymbol{D}}=\varepsilon\dot{\boldsymbol{E}}\quad \dot{\boldsymbol{B}}=\mu\dot{\boldsymbol{H}} \text{ 和 } \dot{\boldsymbol{J}}=\gamma\dot{\boldsymbol{E}} \quad (5.81)$$

5.5.2 坡印亭定理的复数形式

对于正弦时变电磁场，当 x、y、z 方向的初相角均相同时，坡印亭矢量的瞬时值为

$$\begin{aligned}\boldsymbol{S}(t)&=\boldsymbol{E}_m\cos(\omega t+\varphi_E)\times\boldsymbol{H}_m\cos(\omega t+\varphi_H)\\&=\sqrt{2}\boldsymbol{E}\cos(\omega t+\varphi_E)\times\sqrt{2}\boldsymbol{H}\cos(\omega t+\varphi_H)\end{aligned} \quad (5.82)$$

它在一个周期 T 内的平均值为

$$\begin{aligned}\boldsymbol{S}_{av}&=\frac{1}{T}\int_0^T S(t)\mathrm{d}t\\&=(\boldsymbol{E}\times\boldsymbol{H})\cos(\varphi_E-\varphi_H)\end{aligned} \quad (5.83)$$

$\boldsymbol{S}_{av}$ 的数值表示在一个周期内沿 $(\boldsymbol{E}\times\boldsymbol{H})$ 方向通过单位面积的平均功率。$\boldsymbol{S}_{av}$ 也可表示成

$$\boldsymbol{S}_{av}=\mathrm{Re}[\dot{\boldsymbol{E}}\times\dot{\boldsymbol{H}}^*] \quad (5.84)$$

把 $(\dot{\boldsymbol{E}}\times\dot{\boldsymbol{H}}^*)$ 称为坡印亭矢量的复数形式，简称复坡印亭矢量，记作 $\tilde{\boldsymbol{S}}$，即

$$\tilde{\boldsymbol{S}}=\dot{\boldsymbol{E}}\times\dot{\boldsymbol{H}}^* \quad (5.85)$$

它的实部就是坡印亭矢量的平均值（或有功功率密度），表示能量的流动，而虚部是无功功率密度，表示着电磁能量的交换。

对复坡印亭矢量取散度并展开

$$\nabla\cdot(\dot{\boldsymbol{E}}\times\dot{\boldsymbol{H}}^*)=\dot{\boldsymbol{H}}^*\cdot(\nabla\times\dot{\boldsymbol{E}})-\dot{\boldsymbol{E}}\cdot(\nabla\times\dot{\boldsymbol{H}}^*) \tag{5.86}$$

将式（5.78）和式（5.77）代入上式，并利用 $\dot{\boldsymbol{B}}=\mu\dot{\boldsymbol{H}}$ 和 $\dot{\boldsymbol{D}}=\varepsilon\dot{\boldsymbol{E}}$ 关系式，可得

$$\nabla\cdot(\dot{\boldsymbol{E}}\times\dot{\boldsymbol{H}}^*)=-\mathrm{j}\omega\mu\dot{\boldsymbol{H}}\cdot\dot{\boldsymbol{H}}^*-\dot{\boldsymbol{E}}\cdot\dot{\boldsymbol{J}}^*+\mathrm{j}\omega\dot{E}\cdot\dot{\boldsymbol{E}}\cdot\dot{\boldsymbol{E}}^* \tag{5.87}$$

将 $\dot{\boldsymbol{E}}=\dfrac{\dot{J}}{\gamma}-\boldsymbol{E}_{\mathrm{e}}$ 代入上式，对等式两边进行体积分，并利用高斯散度定理，有

$$-\oint_A(\dot{\boldsymbol{E}}\times\dot{\boldsymbol{H}}^*)\cdot\mathrm{d}\boldsymbol{A}=\int_V\frac{|\dot{\boldsymbol{J}}|^2}{\gamma}\mathrm{d}V+\mathrm{j}\omega\int_V(\mu|\dot{\boldsymbol{H}}|^2-\varepsilon|\dot{\boldsymbol{E}}|^2)\mathrm{d}V-\int_V\dot{\boldsymbol{E}}_{\mathrm{e}}\cdot\dot{\boldsymbol{J}}^*\mathrm{d}V \tag{5.88}$$

这就是坡印亭定理的复数形式。式（5.88）左边表示流入闭合面 A 内的复功率；右边第一项表示体积 V 内导电媒质消耗的功率，即有功功率 P；右边第二项表示体积 V 内电磁能量的平均值，即无功功率 Q，右边最后一项是体积 V 内电源提供的复功率。若体积 V 内不包含有电源，式（5.88）化成

$$-\oint_A(\dot{\boldsymbol{E}}\times\dot{\boldsymbol{H}}^*)\cdot\mathrm{d}\boldsymbol{A}=P+\mathrm{j}Q \tag{5.89}$$

根据等值的观点，可令 $P=I^2R$ 和 $Q=I^2X$，因而时变场中某一体积 V 内媒质的等效电路参数 R 和 X，可分别由下列两式计算

$$R=-\frac{1}{I^2}\mathrm{Re}\left[\oint_A(\dot{\boldsymbol{E}}\times\dot{\boldsymbol{H}}^*)\cdot\mathrm{d}\boldsymbol{A}\right] \tag{5.90}$$

$$X=-\frac{1}{I^2}I_{\mathrm{m}}\left[\oint_A(\dot{\boldsymbol{E}}\times\dot{\boldsymbol{H}}^*)\cdot\mathrm{d}\boldsymbol{A}\right] \tag{5.91}$$

在第 5 章导体的交流内阻抗一节中将介绍这两个公式的应用。

例 5.8 在无源 $(\rho=0,\boldsymbol{J}=0)$ 的自由空间中，已知电磁场的电场强度复矢量

$$\dot{\boldsymbol{E}}(z)=E\mathrm{e}^{-\mathrm{j}\beta z}\boldsymbol{e}_y$$

式中，β、E 为常数。求：（1）磁场强度复矢量 $\dot{\boldsymbol{H}}(z)$；（2）坡印亭矢量的瞬时值；（3）平均坡印亭矢量。

解：（1）由 $\nabla\times\dot{\boldsymbol{E}}=-\mathrm{j}\omega\mu_0\dot{\boldsymbol{H}}$，得

$$\begin{aligned}\dot{\boldsymbol{H}}(z)&=-\frac{1}{\mathrm{j}\omega\mu_0}\nabla\times\dot{\boldsymbol{E}}=\frac{1}{\mathrm{j}\omega\mu_0}\frac{\partial}{\partial z}(E\mathrm{e}^{-\mathrm{j}\beta z})\boldsymbol{e}_x\\&=-\frac{\beta E}{\omega\mu_0}\mathrm{e}^{-\mathrm{j}\beta z}\boldsymbol{e}_x\end{aligned}$$

（2）电场、磁场的瞬时值为

$$\boldsymbol{E}(z,t)=\sqrt{2}E\cos(\omega t-\beta z)\boldsymbol{e}_y$$

$$\boldsymbol{H}(z,t)=-\sqrt{2}\frac{\beta E}{\omega\mu_0}\cos(\omega t-\beta z)\boldsymbol{e}_x$$

所以，坡印亭矢量的瞬时值为

$$\boldsymbol{S}=\boldsymbol{E}\times\boldsymbol{H}=\frac{2\beta E^2}{\omega\mu_0}\cos^2(\omega t-\beta z)\boldsymbol{e}_z$$

（3）由式（5.84），得

$$\boldsymbol{S}_{\mathrm{av}}=\mathrm{Re}\left[E\mathrm{e}^{-\mathrm{j}\beta z}\boldsymbol{e}_y\times\left(-\frac{\beta E}{\omega\mu_0}\mathrm{e}^{-\mathrm{j}\beta z}\boldsymbol{e}_x\right)^*\right]=\frac{\beta E^2}{\omega\mu_0}\boldsymbol{e}_i$$

5.5.3 达朗贝尔方程的复数形式及其解

对于正弦电磁场，达朗贝尔方程的复数形式为

$$\nabla^2\dot{\boldsymbol{A}}+\beta^2\dot{\boldsymbol{A}}=-\mu\dot{\boldsymbol{J}} \tag{5.92}$$

$$\nabla^2\dot{\varphi}+\beta^2\dot{\varphi}=-\frac{\dot{\rho}}{\varepsilon} \tag{5.93}$$

式中，$\beta=\omega\sqrt{\mu\varepsilon}$，称为相位常数，单位是 rad/m（弧度/米）。

这两个方程的解可由 5.3 节中得到的瞬时解对应的复数形式来表示。在时间上推迟 $\frac{R}{v}$，相当于相位推迟 $\omega\frac{R}{v}=\beta R$，故借助于式（5.56）和式（5.57），可得动态标量位和矢量位的解的复数形式分别为

$$\dot{\varphi}=\frac{1}{4\pi\varepsilon}\int_V\frac{\rho\mathrm{e}^{-\mathrm{j}\beta R}}{R}\mathrm{d}V' \tag{5.94}$$

$$\dot{\boldsymbol{A}}=\frac{\mu}{4\pi}\int_V\frac{\dot{\boldsymbol{J}}\mathrm{e}^{-\mathrm{j}\beta R}}{R}\mathrm{d}V' \tag{5.95}$$

在正弦电磁场中，电场 $\dot{\boldsymbol{E}}$、磁场 $\dot{\boldsymbol{B}}$ 与动态位 $\dot{\boldsymbol{A}}$、$\dot{\varphi}$ 的关系也可用复矢量表示成

$$\dot{\boldsymbol{B}}=\nabla\times\dot{\boldsymbol{A}} \tag{5.96}$$

和

$$\dot{\boldsymbol{E}}=-\mathrm{j}\omega\dot{\boldsymbol{A}}-\nabla\dot{\varphi}=-\mathrm{j}\omega\dot{\boldsymbol{A}}+\frac{\nabla(\nabla\cdot\dot{\boldsymbol{A}})}{\mathrm{j}\omega\mu\varepsilon} \tag{5.97}$$

这里已经利用了洛仑兹条件的复数形式。由上两式看出，只要求得 $\dot{\boldsymbol{A}}$，即可计算出电场和磁场。

在 5.3 节中已经指出，场点上动态位与引起它的激励源在时间上的差异，也就是电磁波从激励源传播到该场点所需的时间。如果激励源变化得很快，则这种推迟现象就比较明显；如果变化不快，则在电磁波从激励源传播到场点这段时间内，激励源并未发生明显的变化，此时虽仍有推迟作用，但对场量的影响不太大。对于正弦电磁场来说，显然，当 $\beta R\ll1$ 时，$\mathrm{e}^{-\mathrm{j}\beta R}\approx1$，可以不计推迟作用。这样，动态位的解式（5.94）和式（5.95）分别与静电场和恒定磁场中的电位和磁矢位的表达式相似。这说明对每一瞬间来说，φ 和 $\boldsymbol{A}$ 在空间的分布规律分别和静电场和恒定磁场的分布规律相同。场点的“响应”和源点

的“激励”同相。又可把条件

$$\beta R \ll 1 \tag{5.98}$$

写成

$$r \ll \lambda \tag{5.99}$$

称为似稳条件。这里 λ 是且弦电磁波在一个周期内行进的距离，即波长 $\lambda = vT$ 。时变电磁场中，满足似稳条件的区域称为似稳区，似稳区内的时变场称为似稳电磁场。有关似稳电磁场的详细分析和讨论在第 5 章中展开。但应注意，似稳区是一个相对的概念。

习题 5.5

5.5.1 改写下列电场或磁场的表示式：

（1）将瞬时形式改写成复数形式

$$\boldsymbol{E} = E_{\mathrm{m}} \cos 2x \sin \omega t \boldsymbol{e}_x$$

$$\boldsymbol{H} = H_{\mathrm{m}} \mathrm{e}^{-\alpha x} \cos(\omega t - \beta x) \boldsymbol{e}_y$$

$$\boldsymbol{E} = E_{\mathrm{m}} \sin \frac{\pi x}{a} \cos(\omega t - \beta z) \boldsymbol{e}_x + E_{\mathrm{m}} \cos \frac{\pi x}{a} \sin(\omega t - \beta z) \boldsymbol{e}_y$$

（2）将复数形式改写成瞬时形式

$$\dot{\boldsymbol{E}} = E \sin \frac{\pi y}{a} \mathrm{e}^{-(\alpha + \mathrm{j}\beta) z} \boldsymbol{e}_x$$

$$\dot{\boldsymbol{H}} = H \cos \beta z \boldsymbol{e}_y$$

5.5.2 已知无限大均匀媒质中电场和磁场的瞬时表示式为

$$\boldsymbol{E} = E_{\mathrm{m}} \mathrm{e}^{-\alpha z} \cos(\omega t - \beta z + \phi_x) \boldsymbol{e}_x$$

$$\boldsymbol{H} = H_{\mathrm{m}} \mathrm{e}^{-\alpha z} \cos(\omega t - \beta z + \phi_y) \boldsymbol{e}_y$$

式中，α、β 为常数。试求：

（1）$\boldsymbol{E}$ 和 $\boldsymbol{H}$ 的复数形式。

（2）坡印亭矢量 $\boldsymbol{S}$ 的平均值 $\boldsymbol{S}_{\mathrm{av}}$。

5.5.3 在正弦电磁场中，若已知矢量位 $\dot{\boldsymbol{A}}$ 是

$$\dot{\boldsymbol{A}} = \dot{\psi}(x, y, z) \boldsymbol{e}_z$$

试求相应的电场强度 $\dot{\boldsymbol{E}}$ 和磁感应强度 $\dot{\boldsymbol{B}}$ 。

总　结

1. 静止媒质中时变电磁场基本方程组为（微分形式）

$$\nabla \times \boldsymbol{H} = \boldsymbol{J} + \frac{\partial D}{\partial t} \quad \nabla \cdot \boldsymbol{B} = 0$$

$$\nabla \times \boldsymbol{E} = -\frac{\partial B}{\partial t} \quad \nabla \cdot \boldsymbol{D} = \rho$$

构成关系为

$$\boldsymbol{D}=\varepsilon\boldsymbol{E}, \boldsymbol{B}=\mu\boldsymbol{H}, \boldsymbol{J}=\gamma\boldsymbol{E}$$

2. 时变电磁场在不同媒质分界面上的衔接条件为

$$E_{1t}=E_{2t} \qquad H_{1t}-H_{2t}=K$$
$$D_{2n}-D_{1n}=\sigma \qquad B_{2n}=B_{1n}$$

3. 动态位与场量的关系为

$$\boldsymbol{B}=\nabla\times\boldsymbol{A} \quad \text{和} \quad \boldsymbol{E}=-\frac{\partial\boldsymbol{A}}{\partial t}-\nabla\varphi$$

当 $\boldsymbol{A}$ 和 φ 满足洛仑兹条件 $\nabla\cdot\boldsymbol{A}=-\mu\varepsilon\dfrac{\partial\varphi}{\partial t}$ 时，它们都满足达朗贝尔方程

$$\nabla^2\boldsymbol{A}-\mu\varepsilon\frac{\partial^2\boldsymbol{A}}{\partial t^2}=-\mu\boldsymbol{J}$$
$$\nabla^2\varphi-\mu\varepsilon\frac{\partial^2\varphi}{\partial t^2}=-\frac{\rho}{\varepsilon}$$

达朗贝尔方程的积分解为

$$\boldsymbol{A}=\frac{\mu}{4\pi}\int_{V'}\frac{\boldsymbol{J}\left(x',y',z',t-\dfrac{R}{v}\right)}{R}\mathrm{d}V'$$
$$\varphi=\frac{1}{4\pi\varepsilon}\int_{V}\frac{\rho\left(x',y',z',t-\dfrac{R}{v}\right)}{R}\mathrm{d}V'$$

当激励源为时间的正弦函数时，则有

$$\dot{\boldsymbol{A}}=\frac{\mu}{4\pi}\int_{V'}\frac{\dot{\boldsymbol{J}}(x',y',z')\mathrm{e}^{-\mathrm{j}\beta R}}{R}\mathrm{d}V'$$
$$\dot{\varphi}=\frac{1}{4\pi\varepsilon}\int_{V'}\frac{\rho(x',y',z')\mathrm{e}^{-\mathrm{j}\beta R}}{R}\mathrm{d}V'$$

可以看出，时间上推迟 $\dfrac{R}{v}$，相当于正弦函数的相位滞后 βR，所以动态位又称为推迟位或滞后位。

4. 电磁能流密度—坡印亭矢量

$$\boldsymbol{S}=\boldsymbol{E}\times\boldsymbol{H}$$

坡印亭定理反映了电磁场中的能量守恒及转换定律

$$\oint_A(\boldsymbol{E}\times\boldsymbol{H})\cdot\mathrm{d}\boldsymbol{A}=\int_V\boldsymbol{E}_\mathrm{e}\cdot J\mathrm{d}V-\int_V\frac{|\boldsymbol{J}|^2}{\gamma}\mathrm{d}V-\frac{\partial W}{\partial t}$$

5. 正弦电磁场中坡印亭矢量及坡印亭定理的复数形式分别为

$$\tilde{\boldsymbol{S}} = \dot{\boldsymbol{E}} \times \dot{\boldsymbol{H}}^*$$

$$-\oint_A \tilde{\boldsymbol{S}} \cdot \mathrm{d}A = \mathrm{j}\omega \int_V (\mu |\dot{H}|^2 - \varepsilon |\dot{E}|^2) \mathrm{d}V + \int_V \frac{|\dot{\boldsymbol{J}}|^2}{\gamma} \mathrm{d}V$$

导电媒质的等效电路参数——电阻 R 和电抗 X 分别为

$$R = \frac{1}{I^2} \mathrm{Re}[-\oint_A (\dot{\boldsymbol{E}} \times \dot{\boldsymbol{H}}^*) \cdot \mathrm{d}\boldsymbol{A}]$$

$$X = \frac{1}{I^2} \mathrm{Im}[-\oint_A (\dot{\boldsymbol{E}} \times \dot{\boldsymbol{H}}^*) \cdot \mathrm{d}\boldsymbol{A}]$$

第 6 章　准静态电磁场

时变电磁场中，当感应电场远小于库仑电场（即 $\frac{\partial \boldsymbol{B}}{\partial t}$ 可忽略）时，称为电准静态场（记作 EQS）；当位移电流密度远小于传导电流密度（即 $\frac{\partial \boldsymbol{D}}{\partial t}$ 可忽略）时，称为磁准静态场（记作 MQS）。电准静态场和磁准静态场统称为准静态电磁场（简称准静态场），都具有静态场的一些性质。本章首先讨论它们的特点、各自的基本方程组和判别方法，以及与电路理论的关系。

本章着重讨论导体中的准静态电磁场问题：① 电准静态场，包括自由电荷在导体中的弛豫过程和自由电荷在分界面上的积累过程；② 磁准静态场，包括导体中的电流流动、涡流和磁扩散过程。

6.1　电准静态场与磁准静态场

各种宏观电磁现象都可用特定条件下的麦克斯韦方程组来描述。例如，静电场和恒定磁场的条件是全部场量都不随时间变化的。然而，实际还常常碰到这样的情况，电磁场虽随时间变化但变化很缓慢，此时麦克斯韦方程组中的 $\frac{\partial \boldsymbol{B}}{\partial t}$ 或 $\frac{\partial \boldsymbol{D}}{\partial t}$ 可以忽略，这样一种随时间缓慢变化的电磁场称为准静态电磁场。

根据忽略 $\frac{\partial \boldsymbol{B}}{\partial t}$ 或 $\frac{\partial \boldsymbol{D}}{\partial t}$ 的不同，准静态电磁场分作电准静态场和磁准静态场两类。它们的特点是，都属时变电磁场但却具有静态场的一些性质。

6.1.1　电准静态场

在麦克斯韦方程（5.25）中忽略电磁感应项 $\frac{\partial \boldsymbol{B}}{\partial t}$ 时，或者说时变电磁场中各处感应电场 $\boldsymbol{E}_{\mathrm{i}}$ 远小于库仑电场 $\boldsymbol{E}_{\mathrm{c}}$，电场呈现无旋时

$$\nabla \times \boldsymbol{E} = \nabla \times (\boldsymbol{E}_{\mathrm{c}} + \boldsymbol{E}_{\mathrm{i}}) \approx \nabla \times \boldsymbol{E}_{\mathrm{c}} = 0 \tag{6.1}$$

这样的电磁场称为电准静态场（记作 EQS）。此时，电场可按静态场处理。电准静态场的微分形式的基本方程组是

$$\nabla \times \boldsymbol{E} \approx 0 \tag{6.2}$$

$$\nabla \times \boldsymbol{H} = \boldsymbol{J} + \frac{\partial \boldsymbol{D}}{\partial t} \tag{6.3}$$

$$\nabla \cdot \boldsymbol{D} = \rho \tag{6.4}$$

$$\nabla \cdot \boldsymbol{B} = 0 \tag{6.5}$$

从上述方程组看出在 EQS 近似下，同静态情况相比，只是磁场的方程发生变化（此处考虑了位移电流引起的磁场），而电场的方程没有改变。电场强度 $\boldsymbol{E}$ 和电通密度 $\boldsymbol{D}$ 的方程与静电场中对应的方程完全一样。所不同的是，现在 $\boldsymbol{E}$ 和 $\boldsymbol{D}$ 都是时间的函数，但它们和源 ρ 之间具有瞬时对应关系，即每一时刻，场和源之间的关系类似于静电场中场和源的关系。这样只要知道电荷分布，就完全可以利用静电场的公式，确定出 $\boldsymbol{E}$ 和 $\boldsymbol{D}$，磁场 $\boldsymbol{H}$ 能够通过解式（6.3）和式（6.5）得到。

电力系统和电气装置中由时变磁场产生的感应电场，相对于高电压产生的库仑电场很小，可忽略不计，属于电准静态场问题。

低频电工电子设备中的感应电场相对于库仑电场可能不小，但其旋度 $\nabla \times \boldsymbol{E}_{\mathrm{i}}$ 很小时，式（6.1）也成立，也可按电准静态场考虑。

例 6.1 有一圆形平行板空气电容器，极板半径 R=10 cm。边缘效应可以忽略。现设有频率为 50 Hz、有效值为 0.1 A 的正弦电流通过该电容器。求电容器中的磁场强度。

解： 电容器中位移电流密度

$$J_{\mathrm{d}} = \frac{i}{\pi R^2}$$

式中，电流 $i = 0.1\sqrt{2}\cos 314t$ A 。

设圆柱坐标系的 z 轴与电容器的轴线重合。选择一圆形回路 l，运用全电流定律，得

$$\oint_l \boldsymbol{H} \cdot \mathrm{d}\boldsymbol{l} = J_{\mathrm{d}} \pi \rho^2$$

式中，ρ 为观察点与 z 轴之间的垂直距离，ρ 的方向由 z 轴指向观察点，于是

$$2\pi \rho H = \frac{\pi \rho^2}{\pi R^2} i$$

$$H = \frac{\rho}{2\pi R^2} i = 2.25\rho \cos 314t \text{ A/m}$$

$\boldsymbol{H}$ 的方向为 $\boldsymbol{J}_{\mathrm{d}} \times \boldsymbol{\rho}$ 方向。

6.1.2 磁准静态场

在麦克斯韦方程（5.24）中忽略位移电流密度项 $\frac{\partial \boldsymbol{D}}{\partial t}$ 时，磁场可按恒定磁场处理，即

$$\nabla \times \boldsymbol{H} = \boldsymbol{J} + \frac{\partial D}{\partial t} \approx \boldsymbol{J} \tag{6.6}$$

这样的电磁场称为磁准静态场（记作 MQS）。磁准静态场的微分形式的基本方程组是

$$\nabla \times \boldsymbol{H} = \boldsymbol{J} \tag{6.7}$$

$$\nabla \times \boldsymbol{E} = -\frac{\partial \boldsymbol{B}}{\partial t} \tag{6.8}$$

$$\nabla \cdot \boldsymbol{D} = \rho \tag{6.9}$$

$$\nabla \cdot \boldsymbol{B} = 0 \tag{6.10}$$

从上述方程组看出在 MQS 近似下，同静态情况相比，只是电场的方程发生了变化（此处考虑了电磁感应），而磁场的方程没有改变。

同恒定磁场一样，磁准静态场中的 $\boldsymbol{E}$ 和 $\boldsymbol{B}$ 与动态位 $\boldsymbol{A}$ 和 φ 之间仍然有关系式

$$\boldsymbol{B} = \nabla \times \boldsymbol{A} \tag{6.11}$$

$$\boldsymbol{E} = -\frac{\partial \boldsymbol{A}}{\partial t} - \nabla \varphi \tag{6.12}$$

且 $\boldsymbol{A}$ 和 φ 分别满足微分方程

$$\nabla^2 \boldsymbol{A} = -\mu \boldsymbol{J} \tag{6.13}$$

$$\nabla^2 \varphi = -\frac{\rho}{\varepsilon} \tag{6.14}$$

可见，虽然 $\boldsymbol{A}$ 和 φ 都是随着时间变化的，但磁准静态场却遵循静态场的规律。因此，在计算 $\boldsymbol{A}$、φ 时，只要知道电流和电荷分布，就完全可以利用静态情况下的公式。也就是说，可以略去电磁场的波动性，认为场和源之间具有类似于静态场中场和源之间的瞬时对应关系。所以也称这种场为似稳场。

电磁场从随时间变化的场源传播出去，位移电流 $\dfrac{\partial \boldsymbol{D}}{\partial t}$ 是这种传播的先决条件。忽略了位移电流，就意味着不考虑电磁场的波动性，所以瞬时对应关系即是略去位移电流项的结果。现在来研究在什么情况下，略去位移电流项才算是合理的。

首先，对于导体内的时变电磁场来说，如果有条件

$$\frac{\omega \varepsilon}{\gamma} \ll 1 \tag{6.15}$$

$$\omega \varepsilon \ll \gamma \tag{6.16}$$

成立，位移电流就可以忽略。此时，导体中的时变电磁场可按磁准静态场来处理。通常把导体中的磁准静态场也叫作涡流准静态场，简称涡流场。把满足条件式（6.16）的导体称为良导体。对于纯金属来说 $\gamma \approx 10^7$ S/m, $\varepsilon \approx \varepsilon_0$，便得 $\omega \ll 10^{17}$ 1/s。可见，在导体中一直到紫外波长都允许将位移电流略去。

其次，对于理想介质中的时变电磁场来说，从第 5 章中我们知道这样一个事实：假定在场源处产生了随时间作正弦变化的电场 $E = \mathrm{Re}[E_0 \mathrm{e}^{\mathrm{j}\omega t}]$，那么与场源相距 $R = |\boldsymbol{r} - \boldsymbol{r}'|$ 处的场对时间的相依关系具有如下的形式

$$E \approx \mathrm{Re}\left[E_0 \mathrm{e}^{\mathrm{j}\omega\left(t - \frac{R}{v'}\right)}\right] \tag{6.17}$$

这里，$e^{-j\frac{\omega R}{v}}$是表明推迟效应的因子。

要使场与源之间近似地具有瞬时对应关系即忽略推迟效应，就要求

$$e^{-j\frac{\omega R}{v}} \approx 1 \tag{6.18}$$

即

$$\frac{\omega R}{v} = \frac{2\pi R}{\lambda} \ll 1 \text{或} R \ll \lambda \tag{6.19}$$

这就是理想介质中的时变电磁场可按磁准静态场处理的条件。它表明当场点到源点的距离 R 远小于场的波长 λ 时，略去位移电流才是合理的，这就说明了磁准静态场在理想介质中的存在范围。把满足条件式（6.19）的区域称为近区或似稳区。在近区或似稳区中，电磁场的分布遵守静态场的规律，随时间与源同步变化而没有相位移。条件式（6.19）也说明，如果系统用准静态方法处理，载流系统的尺寸必须远小于电磁波的波长 λ。

低频交流线圈中的磁场属于磁准静态场。再者，一根同轴电缆传送交变的电磁功率，假如从电源到负载的距离满足条件式（6.19），那么该同轴电缆内的电磁场问题就可作为似稳场处理。

条件（6.16）式和式（6.19）都叫作 MQS 近似条件或似稳条件。应当注意，似稳区是一个相对的概念。

6.2　磁准静态场和电路

磁准静态场方程是交流电路的场理论基础。可说明如下，根据方程式（6.7），可推得基尔霍夫电流定律。将方程式（6.7）的两边取散度得

$$\nabla \cdot \boldsymbol{J} = 0 \tag{6.20}$$

它的积分形式是

$$\oint_S \boldsymbol{J} \cdot \mathrm{d}\boldsymbol{S} = 0 \tag{6.21}$$

式中，S 是电磁场中任意的闭合曲面。这说明流出任意闭合曲面的总传导电流是零，即传导电流是连续的。在图 6.1 中，i_1、i_2、i_3是由三条导线流出节点的电流。在包围该节点的任意闭合面 S 上求电流密度 J 的积分，则

$$\oint_S \boldsymbol{J} \cdot \mathrm{d}\boldsymbol{S} = \int_{S_1} \boldsymbol{J} \cdot \mathrm{d}\boldsymbol{S} + \int_{S_2} \boldsymbol{J} \cdot \mathrm{d}\boldsymbol{S} + \int_{S_3} \boldsymbol{J} \cdot \mathrm{d}\boldsymbol{S} = 0 \tag{6.22}$$

或

$$i_1 + i_2 + i_3 = 0 \tag{6.23}$$

这就是电路理论中的基尔霍夫电流定律：由电路中任一节点流出的总电流等于零，$\sum i = 0$。

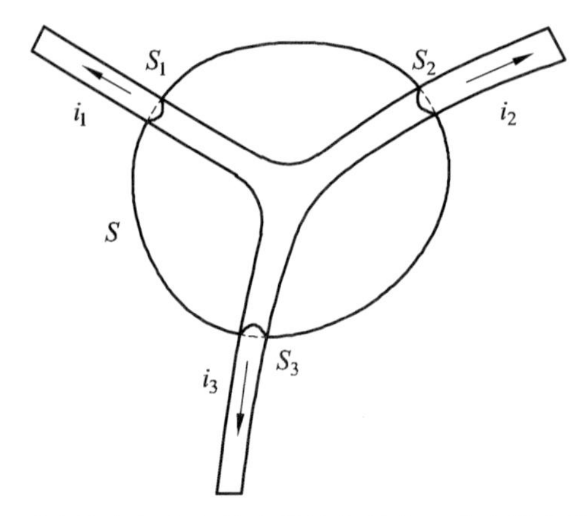

图 6.1　磁准静态场中电流连续性与基尔霍夫电流定律的关系

现在推导基尔霍夫电压定律。考虑磁准静态场中一个由电阻、电感和电容串联的电路，如图 6.2 所示。由于在 MQS 近似中传导电流是连续的，所以电路中任一时刻 t 的电流 $i(t)$处处相等。电路中任一点的传导电流密度是

$$\boldsymbol{J}=\gamma(\boldsymbol{E}+\boldsymbol{E}_{\mathrm{e}}) \tag{6.24}$$

式中，$\boldsymbol{E}_{\mathrm{e}}$是电源内部的局外场强。考虑到式（6.12），则有

$$\boldsymbol{E}_{\mathrm{e}}=\frac{\partial A}{\partial t}+\nabla\varphi+\frac{J}{\gamma} \tag{6.25}$$

若沿着导线由 A 到 B 积分，则有

$$\int_A^B\boldsymbol{E}_{\mathrm{e}}\cdot\mathrm{d}\boldsymbol{l}=\int_A^B\frac{\partial\boldsymbol{A}}{\partial t}\cdot\mathrm{d}\boldsymbol{l}+\int_A^B\nabla\varphi\cdot\mathrm{d}\boldsymbol{l}+\int_A^B\frac{J}{\gamma}\cdot\mathrm{d}\boldsymbol{l} \tag{6.26}$$

由于局外场强只存在于电源中，等式左端一项是电源的电动势$\mathcal{E}(t)$。右端第一项由于电容器极板间距离很小近似于闭合积分，而 $\boldsymbol{A}$ 的闭合积分是磁链，故这一项是感应电动势。由于外电路的磁通远小于电感线圈中的磁链，故该项应等于 $L\mathrm{d}i/\mathrm{d}t$。右端第二项是标位梯度的线积分，积分数值与路径无关，可在电容器内部积分，所以这一项等于极板间的瞬时电压 u_0 因 $u=\frac{q}{C}=\frac{1}{C}\int i\mathrm{d}t$，所以此项等于 $\frac{1}{C}\int i\mathrm{d}t_0$ 右端第三项的被积函数可写为 $\frac{|\boldsymbol{J}|}{\gamma}=\frac{i}{\gamma \mathrm{S}}$，$S$ 是电流穿过的横截面面积。沿线的电流 i 处处相等，所以线积分应等于包括电源电阻 R_{i}，导线电阻 r 和电阻器的电阻 R 在内的总电阻与 i 的乘积，即 $i(R_{\mathrm{i}}+r+R)$。综上所述，式（6.26）可写为

$$\mathcal{E}(t)=L\frac{\mathrm{d}i}{\mathrm{d}t}+\frac{1}{C}\int i\mathrm{d}t+i(R_{\mathrm{i}}+r+R) \tag{6.27}$$

或

$$\mathcal{E}(t)=U_L+U_C+U_R \tag{6.28}$$

这就是电路理论中的基尔霍夫电压定律。

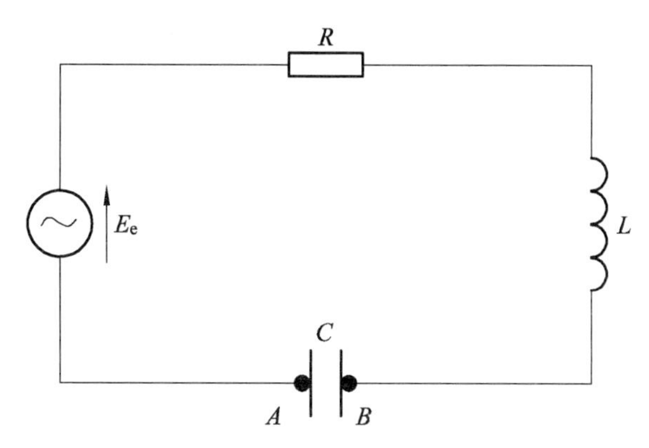

图 6.2　磁准静态场方程与基尔霍夫电压定律的关系

由上述可见，交流电路中的基尔霍夫电流、电压定律等效于磁准静态场的方程式（6.7）~（6.10）。也就是说，电路理论不过是在特殊条件下的麦克斯韦电磁理论的近似。研究实际电磁问题时，究竟采用场的方法，还是采用路的方法，要看具体问题的条件而定。

当系统的尺寸远小于波长时，推迟效应可以略去，这时就可以应用磁准静态场定律来研究。必须注意，这里是以尺寸与波长之比为判据而不是以绝对尺寸大小和频率的高低为判据。例如，工频 50 Hz 时空间波长为 6 000 km，因此只有跨越数百千米的长距离输电才需要考虑波动过程。而到了微波波段，如频率为 3 GHz，空间波长为 10 cm，则手掌大小的一个系统就需要考虑波动过程，而不能当作电路问题来处理了。再如，电偶极子的辐射问题等，则要求用场的方法进行分析。

例 6.2　用磁准静态场的方法处理同轴电缆内的电磁问题。

解：考虑一根同轴电缆传送交变的电磁功率，假如从电源到负载的距离远小于 1/6 波长。

如图 6.3 所示，假如同轴线的内外导体是用理想导体做成，加上电源之后，忽略边缘效应，同轴线中的电场、磁场强度分别是

$$\dot{\boldsymbol{E}} = \frac{\dot{U}}{\rho \ln(b/a)} \boldsymbol{e}_\rho$$

$$\dot{\boldsymbol{H}} = \frac{\dot{I}}{2\pi\rho} e_\phi$$

式中，$\dot{\boldsymbol{U}}$ 是内外导体间的复电压；$\dot{\boldsymbol{I}}$ 是沿导体流过的纵向复电流。

内外导体之间的坡印亭矢量是

$$\dot{\boldsymbol{S}} = \dot{\boldsymbol{E}} \times \dot{\boldsymbol{H}}^* = \frac{\dot{U}\dot{I}^*}{2\pi\rho^2 \ln(b/a)} \boldsymbol{e}_z$$

同轴线传输的平均功率应是坡印亭矢量在内外导体之间的横截面 S 上的面积分，即

$$\begin{aligned} \boldsymbol{P} &= \mathrm{Re}\left[\int_S \frac{\dot{U}\dot{I}^*}{2\pi\rho^2 \ln(b/a)} \mathrm{d}S\right] \\ &= \mathrm{Re}\left[\frac{\dot{U}\dot{I}^*}{\ln b/a} \int_a^b \frac{\mathrm{d}\rho}{\rho}\right] = \mathrm{Re}\left[\dot{U}\dot{I}^*\right] \end{aligned}$$

可见，用磁准静态场的理论计算同轴线传输功率与应用电路理论计算的结果一致。

应当强调，上例中电压的概念只在同轴线的同一个横截面上的两点之间有意义。这是因为，在时变电磁场中 $\boldsymbol{E} = -\dfrac{\partial \boldsymbol{A}}{\partial t} - \nabla\varphi$。在图 6.3 中，如果不是在横截面上而是在纵剖面上取闭曲线 L，并沿 L 作 $\boldsymbol{E}$ 的线积分，则

$$\oint_L \boldsymbol{E}\cdot \mathrm{d}l = -\oint_L \nabla\varphi\cdot \mathrm{d}\boldsymbol{l} - \oint_L \frac{\partial \boldsymbol{A}}{\partial t}\cdot \mathrm{d}\boldsymbol{l} = -\frac{\partial}{\partial t}\oint_L \boldsymbol{A}\cdot \mathrm{d}\boldsymbol{l} = -\frac{\partial}{\partial t}\int_S \boldsymbol{B}\cdot \mathrm{d}\boldsymbol{S} \neq 0$$

只有在横截面的闭合路径上才有 $\oint_L \boldsymbol{E}\cdot \mathrm{d}l = 0$，因为在这种闭合路径所限定的面积上没有磁通。

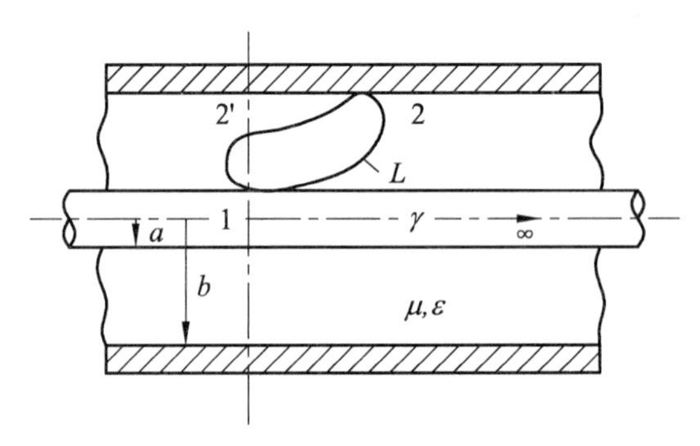

图 6.3　同轴线中的磁准静态场

习题 6.2

6.2.1　同题 6.1.1，假如圆形极板的面积是 A，在频率不很高时，用坡印亭定理证明电容器内由于介质的损耗所吸收的平均功率是

$$P = \frac{U^2}{R}$$

式中，R 是极板间介质的漏电阻。

6.2.2　同轴电缆接至正弦电源 u，负载为一 RC 串联电路。电缆长度远小于波长，电缆本身电阻可以忽略不计。试用坡印亭向量计算电缆传输的功率。

6.3　电荷弛豫

本节以自由电荷在导体中的弛豫过程为例，介绍电准静态场的分析方法。讲解过程中，引入标量电位函数 φ，并导出 φ 的偏微分方程。

6.3.1　电荷在均匀导体中的弛豫过程

在具有均匀的电导率 γ 和介电常数 ε 的导体区域内，电荷守恒原理和高斯定律确定了

整个体积内的自由电荷分布及其随时间的变化规律。对式（6.3）的两边取散度，并考虑到 $\boldsymbol{J}=\gamma\boldsymbol{E}$ 和 $\boldsymbol{D}=\varepsilon\boldsymbol{E}$，有

$$\gamma\nabla\cdot\boldsymbol{E}+\varepsilon\frac{\partial}{\partial t}\nabla\cdot\boldsymbol{E}=0 \tag{6.29}$$

设导体中的自由电荷密度为 ρ，而 $\rho=\nabla\cdot\boldsymbol{D}=\varepsilon\nabla\cdot\boldsymbol{E}$，则 $\nabla\cdot\boldsymbol{E}=\rho/\varepsilon$，将它代入式（6.29），有

$$\frac{\partial\rho}{\partial t}+\frac{\gamma}{\varepsilon}\rho=0 \tag{6.30}$$

该一阶常微分方程的解为

$$\rho=\rho_0(x,y,z)\mathrm{e}^{-t/\tau_{\mathrm{e}}} \tag{6.31}$$

式中，$\rho_0(x,y,z)$ 为 $t=0$ 时的 ρ；$\tau_{\mathrm{e}}\left(=\dfrac{\varepsilon}{\gamma}\right)$称为弛豫时间。

这个结果表明，导体中的自由电荷体密度随时间按指数规律衰减，其衰减的快慢取决于弛豫时间 τ_{e} 把这个衰减过程称为电荷的弛豫，由于良导体的 τ_{e} 远小于 1，所以一般可认为良导体内部无自由电荷的积累，即 $\rho=0$。

现在研究电荷的弛豫过程中导体内的电位分布。由于在 EQS 近似下，有 $\nabla\cdot\boldsymbol{E}\approx 0$，因此可定义电位函数如下

$$\boldsymbol{E}=-\nabla\varphi \tag{6.32}$$

代入式（6.4），得

$$\nabla^2\varphi=-\frac{\rho}{\varepsilon} \tag{6.33}$$

考虑到式（6.31），则有

$$\nabla^2\varphi=-\frac{\rho_0}{\varepsilon}\mathrm{e}^{-t/\tau_{\mathrm{e}}} \tag{6.34}$$

这就是支配电位变化所要求的偏微分方程。对于无限空间处处充满同一种导电媒质的情况，其解为

$$\varphi(x,y,z,t)=\int_V\frac{\rho_0}{4\pi\varepsilon R}\mathrm{e}^{-t/\tau_{\mathrm{e}}}\mathrm{d}V=\varphi_0(x,y,z)\mathrm{e}^{-t/\tau_{\mathrm{e}}} \tag{6.35}$$

式中，$\varphi_0(x,y,z,t)=\int_V\dfrac{\rho_0\mathrm{d}V}{4\pi\varepsilon R}$ 为 $t=0$ 时的电位分布。

这个结果表明，导体中的电位分布随时间也按指数规律衰减，其衰减的快慢同样决定于驰豫时间 τ_{e}。对于点电荷情况，有 $\varphi=\dfrac{q_0}{4\pi\varepsilon R}\mathrm{e}^{-t/\tau_{\mathrm{e}}}$，而磁场处处、时时均为零。

例 6.3 今有一无限大金属平板，其上方的半无限空间内充满了均匀的不良导体（介电常数 ε，电导率 γ），如图 6.4 所示。在 $t=0$ 瞬时，在该导体中已形成了一球形自由电

荷云，球内自由电荷体密度为常量 ρ_0。问电荷弛豫过程中，电位如何分布？

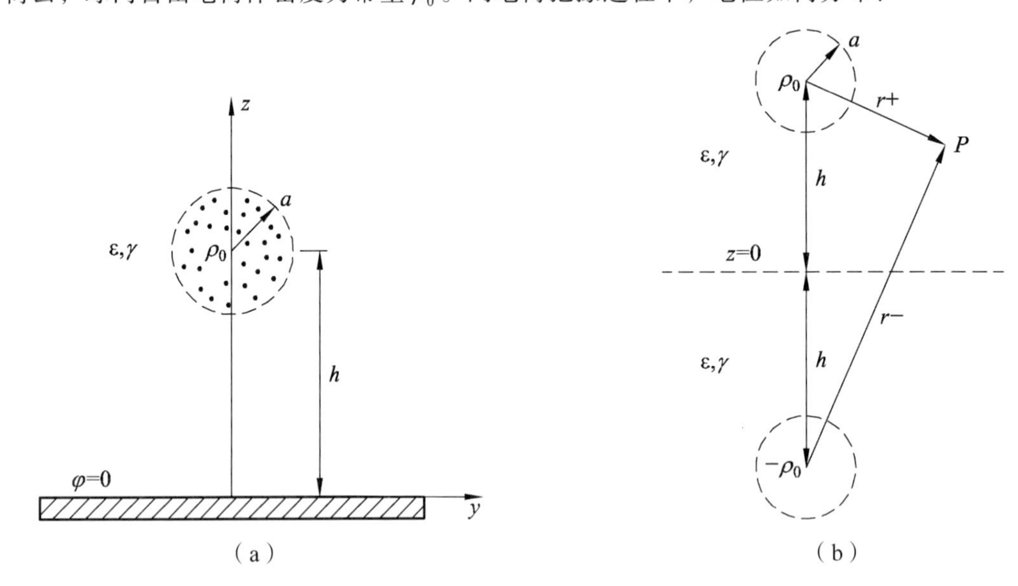

图 6.4　球形电荷在不良导体内的弛豫

解：采用镜像法[见图 6.4（b）]以保证满足边界条件：$z=0$ 处，电位 $\varphi=0$。原电荷云建立的电位

$$\varphi'=\begin{cases}\dfrac{3a^2-r_+^2}{6\varepsilon}\rho_0 e^{-t/\tau_e} & (r_+<a)\\ \dfrac{a^3}{3\varepsilon r_+}\rho_0 e^{-t/\tau_e} & (r_+>a)\end{cases}$$

镜像电荷云建立的电位

$$\varphi''=-\frac{a^3}{3\varepsilon r_-}\rho_0 e^{-t/\tau_e}$$

结果为 $\varphi''=\varphi'+\varphi''$，所以

$$\varphi=\begin{cases}\left(\dfrac{3a^2-r_+^2}{6\varepsilon}-\dfrac{a^3}{3\varepsilon r_-}\right)\rho_0 e^{-t/\tau_e} & (r_+<a)\\ \dfrac{a^3}{3\varepsilon}\left(\dfrac{1}{r_+}-\dfrac{1}{r_-}\right)\rho_0 e^{-t/\tau_e} & (r_+>a)\end{cases}$$

6.3.2　电荷在分片均匀导体中的弛豫过程

当区域中存在分片均匀导体时，自由电荷趋向于聚集在两种导体的分界面上，这种积累过程是比较复杂的。在分界面两侧，关系式

$$E_{1t}=E_{2t}\Leftrightarrow\varphi_1=\varphi_2 \qquad (6.36)$$

和

$$D_{2n} - D_{1n} = \sigma \Leftrightarrow \varepsilon_2 E_{2n} - \varepsilon_1 E_{1n} = \sigma \tag{6.37}$$

仍然成立。另外，表示电荷守恒原理$\nabla \cdot \boldsymbol{J} + \dfrac{\partial \rho}{\partial t} = 0$的连续性条件是

$$J_{2n} - J_{1n} + \frac{\partial \sigma}{\partial t} = 0 \tag{6.38}$$

当应用$\boldsymbol{J} = \gamma \boldsymbol{E}$时，这个连续性条件变成

$$(\gamma_2 E_{2n} - \gamma_1 E_{1n}) + \frac{\partial \sigma}{\partial t} = 0 \tag{6.39}$$

式（6.37）和式（6.39）相结合组成一个新的连续性条件

$$(\gamma_2 E_{2n} - \gamma_1 E_{1n}) + \frac{\partial}{\partial t}(\varepsilon_2 E_{2n} - \varepsilon_1 E_{1n}) = 0 \tag{6.40}$$

这个连续性条件和关于切向场的连续性条件式（6.36），是在分片均匀导体系统中把表示场的一些解答结合在一起所需要的。

例 6.4 研究具有双层有损介质的平板电容器接至直流电压源的过渡过程，如图 6.5 所示。

解：当$t = 0$时，开关闭合，电源电压加到两个电极间，而后将出现过渡过程。该过程可分为两阶段：第一阶段在$0_{-} \leqslant t < 0_{+}$，即开关接通前后无限短时间间隔内，将出现无限大冲激电流，使电容器两极板突然分别带电荷$+q$和$-q$。第二阶段在冲激过后的$t > 0_{+}$时期，呈现连续的过渡过程。今分析第二阶段过渡过程。由于电压较高而电流较小，故库仑电场强，磁场弱，磁场随时间变化产生的感应电场可忽略，可按电准静态场分析。

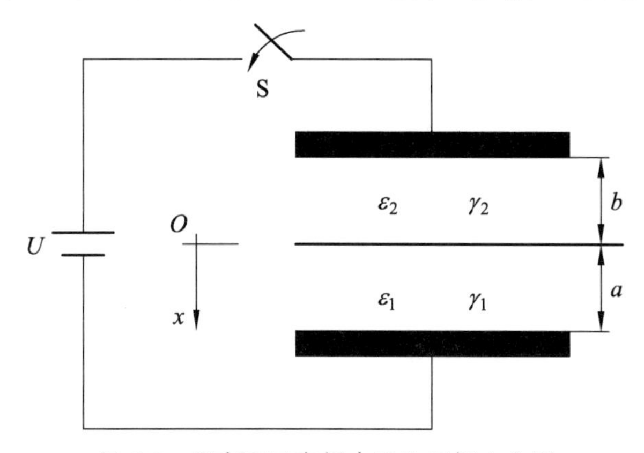

图 6.5　具有双层有损介质的平板电容器

假定极板面积足够大，忽略边缘效应，每层介质中的电场可看成是均匀的，即

$$E = \begin{cases} E_1(t)e_x & 0 < x < a \\ E_2(t)e_x & -b < x < 0 \end{cases} \tag{6.41}$$

电压源电压$u(t)$为板间电场的线积分，有

$$\int_{-b}^{a} E_x \mathrm{d}x = u(t) = aE_1 + bE_2 \tag{6.42}$$

此外，在分界面处，还有连续性条件式（6.40），这里即

$$(\gamma_1 E_1 - \gamma_2 E_2) + \frac{\mathrm{d}}{\mathrm{d}t}(\varepsilon_1 E_1 - \varepsilon_2 E_2) = 0 \tag{6.43}$$

注意在分界面处关于切向 E 的条件是自然满足的。联立求解式（6.42）和式（6.43），可得 E_1 和 E_2。若先消去 E_2，则

$$(b\varepsilon_1 + a\varepsilon_2)\frac{\mathrm{d}E_1}{\mathrm{d}t} + (b\gamma_1 + a\gamma_2)E_1 = \gamma_2 u + \varepsilon_2 \frac{\mathrm{d}u}{\mathrm{d}t} \tag{6.44}$$

这里考虑对阶跃电压 $u = U\varepsilon(t)$ 的响应（此处 $\varepsilon(t)$ 为单位阶跃函数）。于是式（6.44）右边的激励由阶跃和冲激组成。这一冲激必须有左边的冲激与它相等。即当 $t=0$ 时，场 E_1 也经受一阶跃变化。要确定此阶跃的幅度，将上式从 0_- 到 0_+ 积分，有

$$(b\varepsilon_1 + a\varepsilon_2)\int_{0_-}^{0}\frac{\mathrm{d}E_1}{\mathrm{d}t}\mathrm{d}t + (b\gamma_1 + a\gamma_2)\int_{0_-}^{0_+} E_1 \mathrm{d}t = \gamma_2 \int_{0_-}^{0} u\mathrm{d}t \int_{0_-}^{0} + \varepsilon_2 \int_{0_-}^{0_+}\frac{\mathrm{d}u}{\mathrm{d}t}\mathrm{d}t \tag{6.45}$$

由此，得

$$\left(\varepsilon_1 + \frac{a}{b}\varepsilon_2\right)[E_1(0_+) - E_1(0_-)] = \frac{\varepsilon_2}{b}[u(0_+) - u(0_-)] \tag{6.46}$$

由于 $u(0_-) = 0$ 和 $E_1(0_-) = 0$，可得

$$E_1(0_+) = \frac{\varepsilon_2}{b\varepsilon_1 + a\varepsilon_2}U \tag{6.47}$$

但在 $t > 0_+$ 时，$\frac{\mathrm{d}u}{\mathrm{d}t} = 0$，故式（6.44）的一般解是

$$E_1 = \frac{\gamma_2}{b\gamma_1 + a\gamma_2}U + A\mathrm{e}^{-t/\tau_\mathrm{e}} \tag{6.48}$$

式中，τ_e 称为弛豫时间，即

$$\tau_\mathrm{e} = \frac{b\varepsilon_1 + a\varepsilon_2}{b\gamma_1 + a\gamma_2} \tag{6.49}$$

根据条件式（6.47）决定待定常数，得

$$A = \frac{\varepsilon_2 U}{b\varepsilon_1 + a\varepsilon_2} - \frac{\gamma_2 U}{b\gamma_1 + a\gamma_2} \tag{6.50}$$

这样，可求得在下面一层介质中场的瞬变过程为

$$E_1 = \frac{\gamma_2 U}{(b\gamma_1 + a\gamma_2)}(1 - \mathrm{e}^{-t/\tau_\mathrm{e}}) + \frac{\varepsilon_2 U}{b\varepsilon_1 + a\varepsilon_2}\mathrm{e}^{-t/\tau_\mathrm{e}} \tag{6.51}$$

然后从式（6.42）得到上面一层的场为

$$E_2 = \frac{\gamma_1 U}{(b\gamma_1 + a\gamma_2)}(1 - e^{-t/\tau_e}) + \frac{\varepsilon_1 U}{b\varepsilon_1 + a\varepsilon_2} e^{-t/\tau_e} \tag{6.52}$$

分界面上的自由电荷密度为

$$\begin{aligned} \sigma &= \varepsilon_1 E_1 - \varepsilon_2 E_2 \\ &= \frac{\varepsilon_1\gamma_2 - \varepsilon_2\gamma_1}{b\gamma_1 + a\gamma_2} U(1 - e^{-t/\tau_e}) \end{aligned} \tag{6.53}$$

应当注意的是，当极板上电荷或电压突变的瞬时，介质分界面上的自由电荷σ来不及突变仍保持为零。因此，开始时两介质中的电场就如同两层都是理想介质一样。随着面电荷的积累，这些场趋近于和稳定传导相一致，电场按电导率分布，其电路模型如图6.6所示。可以这样指出，多层有损介质在低频交流电压作用下，若位移电流远大于介质中的漏电流，则电场按介电常数分布，属静电场问题；而在直流电压作用下，稳态仅有传导电流，电场按电导率分布，属恒定电流场问题。

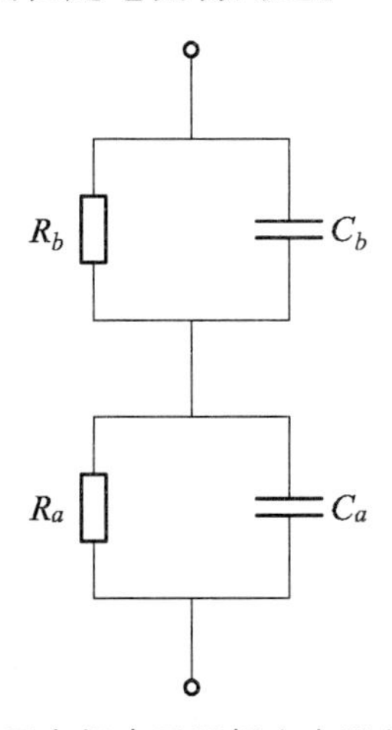

图 6.6　双层有损介质平板电容器的电路模型

习题 6.3

6.3.1　$y<0$下半空间区域b充以均匀导体（电导率γ，介电常数$\varepsilon=\varepsilon_r\varepsilon_0$）；$y>0$上半空间区域$a$属真空。$t<0$时处处无电荷。在$\frac{d^2\dot{J}_y}{dx^2} = j\omega\mu\gamma j_y$时，有一点电荷$q$突然放置在上半空间$(x,y,z)=(0,h,0)$处。试证明：

（1）在$t=0_+$时

$$\varphi_a = \frac{q}{4\pi\varepsilon_0\sqrt{x^2+(y-h)^2+z^2}} - \frac{q'}{4\pi\varepsilon_0\sqrt{x^2+(y+h)^2+z^2}}$$

$$\varphi_b = \frac{q''}{4\pi\varepsilon_0\sqrt{x^2+(y-h)^2+z^2}}$$

式中，$q' = q\frac{\varepsilon_r - 1}{\varepsilon_r + 1}, q'' = q\frac{2}{\varepsilon_r + 1}$。

（2）当 $t \to \infty$ 时

$$q' \to q, \varphi_b \to 0$$

（3）当 $t > 0$ 期间

$$q' = q\left(1 - \frac{2}{\varepsilon_r + 1} e^{-t/\tau_e}\right)$$

$$q'' = q\left(\frac{2}{\varepsilon_r + 1} e^{-\tau/\tau_e}\right)$$

式中

$$\tau_e = \frac{\varepsilon + \varepsilon_0}{\gamma}$$

6.3.2　具有双层介质的电容器如图 6.5 所示。已知 $\varepsilon_1 = 2\varepsilon_0$，$\varepsilon_2 = 4\varepsilon_0$，$\gamma_1 = 3\times10^{-8}$ S/m，$\gamma_2 = 10^{-8}$ S/m，$a = b = 10^{-3}$ m，$U = 100$ V。计算电容器接至直流电压源 U 后电场的过渡过程。

6.3.3　同上题，但接至工频交流电源。试计算进入交流稳态后两介质内电场之间的相位差。

6.3.4　有一圆柱形电容器，尺寸如图 6.7 所示，其中介质有两层。由于介质有漏电流，故考虑为导电媒质。电容器不带电。若 $\dfrac{\mathrm{d}^2\dot{J}_y}{\mathrm{d}x^2} = \mathrm{j}\omega\mu\gamma\, j_y$ 时，突然接至直流电压源 U，内外导体分别接正负极。分析：（1）$t = 0_+$ 时，电场分布；（2）$t \to \infty$ 时，电场分布。

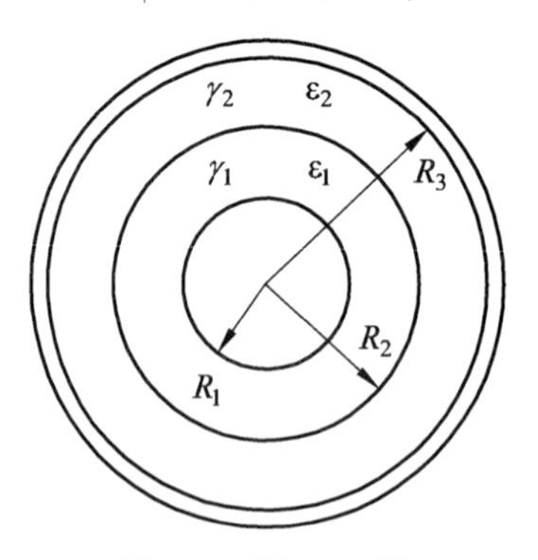

图 6.7　题 6.3.4 图

6.4　集肤效应

当交变电流流过导线时，导线周围变化的磁场也要在导线中产生感应电流，从而使沿导线截面的电流分布不均匀。当频率较高时，电流密度几乎只在导线表面附近一薄层中，场量主要集中在导体表面附近的这种现象，称为集肤效应。本节讨论在交变情况下导体中电流的流动及其电磁场的分布特性。

6.4.1 电磁场的扩散方程

在 MQS 近似中，导体中的位移电流密度远小于传导电流密度，可以忽略不计。电磁场所满足的方程组就是式（6.7）~（6.10）。

若将式（6.7）的两边取旋度，并运用恒等式$\nabla\times\nabla\times\boldsymbol{F}=\nabla(\nabla\cdot\boldsymbol{F})-\nabla^2\boldsymbol{F}$将左边展开，得

$$\nabla\times\nabla\times\boldsymbol{H}=\nabla(\nabla\cdot\boldsymbol{H})-\nabla^2\boldsymbol{H}=\nabla\times\boldsymbol{J} \tag{6.54}$$

再利用$\boldsymbol{J}=\gamma\boldsymbol{E},\boldsymbol{B}=\mu\boldsymbol{H}$和式（6.8），式（6.10）消去$\boldsymbol{J}$，得

$$\nabla^2\boldsymbol{H}=\mu\gamma\frac{\partial\boldsymbol{H}}{\partial t} \tag{6.55}$$

同理，可得

$$\nabla^2\boldsymbol{E}=\mu\gamma\frac{\partial\boldsymbol{E}}{\partial t} \tag{6.56}$$

这就是在 MQS 近似下，导体中任一点电场$\boldsymbol{E}$、磁场$\boldsymbol{H}$满足的微分方程。方程式（6.56）两边同乘以电导率γ，并考虑到$\boldsymbol{J}=\gamma\boldsymbol{E}$，得

$$\nabla^2\boldsymbol{J}=\mu\gamma\frac{\partial\boldsymbol{J}}{\partial t} \tag{6.57}$$

以上式（6.55）~式（6.57）称为电磁场的扩散方程。

相应的复数形式为

$$\nabla^2\dot{\boldsymbol{H}}=\mathrm{j}\omega\mu\gamma\dot{\boldsymbol{H}}=k^2\dot{\boldsymbol{H}} \tag{6.58}$$

$$\nabla^2\dot{\boldsymbol{E}}=\mathrm{j}\omega\mu\gamma\dot{\boldsymbol{E}}=k^2\dot{\boldsymbol{E}} \tag{6.59}$$

$$\nabla^2\dot{\boldsymbol{J}}=\mathrm{j}\omega\mu\gamma\dot{\boldsymbol{J}}=k^2\dot{\boldsymbol{J}} \tag{6.60}$$

电磁场扩散方程是研究时变情况下导体中电流流动问题的基础。

6.4.2 集肤效应

图 6.8 中$x>0$的半无限大空间为导体，设其中有正弦变化电流i沿y方向流过，电流密度$\boldsymbol{J}$只有y分量并在yOz平面上处处相等。现在研究电流i在半无限大导体中的分布。

根据假设条件因电流密度只有y分量，而且只是x的函数，所以式（6.57）简化后的复数形式是

$$\frac{\mathrm{d}^2\dot{J}_y}{\mathrm{d}x^2}=\mathrm{j}\omega\mu\gamma j_y \tag{6.61}$$

令

$$k^2=\mathrm{j}\omega\mu\gamma \tag{6.62}$$

则上述二阶常微分方程的一般解是

$$\dot{J}_y=C_1\mathrm{e}^{-kx}+C_2\mathrm{e}^{+kx} \tag{6.63}$$

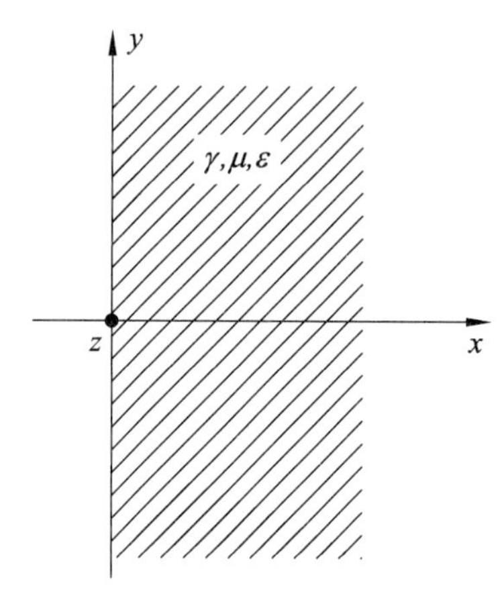

图 6.8　半无限大导体中的电磁场

应取 $C_2=0$，否则在 $x=+\infty$ 处电流密度将是无限大，这是不可能的。这样，考虑到 $x=0$ 时，$j=J_0$，则

$$\dot{J}_y=J_0\mathrm{e}^{-\alpha x}\mathrm{e}^{-\mathrm{j}\beta x} \tag{6.64}$$

式中

$$\alpha+\mathrm{j}\beta=k=\sqrt{\frac{\omega\mu\gamma}{2}}(1+\mathrm{j}) \tag{6.65}$$

电场强度的解为

$$\dot{E}_y=\frac{\dot{j}_y}{\gamma}=\frac{J_0}{\gamma}\mathrm{e}^{-\alpha x}\mathrm{e}^{-\mathrm{j}\beta x}=E_0\mathrm{e}^{-\alpha x}\mathrm{e}^{-\mathrm{j}\beta x} \tag{6.66}$$

磁场强度的解可由式（6.8）求得，即

$$\dot{H}_z=-\frac{\mathrm{j}k}{\omega\mu}E_0\mathrm{e}^{-\alpha x}\mathrm{e}^{-\mathrm{j}\beta x} \tag{6.67}$$

J、***E*** 和 ***H*** 的振幅沿导体的纵深按指数规律 $\mathrm{e}^{-\alpha x}$ 衰减，而且相位 βx 也随之改变。工程上常用透入深度 d 表示场量在良导体中的集肤程度。它等于场量振幅衰减到其表面值的 $1/e$ 时所经过的距离。由此定义

$$\mathrm{e}^{-\alpha d}=\mathrm{e}^{-1} \tag{6.68}$$

得

$$d=\frac{1}{\alpha}=\sqrt{\frac{2}{\omega\mu\gamma}} \tag{6.69}$$

这个结果表明，频率越高，导电性能越好的导体，集肤效应越显著。例如，f=50 Hz 时，铜中透入深度为 9.4 mm；当频率 $f=5\times10^{10}$ Hz 时，透入深度为 0.66 μm。经过 13.8 个透入深度距离，场强振幅就衰减到只有表面值的百万分之一。工业上利用高频电流集中在导体表面的特点，对金属构件进行表面淬火处理，以减小金属内部的脆性，增加金属表面的硬度等。

6.5 涡流及其损耗

上一节分析了当导体自身载有电流时，其内部的电流流动及其电磁场的分布特性。本节将分析导体（自身不载电流）置于外部磁场中时，其内部的电磁场分布和感应电流（也称涡流）分布。下面首先介绍涡流的概念。

6.5.1 涡 流

电气工程中的发电机、变用器的铁心和端盖都是由大块铁心构成的。在变化的磁场中，这些导体内部都会因电磁感应产生自行闭合、呈旋涡状流动的电流，因此称之为涡旋电流，简称涡流。例如，含有圆柱导体心的螺管线圈中通有交变电流时，圆柱导体心中出现的感应电流或涡流，如图 6.9 所示。

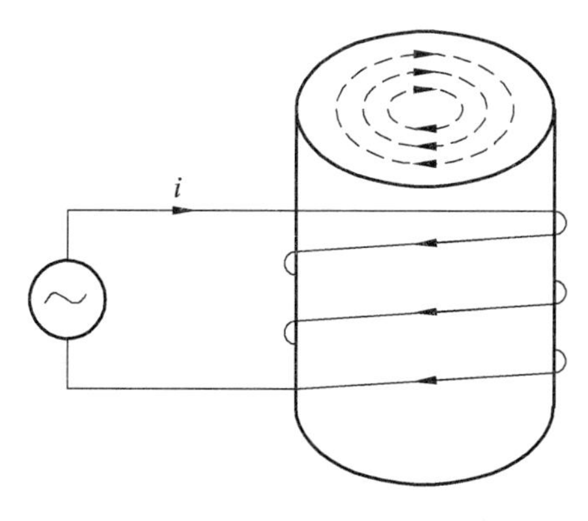

图 6.9 涡流

涡流在导体内流动时，会产生损耗从而引起导体发热，故它具有热效应。同样，涡流与其他电流一样也要产生磁场。这个磁场是减弱外磁场的变化，即涡流又具有去磁效应。涡流的这两个效应既有有利的一面，也有有害的一面。工业上利用涡流的热效应进行金属的加热和冶炼，利用涡流的去磁效应制成电磁闸。然而，有些情况下还需要设法减小涡流。因此，研究涡流问题具有实际意义。

在 MQS 近似下，涡流问题中的电场强度 $\boldsymbol{E}$、磁场强度 $\boldsymbol{H}$ 和电流密度 $\boldsymbol{J}$ 同样遵守上一节导得的微分方程式（6.55）~式（6.57）。所以，通常也将这些方程称为涡流方程，或磁扩散方程。它们是研究涡流问题的基础。

6.5.2 薄导电平板中的涡流

如图 6.10 所示，以变压器铁心叠片为例研究其中的电磁场。考虑其中一片铁片，看成是一薄导电平板，如图 6.11 所示。

为了分析薄导电平板中的电磁场分布，做如下假设：

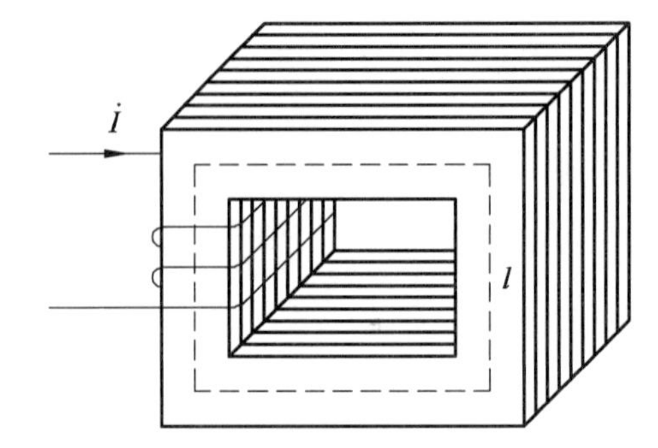

图 6.10　变压器铁心叠片

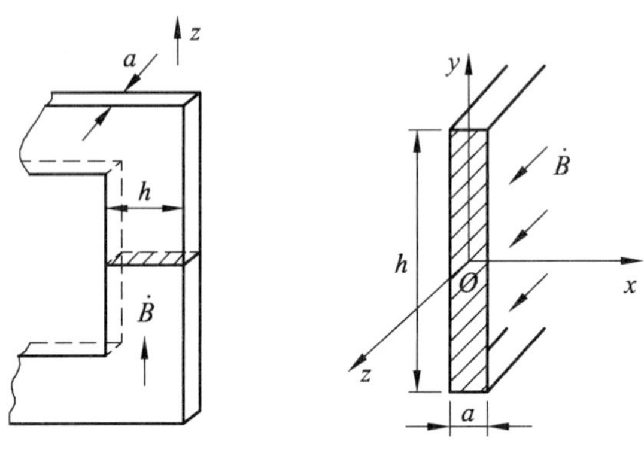

图 6.11　薄导电平板

设硅钢片外磁场 $\boldsymbol{B}$ 沿 z 方向，故板中的涡流无分量，在 xOy 平面内呈闭合路径。又 $a \ll h$，所以可忽略 y 方向两端的边缘效应，认为 $\boldsymbol{E}$ 和 $\boldsymbol{J}$ 仅有 y 分量 E_{y} 和 J_{y} 显然，$\boldsymbol{H}$ 也只有 z 分量 $\boldsymbol{H}_{\mathrm{z}}$。

由于 l 和 $h \gg a$，所以场量 $\boldsymbol{E}$ 和 $\boldsymbol{H}$ 等近似为 x 的函数，与 y 和 z 无关。

磁场扩散方程简化成

$$\frac{\mathrm{d}\dot{H}_z}{\mathrm{d}x^2} = k^2 \dot{H}_z \tag{6.70}$$

这个方程的一般解是

$$\dot{H}_z = C_1 \mathrm{e}^{-kx} + C_2 \mathrm{e}^{+kx} \tag{6.71}$$

显然，磁场沿 x 方向的分布应是对称的，即

$$\dot{H}_z\left(\frac{a}{2}\right) = \dot{H}_z\left(-\frac{a}{2}\right) \tag{6.72}$$

故取 $C_1 = C_2 = C/2$。因此，式（6.71）可改写成

$$\dot{H}_z = C\mathrm{ch}kx \tag{6.73}$$

如果设 $x=0$ 处，$\dot{B}_z(0) = \dot{B}_0$，则 $C\mu = \dot{B}_0$。因此，可得薄板内的磁场强度和磁感应强度分别为

$$\dot{H}_z = \frac{\dot{B}_0}{\mu}\text{ch}kx \tag{6.74}$$

$$\dot{B}_z = \dot{B}_0\text{chch}kx \tag{6.75}$$

利用式（6.7）和 $\boldsymbol{J} = \gamma\boldsymbol{E}$ ，可得电场强度和电流密度分别是

$$\dot{E}_y = -\frac{\dot{B}_0 k}{\mu\gamma}\text{sh}kx \tag{6.76}$$

$$\dot{J}_y = -\frac{\dot{B}_0 k}{\mu}\text{sh}kx \tag{6.77}$$

$\boldsymbol{B}$ 和 $\boldsymbol{J}$ 的模值分布曲线如图 6.12 所示。

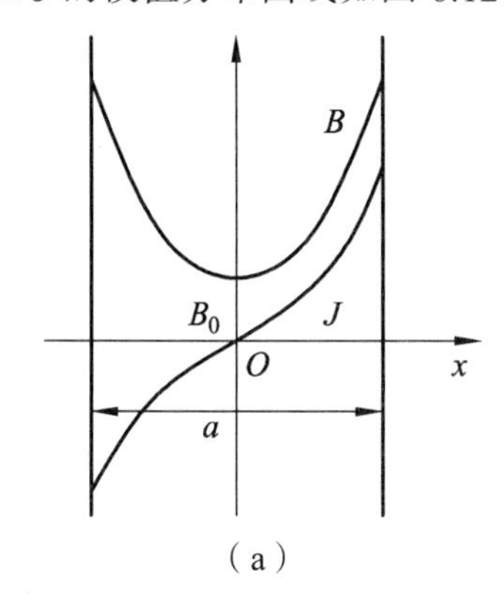

（a）

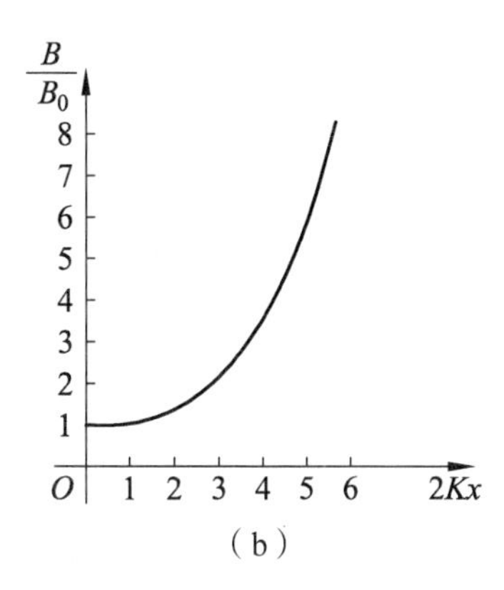

（b）

图 6.12　$\boldsymbol{B}$ 和 $\boldsymbol{J}$ 的模值分布曲线

场的分布比较集中在薄板表面附近，也呈现出集肤效应现象。对电工钢片来说，一般 $\mu \approx 1\,000\mu_0$，$\gamma = 10^7$ S/m ，厚度 $a = 0.5$ mm 。分析结果表明，当工作频率 $f = 50$ Hz 时，$d = \sqrt{\frac{2}{\omega\mu\gamma}} = 0.715\times10^{-3}$ m, $\frac{a}{d} = 0.7$ ，集肤效应十分显著，可以认为 $\boldsymbol{B}$ 还是沿截面均匀分布的。但当工作频率为 $f = 2\,000$ Hz 时，$\frac{a}{d} = 4.4$ ，钢片表面的 $\boldsymbol{B}$ 差不多比中间处要大 4.5 倍。可见在音频时，已不适宜采用 0.5 mm 厚的钢片了，要用更薄的钢片。因此，在设计工作于音频、超音频等较高频率的变压器时，必须考虑集肤效应的影响。

最后，计算钢片中的涡流损耗。在体积 V 中消耗的平均功率为

$$P = \int_V \frac{1}{\gamma}\left|\dot{J}_y\right|^2 \text{d}V \tag{6.78}$$

这里，讨论当频率较低的特殊情况。即当 $\frac{a}{d}$ 较小时，则

$$P = \frac{1}{12}\gamma\omega^2 a^2 B_{z\,\text{av}}^2 V \tag{6.79}$$

式中，V 是薄板的体积；$B_{z\,\text{av}}$ 是磁感应强度在板厚上的平均值。

可以看出，为了减小涡流损耗，薄板应尽量薄，电导率应尽量小。因此，交流电器的铁心都是由彼此绝缘的硅钢片叠装而成的。但当频率高到一定程度后，式（6.79）就不正确了，采用薄板形式也不适宜了，而应该用粉状材料压制而成的铁心。

6.6　导体的交流内阻抗

在交流情况下，由于集肤效应的出现，电流和电磁场在导体内部的分布集中于表面附近。在深度大于数个透入深度 d 后，它们都近似等于零。尽管导体截面相当大，但大部分未得到利用，实际载流截面积减小了。因此，在交流情况下，导体的电阻和内电感与直流时不同。

如果设导体中通有总电流 $\dot{I}$，它的等效交流电路参数为 $Z = R + \mathrm{j}X$，则该导体消耗的复功率为

$$\dot{I}Z\dot{I}^* = I^2(R + \mathrm{j}X) \tag{6.80}$$

又从坡印亭定理知道，流入该导体的复功率也可表示成

$$-\oint_S (\dot{\boldsymbol{E}} \times \dot{\boldsymbol{H}}^*) \cdot \mathrm{d}\boldsymbol{S} \tag{6.81}$$

因此，得导体的等效交流电路参数的计算公式为

$$Z = \frac{-\oint_S (\dot{\boldsymbol{E}} \times \dot{\boldsymbol{H}}^*) \cdot \mathrm{d}\boldsymbol{S}}{I^2} \tag{6.82}$$

式中，S 为导体的表面；Z 称为等效交流阻抗。

从上面分析可知，交流阻抗只计及导体内部电磁场引起的阻抗，故又称 Z 为导体的交流内阻抗。下面举例说明 Z 的计算问题。

例 6.5　设有半无限大导体，如图 6.13 所示。试求图示斜线柱体体积（底面面积为 $h \times a$）的交流内阻抗。

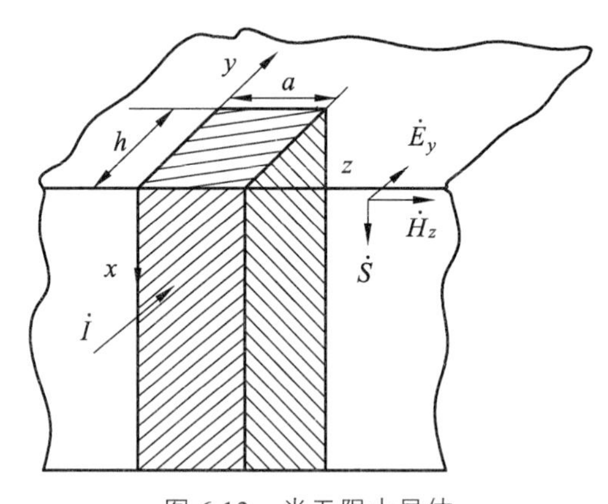

图 6.13　半无限大导体

解：如图 6.13 所示，导体位于 $x > 0$ 半无限大空间，其中电流、电场和磁场沿 x 方向的分布可由 6.4 节中得到

$$\dot{J}_y = \gamma E_0 \mathrm{e}^{-kx}$$
$$\dot{E}_y = E_0 \mathrm{e}^{-kx}$$
$$\dot{H}_z = -\frac{\mathrm{j}k}{\omega\mu} E_0 \mathrm{e}^{-kx}$$

流过宽度为 a、在 x 方向无限深的截面上的总电流是

$$\dot{I}=\int_S \dot{J}_y \mathrm{d}S = a\gamma E_0\int_0^{\infty}\mathrm{e}^{-kx}\mathrm{d}x=\frac{a\gamma E_0}{k}$$

在现在情况下，坡印亭矢量的方向沿 x 轴，并且其通量只在导体上底面（ $x=0$ ）才不为零。应用式（6.82），有

$$Z=R+\mathrm{j}X=\frac{(\dot{E}_y\dot{H}_z^*)\big|_{x=0}\times h\times a}{|\dot{I}|^2}$$

$$=\frac{h}{a\gamma}(1+\mathrm{j})\sqrt{\frac{\omega\mu\gamma}{2}}=\frac{h}{a\gamma d}(1+\mathrm{j})$$

故

$$R=\frac{h}{a\gamma d}\ \text{和}\ L_\mathrm{i}=\frac{X}{\omega}=\frac{h}{a\gamma d\omega} \tag{6.83}$$

这个结果表明，在导体的整个厚度内，有效值为 I 的交流电流给出的有功功率，等于大小为 I 的直流电流在同一长度 h 和宽度 a、厚度 d 的导体中所给出的功率。也就是说，虽然导体在 x 方向伸展到无穷远，但其交流电阻却相当于直流电流集中在纵深方向等于透入深度 d 的范围内的直流电阻。

例 6.6 求半径为 a 的圆截面导线单位长度上的交流电阻。假设半径 a 远远大于透入深度 d。

解：由于 $a\gg d$，所以可把导线看成是厚度无限大、宽度为导线截面周长 $2\pi a$ 的平面导体。因此，由式（6.83）计算得圆导线单位长度上的交流电阻是

$$R=\frac{1}{2\pi a\gamma d}$$

这相当于厚度为 $d(d\ll a)$ 的圆管导体的直流电阻。同时，圆导线单位长度的直流电阻是

$$R_d=\frac{1}{\gamma\pi a^2}$$

因此，同一根圆导线的交流电阻与直流电阻的比值是

$$\frac{R}{R_d}=\frac{a}{2d}$$

6.7 邻近效应和电磁屏蔽

本节将介绍时变电磁场中相互靠近的导体之间的邻近效应现象，及抑制措施——电磁屏蔽。

6.7.1 邻近效应

通电导体处于其他导体电流产生的电磁场中式，其电流分布受到邻近导体的影响，这种现象称为邻近效应。频率越高，导体靠得越近，邻近效应越显著。邻近效应与集肤效应是共存的，它会使导体的电流分布更不均匀。

例 6.7 有一对通以交流电流的汇流排，如图 6.14 所示。已知其中电导率 γ 和磁导率 μ_0；两汇流排的厚度、宽度和长度分别为 a、b 和 l，且 $a \ll b \ll l$，板间距离为 d。分析电流密度的分布。

解： 在 MQS 近似下，与 6.4 节类似，容易得到在导体区域内有微分方程

$$\frac{\mathrm{d}^2 \dot{H}_y}{\mathrm{d}x^2} = k^2 \dot{H}_y$$

通解

$$\dot{H}_y = C_1 \mathrm{e}^{-kx} + C_2 \mathrm{e}^{kx}$$

这里，有近似边界条件：$\dot{H}_y\left(\dfrac{d}{2}+a\right)=0$ 和 $\dot{H}_y\left(\dfrac{d}{2}\right)=\dfrac{\dot{I}}{b}$。将它代入上述通解，确定出待定系数 C_1 和 C_2。最后，得磁场强度

$$\dot{H}_y = \frac{\dot{I}}{b\mathrm{sh}(ka)} \mathrm{sh}k\left(\frac{d}{2}+a-x\right)$$

和电流密度

$$\dot{J}_z = (\nabla \times \dot{H})_z = -\frac{I}{b\mathrm{sh}(ka)} \mathrm{ch}k\left(\frac{d}{2}+a-x\right)$$

电流密度的模 $|\dot{J}_z|$ 的分布如图 6.14 所示。容易看出，靠近两板相对的内侧面，电流密度最大，呈现有较强的邻近效应。

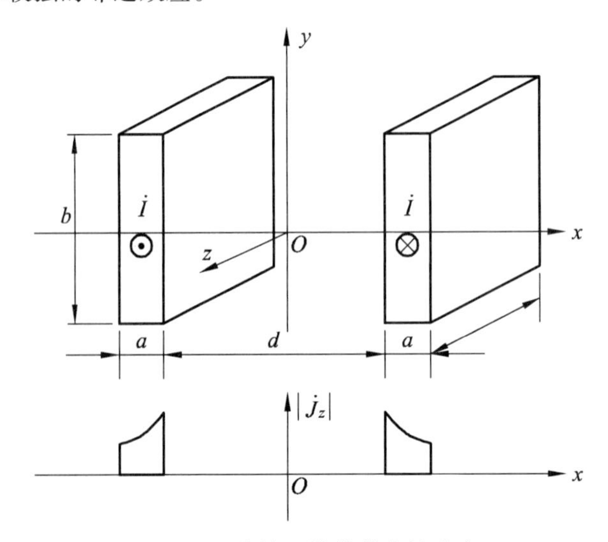

图 6.14 交流汇流排的电流分布

6.7.2 电磁屏蔽

在电磁场工程中，用于减弱某一无源区域内（不包含这些源的电磁场的结构）电磁场影响，称为电磁屏蔽。它是抑制邻近效应的一种常用措施。

电磁屏蔽利用了导体内的涡流所产生的电磁场，将对外加电磁场起抵制作用，用作对给定区域进行屏蔽。因此，又称为涡流屏蔽。为了达到有效的屏蔽作用，屏蔽罩的厚度 h 必须接近于屏蔽材料的透入深度的 3~6 倍，即

$$h \approx 2\pi d \tag{6.84}$$

电磁屏蔽的效能，可以用不存在屏蔽体时空间防护区的场强（E_0 或 H_0）与存在屏蔽体时该区的场强（E 或 H）的比值来表征，有

$$S = \frac{E}{E_0} \text{ 或 } S = \frac{H}{H_0} \tag{6.85}$$

称 S 为屏蔽系数。

习题 6.7

6.7.1 长薄壁铜圆管如图 6.15（a）所示。已知，电导率 $\gamma = 5.8\times10^7$ S/m，壁厚 $\varDelta = 1$ mm，管的内径 $a = 4$ cm。（1）求其磁扩散时间 τ_m；（2）若外激磁电流为阶跃电流，由零突变为直流，求阶跃后 τ_m 瞬时 $\boldsymbol{H}_i$ 与 $\boldsymbol{H}_o$ 的比值。

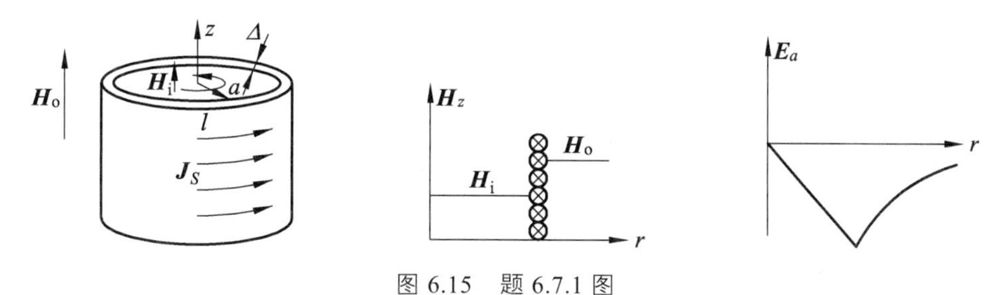

图 6.15 题 6.7.1 图

6.7.2 两条平行的汇流排，截面为矩形，如图 6.16 所示，其中通有大小相等方向相反的交变电流 I，导线宽 $a = 1$ mm，高 $b = 10$ mm，导线间距离 $d = 2$ mm，导线的电导率 $\gamma = 10\times10^7$ S/m 和磁导率 $\mu = 250\mu_0$，电流频率 $f = 50$ Hz。试计算：

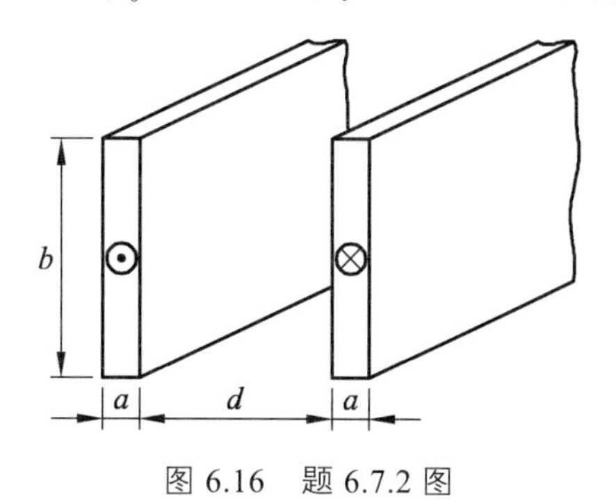

图 6.16 题 6.7.2 图

（1）导线各处的电流密度。

（2）汇流排单位长度的电阻。

总　结

1. 时变电磁场，当忽略 $\frac{\partial \boldsymbol{B}}{\partial t}$ 时，称为电准静态场（EQS）。它的基本方程组（微分形式）为

$$\nabla \times \boldsymbol{H} = \boldsymbol{J} + \frac{\partial \boldsymbol{D}}{\partial t}$$

$$\nabla \times \boldsymbol{E} \approx 0$$

$$\nabla \cdot \boldsymbol{B} = 0$$

$$\nabla \cdot \boldsymbol{D} = \rho$$

2. 时变电磁场，当忽略 $\frac{\partial \boldsymbol{D}}{\partial t}$ 时，称为磁准静态场（MQS）。它的基本方程组（微分形式）为

$$\nabla \times \boldsymbol{H} \approx \boldsymbol{J}$$

$$\nabla \times \boldsymbol{E} = -\frac{\partial \boldsymbol{B}}{\partial t}$$

$$\nabla \cdot \boldsymbol{B} = 0$$

$$\nabla \cdot \boldsymbol{D} = \rho$$

3. 自由电荷在导体中的弛豫过程是按指数规律随时间衰减的。无限大均匀导体的弛豫时间是 $\tau_{\mathrm{e}} = \frac{\varepsilon}{\gamma}$。在弛豫过程中，导体内的电位分布满足微分方程

$$\nabla^2 \varphi = \rho_0 \mathrm{e}^{-t/\tau_{\mathrm{e}}}$$

对于无限大均匀导电媒质，电位有积分形式解

$$\varphi = \frac{1}{4\pi\varepsilon}\int_V \frac{\rho_0}{R}\mathrm{e}^{-t/\tau_{\mathrm{e}}}\mathrm{d}V = \varphi_0(x, y, z)\mathrm{e}^{-t/\tau_{\mathrm{e}}}$$

同样，自由电荷在导体分界面的积累过程也是按指数规律随时间衰减的。引起过渡过程的原因是分界面上的 $\frac{\partial \sigma}{\partial t}$ 不为零。双层有损介质平板电容器的弛豫时间 $\tau_{\mathrm{e}} = \frac{b\varepsilon_1 + a\varepsilon_2}{b\gamma_1 + a\gamma_2}$。当板上电荷或电压突变的瞬时，两种有损介质中的电压按电容分配；当进入直流稳态后，电压按电阻分配。在低频或工频交流电压作用下，多层有损介质中的电场稳态值应按静电场分析；在直流电压作用下，电场稳态值应按恒定电场分析。

4. 交变电流在良导体中流动时，其内部电流和电磁场的分布表现出显著的集肤效应现象。对于良导体，透入深度

$$d = \sqrt{\frac{2}{\omega\mu\gamma}}$$

在高频时，要考虑到电流和电磁场分布不均匀的问题

5. 时变电磁场中的导体内会出现涡流电流流动，当位移电流产生的磁场远小于外加磁场时可按磁准静态场（MQS）处理。

6. 邻近效应是指相互靠近的通有变化电流导体间的相互作用和影响。电磁屏蔽是抑制邻近效应的一种常用措施。它利用了当电磁能进入导体时，随着与表面距离的增大，能量逐渐减少，从而引起电磁场能量逐渐减弱的现象。

电磁屏蔽的屏蔽层的厚度 h 必须接近屏蔽材料透入深度的 3~6 倍，即 $h \approx 2\pi d$ 。

7. 导体中磁的扩散过程是按指数规律随时间衰减的。长薄导电圆管的扩散时间 $\tau_{\mathrm{m}} = \frac{1}{2}\mu_0\gamma_a\Delta$ 。

第 7 章　平面电磁波的传播

在电磁波中，变化的电场产生变化的磁场，变化的磁场又产生变化的电场，伴随着电场和磁场的传播是能量的传输。光波、无线电波等都是电磁波，它们在空间不需借助任何媒质就能传播。本章从电磁场的基本方程出发，首先介绍电磁波动方程，然后讨论均匀平面电磁波在理想介质和导电媒质中的情况，最后分析电磁波在分界面的反射与折射。

均匀平面电磁波是电磁波的最简单的形态，它的特性及讨论方法都比较简单，但却能表征电磁波重要的和主要的性质。

7.1　电磁波动方程和平面电磁波

7.1.1　电磁波动方程

由第 4 章可知，已发射出去的电磁波，即使激发它的源消失后仍将继续存在并向前传播。现在关心的是这种已脱离场源的波在无源空间的传播规律和特点。

在无源空间中，传导电流和自由电荷都为零，即 $\boldsymbol{J}=0$、$\rho=0$。再假设无源空间为各向同性、线性、均匀媒质，$\boldsymbol{D}=\varepsilon\boldsymbol{E}$，$\boldsymbol{B}=\mu\boldsymbol{H}$，$\boldsymbol{J}=\gamma\boldsymbol{E}$，则由电磁场基本方程组式（5.24）~式（5.27），得

$$\nabla\times\boldsymbol{H}=\gamma\boldsymbol{E}+\varepsilon\frac{\partial\boldsymbol{E}}{\partial t} \tag{7.1}$$

$$\nabla\times\boldsymbol{E}=-\mu\frac{\partial\boldsymbol{H}}{\partial t} \tag{7.2}$$

$$\nabla\cdot\boldsymbol{H}=0 \tag{7.3}$$

$$\nabla\cdot\boldsymbol{E}=0 \tag{7.4}$$

取式（7.1）的旋度，并利用式（7.2），得

$$\nabla\times\nabla\times\boldsymbol{H}=-\gamma\mu\frac{\partial\boldsymbol{H}}{\partial t}-\mu\varepsilon\frac{\partial^2\boldsymbol{H}}{\partial t^2} \tag{7.5}$$

利用矢量恒等式 $\nabla\times\nabla\times\boldsymbol{H}=\nabla(\nabla\cdot\boldsymbol{H})-\nabla^2\boldsymbol{H}$，并考虑式（7.3），上式变为

$$\nabla^2\boldsymbol{H}-\mu\gamma\frac{\partial\boldsymbol{H}}{\partial t}-\mu\varepsilon\frac{\partial^2\boldsymbol{H}}{\partial t^2}=0 \tag{7.6}$$

类似的，可得

$$\nabla^2 \boldsymbol{E} - \mu\gamma \frac{\partial \boldsymbol{E}}{\partial t} - \mu\varepsilon \frac{\partial^2 \boldsymbol{E}}{\partial t^2} = 0 \tag{7.7}$$

式（7.6）和式（7.7）是无源空间中 $\boldsymbol{E}$ 和 $\boldsymbol{H}$ 满足的方程，称为电磁波动方程。它们是研究电磁波问题的基础。

7.1.2　平面电磁波

在电磁波传播过程中的某一时刻 t，空间电磁场中 $\boldsymbol{H}$ 和 $\boldsymbol{E}$ 具有相同相位的点构成的面称为等相面，又称为波阵面。如果电磁波的等相面为平面，称这种电磁波为平面电磁波。如果在平面电磁波等相面（波阵面）上的每一点处，电场 $\boldsymbol{E}$ 均相同，磁场 $\boldsymbol{H}$ 也相同，这样的平面电磁波称为均匀平面电磁波。在实际情况下，许多实际存在的复杂电磁波都可分解成均匀平面电磁波来处理。这就是说我们应当着重分析、研究均匀平面电磁波。

假设均匀平面电磁波的波阵面与平面平行，如图 7.1 所示。根据定义，场强 $\boldsymbol{E}$（或 $\boldsymbol{H}$）值在波阵面上处处相等，即与坐标和无关。因此 $\boldsymbol{E}$ 和 $\boldsymbol{H}$ 除了与时间 t 有关外，仅与空间坐标 x 有关，有

$$\boldsymbol{E} = \boldsymbol{E}(x,t) \text{ 和 } \boldsymbol{H} = \boldsymbol{H}(x,t) \tag{7.8}$$

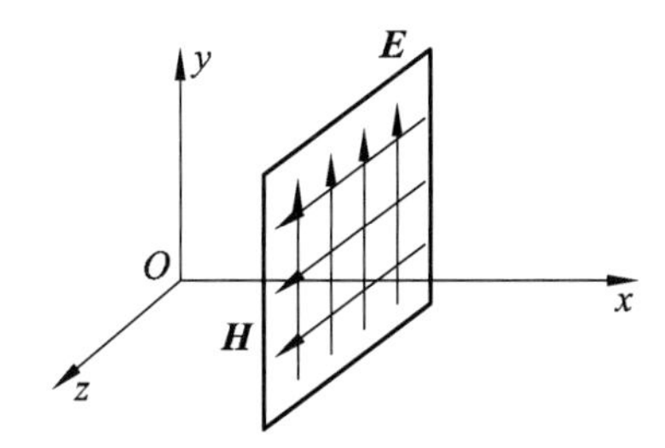

图 7.1　向 x 方向传播的均匀平面波

这时 $\boldsymbol{E}$ 和 $\boldsymbol{H}$ 的波动方程式（7.6）和式（7.7）简化为

$$\frac{\partial^2 \boldsymbol{H}}{\partial x^2} - \mu\gamma \frac{\partial \boldsymbol{H}}{\partial t} - \mu\varepsilon \frac{\partial^2 \boldsymbol{H}}{\partial t^2} = 0 \tag{7.9}$$

$$\frac{\partial^2 \boldsymbol{E}}{\partial x^2} - \mu\gamma \frac{\partial \boldsymbol{E}}{\partial t} - \mu\varepsilon \frac{\partial^2 \boldsymbol{E}}{\partial t^2} = 0 \tag{7.10}$$

这是 $\boldsymbol{E}$ 和 $\boldsymbol{H}$ 关于 x 的一维波动方程。

将 $\boldsymbol{E} = \boldsymbol{E}(x,t)$ 和 $\boldsymbol{H} = \boldsymbol{H}(x,t)$ 分别带入式（7.1）~式（7.4），并在直角坐标系中展开可得

$$\begin{cases} \gamma E_x + \varepsilon \dfrac{\partial E_x}{\partial t} = 0, \dfrac{\partial H_z}{\partial x} = -\gamma E_y - \varepsilon \dfrac{\partial E_y}{\partial t}, \dfrac{\partial H_y}{\partial x} = \gamma E_z + \varepsilon \dfrac{\partial E_z}{\partial t} \\ \mu \dfrac{\partial H_x}{\partial t} = 0, \dfrac{\partial E_y}{\partial x} = -\mu \dfrac{\partial H_z}{\partial t}, \dfrac{\partial E_z}{\partial x} = +\mu \dfrac{\partial H_y}{\partial t} \end{cases} \tag{7.11}$$

对此做如下讨论：

（1）均匀平面电磁波是一横电磁波。由式（7.11）可以看出，H_x 是与时间无关的恒定

分量。在波动问题中，常量没有意义，故可取 $H_x = 0$，而 $E_x = E_{x0} e^{-\frac{\gamma}{\varepsilon} t}$，考虑到一般情况下 $\gamma \gg \varepsilon$，E_x 随时间按指数规律衰减得很快。因此，通常可认为 E_x 为零。$E_x = 0$ 和 $H_x = 0$ 表明，当取 x 轴为传播方向时，均匀平面电磁波中的电场 E 和磁场 H 都没有和波传播方向 x 相平行的分量，它们都和波传播方向相垂直，即对传播方向来说它们是横向的，这样的电磁波称为横电磁波，或 TEM 波。

（2）电磁波的电场 $\boldsymbol{E}$ 的方向、磁场 $\boldsymbol{H}$ 的方向和波的传播方向三者相互垂直，且满足右手螺旋关系。由式（7.11）看出，若电场 $\boldsymbol{E}$ 只有分量 E_y，则磁场仅有分量 H_z；若电场 $\boldsymbol{E}$ 只有分量 E_z，则磁场仅有分量 H_y。这表明，均匀平面电磁波的电场 $\boldsymbol{E}$ 和 $\boldsymbol{H}$ 不仅都和波传播方向相垂直，它们两者也是相垂直的。

（3）分量 E_y 和 H_z 构成一组平面波；分量 E_z 和 H_y 构成另一组平面波。这两组分量波彼此独立，但电磁波中的合成场强 $\boldsymbol{E}$ 和 $\boldsymbol{H}$ 却分别由这两组分量波的有关场强构成。在后面的讨论中，只分析 E_y 和 H_z 构成的一组平面波，以揭示均匀平面波的传播特性。

对于由分量 E_y 和 H_z 构成的平面电磁波，$\boldsymbol{E} = E_y(x,t)\boldsymbol{e}_y$，$\boldsymbol{H} = H_z(x,t)\boldsymbol{e}_z$，则一维波动方程式（7.9）和式（7.10）简化为

$$\frac{\partial^2 H_z}{\partial x^2} - \mu\gamma \frac{\partial H_z}{\partial t} - \mu\varepsilon \frac{\partial^2 H_z}{\partial t^2} = 0 \tag{7.12}$$

$$\frac{\partial^2 E_y}{\partial x^2} - \mu\gamma \frac{\partial E_y}{\partial t} - \mu\varepsilon \frac{\partial^2 E_y}{\partial t^2} = 0 \tag{7.13}$$

习题 7.1

导出等相面为平面的均匀平面波满足的一维波动方程。

7.2 理想介质中的均匀平面电磁波

7.2.1 一维波动方程的解及其物理意义

对于理想介质，由于 $\gamma = 0$，故一维波动方程式（7.12）和式（7.13）简化为

$$\frac{\partial^2 H_z}{\partial x^2} - \mu\varepsilon \frac{\partial^2 H_z}{\partial t^2} = 0 \tag{7.14}$$

$$\frac{\partial^2 E_y}{\partial x^2} - \mu\varepsilon \frac{\partial^2 E_y}{\partial t^2} = 0 \tag{7.15}$$

这两个一维波动方程的解分别为

$$E_y(x,t) = E_y^+(x,t) + E_y^-(x,t) = f_1\left(t - \frac{x}{v}\right) + f_2\left(t + \frac{x}{v}\right) \tag{7.16}$$

$$H_z(x,t) = H_z^+(x,t) + H_z^-(x,t) = g_1\left(t - \frac{x}{v}\right) + g_2\left(t + \frac{x}{v}\right) \tag{7.17}$$

式中，$v = \frac{1}{\sqrt{\mu\varepsilon}}$为理想介质中均匀平面波的传播速率。

分析一维波动方程的解，可得均匀平面波的传播速率。

（1）$E_y^+(x,t) = f_1\left(t - \frac{x}{v}\right)$和$H_z^+(x,t) = g_1\left(t - \frac{x}{v}\right)$分别是沿（$+x$）方向前进的波的电场分量和磁场分量，称为入射波；而$\boldsymbol{E}_y^-(x,t) = f_2\left(t + \frac{x}{v}\right)$和$H_z^-(x,t) = g_2\left(t + \frac{x}{v}\right)$则分别是沿（$-x$）方向前进的波的电场分量和磁场分量，称为反射波。函数f_1、f_2、g_1、g_2的具体形式与产生该波的激励方式有关。

（2）理想介质中均匀平面波的传播速度v是一常数

$$v = \frac{1}{\sqrt{\mu\varepsilon}} \tag{7.18}$$

它仅与媒质的参数μ和ε有关。在自由空间中，$v = c = 3\times10^8$ m/s，理想介质中波的传播速度还可以表示为

$$v = \frac{1}{\sqrt{\mu\varepsilon}} = \frac{c}{\sqrt{\varepsilon_r\mu_r}} = \frac{c}{n} \tag{7.19}$$

式中，n称为介质的折射率。

可见电磁波在理想介质中的传播速度小于在自由空间中的传播速度。

（3）把$E_y^+(x,t) = f_1\left(t - \frac{x}{v}\right)$和$H_z^+(x,t) = g_1\left(t - \frac{x}{v}\right)$代入$\frac{\partial E_y}{\partial x} = -\mu\frac{\partial H_z}{\partial t}$中，

$$\frac{\partial H_z^+}{\partial t} = -\frac{1}{\mu}\frac{\partial E_y^+}{\partial x} = \sqrt{\frac{\varepsilon}{\mu}}f_1'\left(t - \frac{x}{v}\right) \tag{7.20}$$

得

$$H_z^+(x,t) = \sqrt{\frac{\varepsilon}{\mu}}f_1\left(t - \frac{x}{v}\right) = \sqrt{\frac{\varepsilon}{\mu}}E_y^+(x,t) \tag{7.21}$$

同理，可以求得

$$H_z^-(x,t) = -\sqrt{\frac{\varepsilon}{\mu}}f_1\left(t + \frac{x}{v}\right) = -\sqrt{\frac{\varepsilon}{\mu}}E_y^-(x,t) \tag{7.22}$$

式（7.21）和式（7.22）分别反映了入射波和反射波中电场与磁场间的关系。电场和磁场之间满足下列关系

$$\frac{E_y^+(x,t)}{H_z^+(x,t)} = \sqrt{\frac{\mu}{\varepsilon}} = Z_0, \quad \frac{E_y^-(x,t)}{H_z^-(x,t)} = -\sqrt{\frac{\mu}{\varepsilon}} = -Z_0 \tag{7.23}$$

式中，$Z_0\left(=\sqrt{\frac{\mu}{\varepsilon}}\right)$称为理想介质的波阻抗，单位为 Ω。

（4）对于入射波来说，空间任意点在每一瞬时的电场能量密度和磁场能量密度相等，即

$$\omega_{\mathrm{e}}' = \frac{\varepsilon}{2}[E_y^+]^2 = \frac{\mu}{2}[H_z^+]^2 = \omega_{\mathrm{m}}' \tag{7.24}$$

因而总电磁能量密度为

$$\omega' = \omega_{\mathrm{e}}' + \omega_{\mathrm{m}}' = \varepsilon[E_y^+]^2 = \mu[H_z^+]^2 \tag{7.25}$$

而坡印亭矢量为

$$\boldsymbol{S}^+(x,t) = E_y^+(x,t)\boldsymbol{e}_y \times H_z^+(x,t)\boldsymbol{e}_z = \sqrt{\frac{\mu}{\varepsilon}}[H_z^+]^2\boldsymbol{e}_x = v\omega'\boldsymbol{e}_x \tag{7.26}$$

式（7.26）表明，在理想介质中电磁波能量流动的方向与波传播的方向一致。又因坡印亭矢量的值表示单位时间内穿过单位面积的电磁能量，应等于电磁能量密度 ω' 和能量流动速度 v_{e} 的乘积，即

$$\boldsymbol{S}^+(x,t) = v_{\mathrm{e}}\omega'\boldsymbol{e}_x \tag{7.27}$$

对照式（7.26）和式（7.27），得

$$v_e = v \tag{7.28}$$

这表明，入射波中电磁能量以与波传播速度 v 相同的速度沿波前进方向流动。

同理，对于反射波来说，也有类似的结论。

7.2.2 理想介质中的正弦均匀平面波

这里考虑工程中最常见的场量随时间正弦变化的情况。这时电磁波的电场强度和磁场强度可用复数形式表示，与式（7.14）和式（7.15）所表示的波动方程相应的复数表达式为

$$\frac{\mathrm{d}^2\dot{H}_z}{\mathrm{d}x^2} - (\mathrm{j}\omega)^2\mu\varepsilon\dot{H}_z = 0 \tag{7.29}$$

$$\frac{\mathrm{d}^2\dot{E}_y}{\mathrm{d}x^2} - (\mathrm{j}\omega)^2\mu\varepsilon\dot{E}_y = 0 \tag{7.30}$$

这里的 $\dot{H}_z$ 和 $\dot{E}_y$ 仅是 x 的函数，即 $\dot{H}_z(x)$ 和 $\dot{E}_y(x)$。令 $k^2 = (\mathrm{j}\omega)^2\mu\varepsilon$ 或 $k = \mathrm{j}\beta = \mathrm{j}\omega\sqrt{\mu\varepsilon}$，上面两方程可改写成

$$\frac{\mathrm{d}^2\dot{H}_z}{\mathrm{d}x^2} - k^2\dot{H}_z = 0 \tag{7.31}$$

$$\frac{\mathrm{d}^2\dot{E}_y}{\mathrm{d}x^2} - k^2\dot{E}_y = 0 \tag{7.32}$$

式中，$k(=\mathrm{j}\beta=\mathrm{j}\omega\sqrt{\mu\varepsilon})$ 称为波传播常数，而 $\beta=\omega\sqrt{\mu\varepsilon}$ 称为相位常数。

式（7.31）和式（7.32）是两个二阶的常微分方程，它们的通解为

$$\dot{E}_y(x)=\dot{E}_y^+\mathrm{e}^{-kx}+\dot{E}_y^-\mathrm{e}^{kx} \tag{7.33}$$

$$\dot{H}_z(x)=\dot{H}_z^+\mathrm{e}^{-kx}+\dot{H}_z^-\mathrm{e}^{kx} \tag{7.34}$$

其中，$\dot{E}_y^+$、$\dot{E}_y^-$、$\dot{H}_z^+$ 和 $\dot{H}_z^-$ 都是复常数。它们的大小和相位由场源和边界的具体情况决定。上列两式中的第一项表示入射波；第二项表示反射波。在无限大的均匀介质中，不存在反射波，故有

$$\dot{E}_y(x)=\dot{E}_y^+\mathrm{e}^{-kx}=\dot{E}_y^+\mathrm{e}^{-\mathrm{j}\beta x} \tag{7.35}$$

$$\dot{H}_z(x)=\dot{H}_z^+\mathrm{e}^{-kx}=\dot{H}_z^+\mathrm{e}^{-\mathrm{j}\beta x} \tag{7.36}$$

波阻抗为

$$Z_0=\frac{E_y^+}{H_z^+}=\sqrt{\frac{\mu}{\varepsilon}} \tag{7.37}$$

为常数，显然电场强度和磁场强度同相。设初相角为 ϕ，场量相应的瞬时表达式分别为

$$E_y(x,t)=\sqrt{2}E_y^+\cos(\omega t-\beta x+\varphi_E) \tag{7.38}$$

$$H_z(x,t)=\sqrt{2}H_z^+\cos(\omega t-\beta x+\varphi_H) \tag{7.39}$$

这就是无限大的理想介质中均匀平面波的正弦稳态解。由上两式可见，电场和磁场既是时间的周期函数，又是空间坐标的周期函数。

现在研究式（7.38）和式（7.39）中相位因子（$\omega t-\beta x+\varphi$）的物理意义。为不失一般性，且方便起见，可取初相位角 $\varphi=0$。即相位因子为（$\omega t-\beta x$）。在时刻 $t=0$，相位因子是（$-\beta x$），x=0 处的相位为零，即在 x=0 的平面上电场和磁场都处在峰值。在另一时刻 t，相位因子变为（$\omega t-\beta x$），波峰平面移至（$\omega t-\beta x$）$=0$ 处，即移至 $x_0=\dfrac{\omega}{\beta}t$ 处。因此 $\cos(\omega t-\beta x)$ 代表一沿（$+x$）方向传播的平面波。图 7.2 给出了式（7.38）在几个不同时刻的图形。

图 7.3 表示理想介质中正弦均匀平面波的传播特点。

（1）正弦均匀平面波在理想介质中传播不衰减，其等相面又是等幅面。

（2）电场和磁场在相位上同相，它们和电磁波的传播方向保持右手螺旋法则。

（3）相速 v、相位常数 β、频率 f、波长 λ 满足如下特点：

$t=0,x=0$ 处的相位为零，这时电场和磁场都处在零值；在 t 时刻，电磁波的零点移到 $\omega t-\beta x=0$ 处，即 $x=\dfrac{\omega}{\beta}t$。因此 $\sin(\omega t-\beta x)$ 代表一沿（$+x$）方向传播的平面波，其相位相同的点移动的速率为

$$v=\frac{\mathrm{d}x}{\mathrm{d}t}=\frac{\omega}{\beta}=\frac{1}{\sqrt{\mu\varepsilon}} \tag{7.40}$$

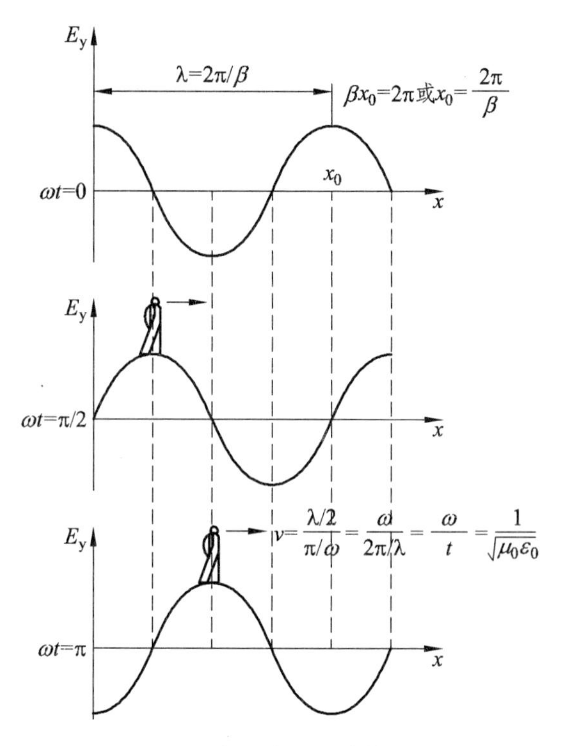

图 7.2　E_y 在几个不同时刻的图形

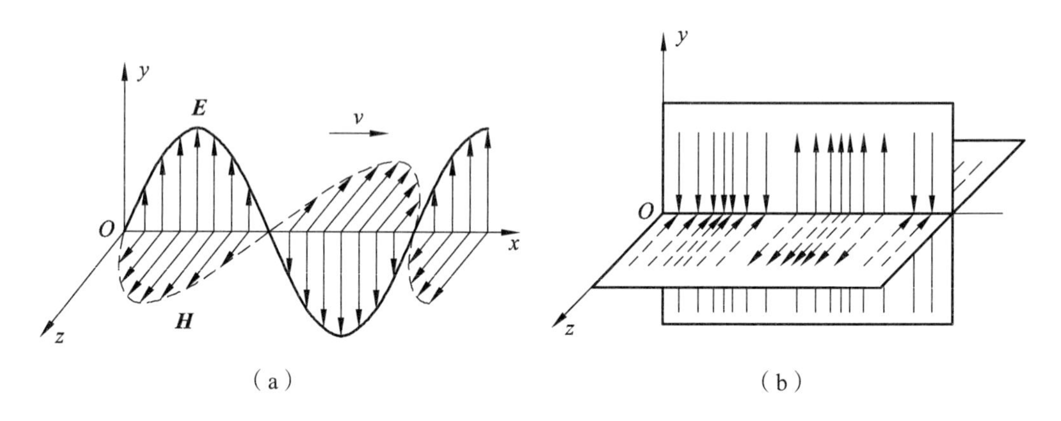

图 7.3　向 x 方向传播的正弦均匀平面波

即波长又表示在波传播方向上相位改变 2π 时两点的距离。

例 7.1　已知自由空间中电磁波的电场强度表达式 $\boldsymbol{E}=50\cos(6\pi\times10^8 t-\beta x)\boldsymbol{e}_y$ V/m。

（1）试问此波是否是均匀平面波？求出该波的频率 f、波长 λ、波速 v、相位常数 β 和波传播方向，并写出磁场强度的表达式。

（2）若在 $x=x_0$ 处水平放置一半径 $R=2.5$ m 的圆环，求垂直穿过圆环的平均电磁功率。

解：（1）从电场强度的表达式 $\boldsymbol{E}=50\cos(6\pi\times10^8 t-\beta x)\boldsymbol{e}_y$ 看出，该波的传播方向为（$+x$）方向，电场垂直于波的传播方向，且在与 x 轴垂直的平面上各点 $\boldsymbol{E}$ 的大小相等，故此波是均匀平面波。其各参数是

$$f=\frac{\omega}{2\pi}=\frac{6\pi\times10^8}{2\pi}=3\times10^8\ \text{Hz}$$

$$v=\frac{1}{\sqrt{\mu_0\varepsilon_0}}=3\times10^8\ \text{m/s}$$

$$\lambda=\frac{v}{f}=1\ \text{m}$$

$$\beta=\frac{2\pi}{\lambda}=2\pi=6.28\ \text{rad/m}$$

因为自由空间的波阻抗 $Z_0=\sqrt{\frac{\mu_0}{\varepsilon_0}}=377\ \Omega$，所以磁场强度 $\boldsymbol{H}$ 的表达式为

$$\begin{aligned}\boldsymbol{H}&=\frac{50}{Z_0}\cos(6\pi\times10^8t-\beta x)\boldsymbol{e}_z\\&=\frac{50}{377}\cos(6\pi\times10^8t-\beta x)\boldsymbol{e}_z\ \text{A/m}\end{aligned}$$

（2）坡印亭矢量 $\boldsymbol{S}$ 的平均值为

$$\begin{aligned}\boldsymbol{S}_{\text{av}}&=\text{Re}[\dot{\boldsymbol{E}}\times\dot{\boldsymbol{H}}^*]=EH\boldsymbol{e}_x\\&=\frac{1\,250}{377}\boldsymbol{e}_x\ \text{W/m}^2\end{aligned}$$

则穿过圆环的平均功率为

$$P=\int_A\widetilde{\boldsymbol{S}}_{\text{av}}\cdot\text{d}\boldsymbol{A}=\frac{1\,250}{377}\times\pi R^2=65.1\ \text{W}$$

例 7.2 一频率为 100 MHz 的正弦均匀平面波，$\boldsymbol{E}=E_y\boldsymbol{e}_y$，$\varepsilon_r=4$，$\mu_r=1$ 的理想介质中朝+x 方向传播。当 $t=0$，$x=1/8$ m 时，电场 $\boldsymbol{E}$ 的最大值为 $+10^{-4}$ V/m，试求：

（1）波长、相速和相位常数。

（2）$\boldsymbol{E}$ 和 $\boldsymbol{H}$ 的瞬时表达式。

（3）当 $t=10^{-8}$ s 时，$\boldsymbol{E}$ 为最大正值的位置。

解：（1）

$$v=\frac{1}{\sqrt{\mu\varepsilon}}=\frac{c}{\sqrt{\varepsilon_{\text{r}}\mu_{\text{r}}}}=\frac{c}{2}=1.5\times10^8\ \text{m/s}$$

$$\beta=\omega\sqrt{\mu\varepsilon}=\frac{\omega}{c}\sqrt{\varepsilon_{\text{r}}\mu_{\text{r}}}=\frac{2\pi\times10^8}{3\times10^8}\sqrt{4}=\frac{4\pi}{3}\ \text{rad/m}$$

$$\lambda=\frac{2\pi}{\beta}=\frac{3}{2}\ \text{m}$$

（2）电场 $\boldsymbol{E}$ 的瞬时表达式为 $\boldsymbol{E}(x,t)=E_{\text{m}}\cos(\omega t-\beta x+\phi)\boldsymbol{e}_y$

根据已知条件，当 $t=0$，$x=1/8$ m 时

$$E_m = 10^{-4}$$

所以

$$-\frac{4\pi}{3}\times\frac{1}{8}+\varphi = 0$$

$$\varphi = \frac{\pi}{6}$$

因此

$$\boldsymbol{E}(x,t) = 10^{-4}\cos\left(2\pi\times10^{8}t-\frac{4\pi}{3}x+\frac{\pi}{6}\right)\boldsymbol{e}_y \text{ V/m}$$

因为

$$Z_0 = \sqrt{\frac{\mu}{\varepsilon}} = \frac{120\pi}{\sqrt{\varepsilon_r}} = 60\pi\ \Omega$$

所以

$$\boldsymbol{H}(x,t) = \frac{10^{-4}}{60\pi}\cos\left(2\pi\times10^{8}t-\frac{4\pi}{3}x+\frac{\pi}{6}\right)\boldsymbol{e}_z \text{ A/m}$$

（3）当 $t = 10^{-8}$s 时，为使 $\boldsymbol{E}$ 为最大正值，应有

$$\omega t-\beta x+\varphi = 2\pi\times10^{8}\times10^{-8}-\frac{4\pi}{3}x+\frac{\pi}{6} = \pm 2n\pi$$

解之得 $\boldsymbol{E}$ 的最大正值的位置在

$$x = \frac{13}{8}\pm\frac{3}{2}n = \frac{13}{8}\pm n\lambda (n = 0,1,2,\cdots)$$

习题 7.2

7.2.1　试证明

$$E_y = f_1(x-vt)+f_2(x+vt)$$

$$H_z = \sqrt{\frac{\varepsilon_0}{\mu_0}}\left[f_1(x-vt)-f_2(x+vt)\right]$$

满足电磁场基本方程组。

7.2.2　已知自由空间中均匀平面波的电场表达式为

$$\boldsymbol{E}(x,t) = [100\sin(\omega t-\beta x)\boldsymbol{e}_z + 200\cos(\omega t-\beta x)\boldsymbol{e}_y] \text{ V/m}$$

求该波的磁场 $\boldsymbol{H}$ 及坡印亭矢量 $\boldsymbol{S}$。

7.2.3　已知自由空间中电磁场的电场分量表达式为 $\boldsymbol{E}(x,t) = 37.7\cos(6\pi\times10^{8}t+2\pi z)\mathbf{e}_y$ V/m。这是一种什么性质的场？试求出其频率、波长、速度、相位常数、传播方向以及 $\boldsymbol{H}$ 的表达式。

7.2.4　某电台发射 600 kHz 的电磁波，在离电台足够远处可以认为是平面波。设在

某一点 a，某瞬间的电场强度为 10×10^{-3} V/m，求该点瞬间的磁场强度。若沿电磁波的传播方向前行 100 m，到达另一点 b，问该点要迟多少时间，才具有此 10×10^{-3} V/m 的电场。

7.3 导电媒质中的均匀平面电磁波

7.3.1 导电媒质中正弦均匀平面波的传播特性

设导电媒质是各向同性、线性和均匀的，即 $\boldsymbol{D}=\varepsilon\boldsymbol{E}$ 、$\boldsymbol{B}=\mu\boldsymbol{H}$ 和 $\boldsymbol{J}=\gamma\boldsymbol{E}$ ，对于正弦均匀平面电磁波来说，与式（7.12）和式（7.13）所表示的波动方程相应的复数表达式为

$$\frac{\mathrm{d}^2\dot{H}_z}{\mathrm{d}x^2}-\mathrm{j}\omega\mu\gamma\dot{H}_z-(\mathrm{j}\omega)^2\mu\varepsilon\dot{H}_z=0 \tag{7.41}$$

$$\frac{\mathrm{d}^2\dot{E}_y}{\mathrm{d}x^2}-\mathrm{j}\omega\mu\gamma\dot{E}_y-(\mathrm{j}\omega)^2\mu\varepsilon\dot{E}_y=0 \tag{7.42}$$

若取 $k^2=\mathrm{j}\omega\mu\gamma+(\mathrm{j}\omega)^2\mu\varepsilon$ 或 $k=\mathrm{j}\omega\sqrt{\mu\left(\varepsilon+\dfrac{\gamma}{\mathrm{j}\omega}\right)}$ ，则上面两个方程组可改写成

$$\frac{\mathrm{d}^2\dot{H}_z}{\mathrm{d}x^2}-k^2\dot{H}_z=0 \tag{7.43}$$

$$\frac{\mathrm{d}^2\dot{E}_y}{\mathrm{d}x^2}-k^2\dot{E}_y=0 \tag{7.44}$$

式中，k 称为导电媒质中的波传播常数。

如果令

$$\varepsilon'=\varepsilon+\frac{\gamma}{\mathrm{j}\omega} \tag{7.45}$$

则有

$$k=\mathrm{j}\omega\sqrt{\mu\varepsilon'} \tag{7.46}$$

这里 ε' 称为导电媒质的等效介电常数。显然，导电媒质中的波传播常数 k 与理想介质中的波传播常数 k 具有相似的形式，两者波动方程的复数表达式也具有相似的形式，只是介电常数 ε 以等效介电常数 ε' 代替。这样，如若将理想介质中正弦均匀平面电磁波的各公式中的 ε 用 ε' 代换，则得出导电媒质中正弦均匀平面电磁波的各相应表达式。

由式（7.46）知，在导电媒质中波传播常数 k 是一复数，可以表示为

$$k=\alpha+\mathrm{j}\beta \tag{7.47}$$

式中，α 和 β 均为常数。将式（7.47）代入式（7.35）和式（7.36），得电场和磁场的瞬时形式解为

$$E_y(x,t)=\sqrt{2}E_y^+\mathrm{e}^{-\alpha x}\cos(\omega t-\beta x+\varphi_E) \tag{7.48}$$

$$H_z(x,t)=\sqrt{2}H_z^+\mathrm{e}^{-\alpha x}\cos(\omega t-\beta x+\varphi_H) \tag{7.49}$$

下面分析导电媒质中正弦均匀平面电磁波的特点：

（1）由瞬时解式（7.48）和式（7.49）可见，在某一时刻 t，电场和磁场的振幅沿波传播方向（$+x$）按指数规律衰减，这是与理想介质根本不同的；同时，相位依次落后，因此，导电媒质中是一个随着波沿传播方向（$+x$）推进而不断衰减的平面电磁波，如图 7.4 所示。

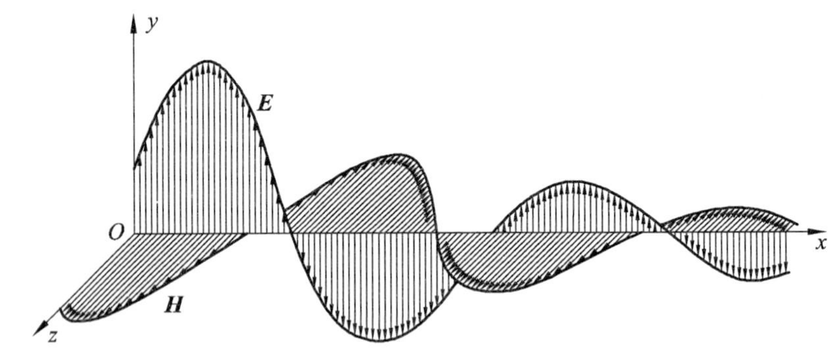

图 7.4　导电媒介中正弦均匀平面电磁波的传播

在导电媒质中电磁波衰减的快慢取决于 α 的大小，因此称 α 为衰减常数，单位为 Np/m（奈伯/米）。波在传播过程中相位改变的快慢则由相位常数 β 决定。

（2）由式（7.49）和式（7.50），容易得到

$$\alpha = \omega\sqrt{\frac{\mu\varepsilon}{2}\left(\sqrt{1+\frac{\gamma^2}{\omega^2\varepsilon^2}}-1\right)} \tag{7.50}$$

$$\beta = \omega\sqrt{\frac{\mu\varepsilon}{2}\left(\sqrt{1+\frac{\gamma^2}{\omega^2\varepsilon^2}}+1\right)} \tag{7.51}$$

因此，导电媒质中波的相速为

$$v = \frac{\omega}{\beta} = \frac{1}{\sqrt{\frac{\mu\varepsilon}{2}\left(\sqrt{1+\frac{\gamma^2}{\omega^2\varepsilon^2}}+1\right)}} \tag{7.52}$$

这表明，在导电媒质中波的相速小于在理想介质中波的相速；另外，相速不仅与媒质的参数 μ 、ε 和 γ 有关，而且还与频率 f 有关，即在同一媒质中，不同频率的波的传播速度及波长是不同的，它们是频率的函数，这种现象称为色散，相应的媒质称为色散媒质。因此，导电媒质是色散媒质，理想介质是非色散媒质。色散会引起信号传递的失真，所以在实际中对色散现象应给予足够的认识。

（3）根据波阻抗的定义，导电媒质的波阻抗求得为

$$Z_0 = \sqrt{\frac{\mu}{\varepsilon'}} = \sqrt{\frac{\mu}{\varepsilon+\frac{\gamma}{\mathrm{j}\omega}}} = |Z_0|\mathrm{e}^{\mathrm{j}\varphi} \tag{7.53}$$

可见波阻抗是一复数，它表明电场、磁场在空间同一位置存在着相位差。在时间上磁场

$\boldsymbol{H}$ 比电场 $\boldsymbol{E}$ 落后的相位为 φ，即在式（7.48）和式（7.49）中，有 $\phi_E - \phi_H = \varphi$。

（4）坡印亭矢量的平均值为

$$\begin{aligned}\boldsymbol{S}_{\mathrm{av}} &= \mathrm{Re}[\dot{E}\times\dot{H}^*] \\ &= E_y^+ H_z^+ \mathrm{e}^{-2\alpha x}\cos\varphi\boldsymbol{e}_x \\ &= \frac{1}{|Z_0|}(E_y^+)^2\mathrm{e}^{-2\alpha x}\cos\varphi\boldsymbol{e}_x\end{aligned} \tag{7.54}$$

此式表明，由于 $\alpha\neq 0$，波在前进过程中还伴随着能量的不断损耗，这表现为场量振幅的减小，损耗的原因是传导电流所消耗的焦耳热。

7.3.2 低损耗介质中的波

上一节中讨论的理想介质只是一种理想的情况，实际介质都是有损耗的，即有一定的电导率值。例如，土壤、海水、石墨等都是常见的有损耗介质。

上面有关导电媒质中正弦均匀平面电磁波的分析方法和公式，对有损耗介质中的均匀平面电磁波传播特性的分析也是适用的。

对于有损耗介质，如果满足条件 $\dfrac{\gamma}{\omega\varepsilon}\ll 1$，则称为低损耗介质。或者说，低损耗介质是一种良好的但电导率不为零的非理想绝缘材料。在 $\dfrac{\gamma}{\omega\varepsilon}\ll 1$ 这一条件下，可近似认为

$$\sqrt{1+\left(\frac{\gamma}{\omega\varepsilon}\right)^2}\approx 1+\frac{1}{2}\left(\frac{\gamma}{\omega\varepsilon}\right)^2 \tag{7.55}$$

代入式（7.50）和式（7.51）中，得衰减常数

$$\alpha\approx\frac{\gamma}{2}\sqrt{\frac{\mu}{\varepsilon}} \tag{7.56}$$

和相位常数

$$\beta\approx\omega\sqrt{\mu\varepsilon} \tag{7.57}$$

由式（7.53），得波阻抗

$$Z_0\approx\sqrt{\frac{\mu}{\varepsilon}} \tag{7.58}$$

以上各式说明，低损耗介质的相位常数和波阻抗近似等于理想介质中的相应值，不同的只是电磁波有衰减。但衰减常数 α 是一正常数。在这样的介质中，位移电流代表了电流的主要特征。

7.3.3 良导体中的波

良导体是指 $\dfrac{\gamma}{\omega\varepsilon}\gg 1$ 的导电媒质。这时，可以近似认为

$$\sqrt{1+\left(\frac{\gamma}{\omega\varepsilon}\right)^2}\approx\frac{\gamma}{\omega\varepsilon} \tag{7.59}$$

故在良导体中，有

$$k\approx\alpha+\mathrm{j}\beta=(1+\mathrm{j})\sqrt{\frac{\omega\mu\gamma}{2}} \tag{7.60}$$

$$Z_0\approx\sqrt{\frac{\omega\mu}{2\gamma}}(1+\mathrm{j})=\sqrt{\frac{\omega\mu}{\gamma}}\angle 45^{\circ} \tag{7.61}$$

以及相速和波长分别为

$$v\approx\frac{\omega}{\beta}=\sqrt{\frac{2\omega}{\mu\gamma}} \tag{7.62}$$

$$\lambda\approx\frac{2\pi}{\beta}=2\pi\sqrt{\frac{2}{\omega\mu\gamma}} \tag{7.63}$$

分析以上各式，反映出正弦均匀平面电磁波在良导体中传播的特点如下：

（1）高频电磁波在良导体中的衰减常数α变得非常大。例如，3 MHz时，在铜中$\alpha\approx 2.62\times10^4$ Np/m。因此，电场$\boldsymbol{E}$和磁场$\boldsymbol{H}$的振幅都发生急剧衰减，以致电磁波无法进入良导体深处，仅存在于其表面附近，集肤效应非常显著。正弦均匀平面电磁波在良导体中的透入深度$d=\frac{1}{\alpha}=\sqrt{\frac{2}{\omega\mu\gamma}}$。

（2）电场与磁场不同相。波阻抗的幅角为45°，这说明磁场的相位滞后于电场45°。

（3）由于γ很大，波阻抗的值很小，故电场能密度远小于磁场能密度$\left(\frac{\omega_e'}{\omega_m'}=\frac{\omega\varepsilon}{\gamma}\ll 1\right)$。这说明良导体中的电磁波以磁场为主，传导电流是电流的主要成分。

（4）良导体中电磁波的相速v和波长λ都较小。

当$\gamma\to\infty$时，良导体便为我们常所说的理想导体。这时，它的透入深度为零。在实际电磁波问题中，当频率较高时，普通的金属如铜、铝、金、银等都可看成理想导体，以便解决问题。

例 7.3　一均匀平面电磁波从海水表面（$x=0$）向海水中（$+x$方向）传播，已知$E=100\cos(10^7\pi t)\boldsymbol{e}_y$，海水的$\varepsilon_r=80$，$\mu_r=1$，$\gamma=4$ S/m，试求：

（1）衰减常数、相位常数、波阻抗、相位速度、波长、透入深度。

（2）当$\boldsymbol{E}$的振幅衰减至表面值的1%时，波传播的距离。

（3）当$x=0.8$ m时，$\vec{E}(x,t)$和$\vec{H}(x,t)$的表达式。

解：根据题意，有

$$\omega=10^7\pi\ \text{rad/s}，\quad f=\frac{\omega}{2\pi}=5\times10^6\ \text{Hz}$$

$$\frac{\gamma}{\omega\varepsilon}=\frac{4}{10^7\pi\times\left(\frac{1}{36\pi}\times10^{-9}\right)\times80}=180\gg 1$$

因此海水可视作良导体。

（1）衰减常数

$$\alpha = \sqrt{\pi f \mu \gamma} = \sqrt{5\pi \times 10^6 \times 4\pi \times 10^{-7} \times 4} = 8.89 \text{ Np/m}$$

相位常数

$$\beta = \alpha = 8.89 \text{ rad/m}$$

波阻抗

$$Z_0 = \sqrt{\frac{\omega\mu}{\gamma}} \angle 45° = \sqrt{\frac{10^7 \pi \times 4\pi \times 10^{-7}}{4}} = \pi \angle 45° \ \Omega$$

相位速度

$$v = \frac{\omega}{\beta} = \frac{10^7 \pi}{8.89} = 3.53 \times 10^6 \text{ m/s}$$

波长

$$\lambda = \frac{2\pi}{\beta} = \frac{2\pi}{8.89} = 0.707 \text{ m}$$

透入深度

$$d = \frac{1}{\alpha} = \frac{1}{8.89} = 0.112 \text{ m}$$

（2）设 x_1 为波振幅衰减至 1%时所移动的距离

$$e^{-\alpha x_1} = 0.01$$

$$x_1 = \frac{1}{\alpha} \ln 100 = \frac{4.605}{8.89} = 0.518 \text{ m}$$

（3）的瞬时表达式为

$$E(x,t) = 100 e^{-\alpha x} \cos(\omega t - \beta x) \boldsymbol{e}_y$$

在 $x = 0.8$ m

$$\boldsymbol{E}(0.8,t) = 100 e^{-0.8\alpha} \cos(\omega t - 0.8\beta) \boldsymbol{e}_y = 0.082 \cos(10^7 \pi t - 7.11) \boldsymbol{e}_y \text{ V/m}$$

所以

$$\boldsymbol{H}(0.8,t) = \frac{100 e^{-0.8\alpha}}{|Z_0|} \cos\left(\omega t - 0.8\beta - \frac{\pi}{4}\right) \boldsymbol{e}_z$$
$$= 0.026 \cos(10^7 \pi t - 1.61) \boldsymbol{e}_z \text{ A/m}$$

可见 5 MHz 平面电磁波在海水中衰减很快，以致在离开波源很短距离处，波的强度就变得非常弱了。因此，海水中的无线通信必须使用低频无线电波。但即使在低频情况下海底的远距离无线通信仍然很困难。如 $f = 50$ Hz 时，可计算得 $d = 35.6$ m。这就给潜艇之间的无线通信带来了很大困难，不能直接利用海水中的直接波进行无线通信，必须将它们的收发天线移至海水表面附近，利用沿海水表面传播的表面波作传输媒介。

例 7.4 求半径为 a 的圆柱导线单位长度的交流电阻（设透入深度 $d \ll a$）。

解：由于 $d \ll a$，导线中的电磁场可以看成是一平面电磁波。设导线中的电场和磁场为

$$\boldsymbol{E} = \dot{E}_0 \mathrm{e}^{-k(a-\rho)} \boldsymbol{e}_z$$

$$\boldsymbol{H} = \frac{\dot{E}_0}{Z_0} \mathrm{e}^{-k(a-\rho)} \boldsymbol{e}_\phi$$

进入导体表面的坡印亭矢量的有功分量为

$$S_{\mathrm{av}} = \left|\mathrm{Re}(\dot{\boldsymbol{E}} \times \dot{\boldsymbol{H}}^*)\right|_{\rho=a} = \frac{E_0^2}{|Z_0|} \cos 45°(-\boldsymbol{e}_\rho)$$

因而单位长度导线消耗的有功功率

$$P = S_{\mathrm{av}} \times 2\pi a \times 1 = \frac{2\pi a E_0^2}{|Z_0|} \cos 45°$$

导向中的电流密度为

$$\dot{\boldsymbol{J}} = \gamma \dot{\boldsymbol{E}} = \gamma \dot{\boldsymbol{E}}_0 \mathrm{e}^{-k(a-\rho)} \boldsymbol{e}_z$$

导线中的总电流

$$\dot{\boldsymbol{I}} = \int \dot{\boldsymbol{J}} \cdot \mathrm{d}\boldsymbol{S} = \int_0^a \gamma E_0 \mathrm{e}^{-k(a-\rho)} 2\pi\rho \mathrm{d}\rho = 2\pi\gamma \dot{\boldsymbol{E}}_0 \left(\frac{a}{k} - \frac{1}{k^2} + \frac{\mathrm{e}^{-ka}}{k^2}\right)$$

略去 k 的高次项 $\dot{\boldsymbol{I}} \approx 2\pi\gamma \dot{\boldsymbol{E}}_0 \dfrac{a}{k}$

$$I^2 \approx (2\pi\gamma E_0)^2 \frac{a^2}{|k|^2}$$

交流电阻

$$R = \frac{P}{I^2} = \frac{2\pi a E_0^2}{|Z_0|} \cos 45° \frac{|k|^2}{(2\pi\gamma E_0 a)^2} = \frac{1}{2\pi a \gamma d}$$

单位长度导线的直流电阻为

$$R_d = \frac{1}{\pi a^2 \gamma}$$

高频电阻与直流电阻的比值为

$$\frac{R}{R_d} = \frac{a}{2d}$$

如取 $a = 2\ \mathrm{mm}$，$f = 3\times10^6\ \mathrm{Hz}$，$\gamma = 5.8\times10^7\ \mathrm{S/m}$ 时，比值为 26.21。频率升高，上述比值更大。工程上一般为减小高频电阻，即集肤效应的影响，采用增大导线表面积的方法，如用互相绝缘的多股线代替单根导线及在导线表面镀以银层。

习题 7.3

7.3.1　均匀平面电磁波在海水中垂直向下传播，已知 $f=0.5\,\text{MHz}$，海水的 $\varepsilon_r=80$，$\mu_r=1$，$\gamma=4\,\text{S/m}$，在 $x=0$ 处，$\boldsymbol{H}=20.5\times10^{-7}\cos(\omega t-35°)\boldsymbol{e}_y$，求：

（1）海水中的波长及相位速度。

（2）$x=1\,\text{m}$ 处，$\boldsymbol{E}$ 和 $\boldsymbol{H}$ 表达式。

（3）由表面到 1 m 深处，每立方米海水中损耗的平均功率。

7.3.2　计算并比较下列材料的波阻抗、衰减常数和透入深度，铜（$\gamma=5.8\times10^7\,\text{S/m}$）和银（$\gamma=6.15\times10^7\,\text{S/m}$）。已知频率为（1）$f=50\,\text{Hz}$，（2）$f=1\,\text{GHz}$。

7.3.3　设一均匀平面电磁波在一良导体内传播，其传播速度为光在自由空间波速的 0.1%且波长为 0.3 mm，设媒质的磁导率为 μ_0，试决定该平面电磁波的频率及良导体的电导率。

7.4　平面电磁波的极化

在前面两节中，对于沿 x 方向传播的均匀平面电磁波，讨论了电场中只有 y 方向分量 E_y 的情况。实际上，均匀平面电磁波的电场在垂直于传播方向的平面内，既可以有 y 方向分量 E_y，也可以有 z 方向分量 E_z，而且合成电场的方向也不一定是固定的。因此在通信工程中，常采用波的极化来描述正弦平面电磁波中电场强度的组成情况。波的极化是通过电场 $\boldsymbol{E}$ 矢量的端点随时间变化时在空间的轨迹来描述的，若轨迹是直线，则称为直线极化波；若轨迹是圆，则称为圆极化波；若轨迹是椭圆，则称为椭圆极化波。它们分别反映同频率、沿相同方向传播的若干个正弦平面电磁波中电场强度的相位和量值之间的不同关系。下面分别加以讨论。

为不失一般性，假设沿 x 方向传播的正弦均匀平面电磁波的电场由下式给出

$$\boldsymbol{E}=E_{1\text{m}}\cos(\omega t-\beta x+\varphi_1)\boldsymbol{e}_y+E_{2\text{m}}\cos(\omega t-\beta x+\varphi_2)\boldsymbol{e}_z \tag{7.64}$$

式中，$E_{1\text{m}}$、$E_{2\text{m}}$ 为幅值；φ_1、φ_2 为初相。

这可以看作是沿 y 轴和 z 轴的两个场矢量的叠加。

$$E_y=E_{1\text{m}}\cos(\omega t-\beta x+\varphi_1)\ \text{和}\ E_z=E_{2\text{m}}\cos(\omega t-\beta x+\varphi_2) \tag{7.65}$$

7.4.1　直线极化

若式（7.64）中的 $\varphi_1=\varphi_2=\varphi$，即 E_y 与 E_z 同相，则在 $x=0$ 平面上，合成电场的量值为

$$E=\sqrt{E_{1\text{m}}^2+E_{2\text{m}}^2}\cos(\omega t+\varphi) \tag{7.66}$$

它与 y 轴的夹角为

$$\alpha = \arctan\left(\frac{E_{2m}}{E_{1m}}\right) \tag{7.67}$$

式中，由于 E_{1m}、E_{2m} 为常数，α 不随时间变化，因此合成电场矢量的端点轨迹为一条与 y 轴成 α 角的直线，如图 7.5 所示。

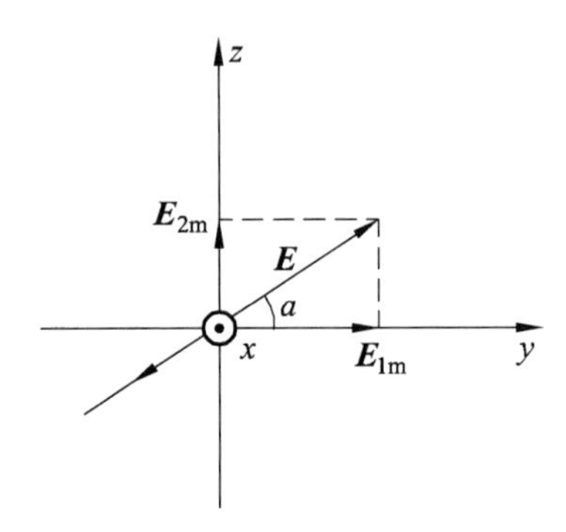

图 7.5　直线极化的平面电磁波

若 φ_1 和 φ_2 不相等，而是相差 π，即 E_y 和 E_z 反相，此时的合成波仍为直线极化波，只是合成电场矢量 $\boldsymbol{E}$ 与 y 轴的夹角 $\alpha = \arctan(-E_{2m}/E_{1m})$。

工程上，常将垂直于地面的直线极化波称为垂直极化波；将平行于地面的直线极化波称为水平极化波。

7.4.2　圆极化

若式（7.64）中电场的两个分量 E_y 和 E_z 幅值相等，$E_{1m} = E_{2m} = E_m$，而且相位差为 $\pm\frac{\pi}{2}$，即

$$E_{1m} = E_{2m} = E_m \tag{7.68}$$

$$\varphi_1 - \varphi_2 = \pm\frac{\pi}{2} \tag{7.69}$$

考虑 $x = 0$ 的平面，其上合成电场的大小为

$$E = \sqrt{E_y^2 + E_z^2} = E_m \tag{7.70}$$

合成电场与 y 轴的夹角为 α，且有

$$\tan\alpha = \frac{E_z}{E_y} = \pm\tan(\omega t + \varphi_1) \tag{7.71}$$

因此

$$\alpha = \pm(\omega t + \varphi_1) \tag{7.72}$$

式（7.70）和式（7.72）表明，合成电场的大小不随时间变化，但方向却随时间以角速度 ω 改变，即合成电场矢量的端点在一圆周上并以角速度 ω 旋转，故称为圆极化波，如图 7.6 所示。

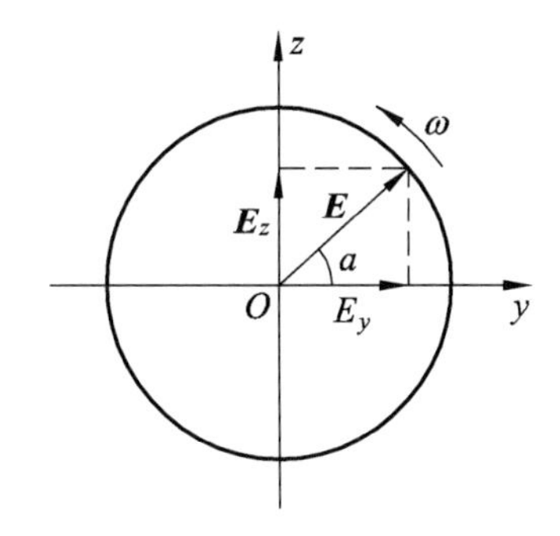

图 7.6　圆极化的平面电磁波

若 E_y 超前 E_z 的相位为 90°，此时合成电场矢量的旋转方向为反时针方向，与波的传播方向（ $+x$ ）构成右手螺旋关系，称为右旋圆极化波。

若 E_z 超前 E_y 的相位为 90°，此时合成电场矢量的旋转方向顺时针方向，与波的传播方向（ $+x$ ）构成左手螺旋关系，称为左旋圆极化波。

7.4.3　椭圆极化

在一般情况下，若式（7.64）中电场的两个分量 E_y 和 E_z 的幅值不等，而且初相 φ_1 和 φ_2 之差为任意值，则构成椭圆极化波。直线极化波和圆极化波都可看成是椭圆极化波的特例。

假设 E_z 超前 E_y 的相位为 90°，则在 $x=0$ 的平面上，有

$$E_y = E_{1\mathrm{m}}\cos(\omega t+\varphi_1) \tag{7.73}$$

$$E_z = -E_{2\mathrm{m}}\sin(\omega t+\varphi_1) \tag{7.74}$$

从上面两式中消去参数 t 后，得

$$\left(\frac{E_y}{E_{1\mathrm{m}}}\right)^2+\left(\frac{E_z}{E_{2\mathrm{m}?}}\right)^2=1 \tag{7.75}$$

这是一个长短半轴分别为 $E_{1\mathrm{m}}$ 和 $E_{2\mathrm{m}}$ 的椭圆方程，如图 7.7 所示。合成电场矢量的端点在这个椭圆上旋转，故称为椭圆极化波。

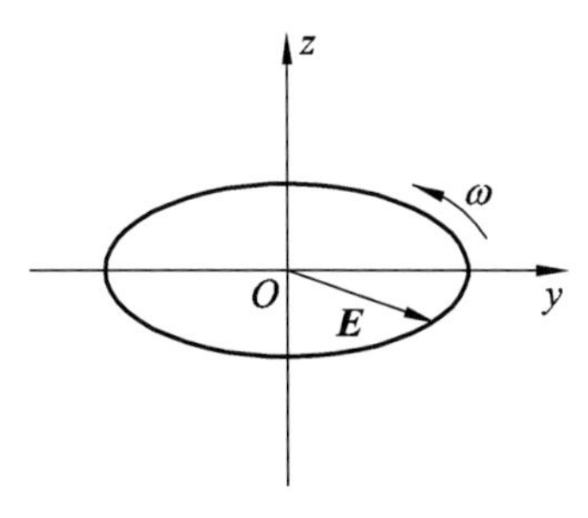

图 7.7　椭圆极化的平面电磁波

椭圆极化波也有左旋、右旋之分。如果合成电场矢量的旋转方向与波传播方向构成右手螺旋关系，称为右旋椭圆极化波；反之，构成左手螺旋关系则称为左旋椭圆极化波。图 7.7 所示就是一右旋椭圆极化波。

总之，可以用极化来描述电磁波中电场的组成情况，从而了解整个电磁波的特性。在进一步分析电磁波在自由空间或有限区域内的传播特性或分析天线的有关问题时，波的极化有着广泛的应用。工程上，对如何应用波的极化技术进行了较深入的研究。例如，调幅电台发射出的电磁波中的电场 $\boldsymbol{E}$ 是与地垂直的，所以收听者想得到最佳的收音效果，就应将收音机的天线调整到与电场 $\boldsymbol{E}$ 平行的位置，即与大地垂直。而电视台发射出的电磁波中的电场 $\boldsymbol{E}$ 是与地面平行的，这时电视接收天线应调整到与地面平行的位置。通常见到的电视共用天线都是按照这个原理架设的。再如，在很多情况下，收发系统必须利用圆极化波才能正常工作。例如，由于火箭等飞行器在飞行过程中其状态和位置不断地改变，因此火箭上的天线方位也在不断地改变，此时如用直线极化的发射信号来遥控火箭，在某些情况下就会出现火箭上的天线收不到地面控制信号的情况，而造成失控，如改用圆极化的发射和接收系统，就不会出现这种情况。

卫星通信系统中和电子对抗系统，大多数都是采用圆极化波进行工作的。

例 7.5 证明两个振幅相同，旋向相反的圆极化波可合成为一直线极化波。

解： 考虑沿（$+x$）方向传播的两个旋向不同的圆极化波，左旋和右旋圆极化波的电场 E_1 和 E_2 的表达式分别为

$$\boldsymbol{E}_1 = E_{\mathrm{m}}\cos(\omega t-\beta x+\varphi)\boldsymbol{e}_y + E_{\mathrm{m}}\cos\left(\omega t-\beta x+\varphi+\frac{\pi}{2}\right)\boldsymbol{e}_z$$

$$\boldsymbol{E}_2 = E_{\mathrm{m}}\cos(\omega t-\beta x+\varphi)\boldsymbol{e}_y + E_{\mathrm{m}}\cos\left(\omega t-\beta x+\varphi+\frac{\pi}{2}\right)\boldsymbol{e}_z$$

则，合成波的电场为

$$\boldsymbol{E} = \boldsymbol{E}_1 + \boldsymbol{E}_2 = 2E_{\mathrm{m}}\cos(\omega t-\beta x-\varphi)\boldsymbol{e}_y$$

由上式可知，合成波是一沿 y 方向的直线极化波，因而上述问题得证。与此相反，任一直线极化波可分解为两个振幅相同，旋向相反的圆极化波的叠加。

习题 7.4

7.4.1 试证：一个在理想介质中传播的圆极化波，其瞬时坡印亭矢量是与时间和距离都无关的常数。

7.4.2 有一垂直穿出纸面 $x=0$ 的平面电磁波，由两个直线极化波 $E_z = 3\cos\omega t$ 和 $E_y = 2\cos\left(\omega t+\dfrac{\pi}{2}\right)$ 组成，试证明合成波是椭圆极化波。它是右旋波，还是左旋波？

7.5 平面电磁波的反射与折射

7.5.1 平面电磁波在理想介质分界面上的反射与折射

设两种半无限大理想介质的分界面 x=0 平面，其法向 n 与 x 轴重合，如图 7.8 所示。

这里将入射波的入射线与分界面的法线构成的平面称为入射面，如图 7.8 所示的 xOy 平面。另外，假设入射波的传播方向与 $\boldsymbol{n}$ 间的夹角为 θ_1，相速度为 v_1；反射波的传播方向与间的夹角为 θ_1'，相速度为 v_1'；折射波的传播方向与 $\boldsymbol{n}$ 间的夹角为 θ_2，相速度为 v_2。θ_1、θ_1' 和 θ_2 分别称为入射角、反射角和折射角。理想介质 1 和 2 的参数分别为 ε_1、μ_1 和 ε_2、μ_2。

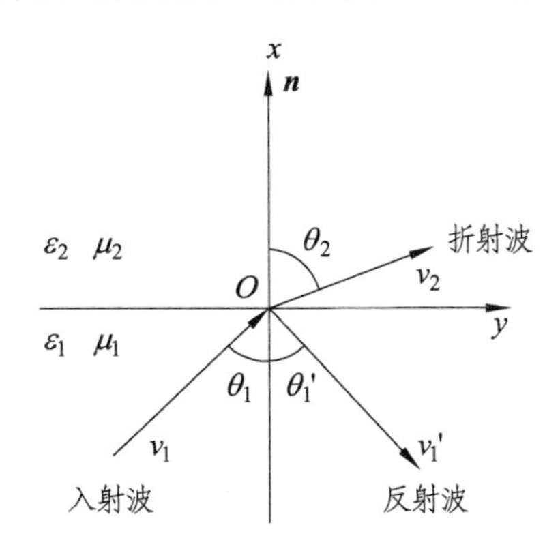

图 7.8 不同媒介分界面发生波的反射和折射

1. 反射定律和折射定律

根据分界面上的衔接条件，在分界面（$x=0$）上，对所有 y 值，电场和磁场的切向分量均应连续。这就要求入射波、反射波和折射波三者的电场与磁场对时间 t 的函数关场与磁场对时间才的函数关系以及对分界面上位置 y 的函数关系分别具有相同的形式，因此反射波和折射波也一定是均匀平面电磁波，且它们的传播方向也都处于入射面内。同时，入射波、反射波和折射波三者沿 y 方向的相速度应相等，即

$$\frac{v_1}{\sin\theta_1}=\frac{v_1'}{\sin\theta_1'}=\frac{v_2}{\sin\theta_2} \tag{7.76}$$

考虑到反射波与入射波在同一种介质中传播，有 $v_1' = v_1$，因此由式（7.76）的前一部分等式，得

$$\theta_1'=\theta_1 \tag{7.77}$$

即反射角等于入射角，这就是反射定律。又由式（7.76）的后一部分等式，得

$$\frac{\sin\theta_2}{\sin\theta_1}=\frac{v_2}{v_1}=\sqrt{\frac{\mu_1\varepsilon_1}{\mu_2\varepsilon_2}} \tag{7.78}$$

当时，可见，相速数值的改变，会产生电磁波的折射现象。式（7.78）叫作折射定律，也就是光学中的斯耐尔定律。

一般介质的磁导率，则

$$\frac{\sin\theta_2}{\sin\theta_1}=\sqrt{\frac{\varepsilon_1}{\varepsilon_2}} \tag{7.79}$$

定义介质的折射率 n 为自由空间中电磁波相速与介质中电磁波相速之比，即

$$n = \frac{c}{v} = \sqrt{\mu_r \varepsilon_r} \tag{7.80}$$

式中，n 是无量纲量，一般介质，则

$$\frac{\sin\theta_2}{\sin\theta_1} = \sqrt{\frac{\varepsilon_{r1}\varepsilon_0}{\varepsilon_{r2}\varepsilon_0}} \tag{7.81}$$

或

$$\frac{\sin\theta_2}{\sin\theta_1} = \frac{n_1}{n_2} \tag{7.82}$$

式中，n_1 和 n_2 分别为介质 1 和 2 的折射率。

2. 反射系数和折射系数

一般的平面电磁波可分解为两种平面电磁波的组合：一种是垂直极化波，即电场方向垂直于入射面；另一种是平行极化波，即电场方向平行于入射面，如图 7.9 所示。下面对这两种极化波分别加以讨论。

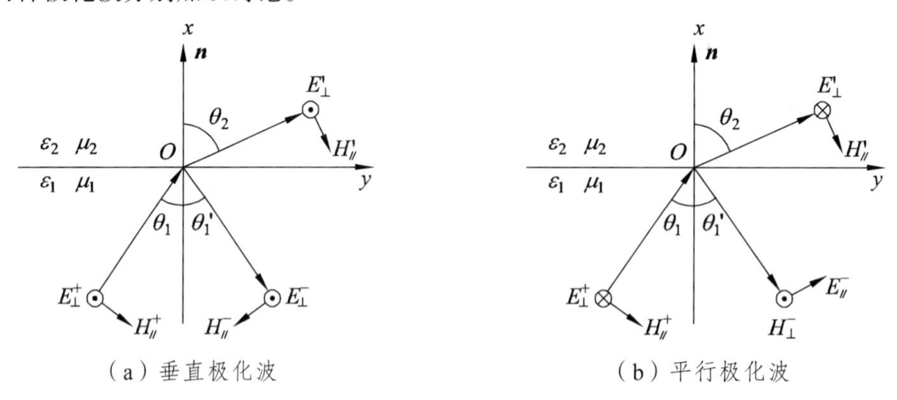

（a）垂直极化波　　（b）平行极化波

图 7.9　垂直极化波和平行极化波

先讨论垂直极化波，取电场 $\boldsymbol{E}$ 的垂直于入射面的分量和磁场 $\boldsymbol{H}$ 的平行于入射面的分量，它们组成这种入射平面电磁波，如图 7.9（a）所示。利用在介质分界面上电场强度和磁场强度两者的切向分量均连续的条件，对垂直极化波可列出关系式

$$E_{\perp}^{+} + E_{\perp}^{-} = E_{\perp}' \tag{7.83}$$

和

$$H_{//}^{+}\cos\theta_1 - H_{//}^{-}\cos\theta_1 = H_{//}'\cos\theta_2 \tag{7.84}$$

考虑到

$$\frac{E_{\perp}^{+}}{H_{//}^{+}} = Z_{01} \quad \frac{E_{\perp}^{-}}{H_{//}^{-}} = Z_{01} \quad \frac{E_{\perp}'}{H_{//}'} = Z_{02} \tag{7.85}$$

代入式（7.83）和式（7.84），可得

$$\Gamma_{\perp} = \frac{E_{\perp}^{-}}{E_{\perp}^{+}} = \frac{Z_{02}\cos\theta_1 - Z_{01}\cos\theta_2}{Z_{02}\cos\theta_1 + Z_{01}\cos\theta_2} \tag{7.86}$$

$$T_{\perp}=\frac{E_{\perp}'}{E_{\perp}^{+}}=\frac{2Z_{02}\cos\theta_1}{Z_{02}\cos\theta_1+Z_{01}\cos\theta_2} \tag{7.87}$$

这里，Z_{01} 和 Z_{02} 分别是介质 1 和 2 的波阻抗。而和分别是垂直极化波的反射系数和折射系数。式（7.86）和式（7.87）就是垂直极化波的菲涅耳公式。

对于平行极化波，取磁场 $\boldsymbol{H}$ 垂直于入射面的分量和电场 $\boldsymbol{E}$ 的平行于入射面的分量，它们组成这种入射平面电磁波，如图 7.9（b）所示。根据介质分界面上的衔接条件，对平行极化波也可列出关系式

$$H_{\perp}^{+}-H_{\perp}^{-}=H_{\perp}' \tag{7.88}$$

$$E_{//}^{+}\cos\theta_1+E_{//}^{-}\cos\theta_1=E_{//}'\cos\theta_2 \tag{7.89}$$

并考虑到

$$\frac{E_{//}^{+}}{H_{\perp}^{+}}=Z_{01}\quad \frac{E_{//}^{-}}{H_{\perp}^{-}}=Z_{01}\quad \frac{E_{//}'}{H_{\perp}'}=Z_{02} \tag{7.90}$$

则可得

$$\Gamma_{//}=\frac{E_{//}^{-}}{E_{//}^{+}}=\frac{Z_{02}\cos\theta_2-Z_{01}\cos\theta_1}{Z_{01}\cos\theta_1+Z_{02}\cos\theta_2} \tag{7.91}$$

$$T_{//}=\frac{E_{//}'}{E_{//}^{+}}=\frac{2Z_{02}\cos\theta_1}{Z_{01}\cos\theta_1+Z_{02}\cos\theta_2} \tag{7.92}$$

这就是平行极化波的菲涅耳公式。$\Gamma_{//}$ 和 $T_{//}$ 分别是平行极化波的反射系数和折射系数。

菲涅耳公式是与波的极化相关的。它反映了不同介质分界面上反射波电场、折射波电场与入射波电场之间的关系。

7.5.2 平面电磁波在理想介质分界面上的全反射和全折射

下面讨论斜入射中的两个重要现象，即波的全反射和全折射现象。

1. 全反射

当反射系数 $|\Gamma_{\perp}|=1$ 或 $|\Gamma_{//}|=1$ 时，电磁波在介质分界面上发生全反射，即入射波被全部反射回介质 1 中。如果入射角 $\theta_1\neq 90°$，由上述的菲涅尔公式可以看出，只有当 $\cos\theta_2=0$ 时，才有 $|\Gamma_{\perp}|=1$ 或 $|\Gamma_{//}|=1$，即折射角 $\theta_2=90°$ 时，产生全反射，把使折射角的入射角称为临界入射角。把代入折射定律式（7.84），得临界入射角满足关系

$$\theta_1\geqslant\theta_c=\arcsin\sqrt{\frac{\varepsilon_2}{\varepsilon_1}}=\arcsin\frac{n_2}{n_1} \tag{7.93}$$

显然，上述情况只有当 $\varepsilon_2<\varepsilon_1$ 时才有意义。因此，全反射只能出现在入射角 $\theta_1\geqslant\theta_c$，且光由光密介质到光疏介质传播时的情况，被称为全反射的临界角。

2. 全折射

当反射系数为零时，认为电磁波在分界面上发生了全折射。产生全折射的入射角，称为布儒斯特角。对于垂直极化波，由式（7.86）知，当 $Z_{02}\cos\theta_1 = Z_{01}\cos\theta_2$ 时，反射系数 $\Gamma_{\perp} = 0$ 。也就是

$$\sqrt{\frac{\varepsilon_1}{\varepsilon_2}}\cos\theta_1 = \sqrt{1-\sin^2\theta_2} \tag{7.94}$$

这里，也考虑到一般介质的。应用斯耐尔定律，上式可写成

$$\sqrt{\frac{\varepsilon_1}{\varepsilon_1}}\cos\theta_1 = \sqrt{1-\frac{\varepsilon_1}{\varepsilon_2}\sin^2\theta_1} \tag{7.95}$$

所以

$$\cos\theta_1 = \sqrt{\frac{\varepsilon_2}{\varepsilon_1}-\sin^2\theta_1} \tag{7.96}$$

显然，为满足上式，必有 $\varepsilon_2 = \varepsilon_1$ 。换句话说，垂直极化波要产生全折射，只有当两种介质相同。这实际上是同一种介质，不存在分界面。因此，对于垂直极化波，没有任何入射角能使反射系数等于零，在两种介质分界面上总有反射。

然而，对于平行极化波，当 $\Gamma_{//} = 0$ ，有

$$Z_{01}\cos\theta_1 - Z_{02}\cos\theta_2 = 0 \tag{7.97}$$

设，并应用斯耐尔定律，则有

$$\sqrt{\frac{\varepsilon_2}{\varepsilon_1}}\cos\theta_1 = \sqrt{1-\sin^2\theta_2} = \sqrt{1-\frac{\varepsilon_1}{\varepsilon_2}\sin^2\theta_1} \tag{7.98}$$

或

$$\frac{\varepsilon_2}{\varepsilon_1}\sqrt{1-\sin^2\theta_1} = \sqrt{\frac{\varepsilon_2}{\varepsilon_1}-\sin^2\theta_1} \tag{7.99}$$

求解可得

$$\sin\theta_1 = \sqrt{\frac{\varepsilon_2}{\varepsilon_1+\varepsilon_2}} \quad 或 \quad \tan\theta_1 = \sqrt{\frac{\varepsilon_2}{\varepsilon_1}} \tag{7.100}$$

当入射角满足上式时，入射波全部折射到介质 2 中，在介质 1 中没有反射波。满足上式的角就是布儒斯特角，即

$$\theta_B = \arctan\sqrt{\frac{\varepsilon_2}{\varepsilon_1}} \tag{7.101}$$

由此可以得出结论，任意极化波以布儒斯特角入射到两种电介质的分界面时，反射波只包含垂直极化分量，而波的平行极化分量已全折射了。布儒斯特角的一个重要用途是将任意极化波中的垂直分量和平行分量分离开来，起到了极化滤波的作用，所以也称为极化角或起偏角。例如，光学中的起偏器就是利用了这种极化滤波原理。

例 7.6 纯水的相对介电常数为 80。(1)确定平行极化波的布儒斯特角 及对应的折射角;(2)若一垂直极化的平面电磁波自空气中以射入水面，求反射系数和折射系数。

解:(1)由式(7.101)可得平行极化波不产生反射的布儒斯特角

$$\theta_B = \arctan\sqrt{\varepsilon_{r2}} = \arctan\sqrt{80} = 81.0°$$

对应的折射角由式(7.79)可得

$$\theta_2 = \arcsin\left(\frac{\sin\theta_B}{\sqrt{\varepsilon_{r2}}}\right) = \arcsin\left(\frac{1}{\sqrt{\varepsilon_{r2}+1}}\right) = \arcsin\left(\frac{1}{\sqrt{81}}\right) = 6.38°$$

(2)对垂直极化的入射波，在 $\theta_1 = 81°$ 及 $\theta_2 = 6.38°$，根据式(7.86)和式(7.87)

$$Z_{01} = 377\ \Omega \quad Z_{01}\cos\theta_2 = 374.67\ \Omega$$

$$Z_{02} = 377/\sqrt{\varepsilon_{r1}} = 42.15\ \Omega \quad Z_{02}\cos\theta_1 = 6.59\ \Omega$$

所以

$$\Gamma_\perp = \frac{6.59-374.67}{6.59+374.67} = -0.97$$

$$T_\perp = \frac{2\times 6.59}{6.59+374.67} = 0.035$$

7.5.3 平面电磁波在良导体表面上的反射与折射

假设电磁波从理想介质(介电常数为 ε_1)以入射角 θ_1 斜入射到良导体表面(介电常数为 ε_2 和电导率为 γ)，那么，由式(7.76)得良导体内折射波的折射角满足关系式

$$\sin\theta_2 = \frac{v_2}{v_1}\sin\theta_1 \tag{7.102}$$

考虑到 $v_1 = \frac{1}{\sqrt{\mu_1\varepsilon_1}}$，及式(7.62)知，良导体内波的相速 $v_2 = \sqrt{\frac{2\omega}{\mu_2\gamma}}$。

$$\sin\theta_2 = \sqrt{\frac{\mu_1\varepsilon_1}{\mu_2}\frac{2\omega}{\gamma}}\sin\theta_1 \tag{7.103}$$

对于一般的非磁性媒质有，则

$$\sin\theta_2 = \sqrt{\frac{2\omega\varepsilon_1}{\gamma}}\sin\theta_1 \tag{7.104}$$

如果角频率不太高，有

$$\sin\theta_2 \approx 0 \quad 或 \quad \theta_2 \approx 0 \tag{7.105}$$

这表明，对于良导体不管入射角如何，透入的电磁波都是近似地沿表面的法线方向传播。

对于良导体，其波阻抗

$$Z_{02} \approx \sqrt{\frac{\mathrm{j}\omega\mu_0}{\gamma}} \tag{7.106}$$

显然，代入菲涅耳公式，得

$$T_{\perp} \ll 1, T_{//} \ll 1 \text{和} \Gamma_{//} \approx -1 \quad \Gamma_{\perp} \approx -1 \tag{7.107}$$

表明无论什么极化波在良导体内的折射波都是很小的，差不多是全反射。

习题 7.5

7.5.1　$f = 1\,\text{MHz}$ 的均匀平面电磁波，由自由空间分别垂直入射到：（1）无限大铜板 $\gamma = 5.8\times10^7\ \text{S/m}, \varepsilon_r = 1, \mu_r = 1$；（2）无限大铁板（$\gamma = 10^7\ \text{S/m}, \varepsilon_r = 1, \mu_r = 10^4$）；（3）海水平面上（$\gamma = 4\ \text{S/m}, \varepsilon_r = 80, \mu_r = 1$）。分别求电场反射系数、折射系数。

7.5.2　一个在空气中传播的均匀平面电磁波，以 $\dot{\boldsymbol{E}}_i(x) = 10\mathrm{e}^{-\mathrm{j}6x}\mathbf{e}_y$ 垂直入射到 $x = 0$ 处的理想介质表面，介质的 $\varepsilon_r = 2.5, \mu_r = 1$。求：

（1）反射波和折射波的瞬时表示式。

（2）空气中及介质中的坡印亭矢量的平均值。

7.5.3　试证明下述两种情况时，在分界面上无反射的条件是布儒斯特角与折射角之和为 $\frac{\pi}{2}$。（1）垂直极化（$\mu_1 \neq \mu_2$）；（2）平行极化（$\varepsilon_1 \neq \varepsilon_2$）。

7.6　平面电磁波的正入射及驻波

7.6.1　对理想导体的正入射

若媒质 1 是理想介质，媒质 2 是理想导体（即波阻抗 Z_{02}=0），当平面电磁波由理想介质正入射到理想导体表面时（见图 7.10），把 $\theta_1 = 0$ 和 Z_{02}=0 代入前一节中得到的菲涅耳公式中，得

$$\Gamma_{\perp} = \Gamma_{//} = -1 \text{和} T_{\perp} = T_{//} = 0 \tag{7.108}$$

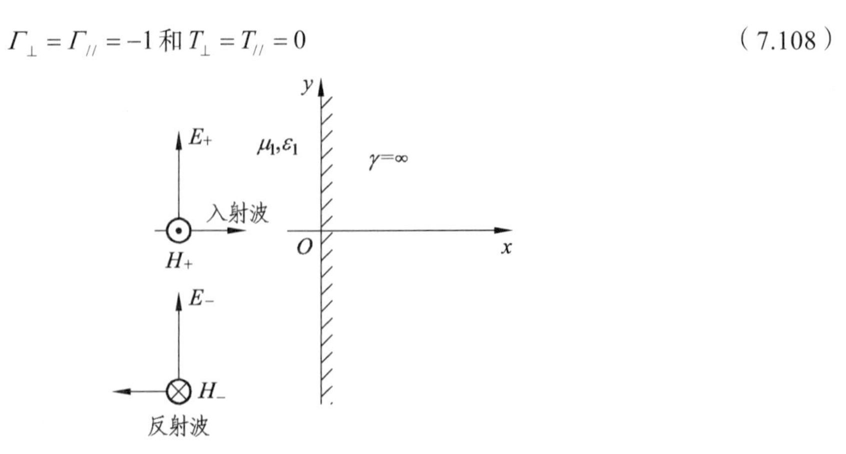

图 7.10　对理想导体的正入射

可见，波全部被反射，没有透入理想导体里去。不论是垂直极化波还是平行极化波，在分界面 $x=0$ 处，都有 $E^-=-E^+$ 和 $H^-=H^+$。

如果在理想介质中，设入射波的电场强度为

$$E_y^+(x,t)=\sqrt{2}E\cos(\omega t-\beta x) \tag{7.109}$$

则反射波的电场强度必为

$$E_y^-(x,t)=\sqrt{2}E\cos(\omega t+\beta x+180°) \tag{7.110}$$

那么，理想介质中的合成电场强度为

$$\begin{aligned}E_y(x,t)&=E_y^+(x,t)+E_y^-(x,t)\\&=2\sqrt{2}E\sin\beta x\cos(\omega t-90°)\end{aligned} \tag{7.111}$$

同理可得，理想介质中的合成磁场强度为

$$H_z(x,t)=\frac{2\sqrt{2}E}{Z_{01}}\cos\beta x\cos\omega \mathrm{t} \tag{7.112}$$

可以看出，函数 $E_y(x,t)$ 的性质显然和入射波电场强度的性质完全不同。函数 $H_z(x,t)$ 的性质和入射波磁场强度的性质也完全不同，但和 $E_y(x,t)$ 的性质相同。下面研究在理想介质中合成场的时空特性。

分析式（7.111）和式（7.112）看出，理想介质中的合成场强有如下特点：

（1）在 x 轴上任意点，电场和磁场都随时间作正弦变化，但各点的振幅不同，图 7.11 画出了不同 ωt 值时，$E_y(x,t)$ 和 $H_z(x,t)$ 的图形。可见无波的移动，波在空间是驻定的。换句话说，空间各点的场量以不同的振幅随时间做正弦振动，而沿（$\pm x$）方向没有波的移动。这说明入射波和反射波合成的结果形成了驻波。

（2）在任意时刻，合成电场 $E_y(x,t)$ 和 $H_z(x,t)$ 都在距理想导体表面的某些位置有零或最大值。

电场 $E_y(x,t)$ 的零值和磁场 $H_z(x,t)$ 的最大值发生在

$$\beta x=-n\pi \text{ 或 } x=-\frac{n\lambda}{2}\ (n=0,1,2,\cdots) \tag{7.113}$$

处。这些点称为电场 $\boldsymbol{E}$ 的波节点或磁场的波腹点。而电场 $E_y(x,t)$ 的最大值和磁场 $H_z(x,t)$ 的零值发生在

$$\beta x=-\frac{(2n+1)}{2}\pi \text{ 或 } x=-\frac{(2n+1)}{4}\lambda\ (n=0,1,2,\cdots) \tag{7.114}$$

处。这些点称为电场的波腹点或磁场的波节点。

电场（或磁场）的相邻波节点间距离为 $\lambda/2$，相邻波腹点间距离也是 $\lambda/2$。但波节点和相邻的波腹点之间的距离为 $\lambda/4$。磁场的波节点恰与电场的波腹点相重合，而电场的波节点恰是波腹点，说明电场和磁场在空间上错开了 $\lambda/4$。

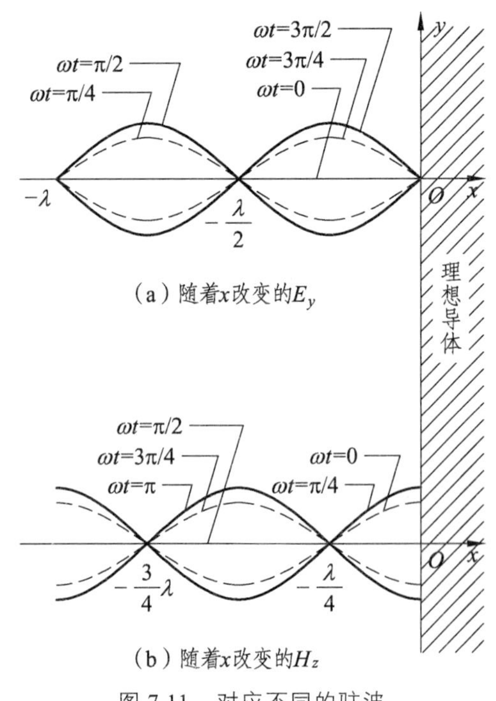

图 7.11　对应不同的驻波

（3）合成电场 $E_y(x,t)$ 和磁场 $H_z(x,t)$ 存在 $\dfrac{\pi}{2}$ 相位差，即在时间上有 $\dfrac{T}{4}$ 相移。因此，理想介质中总的电磁波的平均功率流密度为零。即在 1 区没有电磁波能量的传输，只有电场能量和磁场能量间的互相交换。由于在波节点处平均功率流密度恒为零，能量不能通过波节点传输，所以电场能量和磁场能量间的交换只能限于在波节点和相邻波腹点之间的 $\lambda/4$ 空间范围内进行。

（4）在理想导体表面上，电场强度为零，磁场强度最大，因此出现了一层面电流，其密度为

$$\boldsymbol{K}_S=\boldsymbol{e}_n\times\boldsymbol{H}=\frac{2\sqrt{2}E}{Z_{01}}\cos\omega t\boldsymbol{e}_y \tag{7.115}$$

例 7.7　均匀平面电磁波频率 $f=100\ \text{MHz}$，从空气正入射到 $x=0$ 理想导体平面上，设入射波电场沿 y 方向，振幅 $E_\text{m}=6\times10^{-3}\ \text{V/m}$，试写出：（1）入射波的电场和磁场；（2）反射波的电场和磁场；（3）在空气中合成波的电场和磁场；（4）空气中离理想导体表面第一个电场波腹点的位置。

解：（1）入射波的电场和磁场的瞬时表达式

$$\boldsymbol{E}^+(x,t)=E_\text{m}\cos(\omega t-\beta x)\boldsymbol{e}_y$$

$$\boldsymbol{H}^+(x,t)=\frac{E_\text{m}}{Z_{01}}\cos(\omega t-\beta x)\boldsymbol{e}_z$$

式中，$E_\text{m}=6\times10^{-3}\ \text{V/m}$，$\beta=\omega\sqrt{\mu\varepsilon}=\dfrac{2\pi}{3}\ \text{rad/m}$，$Z_0=377\ \Omega$，$\omega=2\pi\times10^8\ \text{rad/s}$。

因此

$$\boldsymbol{E}^+(x,t)=6\times10^{-3}\cos\left(2\pi\times10^8 t-\frac{2\pi}{3}x\right)\boldsymbol{e}_y\ \text{V/m}$$

$$\boldsymbol{H}^+(x,t)=\frac{6\times10^{-3}}{377}\cos\left(2\pi\times10^8 t-\frac{2\pi}{3}x\right)\boldsymbol{e}_z\ \text{A/m}$$

（2）理想导体引起全反射，即在 $x=0$ 处

$$E^-=-E^+ \quad 和 \quad H^-=H^+$$

所以，反射波的电场和磁场的瞬时表达式

$$\boldsymbol{E}^-(x,t)=-6\times10^{-3}\cos\left(2\pi\times10^8 t+\frac{2\pi}{3}x\right)\boldsymbol{e}_y\ \text{V/m}$$

$$\boldsymbol{H}^-(x,t)=\frac{6\times10^{-3}}{377}\cos\left(2\pi\times10^8 t+\frac{2\pi}{3}x\right)\boldsymbol{e}_z\ \text{A/m}$$

（3）空气中合成波的电场和磁场的瞬时表达式

$$\begin{aligned}E(x,t)&=E^+(x,t)+E^-(x,t)\\&=12\times10^{-3}\sin\frac{2\pi}{3}x\sin(2\pi\times10^8 t)\boldsymbol{e}_y\ \text{V/m}\end{aligned}$$

$$\begin{aligned}H(x,t)&=H^+(x,t)+H^-(x,t)\\&=\frac{12\times10^{-3}}{377}\cos\frac{2\pi}{3}x\cos(2\pi\times10^8 t)\boldsymbol{e}_z\ \text{A/m}\end{aligned}$$

（4）在空气中，离理想导体表面第一个电场波腹点发生在

$$x=-\frac{\lambda}{4}=-\frac{3}{4}\ \text{m}$$

7.6.2 对理想介质的正入射

若媒质 1 和 2 都是理想介质，当平面电磁波由媒质 1 正入射到两种理想介质分界面时（见图 7.12），不会发生全反射。把 $\theta_1=0$ 代入前一节中得到的菲涅耳公式，得反射系数

$$\varGamma=\frac{Z_{02}-Z_{01}}{Z_{02}+Z_{01}} \tag{7.116}$$

$$T=\frac{2Z_{02}}{Z_{02}+Z_{01}} \tag{7.117}$$

所以

$$E^-=\varGamma E^+ \quad E'=TE^+ \tag{7.118}$$

设入射波电场和磁场的复数表达式为

$$\left.\begin{aligned}\dot{E}^+(x)&=\dot{E}^+\mathrm{e}^{-\mathrm{j}\beta_1 x}\\\dot{H}^+(x)&=\frac{\dot{E}^+}{Z_{01}}\mathrm{e}^{-\mathrm{j}\beta_1 x}\end{aligned}\right\} \tag{7.119}$$

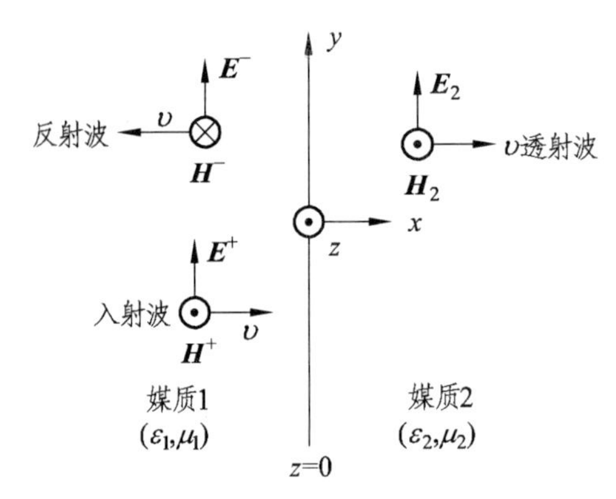

图 7.12　对理想介质分界面的正入射

则反射波电场和磁场的复数表达式为

$$\begin{cases}\dot{E}^-(x)=\Gamma\dot{E}^+\mathrm{e}^{\mathrm{j}\beta_1 x}\\ \dot{H}^-=-\dfrac{\Gamma\dot{E}^+}{Z_{01}}\mathrm{e}^{\mathrm{j}\beta_1 x}\end{cases}\tag{7.120}$$

而媒质 2 中透射波的电场和磁场的复数表达式

$$\dot{E}_2(x)=T\dot{E}^+\mathrm{e}^{-\mathrm{j}\beta_2 x}\tag{7.121}$$

$$\dot{H}_2(x)=\frac{T\dot{E}^+}{Z_{02}}\mathrm{e}^{-\mathrm{j}\beta_2 x}\tag{7.122}$$

可见，媒质 2 中的电磁波是等幅行波。

由式（7.8）和式（7.120）可得，媒质 1 中合成波的电场和磁场分别为

$$\begin{aligned}\dot{E}_1(x)&=\dot{E}^+(x)+\dot{E}^-(x)\\&=\dot{E}^+\mathrm{e}^{-\mathrm{j}\beta_1 x}+\Gamma\dot{E}^+\mathrm{e}^{\mathrm{j}\beta_1 x}\\&=\dot{E}^+(1+\Gamma)\mathrm{e}^{-\mathrm{j}\beta_1 x}+2\mathrm{j}\Gamma\dot{E}^+\sin\beta x\end{aligned}\tag{7.123}$$

$$\begin{aligned}\dot{H}_1(x)&=\dot{H}^+(x)+\dot{H}^-(x)\\&=\frac{\dot{E}^+}{Z_{01}}(1-\Gamma)\mathrm{e}^{-\mathrm{j}\beta_1 x}-2\mathrm{j}\Gamma\frac{\dot{E}^+}{Z_{01}}\sin\beta_1 x\end{aligned}\tag{7.124}$$

从式（7.123）可以知道，$\dot{E}_1(x)$ 是由两部分组成：一部分是幅值为 $(1+\Gamma)\left|\dot{E}^+\right|$ 的行波；另一部分是幅值为 $2\Gamma\left|\dot{E}^+\right|$ 的驻波。也就是说，在媒质 1 中，由于反射波振幅小于入射波振幅，所以反射波与部分入射波相加形成了驻波，而入射波的其余部分仍为行波。这是一种驻波和行波共存的情形，称合成波为行驻波。

下面讨论在媒质 1 中电场的最大值和最小值位置。将 $\dot{E}_1(x)$ 写为

$$\dot{E}_1(x)=\dot{E}^+\mathrm{e}^{-\mathrm{j}\beta_1 x}(1+\Gamma\mathrm{e}^{\mathrm{j}2\beta_1 x})\tag{7.125}$$

上式表明：（1）当 $\Gamma>0$ 时，电场的最大值是 $|\dot{E}^+|(1+\Gamma)$，它发生在 $2\beta_1 x_{\max}=-2n\pi(n=0,1,2,\cdots)$，即 $x_{\max}=-\dfrac{n\lambda_1}{2}(n=0,1,2,\cdots)$ 处。电场的最小值是 $|\dot{E}^+|(1-\Gamma)$，它发生

在 $2\beta_1 x_{\min} = -(2n+1)\pi(n=0,1,2,\cdots)$ ，即 $x_{\min} = -\dfrac{(2n+1)\lambda_1}{4}(n=0,1,2,\cdots)$ 处；（2）当 $\Gamma<0$ 时，电场的最大值是 $|\dot{E}^+|(1-\Gamma)$ ，它发生在 $\Gamma>0$ 时所给的 $x_{\min}$ 处。总之，在入射波和反射波两者相位相同处，它们直接相加，场强取最大值 $E_{1\max} = |\dot{E}^+|(1+|\Gamma|)$ ；在入射波和反射波两者相位相反之处，它们直接相减，场强取最小值 $E_{1\min} = |\dot{E}^+|(1-|\Gamma|)$ 。

为了说明媒质 1 中行驻波的性质，通常引入物理量——驻波比 S 来描述，它定义为空间电场强度的最大值与最小值之比，即

$$S = \frac{E_{1\max}}{E_{1\min}} \tag{7.126}$$

利用 $E_{1\max} = |\dot{E}^+|(1+|\Gamma|)$ 和 $E_{1\min} = |\dot{E}^+|(1-|\Gamma|)$ ，上式可写为

$$S = \frac{1+|\Gamma|}{1-|\Gamma|} \tag{7.127}$$

当 Γ 的值从−1 变化到+1 时，S 的值从 1 变化至∞。分析可见：当 $\Gamma=0$，即无反射时，$S=1$ 表示为一行波，场强的最大值和最小值相等。当 $\Gamma=1$，即发生全反射时，$S=\infty$表示为一驻波，场强的最小值 $E_{1\min}=0$ 。

例 7.8 设媒质 2 的参数为 $\varepsilon_{r2}=8.5$ ， $\mu_{r2}=1$ 及 $\gamma_2=0$ ，媒质 1 为自由空间。波由自由空间正入射到媒质 2，在两区的平面分界面上入射波电场的振幅为黑： $E_{\rm m}^+ = 2.0\times10^{-3}$ V/m ，求反射波和折射波电场和磁场的复振幅。

解： 自由空间的波阻抗 $Z_{01} = \sqrt{\dfrac{\mu_0}{\varepsilon_0}} = 120\pi\ \Omega$

媒质 2 的波阻抗 $Z_{01} = \sqrt{\dfrac{\mu_2}{\varepsilon_2}} = \dfrac{377}{\sqrt{8.5}} = 129\ \Omega$

于是反射波复振幅值分别是

$$\dot{E}_{\rm m}^- = \Gamma \dot{E}_{\rm m}^+ = \frac{Z_{02}-Z_{01}}{Z_{02}+Z_{01}}\dot{E}_{\rm m}^+ = -0.693\times10^{-3}\ \text{V/m}$$

$$\dot{H}_{\rm m}^- = -\frac{\dot{E}_{\rm m}^-}{Z_{01}} = 1.84\times10^{-6}\ \text{A/m}$$

折射波电场和磁场的复振幅值分别是

$$\dot{E}' = T\dot{E}^+ = \frac{2Z_{02}}{Z_{02}+Z_{01}}\dot{E}^+ = 7.21\times10^{-4}\ \text{V/m}$$

$$\dot{H}' = \frac{\dot{E}'}{Z_{02}} = 5.58\times10^{-6}\ \text{A/m}$$

例 7.9 一均匀平面电磁波自自由空间正入射到半无限大的理想介质表面上。已知在自由空间中，合成波的驻波比为 3，理想介质内波的波长是自由空间波长 1/6，且介质表面上为合成电场最小点。求理想介质的相对磁导率 μ_r 和相对介电常数 ε_r 。

解： 因为驻波比

$$S=\frac{1+|\Gamma|}{1-|\Gamma|}=3$$

由此解出

$$|\Gamma|=\frac{1}{2}$$

因为介质表面上是合成电场最小点，故$\Gamma=-\frac{1}{2}$。而反射系数

$$\Gamma=\frac{Z_{02}-Z_{01}}{Z_{02}+Z_{01}}$$

式中，$Z_{01}=\sqrt{\frac{\mu_0}{\varepsilon_0}}=120\pi$，$Z_{02}=\sqrt{\frac{\mu_2}{\varepsilon_2}}=120\pi\sqrt{\frac{\mu_r}{\varepsilon_r}}$，因而得

$$\frac{\mu_r}{\varepsilon_r}=\frac{1+\Gamma}{1-\Gamma}=\frac{1}{3}\text{或}\frac{\mu_r}{\varepsilon_r}=\frac{1}{9}$$

又理想介质内波的波长

$$\lambda_2=\frac{\lambda_0}{\sqrt{\mu_r\varepsilon_r}}=\frac{\lambda_0}{6}$$

得

$$\mu_r\varepsilon_r=36$$

因此，不难求得理想介质的相对磁导率和相对介电常数分别是

$$\mu_r=2\text{和}\varepsilon_r=2$$

例 7.10 波阻抗为Z_{02}及厚度为d的理想介质放置在波阻抗为Z_{01}的理想介质之间，如图 7.13 所示，求当介质 1 中的均匀平面电磁波正入射到介质 2 的界面时，不发生反射的d及Z_{02}。

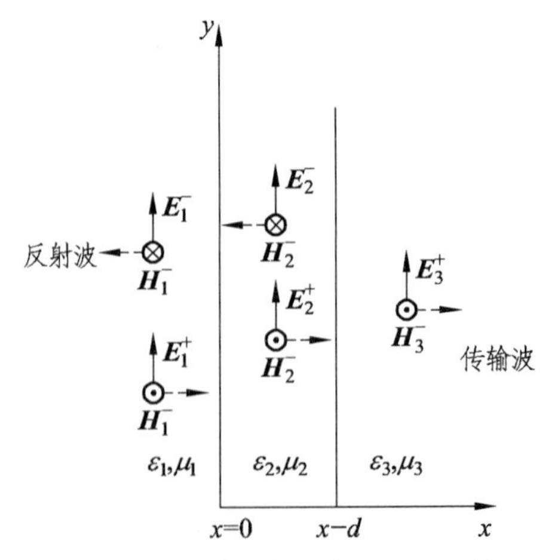

图 7.13　平面电磁波对多层介质分界面的正入射

解：介质 1 中无反射波时，电磁场为

$$\dot{E}_1 = \dot{E}_1^+ \mathrm{e}^{-\mathrm{j}\beta_1 x}$$

$$\dot{H}_1 = \frac{\dot{E}_1^+}{Z_{01}} \mathrm{e}^{-\mathrm{j}\beta_1 x}$$

介质 2 中的电磁场为

$$\dot{E}_2 = \dot{E}_2^+ \mathrm{e}^{-\mathrm{j}\beta_2 x} + \dot{E}_2^- \mathrm{e}^{\mathrm{j}\beta_2 x}$$

$$\dot{H}_2 = \frac{\dot{E}_2^+}{Z_{02}} \mathrm{e}^{-\mathrm{j}\beta_2 x} - \frac{\dot{E}_2^-}{Z_{02}} \mathrm{e}^{\mathrm{j}\beta_2 x}$$

介质 3 中仅有向（ $+x$ ）方向前进的波，即

$$\dot{E}_3 = \dot{E}_3^+ \mathrm{e}^{-\mathrm{j}\beta_3 x}$$

$$\dot{H}_3 = \frac{\dot{E}_3^+}{Z_{03}} \mathrm{e}^{-\mathrm{j}\beta_3 x}$$

在介质分界面，电场和磁场的切向分量必须连续，所以在 $x = 0$ 处

$$\dot{E}_1^+ = \dot{E}_2^+ + \dot{E}_2^-$$

$$\frac{\dot{E}_1^+}{Z_{01}} = \frac{\dot{E}_2^+}{Z_{02}} - \frac{\dot{E}_2^-}{Z_{02}}$$

把以上两式相比，且令 $\Gamma = \dfrac{\dot{E}_2^-}{\dot{E}_2^+}$ ，可得

$$Z_{01} = Z_{02} \frac{1+\Gamma}{1-\Gamma}$$

$$\Gamma = \frac{Z_{01} - Z_{02}}{Z_{01} + Z_{02}}$$

在 $x = d$ 处

$$\dot{E}_2^+ \mathrm{e}^{-\mathrm{j}\beta_2 d} + \dot{E}_2^- \mathrm{e}^{\mathrm{j}\beta_2 d} = \dot{E}_3^+ \mathrm{e}^{-\mathrm{j}\beta_3 d}$$

$$\frac{1}{Z_{02}}(\dot{E}_2^+ \mathrm{e}^{-\mathrm{j}\beta_2 d} - \dot{E}_2^- \mathrm{e}^{\mathrm{j}\beta_2 d}) = \frac{1}{Z_{03}} \dot{E}_3^+ \mathrm{e}^{-\mathrm{j}\beta_2 d}$$

上面两式相比，且代入 $\Gamma = \dfrac{\dot{E}_2^-}{\dot{E}_2^+}$ ，有

$$Z_{02} \frac{1+\Gamma \mathrm{e}^{\mathrm{j}2\beta_2 d}}{1-\Gamma \mathrm{e}^{\mathrm{j}2\beta_2 d}} = Z_{03}$$

$$\Gamma \mathrm{e}^{\mathrm{j}2\beta_2 d} = \frac{Z_{03} - Z_{02}}{Z_{03} + Z_{02}}$$

因此

$$e^{j2\beta_2 d} = \cos(2\beta_2 d) + j\sin(2\beta_2 d) = \frac{1}{\Gamma}\frac{Z_{03}-Z_{02}}{Z_{02}+Z_{03}} = \frac{Z_{01}+Z_{02}}{Z_{01}-Z_{02}} \cdot \frac{Z_{03}-Z_{02}}{Z_{03}+Z_{02}}$$

由于理想介质的波阻抗都是实数，所以上式右端也为实数，故必有

$$\sin(2\beta_2 d) = 0 \text{或} 2\beta_2 d = n\pi$$

$$d = \frac{n\pi}{2\beta_2} = \frac{n\lambda_2}{4}$$

另一方面，如等于奇数，则

$$\cos(2\beta_2 d) = -1 = \frac{(Z_{01}+Z_{02})}{(Z_{01}-Z_{02})}\frac{(Z_{03}-Z_{02})}{(Z_{03}+Z_{02})}$$

解得

$$Z_{02} = Z_{01}Z_{03}$$

以上说明当介质 1 和介质 3 不同时，介质 1 中无反射波的条件是 Z_{02} 必须等于 Z_{01} 和 Z_{03} 的几何平均值，且 d 必须是 1/4 波长的奇整数倍。光学透镜表面上的介质敷层就是利用了这一原理，消除光波通过透镜时的反射。

如果 n 等于偶数，则

$$\cos(2\beta_2 d) = -1 = \frac{(Z_{01}+Z_{02})}{(Z_{01}-Z_{02})}\frac{(Z_{03}-Z_{02})}{(Z_{03}+Z_{02})}$$

解得

$$Z_{03} = Z_{01}$$

这表明，当 $Z_{03} = Z_{01}$ 时，介质 1 中无反射波的条件是介质 2 的厚度必须为半波长的整数倍。所以半波长厚度的介质片称为“半波窗”，因为它对给定波长的电磁波，犹如一个无反射的窗口。例如，雷达天线罩就是这样的窗口，它是一个半圆形覆盖物，既保护雷达免受恶劣气候的影响，又使电磁波通过时反射最小。

7.6.3 入端阻抗 $Z(x)$

根据式（7.123）和式（7.124）很容易推导出，在媒质 1 中的任意点 x 处，合成波的电场强度与磁场强度的比值 $Z(x)$ 为

$$Z(x) = \frac{\dot{E}_1(x)}{\dot{H}_1(x)} = Z_{01}\frac{1+\Gamma(x)}{1-\Gamma(x)} \tag{7.128}$$

式中，$Z(x)$ 称为 x 处的入端阻抗。其中 $\Gamma(x) = \Gamma e^{j2\beta_2 x}$ 叫作离分界面 x 远处的反射系数，可以应用它决定沿 x 轴任意点的反射波。

入端阻抗 $Z(x)$ 表示了有分界面时，两侧媒质性质对电场和磁场关系的影响，可用 $Z(x)$ 等值替代自该处起沿（$+x$）方向上所有不同媒质的共同特性。也就是说，如果用波阻抗 $Z_0 = Z(x)$ 的均匀半无限大媒质来代替该处沿（$+x$）方向向右的所有媒质时，它对 x

处左方电磁波的作用与原来媒质的影响是相同的。因此，$Z(x)$ 又称为等效波阻抗。利用等效波阻抗的概念可以方便地分析多层媒质中波的反射和折射问题，它与电路中的入端阻抗概念非常相似。

若空间存在三层媒质，如图 7.13 所示。这时媒质 2 中的合成波是在 $x=0$ 和 $x=d$ 两个分界面上多次反射的结果，但它可以归并为一个沿（ $+x$ ）方向传播的行波和一个沿（ $-x$ ）方向传播的行波。因此媒质 2 内（ $0\leqslant x<d$ ）， $x=0$ 处的入端阻抗由式（7.128）可得

$$Z(0)=Z_{02}\frac{Z_{03}\cos\beta_2 d+\mathrm{j}Z_{02}\sin\beta_2 d}{Z_{02}\cos\beta_2 d+\mathrm{j}Z_{03}\sin\beta_2 d} \tag{7.129}$$

这样，可以用波阻抗等于入端阻抗 $Z(0)$ 的半无限大均匀媒质代替 $x=0$ 右边两种媒质的影响，即对于媒质 1 中的波来说，它在 $x=0$ 处遇到了媒质不连续情况，而这种不连续性可等效为在 $x=0$ 处具有波阻抗为 $Z(0)$ 的半无限大媒质。因此，媒质 1 中的入射波到达 $x=0$ 分界面时，其反射系数表达式为

$$\Gamma=\frac{Z(0)-Z_{01}}{Z(0)+Z_{01}} \tag{7.130}$$

上面分析表明，将厚度为 d、波阻抗为 Z_{02} 的介质层插在波阻抗分别为 Z_{01} 和 Z_{03} 的媒质之间，其效果相当于将波阻抗 Z_{03} 变成 $Z(0)$ 。若 Z_{01} 、 Z_{03} 已知，则可以通过选择适当的 Z_{02} 和 d 来达到调整 Γ 的目的。

对于空间存在多层媒质的情况，仍然可以采用上面分析三层媒质的方法。

例 7.11 应用入端阻抗的分析方法重解例 7.11。

解： 如图 7.13 所示，要使 $x=0$ 分界面不发生反射，其条件是该分界面上的反射系数 $\Gamma=0$ 或 $Z(0)=Z_{01}$ ，由式（7.129）有

$$Z_{02}(Z_{03}\cos\beta_2 d+\mathrm{j}Z_{02}\sin\beta_2 d)=Z_{01}(Z_{02}\cos\beta_2 d+\mathrm{j}Z_{03}\sin\beta_2 d)$$

使实部、虚部分别相等，有

$$\begin{aligned}Z_{03}\cos\beta_2 d&=Z_{01}\cos\beta_2 d\\ Z_{02}^2\sin\beta_2 d&=Z_{01}Z_{03}\sin\beta_2 d\end{aligned}$$

以下分两种情况讨论：

（1）当 $Z_{03}=Z_{01}\neq Z_{02}$ 时，要求

$$\sin\beta_2 d=0 \text{ 或 } d=\frac{n\lambda_2}{2}\ (n=0,1,2,\cdots)$$

即对于给定的工作频率，介质层厚度应为介质中的半波长的整数倍，可以消除反射。这种介质层称为半波介质窗。

（2）当 $Z_{03}\neq Z_{01}$ 时，要求

$$Z_{02}=\sqrt{Z_{01}Z_{03}}$$

和

$$\cos\beta_2 d = 0 \text{或} d = \frac{(2n+1)\lambda_2}{4}\ (n = 0,1,2,\cdots)$$

说明当媒质 1 与媒质 3 不同时，Z_{02} 应等于 Z_{01} 和 Z_{03} 的几何平均值，d 应为介质 2 中的 1/4 波长的奇数倍，可以消除反射。媒质 2 的作用如同一个 1/4 波长的阻抗变换器。

习题 7.6

7.6.1　平面电磁波由空气正入射到金属导体的表面上，若导体为理想导体，入射波的波长为 10 m，磁场强度为 1 A/m，求入射波的电场强度及形成驻波后的磁场强度的波腹值及其位置。

7.6.2　设一平面电磁波，其电场沿 y 轴取向、频率为 1 GHz，振幅为 100 V/m，初相位为零。今该波由媒质 1 正入射至媒质 2，媒质 1 和媒质 2 的分界面为 $x=0$ 平面，且它们的参数分别为 ε_1、μ_1 和 ε_2、μ_2。求：

（1）每一区域中的波阻抗和传播常数。

（2）两区域中的电场、磁场的瞬时形式。

7.6.3　在 $x>0$ 区域，媒质的介电常数为，在此媒质的表面放置厚度为 d、介电常数为 ε_1 的介质板。对由左面自由空间正入射过来的均匀平面电磁波，证明当 $\varepsilon_{r1} = \sqrt{\varepsilon_{r2}}$ 和 $d = \lambda_0 / (4\sqrt{\varepsilon_{r1}})$ 时，不产生反射。λ_0 是自由空间中的波长。

7.6.4　证明平面电磁波正入射至两种理想介质的分界面，若其反射系数与折射系数大小相等，则其驻波比等于 3。

总　结

1. 在时变电磁场中，电场和磁场之间存在着耦合，这种耦合以波动的形式存在于空间中，即在空间有电磁场的传播。变化电磁场在空间的传播称为电磁波。电磁波的电场强度 $\boldsymbol{E}$ 和磁场强度 $\boldsymbol{H}$ 的波动方程为

$$\nabla^2 \boldsymbol{E} - \mu\gamma\frac{\partial \boldsymbol{E}}{\partial t} - \mu\varepsilon\frac{\partial^2 \boldsymbol{E}}{\partial t^2} = 0$$

$$\nabla^2 \boldsymbol{H} - \mu\gamma\frac{\partial \boldsymbol{H}}{\partial t} - \mu\varepsilon\frac{\partial^2 \boldsymbol{H}}{\partial t^2} = 0$$

2. 本章着重介绍不同媒质中传播的平面电磁波。平面电磁波是指等相面为平面的电磁波。如果等相面上各点场强都相等，则称为均匀平面电磁波。

在均匀平面电磁波中，电场 $\boldsymbol{E}$ 和磁场 $\boldsymbol{H}$ 除了与时间 t 有关外，仅与传播方向的坐标变量有关，沿传播方向没有电场 $\boldsymbol{E}$ 和磁场 $\boldsymbol{H}$ 的分量（即为横电磁波或 TEM 波），且 $\boldsymbol{E}$ 与 $\boldsymbol{H}$ 到处互相垂直。$\boldsymbol{E}\times\boldsymbol{H}$ 指向波传播的方向。

此外，在理想介质中，均匀平面电磁波的电场值 E 和磁场值 H 之比等于波阻抗

$Z_0\left(=\sqrt{\dfrac{\mu}{\varepsilon}}\right)$，电场能量密度和磁场能量密度相等，且 $\boldsymbol{E}\times\boldsymbol{H}$ 的值等于能量密度与相速的乘积。在导电媒质中，均匀平面电磁波的振幅随着传播距离增加呈指数规律衰减，衰减快慢由衰减常数 α 决定，且 $\boldsymbol{E}$ 和 $\boldsymbol{H}$ 不同相位。

沿（ $+x$ ）方向传播的正弦均匀平面电磁波的一般表达式为

$$E_y^+(x,t)=\sqrt{2}E_y^+\boldsymbol{e}^{-\alpha x}\cos\left(\omega t-\beta x+\varphi\right)$$
$$=\sqrt{2}E_y^+\boldsymbol{e}^{-\alpha x}\cos\omega\left(t-\frac{x}{v}+\frac{\varphi}{\omega}\right)$$

表 7.1 列出了三类媒质中的均匀平面电磁波特性及参数的比较。

表 7.1　三类媒质中的均匀平面电磁波特性及参数的比较

系数	理想介质	导电媒质	良导体
传播常数 k	$\mathrm{j}\omega\sqrt{\mu\varepsilon}=\mathrm{j}\beta$	$\mathrm{j}\omega\sqrt{\mu\varepsilon\left(1+\dfrac{\gamma}{\mathrm{j}\omega\varepsilon}\right)}$	$\sqrt{\dfrac{\omega\mu\gamma}{2}}(1+\mathrm{j})$
相位常数 β	$\omega\sqrt{\mu\varepsilon}$	$\omega\sqrt{\dfrac{\mu\omega}{2}\left(\sqrt{1+\dfrac{\gamma^2}{\omega^2\varepsilon^2}}+1\right)}$	$\sqrt{\dfrac{\omega\mu\gamma}{2}}$
衰减常数 α	0	$\omega\sqrt{\dfrac{\mu\varepsilon}{2}\left(\sqrt{1+\dfrac{\gamma^2}{\omega^2\varepsilon^2}}-1\right)}$	$\sqrt{\dfrac{\omega\mu\gamma}{2}}$
相速度 v	$1/\sqrt{\mu\varepsilon}$	$\left[\sqrt{\dfrac{\mu\varepsilon}{2}\left(\sqrt{1+\dfrac{\gamma^2}{\omega^2\varepsilon^2}}+1\right)}\right]^{-1}$	$\sqrt{\dfrac{2\omega}{\mu\gamma}}$
波长 λ	$T/\sqrt{\mu\varepsilon}$	$\left[f\sqrt{\dfrac{\mu\varepsilon}{2}\left(\sqrt{1+\dfrac{\gamma^2}{\omega^2\varepsilon^2}}+1\right)}\right]^{-1}$	$2\pi\sqrt{\dfrac{2}{\omega\mu\gamma}}$
波阻抗 Z_0	$\sqrt{\dfrac{\mu}{\varepsilon}}$	$\sqrt{\dfrac{\mu}{\varepsilon\left(1+\dfrac{\gamma}{\mathrm{j}\omega\varepsilon}\right)}}$	$\sqrt{\dfrac{\omega\mu}{\gamma}}\angle 45^\circ$

3. 如果合成电磁波是由具有相同传播方向的平面电磁波组成，则它们的电场强度 $\boldsymbol{E}$ 的取向，通常用波的极化来描述。按电场强度 $\boldsymbol{E}$ 矢量的端点随时间变化在空间的轨迹的不同，平面电磁波分作直线极化波、圆极化波和椭圆极化波。对于圆及椭圆极化波，又有左旋和右旋之分。

4. 均匀平面电磁波传播到不同媒质分界面处，要发生反射和折射现象。一般的分析方法是将入射波分解为垂直极化波和平行极化波来分别处理。

根据分界面上的衔接条件导得

反射定律

$$反射角=入射角$$

折射定律

$$\frac{\sin\theta_1}{\sin\theta_2}=\frac{v_1}{v_2}$$

在正入射情况下，反射系数和折射系数分别为

$$\varGamma=\frac{Z_{02}-Z_{01}}{Z_{02}+Z_{01}} \qquad T=\frac{2Z_{02}}{Z_{02}+Z_{01}}$$

两者有关系式

$$T=\varGamma+1$$

描述反射波大小的参数，还有驻波比

$$S=\frac{E_{1\max}}{E_{1\min}}=\frac{1+|\varGamma|}{1-|\varGamma|}$$

无反射时

$$S=1 \qquad \varGamma=0$$

全反射时

$$S=\infty \qquad |\varGamma|=1$$

5. 当波由理想介质（媒质 1）传播到理想导体（媒质 2）时，发生全反射，这时在理想介质中出现驻波，而在理想导体中不存在电磁波。

驻波的一般表达式为

$$E_y(x,t)=2\sqrt{2}E\sin\beta x\cos(\omega t-90°)$$

$$H_z(x,t)=\frac{2\sqrt{2}E}{Z_{01}}\cos\beta x\cos\omega t$$

在驻波中，电场 E_y 和磁场 H_z 都在空间某些固定位置有零或最大值。零值点称为波节点，最大值点称为波腹点。电场（或磁场）的相邻波节点间距离为 $\lambda/2$，相邻波腹点间距离也为 $\lambda/2$，但波节点和相邻的波腹点之间距离为 $\lambda/4$。

驻波中没有平均功率的传输，只有电能和磁能间的相互交换。

6. 分析多层媒质中波的正入射问题，引入入端阻抗 $Z(x)$ 可使问题简化。

参考文献

[1] 冯慈璋，马西奎．工程电磁场导论[M]．北京：高等教育出版社，2000.

[2] 谢处方，饶克谨．电磁场与电磁波[M]．4 版．北京：高等教育出版社，2006.

[3] 方进．工程电磁场[M]．北京：北京交通大学出版社，2012.

[4] 王泽忠，全玉生，卢斌先．工程电磁场[M]．2 版．北京：清华大学出版社，2011.

[5] 袁国良．电磁场与电磁波[M]．北京：清华大学出版社，2008.

[6] 符果行．电磁场与电磁波基础教程[M]．2 版．北京：电子工业出版社，2012.

[7] 姜宇．工程电磁场与电磁波[M]．武汉：华中科技大学出版社，2009.

[8] 许丽萍．工程电磁场学习与提高指南，北京：人民邮电出版社，2012.

[9] 邹丹旦，蔡智超，吴鹏，等[J]．脉冲放电产生螺旋流注的等离子体特性研究，物理学报，2017, 66(15):155202(1-6).

[10] ZOU D, CAO X, LU X, et al. Chiral streamers[J]. Phys. Plasmas. 22, 103517(2015): 103517(1-6).

[11] CAI Z, ZOU D, LIU C. Research on Eddy-Current Testing of Functional Polymer Composite Material[J]. IEEE Trans. on Magnetics, 54, 11(2018): 2501005(1-4).

[12] 孙惠娟，刘君，黄兴德，等．高速铁路牵引供电网电磁环境数值模拟与分析[J]．中国电力，2015,48(11):60-66.

附录　MATLAB 应用

第 1 章　矢量分析

【参考程序 It2_1.m】

```
A=[1,3,5];                 %矢量 A
B=[2,4,6];                 %矢量 B
C=dot(A,B)                 %矢量 A 和 B 的点积
D=cross(A,B)               %矢量 A 和 B 的叉积
a=sqrt(dot(A，A))          %矢量 A 的模数
b=sqrt(dot(B,B))           %矢量 B 的模数
theta=acosd(C/(a*b))       %矢量 A、B 间的夹角
```

运行结果为

```
C=44
D=-2        4        -2
a=5.9161
b=7.4833
theta=6.3532
```

【参考程序 It2_2.m】

```
syms x y z
F=[3*x^2*y+z,y^3-x*z^2,2*x*y*z];              %定义标题函数
divF=diff(F(1),x)+diff(F(2),y)+diff(F(3),z)   %求 F 的散度
rotF=[diff(F(3),y) - diff(F(2),z), diff(F(1),z)- diff(F(3),x), diff(F(2),x)- diff(F(1),y)%求 F 的旋度
```

运行结果为

```
divF =3*y^2 + 8*x*y
rotF =[ 4*x*z, 1 - 2*y*z, - 3*x^2 - z^2]
```

【参考程序 It2_3.m】

```
syms x y z real
q=x^2+y^2-z                            %已知标量函数
f=[diff(q,x),diff(q,y),diff(q,z)]      %标量函数的梯度
f1=subs(f,{x,y,z},{1,1,1})             %函数在 P 点的梯度
```

```
x1=sqrt(dot(f1,f1))              %P 点梯度的模
e=f1/x1                          %P 点梯度的单位矢量
ee=[1/2,sqrt(2)/2,1/2]           %(2)中的单位矢量
ff=dot(f,ee)                     %沿单位矢量方向的方向导数
ff1=dot(f1,ee)                   %P 点处沿单位矢量方向的方向导数
```

运算结果为

```
f =[ 2*x, 2*y, -1]
f1 =[ 2, 2, -1]
x1 =3
e =[ 2/3, 2/3, -1/3]
ff =x + 2^(1/2)*y - 1/2
ff1 =2^(1/2) + 1/2
```

第 2 章　静电场

【参考程序 It3_1.m】

```
[Z,X]=meshgrid(-5:0.35:5,-5:0.35:5);
[Q,R]=cart2pol(Z,X);
a=2;b=3.5;
R1=R;
R1(find(R1<a))=NaN;
R1(find(R1>b))=NaN;
R2=R;
R2(find(R2<b))=NaN;
ez1=(R1.^3-a^3)./R1.^2/(b^3-a^3).*cos(Q)*10;
ex1=(R1.^3-a^3)./R1.^2/(b^3-a^3).*sin(Q)*10;
ez1= ez1./sqrt(ez1.^2+ex1.^2);
ex1= ex1./sqrt(ez1.^2+ex1.^2);
quiver(Z,X,ez1,ex1);
hold on
ez2=1./R2.^2.*cos(Q)*10;
ex2=1./R2.^2.*sin(Q)*10;
ez2=ez2./sqrt(ez2.^2+ex2.^2);
ex2=ex2./sqrt(ez2.^2+ex2.^2);
quiver(Z,X,ez2,ex2);
hold on
axis equal
aa=linspace(0,2*pi);
plot(a*cos(aa),a*sin(aa),'LineWidth',2,'Color','r')
```

```
figure
r2=b:0.005:10;
r1=a:0.005:b;
E1=10*(r1.^3-a^3)./r1.^2/(b^3-a^3);
E2=10./r2.^2;
plot(r2,E2,'black','LineWidth',2)
hold on
plot(r1,E1,'g','LineWidth',2)
axis([0 10 0 1])
xlable('r','fontsize',20)
ylabel('E','fontsize',20)
```

运行结果如附图 2.1 所示。

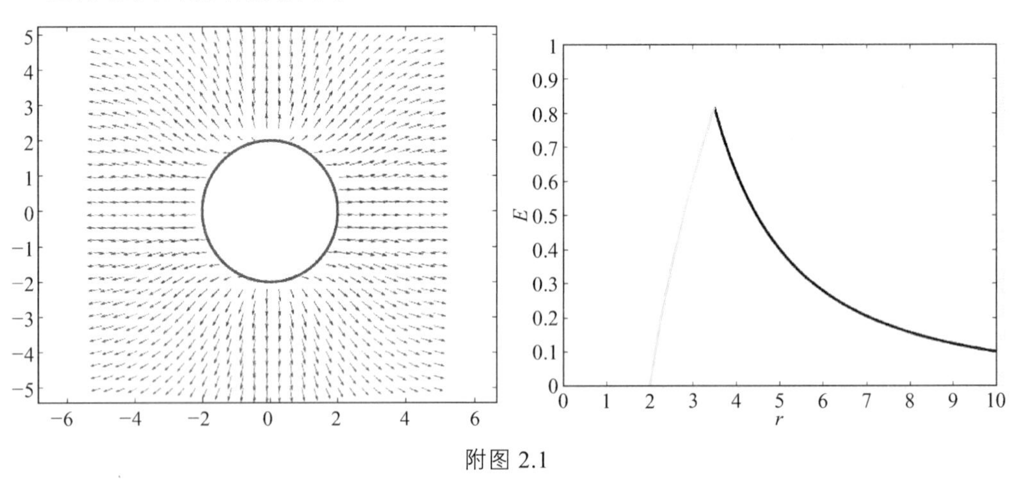

附图 2.1

【参考程序 It3_2.m】

```
[Z,X]=meshgrid(-5:0.35:5,-5:0.35:5);
[Q,R]=cart2pol(Z,X);
L=2;
ez1=(1./R./R+1./R/L).*exp(-R./L)*cos(Q);
ex1=(1./R./R+1./R/L).*exp(-R./L)*sin(Q);
ez1=ez1./sqrt(ez1.^2+ex1.^2);
ex1=ex1./sqrt(ez1.^2+ex1.^2);
quiver(Z,X,ez1,ex1);
hold on
axis equal
figure
r1=0.01:0.005:5;
E1=(1./r1./r1+1./r1/L).*exp(-r1./L);
```

```
u=1./r1.*exp(r1./L);
plot(r1,u,'b','LineWidth',2)
hold on
plot(r1,E1,'r','LineWidth',2)
axis([-0.5 2 -5 100])
grid on
xlabel('r','fontsize',20)
ylabel('E(u)','fontsize',20)
legend('电场强度','电位')
```

运行结果如附图 2.2 所示。

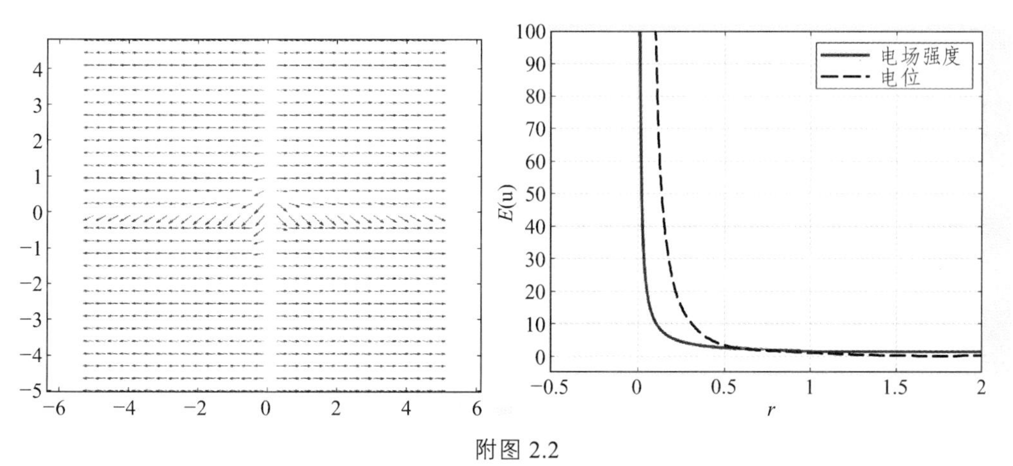

附图 2.2

【参考程序 It3_3.m】

```
[X,Y]=meshgrid(-5:0.35:5,-5:0.35:5);
[Q,R]=cart2pol(X,Y);
U=10;a=1;c=2;b=4;e1=1;e2=5;
E1=U/(log(c/a)+e1/e2*log(b/c));
E2=U/(e2/e1*log(c/a)+log(b/c));
P1=R;
P1(find(P1<a))=NaN;
P1(find(P1>c))=NaN;
P2=R;
P2(find(P2<c))=NaN;
P2(find(P2>b))=NaN;
ex1=E1./P1.*cos(Q);
ey1=E1./P1.*sin(Q);
ey1=ey1./sqrt(ex1.^2+ey1.^2);
ex1=ex1./sqrt(ey1.^2+ex1.^2);
```

```
quiver(X,Y,ex1,ey1);
hold on
ex2=E2./P2.*cos(Q);
ey2=E2./P2.*sin(Q);
ey2=ey2./sqrt(ey2.^2+ex2.^2);
ex2=ex2./sqrt(ey2.^2+ex2.^2);
quiver(X,Y,ex2,ey2);
hold on
axis equal
aa=linspace(0,2*pi);
plot(a*cos(aa),a*sin(aa),'LineWidth',2,'Color','r')
aa=linspace(0,2*pi);
plot(b*cos(aa),b*sin(aa), 'LineWidth',2,'Color','r')
aa=linspace(0,2*pi);
plot(c*cos(aa),c*sin(aa), 'LineWidth',2,'Color','r')
title('E')
figure
D=e1*e2*U/(e2*log(c/a)+e1*log(b/c));
R(find(R<a))=NaN;
R(find(R>b))=NaN;
dx1=D./R.*cos(Q);
dy1=D./R.*sin(Q);
dy1=dy1./sqrt(dx1.^2+dy1.^2);
dx1=dx1./sqrt(dy1.^2+dx1.^2);
quiver(X,Y,dx1,dy1);
hold on
axis equal
aa=linspace(0,2*pi);
plot(a*cos(aa),a*sin(aa),'LineWidth',2,'Color','r')
aa=linspace(0,2*pi);
plot(b*cos(aa),b*sin(aa), 'LineWidth',2,'Color','r')
aa=linspace(0,2*pi);
plot(c*cos(aa),c*sin(aa), 'LineWidth',2,'Color','r')
title('D')
```

运行结果如附图 2.3 所示。

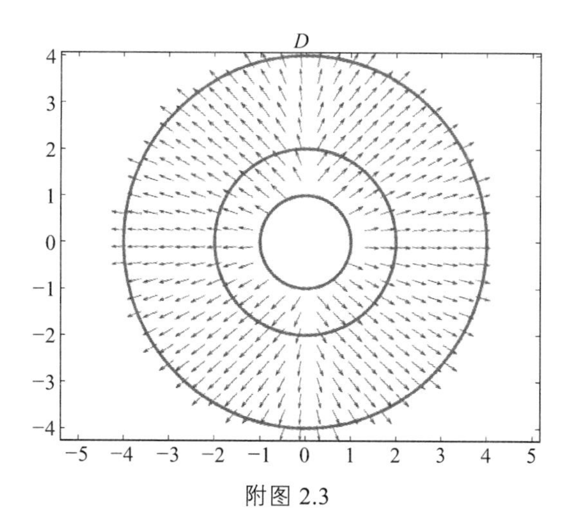

附图 2.3

第 3 章　恒定电场

【参考程序 It4_1.m】

```
clear all
ep0=8.85*1e-12;
c0=1/(4*pi*ep0);
e=1.6;
h=0.15;
xh=0.2;
q=e*c0;
x=-7.5:h:7.5;
y=-7.5:h:7.5;
[X,Y]=meshgrid(x,y);a=sqrt(2);
V1=1./sqrt((X-1)./^2+(Y—1).^2);
V2=-1./sqrt((X-a*cos(75*pi/180)).^2+(Y-a*sin(75*pi/180)).^2);
V3=1./sqrt((X-a*cos(165*pi/180)).^2+(Y-a*sin(165*pi/180)).^2);
V4=-1./sqrt((X-a*cos(195*pi/180)).^2+(Y-a*sin(195*pi/180)).^2);
V5=1./sqrt((X-a*cos(285*pi/180)).^2+(Y-a*sin(285*pi/180)).^2);
V6=-1./sqrt((X-a*cos(315*pi/180)).^2+(Y-a*sin(315*pi/180)).^2);
V=V1+V2+V3+V4+V5+V6;
[Ex,Ey]=gradient(-V);
contour(X,Y,V,[-10:0.75:10:30],'r');
Axis([-4,4,-4,4])
hold on
phi=0:pi/12:2*pi;
sx1=1+1*h*cos(phi);
```

```
sy1=1+1*h*sin(phi);
AE=sqrt(Ex.^2+Ey.^2);
Ex1=Ex./AE;Ey1=Ey./AE;
quiver(X,Y,Ex1,Ey1,0.7);
hold on
line([0,6],[0,6*sqrt(3)],'LineWidth',2.5)
line([0,6],[0,0],'LineWidth',2.5)
hold on
tt=0:pi/10:2*pi;
plot(a*cos(tt),a*sin(tt),'LineWidth',2,'Color','g')
axis equal
```

运行结果如附图 3.1 所示。

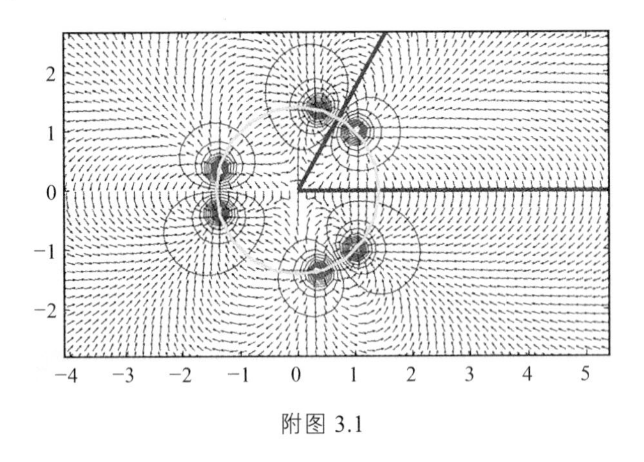

附图 3.1

【参考程序 lt4_2_1.m】

```
a=1;r1=4.0;
q=1.6*3;ep0=8085*1e-12;
[X,Y]=meshgrid(-5:0.01:5,-3:0.01:10);
[Q,R]=cart2pol(X,Y);
u1=1./sqrt(r1^2+R.^2-2*r1*R.*cos(Q));
ar=a/r1;
u2=-ar./sqrt((a*ar)^2+R.^2-2*a*ar.*R.*cos(Q));
figure
u=u1+u2;
contour(X,Y,u,[-5:0.2:5,5],'r')
hold on
[ex,ey]=gradient(-u);
t=0:pi/15:2.*pi;
```

```
sx=0.1*cos(t);
sy=r1+0.1*sin(t);
h=streamline(X,Y,ex,ey,sx,sy);
set(h,'Color','blue')
set(h,'LineWidth',1.5)
axis equal
axis([-6 6 -4 10])
tt=0:pi/10:2*pi;
plot(cos(tt),sin(tt),'LineWidth',2,'Color','k')
a=1;r1=3.0;
q=1;
[X,Y]=meshgrid(-5:0.01:5,-4:0.01:7);
[Q,R]=cart2pol(Y,X);
u1=1./sqrt(r1^2+R.^2-2*r1*R.*cos(Q));
ar=a/r1;
u2=-ar./sqrt((a*ar)^2+R.^2-2*a*ar.*R.*cos(Q));
u3=ar./sqrt(R.^2);
u=u1+u2+u3;
contour(X,Y,u,[-3:0.5:3,5],'r')
hold on
[ex,ey]=gradient(-u);
t=0:pi/15:2.*pi;
sx=0.1*cos(t);
sy=r1+0.1*sin(t);
streamline(X,Y,ex,ey,sx,sy);
t=0:pi/10:2.*pi;
sx=0.1*cos(t);
sy=0.1*sin(t);
streamline(X,Y,ex,ey,sx,sy);
axis equal
axis([-5 5 -4 7])
tt=0:pi/10:2*pi;
plot(exp(i*tt),'r')
```
运行结果如附图 3.2 所示。

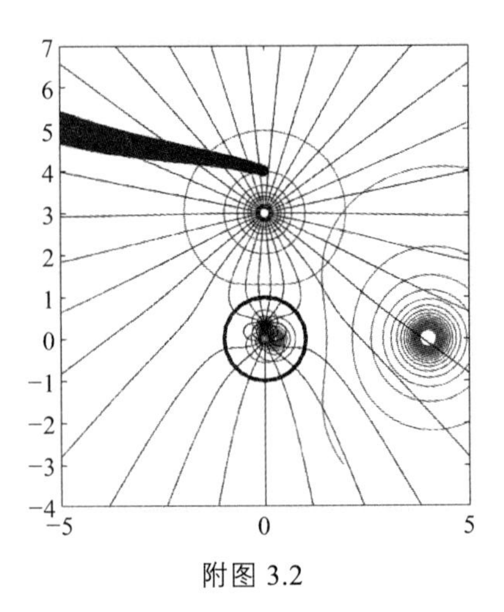

附图 3.2

【参考程序 It4_2_2.m】

clear all

ep0=8.85*1e-12;

c0=1/(4*pi*ep0);

e=1.6;

h=0.05;

xh=0.2;

q=e*c0;

a=1.05;b=1.8;

x=-7.5:h:7.5;

y=-7.5:h:7.5;

[X,Y]=meshgrid(x,y);

V=q./sqrt((X-a).^2+(Y-b).^2-q./sqrt((X+a).^2+(Y-b).^2)+q./sqrt((X+a)^2+(Y+b).^2)-q./sqrt((X-a).^2+(Y+b).^2));

[Ex,Ey]=gradient(-V,0.1);

contour(X,Y,V,[-8:0.125:8,50],'r');

axis([-5,5,-5,5])

hold on

phi=0:pi/12:2*pi;

sx1=a+1*h*cos(phi);

sy1=b+1*h*sin(phi);

AE=sqrt(Ex.^2+Ey.^2);

Ex1=Ex./AE;Ey1=Ey./AE;

streamline(X,Y,Ex1,Ey1,sx1,sy1);

hold on

sx2=-a+1*h*cos(phi);

```
sy2=-b+1*h*sin(phi);
streamline(X,Y,Ex1,Ey1,sx2,sy2);
hold on
axis off
line([0,0],[0,5],'LineWidth',2.5)
line([0,5],[0,0],'LineWidth',2.5)
```

【参考程序 It4_3.m】

```
v=10;d=2.5;
N=50;
X=0:0.01:8;y=0:0.01:d;
[XX,YY]=meshgrid(x,y);
uu=0;
for p=1:1:N
b=(2*p-1)*pi/d;
a=4*v/(2*p-1)/pi;
II=exp(-b*XX);
vv=a*II.*sin(b*YY);
uu=vv+uu;
end
contour(x,y,uu,40)
xlabel('X')
ylabel('Y')
colorbar
```

运行结果如附图 3.3 所示。

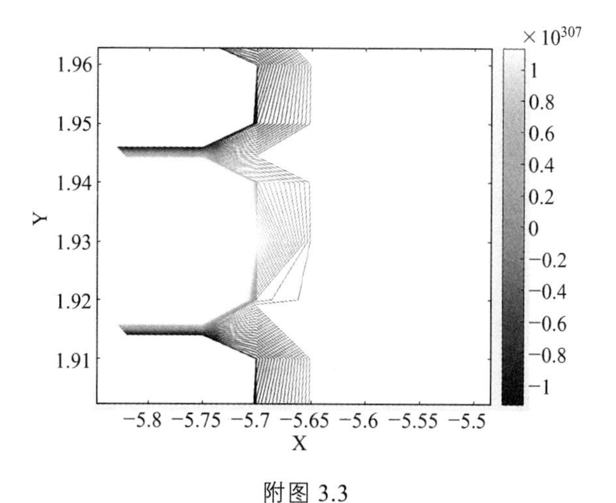

附图 3.3

【参考程序 It4_4.m】

```
a=2;
[Q,R]=meshgrid(0:pi/50;2*pi,0:0.05:a);
[X,Y]=pol2cart(Q,R);
uu=0;
for n=1:2:50
vv=2/n/pi;
vv=vv.*(sin(n.*Q)+(-1)^((n+3)/2.*cos(n.*Q));
vv=vv.*(R./a).^n;
uu=uu+vv;
end
contour(X,Y,uu,40);
hold on
th=linspace(0,2*pi);
plot(a*cos(th),a*sin(th),'LineWidth',1.3,'Color','b')
hold on
axis equal
Colorbar
```

运行结果如附图 3.4 所示。

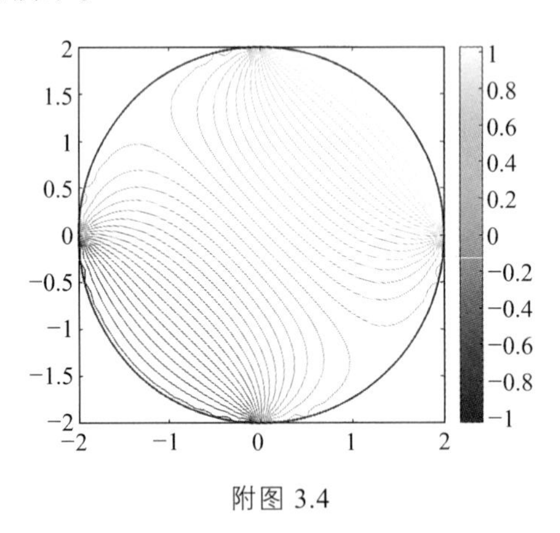

附图 3.4

【参考程序 It5_1.m】

```
a=2;
j=10;r1=5;r2=1;
[X,Y]=meshgrid(-5:0.35:5,-5:0.35:5);
[Q,R]=cart2pol(X,Y);
R1=R;
R1(R1<a)=NaN;
R2=R;
```

```
R2(R2>a)=NaN;
j2=j/r2;jj=(r1-r2)/(r1+2*r2)*j2;
u1=-j2.*R1.*cos(Q)+jj*a^3./R1.*cos(Q);
u2=-3*j/(r1+2*r2).*R2.*cos(Q);
[ex1,ey1]=gradient(-u1);
[ex2,ey2]=gradient(-u2);
AE1=sqrt(ex1.^2+ey1.^2);
ex1=ex1./AE1;ey1=ey1./AE1;
jx1=ex1*r1;jy1=ey1*r1;
AE=sqrt(ex2.^2+ey2.^2);
ex2=ex2./AE;ey2=ey2./AE;
contour(X,Y,u1,[-50:2:50,100],'r')
hold on
quiver(X,Y,ex1,ey1)
hold on
contour(X,Y,u2,[-50:2:50,100],'b')
hold on
quiver(X,Y,ex2,ey2,0.64)
axis equal
hold on
s=linspace(0,2*pi);
plot(a*cos(s),a*sin(s),'LineWidth',3,'Color','r')
```

运行结果如附图 3.5 所示。

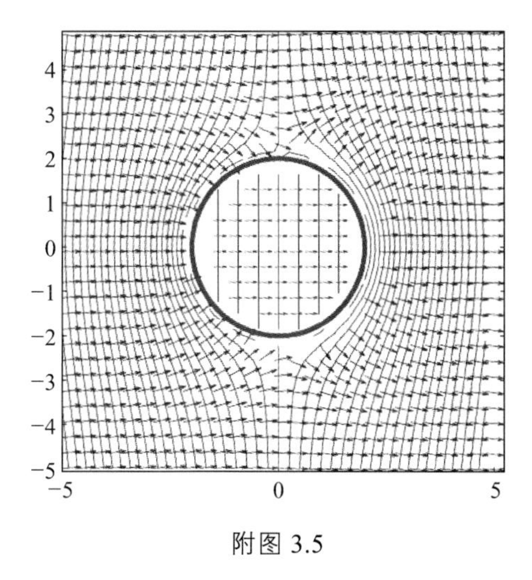

附图 3.5

【参考程序 It5_2.m】

```
ep0=8.85*1e-2;
```

```
c0=1/(4*pi*ep0);
e=1.6;
h=0.06;
xh=0.2;
e1=1;e2=5;k12=(e1-e2)/(e1+e2);kk=1-k12;
x=-1.5:h:1.5;
y=-1.5:h:1.5;
[X,Y]=meshgrid(x,y);
Xy=X;
Xy(find(Xy<0))=NaN;
Xz=X;
Xz(find(Xz>0))=NaN;
u1=c0.*e./e1.*(1./sqrt((Xy-xh).^2+Y.^2)+k12./sqrt((Xy+xh).^2+Y.^2));
[Ex,Ey]=gradient(-u1,0.5);
contour(X,Y,-u1,[-2.5:0.25:0,5],'r');
hold on
axis([-0.8,0.8,-0.8,0.8])
phi=0:pi/15:2*pi;
sx1=xh+1.*h*cos(phi);
sy1=1.*h*sin(phi);
AE=sqrt(Ex.^2+Ey.^2);
Ex1=Ex./AE;Ey1=Ey./AE;
quiver(X,Y,Ex1,Ey1)
hold on
line([0,0],[-0.8,0.8],'LineWidth',2.5)
hold on
u2=c0.*e./e2.*kk./sqrt((Xz-xh).^2+Y,^2);
[Ex2,Ey2]=gradient(-u2,0.1);
contour(X,Y,u2,[-20:0.25:5,5],'k');
axis([-0.8,0.8,-0.8,0.8])
AE=sqrt(Ex2.^2+Ey2.^2);
Ex2=Ex2./AE;Ey2=Ey2./AE;
quiver(X,Y,Ex2,Ey2)
axis equal
```

运行结果如附图 3.6 所示。

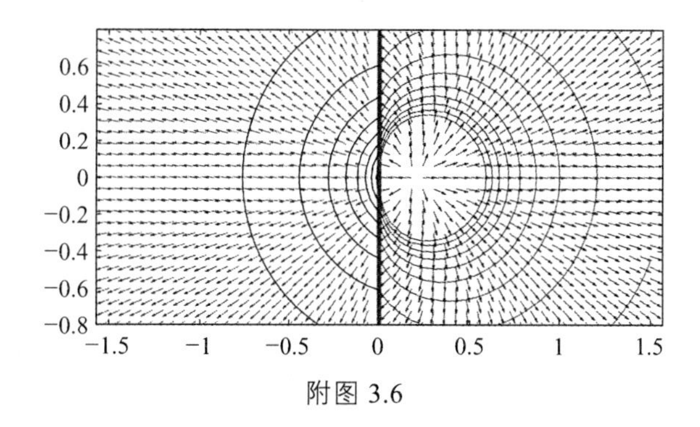

附图 3.6

第 4 章　恒定磁场

【参考程序 It6_1.m】

```
clear all
[X,Y]=meshgrid(-5:0.35:5,-5:0.35:5);
[Q,R]=cart2pol(X,Y);
J0=10;a=1.5;
mu0=4*pi*1e-1;
mur=10;
mu=mu0*mur;
II=J0/2*a^2;m0=II*mu0; m=II*mu; m1=II*(mur-1);
hx1=-II.*sin(Q)./R;
hy1=II.*cos(Q)./R;
hx1=hx1./sqrt(hx1.^2+hy1.^2);
hy1=hy1./sqrt(hx1.^2+hy1.^2);
quiver(X,Y,hx1,hy1);
hold on
axis equal
aa=linspace(0,2*pi);
plot(a* cos (aa),a*sin(aa),'LineWidth', 2, 'color', 'r')
title('H')
figure
R1=R;
R1(R1>a)=NaN;
R2=R;
R2(R2<a)=NaN;
Bx1=-II.*sin(Q)./R1*mu;
By1=II.*cos(Q)./R1*mu;
Bx2=-II.*sin(Q)./R2*mu0;
```

```
By2=hy1*mu0;
Bx1=Bx1./sqrt(Bx1.^2+By1.^2);
Byl=By1./sqrt(Bx1.^2+By1.^2);
Bx2=Bx2./sqrt(Bx2.^2+By2.^2);
By2=By2./sqrt(Bx2.^2+By2.^2);
quiver(X,Y,Bx1,Byl);
hold on
quiver(X,Y,Bx2,By2,0.51);
axis equal
aa=linspace(0,2*pi);
plot(a*cos(aa),a*sin(aa),'Linewidth', 2,'color','r')
title('B')
figure
hold on
mx1=(mur-1)*-II.*sin(Q)./R1;
my1=(mur-1)*II.*cos(Q)./R1;
mx1=mx1./sqrt(mx1.^2+my1.^2); myl=my1./sqrt(mx1.^2+my1.^2);
quiver(X,Y,mx1,myl);
axis equal
hold on
aa=linspace(0,2*pi);
plot(a*cos(aa),a*sin(aa),'LineWidth', 2, 'color', 'r')
title ('M')
```

运行结果如附图 4.1 所示。

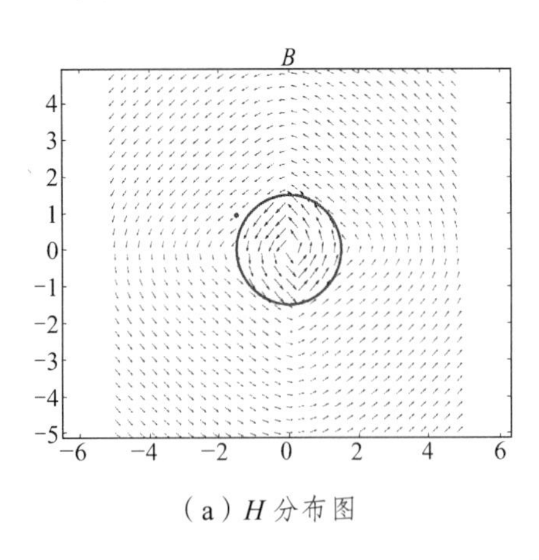

（a）H 分布图

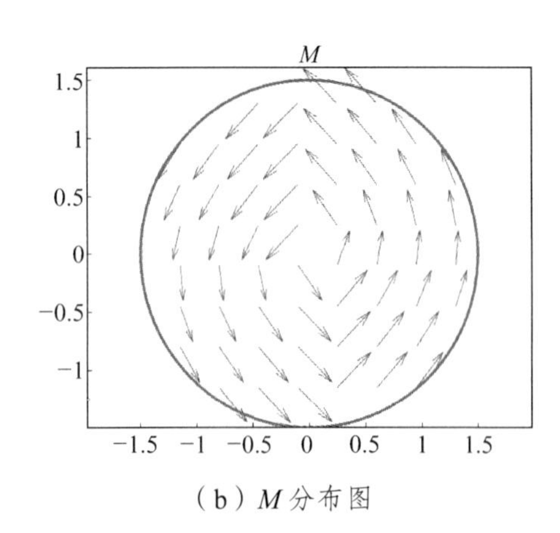

（b）M 分布图

附图 4.1

【参考程序 It6_2.m】

```
clear all
```

```
[X,Y]=meshgrid(-5:0.2:5,-5:0.2:5);
[Q,R]=cart2pol(X,Y);
I=10;a=1;b=3.5;c=4;
mu0=4*pi*1e-1;mu1=mu0*1;mu2=mu0*5;
R0=R;
R0(R0>a)=NaN;
Y1=Y;
Y1(Y1<0)=NaN;
R1=sqrt(X.^2+Y1.^2); R1(R1<a)=NaN;
R1(R1>b)=NaN; Y2=Y;
Y2(Y2>0)=NaN;
R2=sqrt(X.^2+Y2.^2); R2(R2<a)=NaN;
R2(R2>b)=NaN;
R3=R;
R3(R3>c)=NaN;
R3(R3<b)=NaN;
HO=I.*R0/2/pi/a^2;
hx0=-sin(Q).*HO;
hy0=cos(Q).*HO;
H1=mu2*I/pi/(mu1+mu2)./R1;
hx1=-sin(Q).*H1;
hy1=cos(Q).*H1;
H2=mu1*I/pi/(mu1+mu2)./R2;
hx2=-sin(Q).*H2;
hy2=cos(Q).*H2;
H3=I/2/pi./R3.*((c^2-R3.^2)/(c^2-b^2));
hx3=-sin(Q).*H3;
hy3=cos(Q).*H3;
hx0=hx0./sqrt(hx0.^2+hy0.^2);
hy0=hy0./sqrt(hx0.^2+hy0.^2);
hx1=hx1./sqrt(hx1.^2+hy1.^2);
hy1=hy1./sqrt(hx1.^2+hy1.^2);
hx2=hx2./sqrt(hx2.^2+hy2.^2);
hy2=hy2./sqrt(hx2.^2+hy2.^2);
hx3=hx3./sqrt(hx3.^2+hy3.^2);
hy3=hy3./sqrt(hx3.^2+hy3.^2);
quiver(X,Y,hx0,hy0);
```

```
hold on
quiver(X,Y,hx1,hy1);
hold on
quiver(X,Y,hx2,hy2);
hold on
quiver(X,Y,hx3,hy3);
hold on
axis equal
aa=linspace(0,2*pi);
plot(b*cos(aa),b*sin(aa),'LineWidth', 2,'Color','r')
aa=linspace(0,2*pi);
plot(a*cos(aa),a*sin(aa),'Linewidth', 2,'Color','r')
aa=linspace(0,2*pi);
plot(c*cos(aa),c*sin(aa),'LineWidth', 2,'color','r')
title('H')
line([-b,-a],[0,0],'linewidth',2.)
line([a,b],[0,0],'LineWidth',2.)
figure
B0=mu0*I.*R0/2/pi/a^2;
bx0=-sin(Q).*B0;
by0=cos(Q).*B0;
R12=R;
R12(R12<a)=NaN;
R12(R12>b)=NaN;
B1=mu1*mu2*I/pi/(mu1+mu2)./R12;
bx1=-sin(Q).*B1;
by1=cos(Q).*B1;
B3=mu0*I/2/pi./R3.*((c^2-R3.^2)/(c^2-b^2));
bx3=-sin(Q).*B3;
by3=cos(Q).*B3;
bx0=bx0./sqrt(bx0.^2+by0.^2);
by0=by0./sqrt(bx0.^2+by0.^2);
bx1=bx1./sqrt(bx1.^2+by1.^2);
byl=by1./sqrt(bx1.^2+by1.^2);
bx3=bx3./sqrt(bx3.^2+by3.^2);
by3=by3./sqrt(bx3.^2+by3.^2);
quiver(X,Y,bx0,by0);
```

```
hold on
quiver(X,Y,bx1,byl);
hold on
quiver(X,Y,bx3,by3);
hold on
axis equal
aa=linspace(0,2*pi);
plot(b*cos(aa),b*sin(aa),'LineWidth',2,'Color','r')
aa=linspace(0,2*pi);
plot(a*cos(aa),a*sin(aa),'Linewidth',2,'Color','r')
aa=linspace(0,2*pi);
plot(c*cos(aa),c*sin(aa),'LineWidth',2,'Color','r')
title('H')
line([-b,-a],[0,0],'Linewidth',2.)
line([a,b],[0,0],'Linewidth',2.)
title('B')
```

运行结果如附图 4.2 所示。

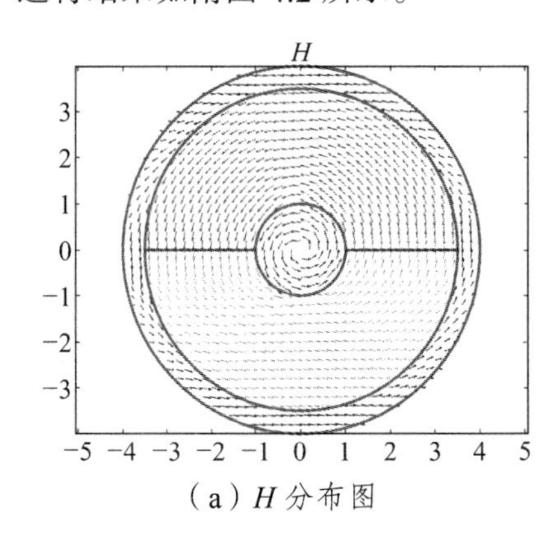

（a）H 分布图

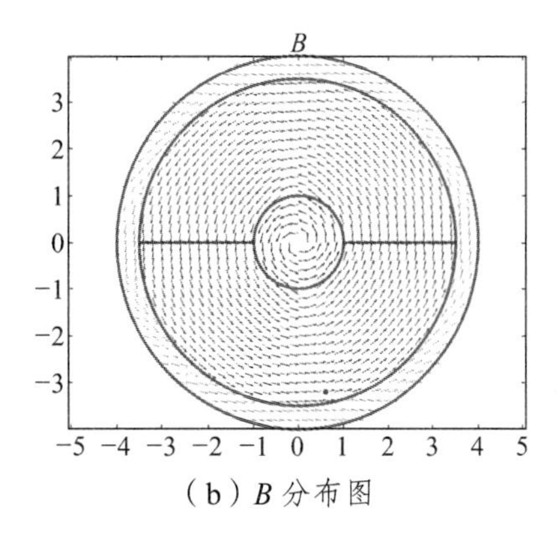

（b）B 分布图

附图 4.2

【参考程序 It6_3.m】

```
clear all
a=2.;b=3.5;mur=5;H0=10;
[Z,X]=meshgrid(-5:0.35:5,-5:0.35:5);
[Q,R]=cart2pol(Z,X);
R1=R;
R1(R1<b-0.2)=NaN;
R2=R;
R2(R2<a-0.2)=NaN;
```

```
R2(R2>b+0.2)=NaN;
R3=R;
R3(R3>a+0.2)=NaN;
k=(1+2*mur)*(2+mur)-2*(a/b)^3*(mur-1)^2;
u1=-H0.*R1.*cos(Q)+H0/k*(2*mur^2-mur-1)*(b^3-a^3).*cos(Q)./R1.^2;
u2=-3*H0/k*(1+2*mur).*R2.*cos(Q)-3*H0/k*(mur-1)*a^3.*cos(Q)./R2^2;
u3=-9*H0/k*mur.*R3.*cos(Q);
[ez1,ex1]=gradient(-u1);
[ez2,ex2]=gradient(-u2);
[ez3,ex3]=gradient(-u3);
contour(Z,X,u1,(-60:2.5:60),'b');
hold on
contour(Z,X,u2,(-30:2:30),'r');
hold on
contour(Z,X,u3,(-30:2.75:30),'k');
hold on
ez1=ez1./sqrt(ez1.^2+ex1.^2);
ex1=ex1./sqrt(ez1.^2+ex1.^2);
quiver(Z,X,ez1,ex1);
hold on
ez2=ez2./sqrt(ez2.^2+ex2.^2);
ex2=ex2./sqrt(ez2.^2+ex2.^2);
quiver(Z,X,ez2,ex2);
hold on
ez3=ez3./sqrt(ez3.^2+ex3.^2);
ex3=ex3./sqrt(ez3.^2+ex3.^2);
quiver(Z,X,ez3,ex3);
hold on
axis equal
aa=linspace(0,2*pi);
plot(b*cos(aa),b*sin(aa),'LineWidth',2,'Color','r');
aa=linspace(0,2*pi);
plot(a*cos(aa),a*sin(aa),'LineWidth',2,'Color','r')
```

运行结果如附图 4.3 所示。

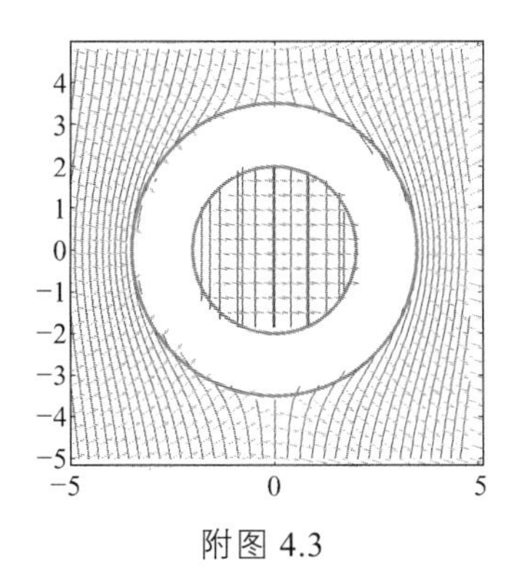

附图 4.3

第 5 章　时变电磁场

【参考程序 It7_2.m】

```
clear all
t=0.1;y=0:0.1:15;x=zeros(151);z=zeros(151);
Ez=300*pi.*cos(1e8*t-4/3.*y);
Hx=10.*cos(1e8.*t-4/3.*y);
plot3(y,Ez,x,'LineWidth',2,'Color','r');
hold on
plot3(y,z,Hx,'LineWidth',2)
grid on
xlabel('Y')
ylabel('Ez')
zlabel('Hx')
axis([0 15 -800 800 -10 10])
hold on
plot3([0,18],[0,0],[0,0],'LineWidth',2)
view(35,45)
```

运行结果如附图 5.1 所示。

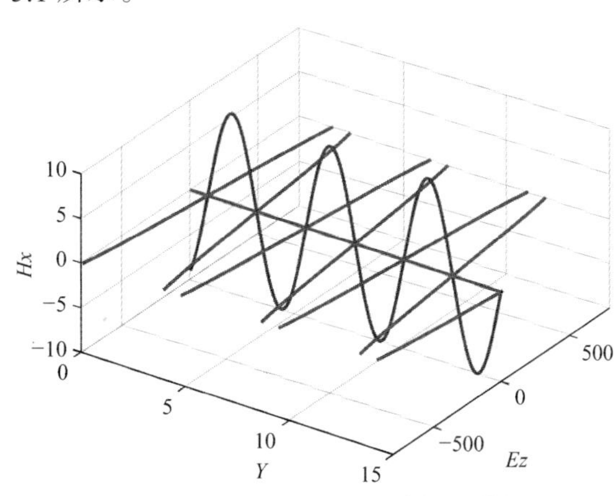

附图 5.1　电场和磁场在空间的传播

【参考程序 It8_1.m】

```
clear all
[Z,X]=meshgrid((-2:0.025:2));
t=10;
wt=6*pi*1e8.*t;
Ex=301.2.*cos(wt-2*pi.*Z);
Ey=-301.2.*cos(wt-2*pi.*Z);
Hx=0.8.*cos(wt-2*pi.*Z);
Hy=0.8.* cos(wt-2*pi.*Z);
Y=zeros(161);
plot3(Z,Ex,Y,'.','Color','r');
hold on
plot3(Z,X,Hy,',','Color','b');
view(30,65);
grid on
hold on
xlabel('z')
ylabel('Ex')
zlabel('Hy')
figure
plot3(Z,Hx,Y,'.','Color','b');
hold on
X=zeros(161);
plot3(Z,X,-Ey,'.','Color','r');
view(30,65);
hold on
xlabel('z')
ylabel('Hx')
zlabel('-Ey')
grid on
```

运行结果如附图 7.1 所示。

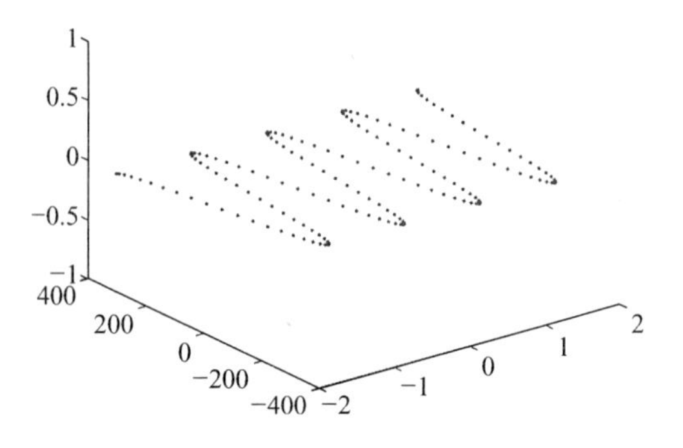

附图 7.1　均匀平面波